# 人工智能基础与应用

樊重俊　主编

清华大学出版社

北　京

## 内 容 简 介

人工智能(Artificial Intelligence,AI)是研究、开发用于模拟、延伸和扩展人的智能的理论、方法、技术及应用系统的一门技术科学。本书以人工智能为主要研究对象,较全面地介绍人工智能的基本原理、常见算法和应用技术。全书共分为 12 章,主要内容包括绪论、知识与知识表示、自动推理与专家系统、搜索算法与智能计算、机器学习、深度学习、计算机视觉、自然语言与语音处理、智能机器人以及大数据与区块链、Python编程基础等。同时,为了便于读者自学,每章结尾附有小结与习题,便于读者进一步巩固所学知识。

本书全面系统地介绍了人工智能的理论体系,在内容编排上不仅注重基本理论的讲述,而且以发展的眼光设计各章知识点和习题,引导学生去思考人工智能理论知识的应用与实践,使得理论学习更加生动直观,便于培养此类学生对人工智能理论的理解和应用能力。本书面向高等院校管理学院的诸多专业,可作为高等院校经济管理类专业本科生人工智能课程要求重点掌握人工智能的基本理论知识、相关算法的初步实践操作以及 Python 编程基础的教材,也可作为成人教育和自学考试同名课程的参考教材,还可供从事人工智能领域研究、开发和应用的研究人员和工程技术人员阅读参考。

本书配套的电子课件和课后习题参考答案可以到 http://www.tupwk.com.cn/downpage 网站下载,也可以通过扫描前言中的二维码来下载。

**图书在版编目(CIP)数据**

人工智能基础与应用 / 樊重俊 主编. —北京:清华大学出版社,2020.9(2022.7 重印)
ISBN 978-7-302-55947-4

Ⅰ. ①人⋯   Ⅱ. ①樊⋯   Ⅲ. ①人工智能   Ⅳ. ①TP18

中国版本图书馆 CIP 数据核字(2020)第 120429 号

责任编辑:胡辰浩
封面设计:高娟妮
版式设计:孔祥峰
责任校对:成凤进
责任印制:丛怀宇

出版发行:清华大学出版社
　　　　　网　　址:http://www.tup.com.cn,http://www.wqbook.com
　　　　　地　　址:北京清华大学学研大厦 A 座　　　　　邮　　编:100084
　　　　　社 总 机:010-83470000　　　　　　　　　　邮　　购:010-62786544
　　　　　投稿与读者服务:010-62776969,c-service@tup.tsinghua.edu.cn
　　　　　质 量 反 馈:010-62772015,zhiliang@tup.tsinghua.edu.cn
印 装 者:三河市龙大印装有限公司
经　　销:全国新华书店
开　　本:185mm×260mm　　　　印　　张:23.25　　　　字　　数:580 千字
版　　次:2020 年 8 月第 1 版　　　印　　次:2022 年 7 月第 3 次印刷
印　　数:3001~4000
定　　价:88.00 元

产品编号:087378-02

# 编写组◀

主　编　樊重俊

副主编　施柏州　尹　裴　杨云鹏　熊红林

编　写　刘　臣　关晓飞　鞠晓玲　安艾芝

　　　　臧悦悦　朱　玥　樊鸿飞　王雅琼

　　　　李璟轩　余　莹　黄　耐　蒋雨桥

　　　　徐　佩

# 序 ◀

1956 年，一次历史性的聚会标志着人工智能的诞生。来自美国 Dartmouth 学院与 IBM 公司、RAND 公司、Carnegie Mellon 大学的十位学者在会上第一次正式使用了人工智能(Artificial Intelligence，AI)这一术语，开创了人工智能的研究方向。自诞生以来，人工智能的理论和技术日益成熟，应用领域也不断扩大，对人类社会的发展产生了方方面面的影响。人工智能理论中的知识表示和推理机制、问题求解和搜索算法以及计算智能技术等，可以解决从前难以解决的问题；综合应用语法、语义和人工智能的形式知识表示方法，有可能改善知识的自然语言表达形式；潜在的知识、灵感等也能阐述为适用的人工智能形式；专家系统更是深入各行各业，带来巨大的宏观效益⋯⋯这些无不代表着人工智能正在通过对科学知识的扩展与升华，对人类的思维方式、社会经济、文化生活带来实质性的改变。

人工智能是国家政府、社会公众普遍关注的创新领域，也是创新文化的综合集成体和国计民生发展的重要应用方向。中国在全球人工智能创新竞争中居于前列，人工智能与相关产业的融合应用发展推动人民生活越来越便捷。中国在人工智能领域已有许多独角兽企业峥嵘突起，产业蓬勃。随着国家一系列相关政策的发布，众多重大项目启动实施，创新平台布局日趋完善，学科建设、人才培养、创新创业等各方面蓬勃开展，全社会支持人工智能发展的良好氛围正在形成。面对激烈的科技竞争态势，必须以学科建设为引领，多措并举、齐抓共管，不断提升人工智能教育水平，不断增强对人工智能发展的支撑能力、推动能力、引领能力，从而培养出真正具有问题解决能力的创新型人工智能人才。在大力发展人工智能新技术的同时，必须高度重视相关人才培养与学术研究。人工智能学科是规范性的，也是建设性的，该学科的研究旨在揭示人工智能学科发展面临的难题，同时为人工智能技术的发展提供价值指引，确保人工智能在正确的轨道上前行。

由于人工智能学科发展的多样性、交叉性、综合性、知识跨越性、复杂性、专业性等特点，人工智能教育所需要的知识不可能由个人或少数人全部掌握，如何合理组织学科内容，针对不同人群进行精准施教是高校需要着力研究的重点。人工智能课程知识点较多，涵盖模式识别、机器学习、数据挖掘等众多内容，概念抽象，不易学习。对于管理类专业的人才，大部分都会走向更具体化的管理岗位，具有多学科的素养，但这也导致很多学生所学知识杂而不精。学生在基础未夯实的情况下去学习更高层面的知识，给学生学习与老师教学造成了很大困扰。《人工智能基础与应用》一书主要面向经管类专业人才，由相关业内人士编写，内容涉及绪论、知识表示与推理、常用算法、机器学习、神经网络、区块链、Python 编程基础等，内容丰富、层次分明、重点突出，关注学科最新动态，理清了管理类人才人工智能基础的学习思路，帮助读者掌握人工智能知识基础及专业技能，同时培养自主学习和知识探索能力，为管理类人才的人工智能教学培养提供有力借鉴。

陈宏民

于上海交通大学

2020 年 5 月

# 前　言

人工智能已经成为推动经济社会发展的新引擎。数字经济下，人工智能成为人类认知世界、改造世界的新切入点，人工智能技术逐步成为科技未来发展的趋势，对各行各业产生巨大影响。当前人工智能已经广泛应用于教育、医疗、交通、零售、物流、安防等领域，成为人们生活和工作中不可或缺的应用技术，在未来世界的发展中，人工智能技术已经成为不可或缺的发展要素之一。2018 年 4 月，教育部制定了《高等学校人工智能创新行动计划》，其核心目标之一是推动高校人工智能领域人才培养体系的完善。越来越多的高校参与到人工智能课程建设中来，不断地进行探索与革新，对于培养掌握人工智能技术的管理类人才愈发重视。

作为一门深刻改变世界、有远大发展前途的前沿学科，人工智能覆盖面广、包容性强、应用需求空间巨大的学科特点，有利于更好地培养学生的技术创新思维与能力。《中国新一代人工智能发展报告 2019》于 2019 年 5 月在上海发布，报告显示我国在人工智能领域的多个方面取得了快速进步，但随之而来的是市场对人工智能领域专业人才需求的迫切性仍在持续。对于管理类人才来说，通过对知识表示、搜索算法与智能计算、机器学习、深度学习、计算机视觉、自然语言与语音处理、大数据与区块链等核心内容的深入学习，不断将人工智能技术与管理知识结合起来，提高解决实际问题的能力，对学生未来职业生涯的发展有着重要作用。

本书将理论知识与实践应用联系起来，每章除了对人工智能基础理论、算法进行讲解以外，还包括各类算法的实践应用与习题巩固环节。此外，随着大数据与人工智能的兴起，我国不少大学以及世界知名大学均已意识到编程能力对于未来的重要性，因此，本书最后增设对 Python 编程基础的讲解，培养读者采用 Python 解决人工智能相关问题的能力。

全书共 12 章，包括以下内容：第 1 章是绪论，主要介绍人工智能的概念以及发展简史、当前人工智能的发展现状及未来趋势等内容。第 2 章主要介绍知识与知识表示，包含知识与知识表示的相关概念特征、表示方法、知识图谱及其应用等内容。第 3 章主要介绍自动推理与专家系统，包含自动推理的基本知识以及专家系统的概念、结构、设计与实现、应用与发展等内容。第 4 章主要介绍搜索算法与智能计算，包含搜索算法、遗传算法、蚁群算法以及粒子群优化算法的相关内容。第 5 章主要介绍机器学习，包含机器学习的概念与类型、机器学习的流程、模型选择、常见分类方法、常见聚类方法以及集成学习等内容。第 6 和 7 章主要介绍深度学习，其中第 6 章包含神经元与神经网络、BP 神经网络、卷积神经网络、循环神经网络、贝叶斯深度学习等内容，第 7 章包含注意力与记忆机制、自编码器、强化学习、对抗学习等内容。第 8 章主要介绍计算机视觉，包含计算机视觉概述、图像分析和理解、计算机视觉应用等内容。第 9

章主要介绍自然语言与语音处理，包含情感分类、机器翻译、自然语言人机交互，还包含语音识别、合成、转换等内容。第 10 章主要介绍智能机器人，包含机器人概述、机器人组织结构、工作原理以及机器人的应用等内容。第 11 章主要介绍大数据与区块链，包含大数据的基本概念、应用、关键技术以及区块链的技术基础与应用、区块链与人工智能等相关内容。第 12 章主要介绍 Python 编程基础知识，包含 Python 的安装、版本、使用方法、代码编写、IPython、Python 的各种库等内容。本书作为高等院校人工智能课程的教材以 32~48 学时为宜。

本书的编写分工为：樊重俊、杨云鹏、熊红林、刘臣、朱玥、樊鸿飞、王雅琼负责编写全书的大纲和框架，并负责全书的组织、审校，他们还对各章分别进行了修改。李璟轩、施柏州、樊重俊撰写第 1 章，鞠晓玲、施柏州、樊重俊撰写第 2 章，臧悦悦、施柏州、樊重俊撰写第 3 章，安艾芝、施柏州、樊重俊撰写第 4 章，余莹、尹裴、樊重俊撰写第 5 章，黄耐、尹裴、樊重俊撰写第 6 章，安艾芝、尹裴、樊重俊撰写第 7 章，鞠晓玲、施柏州、樊重俊撰写第 8 章，鞠晓玲、尹裴、樊重俊撰写第 9 章，臧悦悦、施柏州、樊重俊撰写第 10 章，蒋雨桥、尹裴、樊重俊撰写第 11 章，李璟轩、尹裴、樊重俊撰写第 12 章。关晓飞、杨云鹏参与第 4~7 章、第 11 和 12 章的撰写。熊红林、刘臣、施柏州、尹裴对全部内容进行了修改。徐佩参与全部章节的协调工作与部分章节的撰写。杨云鹏现为上海交通大学博士后，关晓飞现为同济大学副教授，樊鸿飞博士为金山云架构师，其他编写人员工作单位均为上海理工大学。

平台经济专家、中国管理科学与工程学会副理事长、上海市人民政府参事、《系统管理学报》主编、上海交通大学行业研究院副院长陈宏民教授对本书给予了大量支持，提出了很多修改建议，并在百忙之中为本书撰写了序，特此致谢！

笔者近年来专注于人工智能、大数据、电子商务、"互联网+"等领域的研究、教学与咨询。本书有些内容是我们团队在为企业做咨询服务时的一些思考与知识积累。上海财经大学常务副校长徐飞教授，信息安全专家、全国高等学校计算机教育研究会常务理事、复旦大学计算机科学技术学院原副院长赵一鸣，上海机场(集团)有限公司技术中心总经理冉祥来博士，原中国电子商务协会副理事长、中国出入境检验检疫协会唐生副会长，中国出入境检验检疫协会段小红秘书长，数字经济专家、国家创新与发展战略研究会副理事长吕本富教授，国家创新与发展战略研究会副会长兼秘书长王博永博士，产业互联网 CIP 模式创始人张勇军博士，著名管理咨询与数字经济专家、中驰车福董事长兼 CEO、联想集团原全球副总裁张后启博士，东方钢铁电子商务有限公司张春前总经理，上海市民政局信息研究中心黄爱国主任，北京大学信息科学技术学院数字媒体研究所贾惠柱副所长，同济大学博士生导师张建同教授、王洪伟教授，华东理工大学博士生导师李英教授，均在本书写作过程中不同程度地给予了一些有益的建议，在此一并感谢。

上海理工大学党委副书记、上海市高等学校信息技术水平考试委员会副主任、教育部大学计算机课程教学指导委员会委员顾春华教授；上海理工大学管理学院院长赵来军教授、管理科学与工程博士后流动站站长马良教授、朱小栋副教授、刘勇副教授、张宝明副教授、倪静副教

授、张惠珍副教授、刘宇熹博士、刘雅雅博士、赵敬华博士对本书提出了很多有益的建议。本书获得上海高校课程思政领航计划支持，在此一并感谢。

在本书的编写过程中，力求跟踪人工智能学科最新的技术水平和发展方向，引入新的技术和方法。由于笔者的水平有限和人工智能快速发展的特性，书中难免有不尽如人意之处，甚至是错漏，敬请诸位专家、读者批评指正。我们的电话是 010-62796045，信箱是 huchenhao@263.net。

本书配套的电子课件和课后习题参考答案可以到 http://www.tupwk.com.cn/downpage 网站下载，也可以通过扫描下方的二维码来下载。

樊重俊

于上海理工大学

2020 年 5 月

# 目 录

# 第 1 章

# 绪　　论

　　人工智能(Artificial Intelligence，AI)是在计算机科学、控制论、信息论、神经心理学、哲学、语言学等多学科研究的基础上发展起来的综合性很强的交叉学科，是一门新思想、新观念、新理论、新技术不断出现的新兴学科，也是正在迅速发展的前沿学科。自 1956 年正式提出"人工智能"这个术语并把它作为一门新兴学科的名称以来，尽管该学科的发展经历了曲折的过程，但它在知识表示、自动推理、认知建模、机器学习、神经计算、自然语言理解、专家系统、智能机器人等方向开展了大量的研究工作，获得了迅速发展，并取得了惊人成就。人工智能与空间技术、原子能技术一起被誉为 20 世纪三大科学技术成就。有人称它为继三次工业革命后的又一次革命，认为前三次工业革命主要扩展了人手的功能，把人类从繁重的体力劳动中解放出来，而人工智能则扩展了人脑的功能，实现脑力劳动的自动化。

　　本章将首先介绍人工智能的概念以及发展简史，然后介绍当前人工智能的发展现状以及未来的发展趋势，最后简要描述本课程的基本内容，使读者对人工智能广阔的研究及应用领域有总体的了解。

## 1.1　人工智能的概念

　　人工智能的目标是用机器实现人类的部分智能。因此，下面首先讨论人类的智能行为。

### ◤ 1.1.1　智能

　　智能及智能的本质是古今中外许多哲学家、脑科学家一直在努力探索和研究的问题，但至今仍然没有完全了解。智能的发生与物质的本质、宇宙的起源、生命的本质一起被列为自然界四大奥秘。近年来，随着脑科学、神经心理学等研究的进展，人们对人脑的结构和功能有了初步认识，但对整个神经系统的内部结构和作用机制，特别是脑的功能原理还没有认识清楚，有待进一步探索。目前还不可能对智能给出精确的、公认的定义，这就导致对于智能的多种说法。

目前，根据对人脑已有的认识，结合智能的外在表现，从不同的角度、不同的侧面，用不同的方法对智能进行研究，人们提出了几种不同的观点。其中影响较大的观点有思维理论、知识阈值理论及进化理论等。

### 1. 思维理论

思维理论认为智能的核心是思维，人的一切智能都来自大脑的思维活动，人类的一切知识都是人类思维的产物，因而通过对思维规律与方法的研究渴望揭示智能的本质。

不同的划分观点认为，思维科学体系的基础科学包括两大类：一类是总结人类思维经验、揭示思维对象的普遍规律和思维本身普遍规律的各种思维科学，包括哲学世界观、哲学史、认识论和逻辑学，是理论的思维科学。另一类思维科学包括研究思维主体——人脑的生理结构和功能，揭示思维过程生理机制的神经生理学和神经解剖学等。这种观点将认识论归在思维科学的基础科学范围内。其实这两种观点，都不否认人工智能和哲学是通过认识论相联系的。

### 2. 知识阈值理论

知识阈值理论着重强调知识对于智能的重要意义和作用，认为智能行为取决于知识的数量及其一般化程度。一个系统之所以智能，是因为它具有可运用的知识。因此，知识阈值理论把智能定义为：智能就是在巨大的搜索空间中迅速找到一个令人满意的解的能力。这一理论在人工智能的发展史中有着重要影响，知识工程、专家系统等都是在这一理论的影响下发展起来的。

### 3. 进化理论

进化理论着重强调控制，该理论认为人的本质能力是动态环境中的行走能力、对外界事物的感知能力、维持生命和繁衍生息的能力。正是这些能力对智能的发展提供了基础，因此智能是某种复杂系统所浮现的性质，是由许多部件交互作用产生的。智能仅取决于感知和行为，它可以在没有明显的可操作的内部表达的情况下产生，也可以在没有明显的推理系统出现的情况下产生，因而智能是在系统与周围环境不断"刺激-反应"的交互中发展和进化的。该理论的核心是用控制取代表示，从而取消概念、模型及显式表示的知识，否定抽象对于智能及智能模拟的必要性，强调分层结构对于智能进化的可能性与必要性。目前这些观点尚未形成完整的理论体系，有待进一步研究。

目前，一般认为智能是知识与智力的总和。其中，知识是一切智能行为的基础，而智力是获取知识并运用知识求解问题的能力。具体地说，智能具有以下特征。

#### 1) 具有感知能力

感知能力是指通过视觉、听觉、触觉、嗅觉等感觉器官感知外部世界的能力。感知是人类获取外部信息的基本途径，人类的大部分知识都是通过感知获取有关信息，然后经过大脑加工获得的。如果没有感知，人们就不可能获得知识，也不可能引发各种智能活动。因此，感知是产生智能活动的前提与必要条件。根据有关研究，视觉与听觉在人类感知中占有主导地位，80%以上的外界信息是通过视觉得到的，10%是通过听觉得到的。因此，在人工智能的机器感知研究方面，主要研究机器视觉及机器听觉。

**2) 具有记忆与思维能力**

记忆与思维是人脑最重要的功能，是人有智能的根本原因。记忆用于存储由感知器官感知到的外部信息以及由思维产生的知识；思维用于对记忆的信息进行处理，即利用已有的知识对信息进行分析、计算、比较、判断、推理、联想及决策等。思维是一个动态过程，是获取知识以及运用知识求解问题的根本途径。思维可分为逻辑思维、形象思维以及顿悟思维等。

**逻辑思维**

逻辑思维又称为抽象思维，是一种根据逻辑规则对信息进行处理的理性思维方式。人们首先通过感觉器官获得外部事物的感性认识，将它们存储于大脑中，然后通过匹配选出相应的逻辑规则，并且作用于已经表示成一定形式的已知信息，进行相应的逻辑推理。这种推理一般比较复杂，一般不是用一条规则进行一次推理就能解决问题，而是要对第一次推出的结果再运用新的规则进行新一轮的推理。推理是否成功取决于两个因素，一是用于推理的规则是否完备，二是已知的信息是否完善、可靠。如果推理规则是完备的，由感性认识获得的初始信息是完善、可靠的，那么通过逻辑思维可得到合理、可靠的结论。

**形象思维**

形象思维又称为直感思维，是一种以客观现象为思维对象、以感性形象认识为思维材料、以意象为主要思维工具、以指导创造物化形象的实践为主要目的的思维活动。思维过程有两次飞跃：第一次飞跃是从感性形象认识到理性形象认识的飞跃，即把对事物的感觉组合起来，形成反映事物多方面属性的整体性认识(即知觉)，再在知觉的基础上形成具有一定概括性的感觉反映形式(即表象)，然后经形象分析、形象比较、形象概括及组合形成对事物的理性形象认识；第二次飞跃是从理性形象认识到实践的飞跃，即对理性形象认识进行联想、想象等加工，在大脑中形成新的意象，然后回到实践中，接受实践的检验。这个过程不断循环，就构成了形象思维从低级到高级的运动发展。

**顿悟思维**

顿悟思维又称为灵感思维，是一种显意识与潜意识相互作用的思维方式。当人们遇到一个无法解决的问题时，会"苦思冥想"。这时，大脑处于一种极为活跃的思维状态，会从不同的角度用不同方法去寻求解决问题的方法。有时一个"想法"突然从脑中涌现出来，使人"茅塞顿开"，问题便迎刃而解。像这样用于沟通有关知识或信息的"想法"通常被称为灵感。灵感也是一种信息，可能是与问题直接有关的重要信息，也可能是与问题并不直接相关并且不起眼的信息，只是由于它的到来使解决问题的智慧被启动起来了。顿悟思维比形象思维更复杂，至今人们还不能确切地描述灵感的机理。1830 年奥斯特在指导学生实验时，看见电流能使磁针偏转，从而发现了电磁关系。虽然很偶然，但也是在他 10 年探索的基础上发现的。

**3) 具有学习能力**

学习是人的本能。每个人都在通过与环境的相互作用，不断地学习，从而积累知识，适应环境的变化。学习既可能是自觉的、有意识的，也可能是不自觉的、无意识的。只是由于个人所处的环境不同，条件不同，学习的效果亦不相同，体现出不同的智能差异。

**4) 具有行为能力**

人们通常用语言或者某个表情、眼神及形体动作来对外界的刺激做出反应，传达某个信息，

这些称为行为能力或表达能力。如果把人们的感知能力看作信息的输入，则行为能力就可以看作信息的输出，它们都受到神经系统的控制。

## 1.1.2　人工智能

所谓人工智能，就是用人工的方法在机器(计算机)上实现的智，或者说是人类智能在机器上的模拟，因此又可称为机器智能。

现在，"人工智能"这个术语已被用于"研究如何在机器上实现人类智能"这门学科的名称。从这个意义上说，可把它定义为：人工智能是一门研究如何构造智能机器(智能计算机)或智能系统，使它能模拟、延伸、扩展人类智能的学科。通俗地说，人工智能就是要研究如何使机器能听、会说、能看、会写、能思维、会学习，能适应环境变化，能解决各种面临的实际问题。

## 1.1.3　图灵测试

关于"人工智能"的含义，早在它正式提出之前，就由英国数学家图灵(A. M. Turing)提出了。1950，图灵发表了题为《计算机与智能》(*Computing Machinery and Intelligence*)的论文，文章以"机器能思维吗？"开始论述并提出了著名的"图灵测试"，形象地指出了什么是人工智能以及机器应该达到的智能标准。图灵在这篇论文中指出不要问机器是否具有思维，而是要看它能否通过如下测试：分别让人与机器位于两个房间里，二者之间可以通话，但彼此都看不到对方，如果通过对话，人的一方不能分辨对方是人还是机器，那么就可以认为对方的那台机器达到了人类智能的水平。为了进行这个测试，图灵还设计了很有趣且智能性很强的对话内容，称为"图灵的梦想"。

现在许多人仍把图灵测试作为衡量机器智能的准则。但也有许多人认为图灵测试仅仅反映了结果，没有涉及思维过程。即使机器通过了图灵测试，也不能认为机器就有智能。针对图灵测试，哲学家约翰•塞尔勒在 1980 年设计了"中文屋思想实验"以说明这一观点。在该实验中，一个完全不懂中文的人在一间密闭的屋子里，有一本中文处理规则的书。他不必理解中文就可以使用这些规则。屋外的测试者不断通过门缝给他写一些有中文语句的纸条。他在书中查找处理这些中文语句的规则，根据规则将一些中文字符抄在纸条上作为对相应语句的回答，并将纸条递出房间。这样，在屋外的测试者看来，仿佛屋里的人是一个以中文为母语的人，但他实际上并不理解他所处理的中文，也不会在此过程中提高自己对中文的理解。用计算机模拟这个系统，可以通过图灵测试。这说明按照规则执行的计算机程序不能真正理解其输入输出的意义。许多人对约翰•塞尔勒的"中文屋思想实验"进行了反驳，但还没有人能够彻底将其驳倒。

实际上，要使机器达到人类智能的水平，是非常困难的。但是，人工智能的研究正朝着这个方向前进，图灵的梦想总有一天会变成现实。特别是在专业领域内，人工智能能够充分利用计算机的特点，具有显著的优越性。

# 1.2 人工智能发展简史

人工智能是在 1956 年作为一门新兴学科的名称正式提出的，自此之后，它已经取得惊人的成就，获得迅速的发展，它的发展历史，可归结为孕育、形成、发展三个阶段。

## 1.2.1 孕育阶段

这个阶段主要是指 1956 年以前。自古以来，人们就一直试图用各种机器来代替人的部分脑力劳动，以提高人们征服自然的能力，其中对人工智能的产生、发展有重大影响的主要研究成果包括：

- 早在公元前384年至公元前322年，伟大的哲学家亚里士多德(Aristotle)就在他的名著《工具论》中提出了形式逻辑的一些主要定律，他提出的三段论至今仍是演绎推理的基本依据。
- 英国哲学家培根(F. Bacon)曾系统地提出了归纳法，还提出了"知识就是力量"的警句。这对于研究人类的思维过程，以及自20世纪70年代人工智能转向以知识为中心的研究产生了重要影响。
- 德国数学家和哲学家莱布尼茨(G. W. Leibniz)提出了万能符号和推理计算的思想，他认为可以建立一种通用的符号语言以及在此符号语言上进行推理的演算。这一思想不仅为数理逻辑的产生和发展奠定了基础，而且是现代机器思维设计思想的萌芽。
- 英国逻辑学家布尔(C. Boole)致力于使思维规律形式化和实现机械化，并创立了布尔代数。他在《思维法则》一书中首次用符号语言描述了思维活动的基本推理法则。
- 英国数学家图灵(A. M. Turing)在1936年提出了一种理想计算机的数学模型，即图灵机，为后来电子数字计算机的问世奠定了理论基础。
- 美国神经生理学家麦克洛奇(W. McCulloch)与匹兹(W. Pitts)在1943年建成了第一个神经网络模型(M-P模型)，开创了微观人工智能的研究领域，为后来人工神经网络的研究奠定了基础。
- 美国爱荷华州立大学的阿塔纳索夫(Atanasoff)教授和他的研究生贝瑞(Berry)在1937年至1941年间开发的世界上第一台电子计算机"阿塔纳索夫-贝瑞计算机(Atanasoff-Berry Computer，ABC)"为人工智能的研究奠定了物质基础。需要说明的是，世界上第一台计算机不是许多书上所说的由美国的莫克利和埃柯特在1946年发明的。这是美国历史上一桩著名的公案。

由上面的发展过程可以看出，人工智能的产生和发展绝不是偶然的，而是科学技术发展的必然产物。

## 1.2.2 形成阶段

这个阶段主要是指 1956 年至 1969 年。1956 年夏季，由当时达特茅斯大学的年轻数学助教、现任斯坦福大学教授麦卡锡(J. McCarthy)联合哈佛大学年轻数学和神经学家、麻省理工学院教授明斯基(M. L. Minsky)，IBM 公司信息研究中心负责人洛切斯特(N. Rochester)，贝尔实验

室信息部数学研究员香农(C. E. Shannon)共同发起，邀请普林斯顿大学的莫尔(T. Moore)和 IBM 公司的塞缪尔(A. L. Samuel)、麻省理工学院的塞尔夫里奇(O. Selfridge)和索罗莫夫(R. Solomonff)以及兰德(RAND)公司和卡内基梅隆大学的纽厄尔(A. Newell)、西蒙(H. A. Simon)等在美国达特茅斯大学召开了一次为时两个月的学术研讨会，讨论关于机器智能的问题。会上经麦卡锡提议正式采用了"人工智能"这一术语。麦卡锡因而被称为"人工智能之父"。这是一次具有历史意义的重要会议，它标志着人工智能作为一门新兴学科正式诞生了。此后，美国形成了多个人工智能研究组织，如纽厄尔和西蒙的 Carnegie-RAND 协作组、明斯基和麦卡锡的 MIT 研究组、塞缪尔的 IBM 工程研究组等。

自这次会议之后的 10 多年间，人工智能的研究在机器学习、定理证明、模式识别、问题求解、专家系统及人工智能语言等方面取得了许多引人注目的成就，例如：

- 在机器学习方面，1957年Rosenblatt研制成功了感知机。这是一种将神经元用于识别的系统，它的学习功能引起了广泛的兴趣，推动了连接机制的研究，但人们很快发现了感知机的局限性。
- 在定理证明方面，美籍华人数理逻辑学家王浩于1958年在IBM-704机器上用三到五分钟时间证明了《数学原理》中有关命题演算的全部定理(220条)，并且还证明了谓词演算中150条定理的85%。1965年鲁滨逊(J. A. Robinson)提出了归结原理，为定理的机器证明做出突破性的贡献。
- 在模式识别方面，1959年塞尔夫里奇推出了一个模式识别程序，1965年罗伯特(Roberts)编制出可分辨积木构造的程序。
- 在问题求解方面，1960年纽厄尔等人通过心理学试验总结出人们求解问题的思维规律，编制了通用问题求解程序(General Problem Solver，GPS)，可以用来求解11种不同类型的问题。
- 在专家系统方面，美国斯坦福大学的费根鲍姆(E. A. Feigenbaum)领导的研究小组自1965年开始专家系统DENDRAL的研究，1968年完成并投入使用。该专家系统能根据质谱仪的实验，通过分析推理决定化合物的分子结构，其分析能力已接近甚至超过有关化学专家的水平，在美、英等国得到了实际应用。该专家系统的研制成功不仅为人们提供了一个实用的专家系统，而且对知识表示、存储、获取、推理及利用等技术是一次非常有益的探索，为以后专家系统的建造树立了榜样，对人工智能的发展产生了深刻影响，其意义远远超过系统本身在实用性方面创造的价值。
- 在人工智能语言方面，1960年麦卡锡研制出人工智能语言(LISP)，成为建造专家系统的重要工具。
- 1969 年成立的国际人工智能联合会议(International Joint Conferences On Artificial Intelligence，IJCAI)是人工智能发展史上一个重要的里程碑，它标志着人工智能这门新兴学科已经得到世界的肯定和认可。1970年创刊的国际性杂志《人工智能》(*Artificial Intelligence*)对推动人工智能的发展、促进研究者们的交流起到重要的作用。

### ▼ 1.2.3  发展阶段

这个阶段主要是指 1970 年以后。进入 20 世纪 70 年代，许多国家都开展了人工智能的研究，涌现出大量的研究成果。例如，1972 年法国马赛大学的科麦瑞尔(A. Comerauer)提出并实现了逻辑程序设计语言 PROLOG，斯坦福大学的肖特利夫(E. H. Shorliffe)等人从 1972 年开始研制用于诊断和治疗感染性疾病的专家系统 MYCIN。

但是，和其他新兴学科的发展一样，人工智能的发展道路也不是平坦的。例如，机器翻译的研究没有像人们最初想象的那么容易。当时人们总以为只要一部双向词典及一些词法知识就可以实现两种语言文字间的互译。后来发现机器翻译远非这么简单。实际上，由机器翻译出来的文字有时会出现十分荒谬的错误。例如，当把"眼不见，心不烦"的英语句子"Out of sight, out of mind"翻译成俄语后变成"又瞎又疯"；当把"心有余而力不足"的英语句子"The spirit is willing but the flesh is weak"翻译成俄语，然后翻译回来时竟变成"The wine is good but the meat is spoiled"， 翻译过来成了"酒是好的，但肉变质了"；当把"光阴似箭"的英语句子"Time flies like an arrow"翻译成日语，然后翻译回来的时候，竟成了"苍蝇喜欢箭"。由于机器翻译出现的这些问题，1960 年美国政府顾问委员会的一份报告裁定："还不存在通用的科学文本机器翻译，也没有很近的实现前景。"因此，英国、美国当时中断了对大部分机器翻译项目的资助。在其他方面，如问题求解、神经网络、机器学习等，也都遇到了困难，使人工智能的研究一时陷入困境。

人工智能研究的先驱者们认真反思，总结前一段研究的经验和教训。1977 年费根鲍姆在第五届国际人工智能联合会议上提出了"知识工程"的概念，对以知识为基础的智能系统的研究与建造起到重要的作用。大多数人接受了费根鲍姆关于以知识为中心展开人工智能研究的观点。从此，人工智能的研究又迎来了蓬勃发展的以知识为中心的新时期。

在这个时期，专家系统的研究在多个领域取得了重大突破，各种不同功能、不同类型的专家系统雨后春笋般建立起来，产生了巨大的经济效益及社会效益。例如，地矿勘探专家系统 PROSPECTOR 拥有 15 种矿藏知识，能根据岩石标本及地质勘探数据对矿藏资源进行估计和预测，能对矿床分布、储藏量、品位及开采价值进行推断，制定合理的开采方案。人们应用该系统成功找到了超亿美元的钼矿。专家系统 MYCIN 能识别 51 种病菌，正确处理 23 种抗菌素，可协助医生诊断、治疗细菌感染性血液病，为患者提供最佳处方。该系统成功地治愈了数百个病例，并通过了严格的测试，显示出较高的医疗水平。美国 DEC 公司的专家系统 XCON 能根据用户要求确定计算机的配置。由专家做这项工作一般需要 3 小时，而该系统只需要 0.5 分钟，速度提高大约 360 倍。DEC 公司还建立了另外一些专家系统，由此产生的净收益每年超过 4000 万美元。信用卡认证辅助决策专家系统 American Express 能防止不应有的损失，据说每年可节省 2700 万美元左右。

专家系统的成功，使人们越来越清楚地认识到知识是智能的基础，对人工智能的研究必须以知识为中心来进行。对知识的表示、利用及获取等的研究取得较大的进展，特别是对不确定性知识的表示与推理取得了突破，建立了主观贝叶斯理论、确定性理论、证据理论等，对人工智能中模式识别、自然语言理解等领域的发展提供了支持，解决了许多理论及技术上的问题。

人工智能在博弈中的成功应用也举世瞩目。人们对博弈的研究一直抱有极大兴趣，早在 1956 年人工智能刚刚作为一门学科问世时，塞缪尔就研制出跳棋程序。这个程序能从棋谱中学习，也能从下棋实践中提高棋艺。1959 年它击败了塞缪尔本人，1962 年又击败了美国一个州的冠军。1991 年 8 月在悉尼举行的第 12 届国际人工智能联合会议上，IBM 公司研制的"深思"(Deep Thought)计算机系统就与澳大利亚象棋冠军约翰森(D. Johansen)举行了一场人机对抗赛，

结果以 1:1 平局告终。1957 年西蒙曾预测 10 年内计算机可以击败人类的世界冠军。虽然在 10 年内没有实现，但 40 年后深蓝计算机击败国际象棋棋王卡斯帕罗夫(Kasparov)，仅仅比预测迟了 30 年。

1996 年 2 月 10 日至 17 日，为了纪念世界上第一台电子计算机诞生 50 周年，美国 IBM 公司出巨资邀请国际象棋棋王卡斯帕罗夫与 IBM 公司的深蓝计算机系统进行了六局的"人机大战"。这场比赛被人们称为"人脑与电脑的世界决战"。参赛双方分别代表了人脑和电脑的世界最高水平。当时的深蓝是一台运算速度达每秒 1 亿次的超级计算机。第一盘，深蓝就给卡斯帕罗夫一个下马威，赢了这位世界冠军，给世界棋坛带来极大震动。但卡斯帕罗夫总结经验，稳扎稳打，在剩下的五盘中赢三盘，平两盘，最后以总比分 4:2 获胜。一年多后，1997 年 5 月 3 日至 11 日，深蓝再次挑战卡斯帕罗夫。这时，深蓝是一台拥有 32 个处理器和强大并行计算能力的 RS/6000SP/2 超级计算机，运算速度达每秒 2 亿次。计算机里存储了百余年来世界顶尖棋手的棋局，5 月 3 日棋王卡斯帕罗夫首战击败深蓝，5 月 4 日深蓝扳回一局，之后双方战平三局。双方的决胜局于 5 月 11 日拉开了帷幕，卡斯帕罗夫在这盘比赛中仅仅走了 19 步便放弃了抵抗，比赛用时只有 1 小时多一点。这样，深蓝最终以 3.5:2.5 的总比分赢得这场举世瞩目的"人机大战"的胜利。深蓝的胜利表明了人工智能达到的成就。尽管棋路还远非真正对人类思维方式的模拟，但它已经向世人说明，计算机能够以人类远远不能企及的速度和准确性，实现属于人类思维的大量任务。深蓝精湛的残局战略使观战的国际象棋专家们大为惊讶。卡斯帕罗夫也表示："这场比赛中有许多新的发现，其中之一就是计算机有时也可以走出人性化的棋步。在一定程度上，我不能不赞扬这台机器，因为它对盘势因素有着深刻的理解，我认为这是一项杰出的科学成就。"因为这场胜利，IBM 的股票升值为 180 亿美元。

## ◤ 1.2.4 人工智能的学派

根据前面的论述，我们知道要理解人工智能，就要研究如何在一般的意义上定义知识，可惜的是，准确定义知识也是件十分复杂的事情。严格来说，人们最早使用的知识定义是柏拉图在《泰阿泰德篇》中给出的："被证实的、真的和被相信的陈述"(Justified True Belief，简称 JTB 条件)。

然而，这个延续了两千多年的定义在 1963 年被哲学家盖梯尔否定了。盖梯尔提出了一个著名的悖论(简称"盖梯尔悖论")。该悖论说明柏拉图给出的知识定文存在严重缺陷。虽然后来人们给出了很多知识的替代定义，但直到现在仍然没有定论。

但关于知识，至少有一点是明确的，那就是知识的基本单位是概念。要想精通掌握任何一门知识，就必须从这门知识的基本概念开始学习。而知识自身也是概念。因此，如何定义一个概念，对于人工智能具有非常重要的意义。给出定义看似简单，实际上却非常难，因为经常会涉及自指的性质(自指：词性的转化——由谓词性转化为体词性，语义则保持不变)。一旦涉及自指，就会出现非常多的问题，很多的语义悖论都出于概念自指。

自指与转指这对概念最早出自朱德熙先生的《自指与转指》(《方言》1983 年第一期，《朱德熙文集》第三卷)。陆俭明先生在《八十年代中国语法研究》中说："自指和转指的区别在于，自指单纯是词性的转化——由谓词性转化为体词性，语义则保持不变；转指则不仅词性发生转化，语义也发生变化，尤指行为动作或性质本身转化为与行为动作或性质相关的事物。"

举例:

(1) 教书的来了("教书的"是转指,转指教书的"人"),教书的时候要认真("教书的"语义没变,是自指)。

(2) unplug 一词的原意为"不使用(电源)插座",是自指,常用来转指为不使用电子乐器的清唱。

(3) colored 在表示 having colour(着色)时是自指,colored 在表示有色人种时就是转指。

(4) rich,富有的,是自指;the rich,富人,是转指。

知识本身也是一个概念。据此,人工智能的问题就变成了如下三个问题:一、如何定义(或者表示)一个概念、如何学习一个概念、如何应用一个概念。因此,对概念进行深入研究就非常必要了。

那么,如何定义一个概念呢?为简单起见,这里先讨论最为简单的经典概念。经典概念的定义由三部分组成:第一部分是概念的符号表示,即概念的名称,说明这个概念叫什么,简称概念名;第二部分是概念的内涵表示,由命题表示,命题就是能判断真假的陈述句;第三部分是概念的外延表示,由经典集合表示,用来说明与概念对应的实际对象是哪些。

举一个经典概念的常见例子——素数(prime number),其内涵表示是一个命题,即只能够被 1 和自身整除的自然数。

概念有什么作用呢?或者说概念定义的各个组成部分有什么作用呢?经典概念定义的三部分各有作用,且彼此不能互相代替。具体来说,概念有三个作用或功能,要掌握一个概念,就必须清楚其三个功能。

第一个功能是概念的指物功能,即指向客观世界的对象,表示客观世界的对象的可观测性。对象的可观测性是指对象对于人或者仪器的知觉感知特性,不依赖于人的主观感受。举一个《阿Q正传》里的例子:那赵家的狗,何以看我两眼呢?句中"赵家的狗"应该是指现实世界当中的一条真正的狗。但概念的指物功能有时不一定能够实现,有些概念设想存在的对象在现实世界里并不存在,例如"鬼"。

第二个功能是指心功能,即指向人的心智世界里的对象,代表心智世界里的对象表示。鲁迅有一篇著名的文章《论丧家的资本家的乏走狗》,显然,这个"狗"不是现实世界中的狗,只是他心智世界中的狗,即心里的狗。概念的指心功能一定存在。如果对于某个人,一个概念的指心功能没有实现,则该词对于该人不可见,简单地说,该人不理解该概念。

最后一个功能是指名功能,即指向认知世界或符号世界中表示对象的符号名称,这些符号名称可组成各种语言。最著名的例子是乔姆斯基的"colorless green ideas sleep furiously",这句话翻译过来是"无色的绿色思想在狂怒地休息"。这句话没有什么意思,但是完全符合语法,纯粹在语义符号世界里,仅仅指向符号世界而已。当然也有另外,"鸳鸯两字怎生书"指的就是"鸳鸯"这两个字组成的名字。一般情形下,概念的指名功能依赖于不同的语言系统或符号系统,由人类创造,属于认知世界。同一个概念在不同的符号系统里,概念名不一定相同,如汉语称"雨",英语称"rain"。

根据波普尔的三个世界理论,认知世界、物理世界与心理世界虽然相关,但各不相同。因此,一个概念的三个功能虽然彼此相关,但也各不相同。更重要的是,人类文明发展至今,这三个功能不断发展,彼此都越来越复杂,但概念的三个功能并没有改变。

在现实生活中,如果想要了解一个概念,就需要知道这个概念的三个功能:要知道概念的

名字，也要知道概念所指的对象(可能是物理世界)，更要在自己的心智世界里具有该概念的形象(或图像)。如果只有一个，那是不行的。

知道了概念的三个功能之后，就可以理解人工智能的三个学派以及各学派之间的关系。

人工智能也是一个概念，而要使一个概念成为现实，自然要实现概念的三个功能。人工智能的三个学派关注于如何才能让机器具有人工智能，并根据概念的不同功能给出不同的研究路线。专注于实现 AI 指名功能的人工智能学派称为符号主义，专注于实现 AI 指心功能的人工智能学派称为连接主义，专注于实现 AI 指物功能的人工智能学派称为行为主义。

### 1. 符号主义

符号主义的代表人物是 Simon 与 Newell，他们提出了物理符号系统假设，即只要在符号计算上实现了相应的功能，那么在现实世界中就实现了对应的功能，这是智能的充分必要条件。因此，符号主义认为，只要在机器上是正确的，现实世界就是正确的。说得更通俗一点，指名对了，指物自然正确。

在哲学上，关于物理符号系统假设也有一个著名的思想实验——前面 1.1.3 节中提到的图灵测试。图灵测试要解决的问题就是如何判断一台机器是否具有智能。

图灵测试将智能的表现完全限定在指名功能里。但马少平教授的故事已经说明，只在指名功能里实现概念的功能，并不能说明一定实现了概念的指物功能。实际上，根据指名与指物的不同，哲学家约翰·塞尔勒专门设计了思想实验用来批判图灵测试，这就是著名的"中文屋实验"。

中文屋实验明确说明，即使符号主义成功了，全是符号的计算跟现实世界也不一定搭界，即完全实现指名功能也不见得具有智能。这是哲学上对符号主义的正式批评，明确指出了按照符号主义实现的人工智能不等同于人的智能。

虽然如此，符号主义在人工智能研究中依然扮演了重要角色，早期工作的主要成就体现在机器证明和知识表示上。在机器证明方面，早期 Simon 与 Newell 做出了重要的贡献，王浩、吴文俊等华人也得出了很重要的结果。机器证明以后，符号主义最重要的成就是专家系统和知识工程，最著名的学者就是 Feigenbaum。如果认为沿着这条路就可以实现全部智能，显然存在问题。日本第五代智能机就是沿着知识工程这条路走的，后来的失败在现在看来是完全合乎逻辑的。

实现符号主义面临的观实挑成主要有三个。第一个是概念的组合爆炸问题。每个人掌握的基本概念大约有 5 万个，且形成的组合概念是无穷的。因为常识难以穷尽，推理步骤可以无穷。第二个是命题的组合悖论问题。两个都是合理的命题，合起来就成了没法判断真假的句子了，比如著名的柯里悖论(Curry's Paradox)。第三个也是最难的问题，就是经典概念在实际生活当中是很难得到的，知识也难以提取。上述三个问题成了符号主义发展的瓶颈。

### 2. 连接主义

连接主义认为大脑是一切智能的基础，主要关注于大脑神经元及其连接机制，试图发现大脑的结构及其处理信息的机制、揭示人类智能的本质机理，进而在机器上实现相应的模拟。前面已经指出知识是智能的基础，而概念是知识的基本单元，因此连接主义实际上主要关注于概念的心智表示以及如何在计算机上实现其心智表示，这对应着概念的指心功能。2016 年发表在 *Nature* 上的一篇学术论文揭示了大脑语义地图的存在性，文章指出概念都可以在每个脑区找到对应的表示区，确确实实概念的心智表示是存在的。因此，连接主义也有其坚实的物理基础。

连接主义学派的早期代表人物有麦克洛奇、匹兹、霍普菲尔德等。按照这条路，连接主义认为可以实现完全的人工智能。对此，哲学家普特南设计了著名的"缸中之脑实验"，可以看作对连接主义的一次哲学批判。

缸中之脑实验描述如下：一个人(可以假设是你自己)被邪恶科学家进行了手术，脑被切下来并放在存有营养液的缸中。脑的神经末梢被连接在计算机上，同时计算机按照程序向脑传递信息。对于这个人来说，人、物体、天空都存在，神经感觉等都可以输入，这个大脑还可以被输入、截取记忆，比如截取掉大脑手术的记忆，然后输入他可能经历的各种环境、日常生活，甚至可以被输入代码，"感觉"到自己正在阅读一段有趣而荒唐的文字。

缸中之脑实验说明即使连接主义实现了，指心没有问题，但指物依然存在严重问题。因此，连接主义实现的人工智能也不等同于人的智能。

尽管如此，连接主义仍是目前最为大众所知的一条 AI 实现路线。在围棋上，采用了深度学习技术的 AlphaGo 战胜了李世石，之后又战胜了柯洁。在机器翻译上，深度学习技术已经超过人的翻译水平。在语音识别和图像识别上，深度学习也已经达到实用水准。客观地说，深度学习的研究成就已经取得工业级的进展。

但是，这并不意味着连接主义就可以实现人的智能。更重要的是，即使要实现完全的连接主义，也面临极大挑战。到现在为止，人们并不清楚人脑表示概念的机制，也不清楚人脑中概念的具体表示形式、表示方式和组合方式等。现在的神经网络与深度学习实际上与人脑的真正机制距离尚远。

### 3. 行为主义

行为主义假设智能取决于感知和行动，不需要知识、表示和推理，只需要将智能行为表现出来就好，只要能实现指物功能就可以认为具有智能了。这一学派的早期代表作是 Brooks 的六足爬行机器人。

对此，哲学家普特南也设计了一个思想实验，可以看作对行为主义的哲学批判，这就是"完美伪装者和斯巴达人"。完美伪装者可以根据外在的需求进行完美的表演，需要哭的时候可以哭得让人撕心裂肺，需要笑的时候可以笑得让人兴高采烈，但是其内心可能始终冷静如常。斯巴达人则相反，无论其内心是激动万分还是心冷似铁，其外在总是一副泰山崩于前而色不变的表情。完美伪装者和斯巴达人的外在表现都与内心没有联系，这样的智能如何从外在行为进行测试？因此，行为主义路线实现的人工智能也不等同于人的智能。

对于行为主义路线，其面临的最大实现困难可以用莫拉维克悖论来说明。所谓莫拉维克悖论，是指对计算机来说困难的问题是简单的、简单的问题是困难的，最难以复制的反而是人类技能中那些无意识的技能。目前，模拟人类的行动技能面临很大挑战。比如，在网上看到波士顿动力公司人形机器人可以做高难度的后空翻动作，大狗机器人可以在任何地形负重前行，其行动能力似乎非常强。但是这些机器人都有大的缺点——能耗过高、噪音过大。大狗机器人原是美国军方订购的产品，但因为大狗机器人开动时的声音在十里之外都能听到，大大提高了其成为一个活靶子的可能性，使其在战场上几乎没有实用价值，美国军方最终放弃了采购。

## 1.3  人工智能的研究及应用领域

在大多数学科中存在着几个不同的研究领域，每个领域都有其特有的感兴趣的研究课题、研究技术和术语。在人工智能中，这样的领域包括自然语言处理、自动定理证明、自动程序设计、智能检索、智能调度、机器学习、机器人学、专家系统、智能控制、模式识别、视觉系统、神经网络、智能体、计算智能、问题求解、人工生命、人工智能方法和程序设计语言等。在过去 50 多年中，已经建立了一些具有人工智能的计算机系统，例如，能够求解微分方程、下棋、设计分析集成电路、合成人类自然语言、检索情报、诊断疾病，以及能够控制太空飞行器、地面移动机器人和水下机器人。

本节首先介绍人工智能一些最基本的概念和基本原理，为后面的各种应用建立基础。值得指出的是，正如不同的人工智能子领域不是完全独立的一样，这里简介的各种智能特性也不是互不相关的。把它们分开介绍只是为了便于指出现有的人工智能程序能够做些什么和还不能做什么。大多数人工智能研究课题都涉及许多智能领域。

### 1. 问题求解与博弈

人工智能的第一大成就是发展了能够求解难题的下棋(如国际象棋)程序(已在 1.2.3 节做详细介绍)。在下棋程序中应用的某些技术，如向前看几步，并把困难的问题分成一些比较容易的子问题，发展为搜索和问题消解(归约)这样的人工智能基本技术。

通用人工智能是人工智能领域的一项重大挑战，目标是让机器能够像人一样完成各种各样的任务。具体到游戏领域，通用对弈游戏(General Game Playing，GGP)致力于开发一种能够以人类水准玩任意已知或未知游戏的人工智能系统。IBM 的超级计算机"深蓝"战胜国际象棋冠军卡斯帕罗夫标志着人工智能达到一个新的高度。然而，"深蓝"的智能至少在两个方面还存在局限性：其一是只能玩国际象棋这种游戏，不具有通用性；其二是依赖于大量的人类游戏经验，不具有完全自主学习能力。GGP 研究的目标就是突破这些局限，它设置的环境要求机器必须在没有人类游戏经验的指导下玩各种各样的游戏。因此，GGP 研究的进展反映了机器游戏智能在通用性和自主学习方面的发展，GGP 比赛则成为一种评价机器游戏智能的标准。

今天的计算机程序能够下锦标赛水平的各种方盘棋、十五子棋、中国象棋和国际象棋，并取得前面提到的计算机棋手战胜国际象棋和中国象棋冠军的成果。另一种问题求解程序把各种数学公式符号汇编在一起，其性能达到很高的水平，并正在为许多科学家和工程师所应用。有些程序甚至还能够用经验来改善性能。

如前所述，这个问题中未解决的问题包括人类棋手具有的但尚不能明确表达的能力，如国际象棋大师们洞察棋局的能力。另一个未解决的问题涉及问题的原概念，在人工智能中叫做问题表示的选择。人们常常能够找到某种思考问题的方法从而使求解变易而解决该问题。到目前为止，人工智能程序已经知道如何考虑它们要解决的问题，即搜索解答空间、寻找较优的解答。

### 2. 逻辑推理与定理证明

早期的逻辑演绎研究工作与问题和难题的求解相当密切。已经开发出的程序能够借助于对事实数据库的操作来"证明"断定；其中每个事实由分立的数据结构表示，就像数理逻辑中由分立公式表示一样。与人工智能的其他技术的不同之处是，这些方法能够完整和一致地加以表示。也就是说，只要本原事实是正确的，程序就能够证明这些从事实得出的定理，而且也仅仅是证明这些定理。

逻辑推理是人工智能研究中最持久的子领域之一。特别重要的是要找到一些方法，只把注意力集中在一个大型数据库中的有关事实上，留意可信证明，并在出现新信息时适时修正这些证明。

对数学中臆测的定理寻找证明或反证，确实称得上是一项智能任务。为此不仅需要有根据假设进行演绎的能力，而且需要某些直觉技巧。但是至少在当前，人工智能在数学推理中的表现显得并不尽如人意。这种推理对人工系统具有很大的挑战性，因为它不仅仅涉及处理数字，还需要一套认知能力，包括学习基本公理以及以正确的顺序进行推理、计划和做事的能力。

### 3. 计算智能

计算智能(computational intelligence)涉及神经计算、模糊计算、进化计算、粒群计算、自然计算、免疫计算和人工生命等研究领域。

进化计算(evolutionary computation)是指一类以达尔文进化论为依据来设计、控制和优化人工系统的技术和方法的总称，包括遗传算法(genetic algorithm)、进化策略(evolutionary strategy)和进化规划(evolutionary programming)。自然选择的原则是适者生存，即物竞天择、优胜劣汰。

自然进化的这些特征早在 20 世纪 60 年代就引起霍兰(Holland)的极大兴趣。受达尔文进化论思想的影响，他逐渐认识到在机器学习中，为获得一个好的学习算法，仅靠单个策略的建立和改进是不够的，还要依赖于包含许多候选策略的群体的繁殖。他还认识到生物的自然遗传现象与人工自适应系统行为的相似性，因此提出在研究和设计人工自主系统时可以模仿生物自然遗传的基本方法。20 世纪 70 年代初，霍兰提出了"模式理论"，并于 1975 年出版了《自然系统与人工系统的自适应》专著，系统地阐述了遗传算法的基本原理，奠定了遗传算法研究的理论基础。

遗传算法、进化规划、进化策略具有共同的理论基础——生物进化论，因此，把这三种方法统称为进化计算，而把相应的算法称为进化算法。

人工生命是 1987 年提出的，旨在用计算机和精密机械等人工媒介生成或构造出能够表现自然生命系统行为特征的仿真系统或模型系统。自然生命系统行为具有自组织、自复制、自修复等特征以及形成这些特征的混沌动力学、进化和环境适应。

人工生命的理论和方法有别于传统人工智能和神经网络的理论和方法。人工生命把生命现象所体现的自适应机理通过计算机进行仿真，对相关非线性对象进行更真实的动态描述和动态特征研究。人工生命学科的研究内容包括生命现象的仿生系统、人工建模与仿真、进化动力学、人工生命的计算理论、进化与学习综合系统以及人工生命的应用等。

### 4. 分布式人工智能与智能体

分布式人工智能(Distributed AI，DAI)是分布式计算与人工智能结合的结果。DAI 系统以鲁棒性作为控制系统质量的标准，并具有互操作性，即不同的异构系统在快速变化的环境中具有交换信息和协同工作的能力。

分布式人工智能的研究目标是创建一种能够描述自然系统和社会系统的精确概念模型。

DAI 中的智能并非独立存在的概念，只能在团体协作中实现，因而主要研究智能体间的合作与对话，包括分布式问题求解和多智能体系统(Multi-Agent System，MAS)。在这两个领域，MAS更能体现人类的社会智能，具有更大的灵活性和适应性，更适合开放和动态的世界环境，因而倍受重视，已成为人工智能乃至计算机科学和控制科学与工程的研究热点。MAS 解决实际问题的方式可以理解为一种基于智能体的协作问题，而分布式约束则可以描述领域对象的性质、相互关系、任务要求、目标，因此可以作为一种有效的方法表示智能体间的协作关系。

### 5. 自动程序设计

自动程序设计能够以各种不同的目的描述来编写计算机程序。对自动程序设计的研究不仅可以促进半自动软件开发系统的发展，而且也使通过修正自身数码进行学习的人工智能系统得到发展。程序理论方面的有关研究工作对人工智能的所有研究工作都是很重要的。

自动编制一份程序来获得某种指定结果的任务与证明一份给定程序将获得某种指定结果的任务是紧密相关的，后者叫做程序验证。

自动程序设计研究的重大贡献之一是作为问题求解策略的调整概念。人们已经发现，对于程序设计或机器人控制问题，先产生一个不费事的有错误的解，再修改它，这种做法比坚持求第一个完全没有缺陷的解的做法有效得多。

### 6. 专家系统

一般来说，专家系统是智能计算机程序系统，其内部具有大量专家水平的某个领域知识与经验，能够利用人类专家的知识和解决问题的方法来解决该领域的问题。

发展专家系统的关键是表达和运用专家知识，即来自人类专家的并已被证明对解决有关领域内的典型问题有用的事实和过程。专家系统和传统的计算机程序的本质区别在于专家系统所要解决的问题一般没有算法解，并且经常要在不完全、不精确或不确定的信息基础上得出结论。

随着人工智能整体水平的提高，专家系统也获得发展。正在开发的新一代专家系统有分布式专家系统和协同式专家系统等。在新一代专家系统中，不但采用基于规则的方法，而且采用基于框架的技术和基于模型的原理。

### 7. 机器学习

学习是人类智能的主要标志和获得知识的基本手段。机器学习(自动获取新的事实及推理算法)是使计算机具有智能的根本途径。此外，机器学习还有助于发现人类学习的机理并揭示人脑的奥秘。

传统的机器学习倾向于使用符号表示而不是数值表示，使用启发式方法而不是算法。传统机器学习的另一倾向是使用归纳(induction)而不是演绎(deduction)。前一倾向使它有别于人工智能的模式识别等分支，后一倾向使它有别于定理证明等分支。

按系统对导师的依赖程度可将学习方法分类为机械式学习、讲授式学习、类比学习、归纳学习、观察发现式学习等。

近十多年来又发展了下列各种学习方法：基于解释的学习、基于事例的学习、基于概念的学习、基于神经网络的学习、遗传学习、增强学习以及数据挖掘和知识发现等。数据挖掘和知识发现是 20 世纪 90 年代初期崛起的一个活跃的研究领域。在数据库基础上实现的知识发现系统，通过综合运用统计学、粗糙集、模糊数学、机器学习和专家系统等多种学习手段和方法，从大量的数据中提炼出抽象的知识，从而揭示出这些数据背后蕴涵的客观世界的内在联系和本质规律，实现知识的自动获取。大规模数据库和互联网的迅速发展，使人们对数据库的应用提出新的要求。数据库中包含的大量知识无法得到充分发掘与利用，会造成信息的浪费，并产生大量的数据垃圾。另一方面，知识获取仍是专家系统研究的瓶颈问题。从领域专家获取知识是非常复杂的个人之间的交互过程，具有很强的个性和随机性，没有统一的办法。因此，人们开始考虑以数据库作为新的知识源。数据挖掘和知识发现能自动处理数据库中大量的原始数据，抽取出具有必然性的、富有意义的模式，成为有助于人们实现其目标的知识，找出人们对所需问题的解答。这已经成为许多领域研究的前沿与热点。例如人工智能技术在电力系统和综合能源系统中的应用，将改变能源传统利用模式，促进系统进一步智能化；在农业领域中，基于机器学习方法开展农作物分类研究，以确保粮食安全和生态安全；在生物医学领域中，可以将影像学和以机器学习等为代表的人工智能技术相结合，为探寻疾病客观生物学标志物及其临床应用提供科学证据和参考依据。

### 8. 大数据与深度学习

大数据是人工智能的基础，人工智能的决策依赖于大数据的分析。大数据时代改变了基于数理统计的传统数据科学，促进了数学分析方法的创新，从机器学习和多层神经网络演化而来的深度学习是当前数据处理与分析的研究前沿。

大数据是数据分析的前沿技术，其核心价值在于对海量数据进行存储和分析。数据是资源，更可以说是战略资源，海量的数据运用"大数据+人工智能"技术可以在庞大、复杂的数据海洋中迅速得到需要的信息，从而对实践的指导更加具有现实意义。人工智能、机器算法、大数据的结合运用领域，可以说对人类的未来有着举足轻重的影响。例如以物联网、云计算、信息物理系统、社会信息物理系统、大数据和深度学习等新一代信息通信技术为基础的第二代智能制造对制造业产生了翻天覆地的影响，极大提高了生产的性能与效率；在生物医学领域中，深度学习方法基于患者的疾病相关数据，通过模型预测异常病变或发病风险，进行疾病的辅助诊断，为医师提供参考，使其判断不受主观因素的干扰，在减轻医师工作负担的同时提升效率和诊断准确率。

大数据与深度学习技术一方面可以解放劳动力，另一方面还可以促进生产力的发展和经济的进步。未来那些简单、重复且操作单一的工种毫无疑问会在人工智能和大数据时代被淘汰。

### 9. 自然语言理解

语言处理也是人工智能的早期研究领域之一，并引起进一步的重视。人们已经编写出能够从内部数据库回答问题的程序，这些程序通过阅读文本材料和建立内部数据库，能够把句子从一种语言翻译为另一种语言，执行给出的指令和获取知识等。有些程序甚至能够在一定程度上翻译从话筒输入的口头指令。

当人们用语言互通信息时，他们几乎可以不费力地进行极其复杂却又只需要一点点理解的过程。语言已经发展成为智能动物之间的一种通信媒介，可在某些环境条件下把一点"思维结构"从一个头脑传输到另一个头脑，而每个头脑都拥有庞大的、高度相似的周围思维结构作为公共的文本。这些相似的、前后有关的思维结构中的一部分允许每个参与者知道对方也拥有这

种共同结构，并能在通信"动作"中用来执行某些处理。语言的生成和理解是极为复杂的编码和解码问题。

### 10. 机器人学

人工智能研究中日益受到重视的另一个分支是机器人学。一些并不复杂的动作控制问题，如移动式机器人的机械动作控制问题，表面上看并不需要很多智能。然而人类几乎下意识就能完成的这些任务，要是由机器人实现，就要求机器人具备在求解需要较多智能的问题时可能用到的能力。

机器人和机器人学的研究促进了许多人工智能思想的发展，所带来的一些技术可用来模拟世界的状态，用来描述从一种世界状态转变为另一种世界状态的过程。

智能机器人的研究和应用体现出广泛的学科交叉，涉及众多的课题，如机器人体系结构、机构、控制、智能、视觉、触觉、力觉、听觉、机器人装配、在恶劣环境中工作的机器人以及机器人语言等。机器人已在各种工业、农业、商业、旅游业，在空中和海洋以及国防等领域获得越来越普遍的应用。

随着人工智能技术的发展，类生命机器人的研发也受到广泛的关注。类生命机器人由活体生物系统与传统机电系统深度有机融合而成，具有高能量效率、高本质安全性、高灵敏度以及可自修复等潜在优点。由于类生命机器人具有单独生命体或者以机电系统为主体的传统机器人系统所不具备的特性，因此对它的研究已成为当今的热点，并且在近些年的研究中取得了一定的重要成果。

### 11. 模式识别

计算机硬件的迅速发展，计算机应用领域的不断开拓，急切要求计算机能更有效地感知诸如声音、文字、图像、温度、振动等人类赖以发展自身并改造环境而运用的信息资料。

着眼于拓宽计算机的应用领域，提高感知外部信息能力的学科——模式识别得到迅速发展。人工智能所研究的模式识别是指用计算机代替人类或帮助人类感知模式，是对人类感知外界功能的模拟，研究的是计算机模式识别系统，也就是使计算机系统具有模拟人类通过感官接收外界信息、识别和理解周围环境的感知能力。

实验表明，人类接收外界信息的80%以上来自视觉，10%左右来自听觉。所以，早期的模式识别研究工作集中在对视觉图像和语音的识别上。

模式识别是一个不断发展的新学科，它的理论基础和研究范围也在不断发展。随着生物医学对人类大脑的初步认识，模拟人脑构造的计算机实验——人工神经网络方法已经成功用于手写字符的识别、汽车牌照的识别、指纹识别、语音识别等方面。

### 12. 机器视觉

机器视觉或计算机视觉已从模式识别的一个研究领域发展为一门独立的学科。在视觉方面，人们已经给计算机系统装上电视输入装置以便能"看见"周围的东西。在人工智能中研究的感知过程通常包含一组操作。

整个感知问题的要点是形成精练的表示以取代难以处理的、极其庞大的未经加工的输入数据。最终表示的性质和质量取决于感知系统的目标。不同系统有不同的目标，但所有系统都必须把来自输入的、多得惊人的感知数据简化为一种易于处理的且有意义的描述。

计算机视觉通常可分为低层视觉与高层视觉两类。低层视觉主要执行预处理功能，如边缘检测、运动目标检测、纹理分析以及通过阴影获得形状、立体造型、曲面色彩等。高层视觉主要是理解对象，需要掌握与对象相关的知识。

机器视觉的前沿研究领域包括实时并行处理、主动式定性视觉、动态和时变视觉、三维景物的建模与识别、实时图像的压缩传输和复原、多光谱和彩色图像的处理与解释等。在一些传统领域，往往离不开人的判断，机器视觉可以一定程度上替代或辅助这些工作。例如在土木工程领域，机器视觉已被公认为检查和监测基础设施寿命和损耗情况的重要方法；在产品生产和制造的过程中，产品品质感官审评往往存在主观判断失误的缺陷，机器视觉技术也可以对产品品质进行快速无损评价。

### 13. 神经网络

研究结果已经证明，用神经网络处理直觉和形象思维信息具有比传统处理方式好得多的效果。神经网络的发展有着非常广阔的科学背景，是众多学科研究的综合成果。神经生理学家、心理学家与计算机科学家的共同研究得出的结论是：人脑是功能特别强大、结构异常复杂的信息处理系统，其基础是神经元及其互联关系。因此，对人脑神经元和人工神经网络的研究可能创造出新一代人工智能机——神经计算机。

对神经网络的研究始于 20 世纪 40 年代初期，经历了一条十分曲折的道路，几起几落，自 20 世纪 80 年代初以来，对神经网络的研究再次出现高潮。

对神经网络模型、算法、理论分析和硬件实现的大量研究，为神经计算机走向应用提供了物质基础。人们期望神经计算机能重建人脑的形象，极大地提高信息处理能力，在更多方面取代传统的计算机。

### 14. 智能控制

人工智能的发展促进自动控制向智能控制发展。智能控制是一类无需(或需要尽可能少的)人的干预就能独立地驱动智能机器实现其目标的自动控制。或者说，智能控制是驱动智能机器自主地实现其目标的过程。许多复杂的系统，难以建立有效的数学模型和用常规控制理论进行定量计算与分析，而必须采用定量数学解析法与基于知识的定性方法的混合控制方式。随着人工智能和计算机技术的发展，已有可能把自动控制和人工智能以及系统科学的某些分支结合起来，建立一种适用于复杂系统的控制理论和技术。智能控制正是在这种条件下产生的，是自动控制的最新发展阶段，也是用计算机模拟人类智能的一个重要研究领域。

智能控制是同时具有以知识表示的非数学广义世界模型和以数学公式模型表示的混合控制过程，也往往是含有复杂性、不完全性、模糊性、不确定性以及不存在已知算法的非数学过程，并以知识进行推理，以启发来引导求解过程。智能控制的核心在高层控制，即组织级控制，其任务在于对实际环境或过程进行组织，即决策和规划，以实现广义问题求解。

### 15. 智能调度与指挥

确定最佳调度或组合的问题是人们感兴趣的又一类问题。一个古典的问题就是推销员旅行问题(Traveling Salesman Problem，TSP)。许多问题具有这类相同的特性。

在这些问题中，有几个问题(包括推销员旅行问题)属于理论计算机科学家所说的 NP 完全性问题。根据理论上的最佳方法计算出所耗时间(或所走步数)的最坏情况来排列不同问题的难度。所耗时间或所走步数是随着问题大小的某种量度增长的。

人工智能学家曾经研究过若干组合问题的求解方法。有关问题域的知识再次成为比较有效的求解方法的关键。智能组合调度与指挥方法已被应用于汽车运输调度、列车的编组与指挥、空中交通管制以及军事指挥等系统。

### 16. 智能检索

随着科学技术的迅速发展，出现了"知识爆炸"的情况。对国内外种类繁多且数量巨大的科技文献进行检索远非人力和传统检索系统所能胜任。研究智能检索系统已成为科技持续快速发展的重要保证。

数据库系统是存储某学科大量事实的计算机软件系统，它们可以回答用户提出的有关该学科的各种问题。数据库系统的设计也是计算机科学的一个活跃分支。为了有效地表示、存储和检索大量事实，已经发展出许多技术。

智能信息检索系统的设计者们将面临以下几个问题。首先，建立能够理解以自然语言陈述的询问系统本身就存在不少问题。其次，即使可以通过规定某些机器能够理解的形式化询问语句来回避语言理解问题，也仍然存在一个如何根据存储的事实演绎出答案的问题。最后，为理解询问和演绎答案所需要的知识可能超出该学科领域数据库所能表示的知识。

### 17. 系统与语言工具

除了直接瞄准实现智能的研究工作外，开发新的方法也往往是人工智能研究的一个重要方面。人工智能对计算机界的某些最大贡献已经以派生的形式表现出来。计算机系统的一些概念，如分时系统、编目处理系统和交互调试系统等，已经在人工智能研究中得到发展。一些能够简化演绎、机器人操作和认识模型的专用程序设计和系统常常是新思想的丰富源泉。几种知识表达语言(把编码知识和推理方法作为数据结构和过程计算机的语言)已在 20 世纪 70 年代后期开发出来，以探索各种建立推理程序的思想。20 世纪 80 年代以来，计算机系统，如分布式系统、并行处理系统、多机协作系统和各种计算机网络等，都有了长足发展。在人工智能程序设计语言方面，除了继续开发和改进通用和专用的编程语言新版本和新语种外，还研究出一些面向目标的编程语言和专用开发工具。对关系数据库研究取得的进展，无疑为人工智能程序设计提供了新的有效工具。

## 1.4    人工智能的发展现状和趋势

如 1.2.4 节所述，符号主义认为只要实现指名功能就能实现人工智能，连接主义认为只要实现指心功能就可以实现人工智能，行为主义认为只要实现指物功能就可以实现人工智能。人工智能的三大流派虽然取得了很大进展，但各自也面临巨大挑战。简单地说，人工智能的三大流派假设能够成立的前提是指名、指物、指心功能等价。

可是这个前提成立吗？早期的人工智能研究使用经典概念，而经典概念至少具有以下 5 个假设：①概念的外延表示可以用经典集合表示；②概念的内涵表示存在命题表示；③指称对象的外延表示与内涵表示名称一致；④概念表示唯一，同一个概念的表示与个体无关，对于同一个概念，每个人的表示都是一样的；⑤概念的内涵表示与外延表示在指称对象上功能等价。

可以明显看出，在上述 5 个假设之下，经典概念的指心、指物、指名功能是等价的，即指名意味着指物、指心。但是，日常生活中使用的概念一般并不满足经典概念的 5 个假设，因此也不能保证其指心、指物、指名功能等价。《周易·系辞上》中也说，"书不尽言，言不尽意"，明确指出了指名、指心与指物不一定等价。下面给出两个例子，以说明日常生活中概念上的指名、指物功能并不等价。

第一个例子，微信上流传过一个著名的段子：一个人说手头有一个亿，谁有项目通知一下，一起投资。不然，再晚一点，就洗手不干了。听的人以为指物，即真有一个亿的资金；而实际上，这个人只是在手上写了三个字"一个亿"而已。这里纯粹指名，"手头有一个亿"仅仅是符号"一个亿"而已。这个段子显然利用了概念上的指名与指物不一定等价的性质。

第二个例子，西方绘画史上有幅著名的画，画面上画了一个烟斗，题字却说这不是烟斗。其显然是想说明符号与实物不同，即指名与指物不等价。在现实生活中，也可以发现指名与指心不等价的例子。

综上所述，概念上的指名、指物与指心功能在生活中并不等价，单独实现概念上的一个功能并不能保证具有智能。因此，单独遵循一个学派并不足以实现人工智能，现在的人工智能研究已经不再强调遵循人工智能的单一学派，很多时候会综合各个流派的技术。比如，从专家系统发展起来的知识图谱已经不完全遵循符号主义的路线了。在围棋上战胜人类顶尖棋手的 AlphaGo 综合使用了三种学习算法——强化学习、蒙特卡罗树搜索、深度学习，而这三种学习算法分属于三个人工智能流派(强化学习属于行为主义，蒙特卡罗树搜索属于符号主义，深度学习属于连接主义)。无人驾驶技术同样是突破了人工智能三大流派限制的综合技术。虽然人工智能发展至今，各个流派依然在发展，也都取得了很好的进展，但是对各个流派进行融合已经是大势所趋，特别是在大数据和云计算的助力下，新一代人工智能将带来社会的第四次技术革命。

然而，目前的人工智能还有很大的缺陷，其使用的知识表示还是建立在经典概念的基础之上。图灵测试的文章发表于 1950 年，当时人们对于经典概念的普适性还没有提出质疑，因此，其使用的概念是基于经典概念的。在图灵测试中，最重要的概念之一是人，包括提问者和回答者。但是什么样的人才是合适的提问者和回答者，是中国人还是英国人、是圣人还是智力障碍者或装傻者，图灵测试并没有定义。如果人存在经典定义，在图灵测试里，就容易确定什么样的人作为提问者和回答者。可惜的是，人并不能用经典概念来定义。

经典概念的基本假设还是指心、指名与指物等价，这与人类的日常生活经验严重不符，过于简单化了。在人类的现实生活中，概念上的指名、指物、指心并不总是等价的。在基于经典概念的知识表示框架下，现在的机器表现有时显得极具智障，缺乏常识、缺乏理解能力，严重缺乏处理突发状况的能力。实际上，维特根斯坦在 1953 年出版的《哲学研究》中明确提出，日常生活中使用的概念是没有经典概念定义的。这实际上给图灵测试带来了很大的不确定性。因此，在经典概念表示不成立的情形下，如何进行概念表示是一个极具挑战性的问题。人工智能研究已取得了阶段性进展，但是目前仍然没有任何一个智能系统能接近人类水平，具备多模态协同感知、协同多种不同认知的能力，对复杂环境具备极强的自适应能力，对新事物、新环境具备人类水平的自主学习、自主决策能力等。人工智能研究离真正实现信息处理机制类脑、认

知能力全面类人的智能系统还有很长的路要走。

## 1.5　本章小结

本章一开始主要介绍了人工智能的概念。人工智能是研究、开发用于模拟、延伸和扩展人的智能的理论、方法、技术及应用系统的一门新的技术科学。智能及智能的本质是古今中外许多哲学家、脑科学家一直在努力探索和研究的问题。目前，根据对人脑已有的认识，结合智能的外在表现，从不同角度、不同侧面，用不同方法对智能进行研究，人们提出了思维理论、知识阈值理论、进化理论等不同的观点。

在对人工智能的相关概念进行阐述之余，本章后面主要讲述了人工智能发展简史、人工智能的研究及应用领域、人工智能的发展现状和趋势。人工智能作为一门新兴学科，经历了孕育、形成、发展这三个阶段。孕育阶段主要是指 1956 年以前，人类用各种机器来代替人的部分脑力劳动，以提高人类征服自然的能力。形成阶段主要是指 1956—1969 年，以人工智能作为一门新兴学科正式诞生作为起点，之后的十多年间，人工智能的研究在机器学习、定理证明、模式识别、问题求解、专家系统及人工智能语言等方面获得了长足发展。发展阶段主要是指 1970 年以后，许多国家都开展人工智能的研究，涌现出大量的研究成果，人工智能领域的学者关注于如何才能让机器具有人工智能，并根据概念的不同功能给出了不同的研究路线。专注于实现 AI 指名功能的人工智能学派称为符号主义，专注于实现 AI 指心功能的人工智能学派称为连接主义，专注于实现 AI 指物功能的人工智能学派称为行为主义。

现今，人工智能领域诞生了多个特有的研究课题、研究技术和术语，包括自然语言处理、自动定理证明、自动程序设计、智能检索、智能调度、机器学习、大数据与深度学习、机器人学、专家系统、智能控制、模式识别、视觉系统、神经网络、智能体、计算智能、问题求解、人工生命、人工智能方法和程序设计语言等。

## 1.6　习　　题

1. 试论述人工智能的定义。
2. 试论述人工智能的三个流派。
3. 试论述知识与概念之间的关系。

## 参考文献

[1] 王万良. 人工智能导论[M]. 4 版. 北京：高等教育出版社，2017.

[2] 李陶深. 人工智能[M]. 重庆：重庆大学出版社，2001.

[3] 蔡自兴，徐光祐. 人工智能及其应用[M]. 4 版. 北京：清华大学出版社，2015.

[4] 李德毅，于剑. 人工智能导论[M]. 北京：中国科学技术出版社，2018.

[5] https://baike.baidu.com/item/%E8%87%AA%E6%8C%87/4379696?fr=aladdin.

[6] 张海峰，刘当一，李文新. 通用对弈游戏：一个探索机器游戏智能的领域[J]. 软件学报，2016，27(11)：2814-2827.

[7] Sean O'Neill. 数学推理挑战人工智能[J]. Engineering，2019，5(5)：16-19.

[8] 段沛博，张长胜，张斌. 分布式约束优化方法研究进展[J]. 软件学报，2016，27(2)：264-279.

[9] 杨挺，赵黎媛，王成山. 人工智能在电力系统及综合能源系统中的应用综述[J]. 电力系统自动化，2019，43(1)：2-14.

[10] 黄双燕，杨辽，陈曦，等. 机器学习法的干旱区典型农作物分类[J]. 光谱学与光谱分析，2018，38(10)：3169-3176.

[11] 孙也婷，陈桃林，何度，等. 基于精神影像和人工智能的抑郁症客观生物学标志物研究进展[J]. 生物化学与生物物理进展，2019，46(9)：879-899.

[12] 姚锡凡，刘敏，张剑铭，等. 人工智能视角下的智能制造前世今生与未来[J]. 计算机集成制造系统，2019，25(1)：19-34.

[13] 李渊，骆志刚，管乃洋，等. 生物医学数据分析中的深度学习方法应用[J]. 生物化学与生物物理进展，2016，43(5):472-483.

[14] 张闯，王文学，席宁，等. 类生命机器人发展与未来挑战[J]. Engineering，2018，4(4)：53-77.

[15] Billie F.Spencer Jr.，Vedhus Hoskere，Yasutaka Narazaki. 基于计算机视觉的民用基础设施的检查与监测研究进展[J]. Engineering，2019，5(2)：199-248.

[16] 刘鹏，吴瑞梅，杨普香，等. 基于计算机视觉技术的茶叶品质随机森林感官评价方法研究[J]. 光谱学与光谱分析，2019，39(1)：193-198.

[17] 曾毅，刘成林，谭铁牛. 类脑智能研究的回顾与展望[J]. 计算机学报，2016，39(1)：212-222.

# 第 2 章

# 知识与知识表示

人类的智能活动主要是获得并运用知识。知识是智能的基础。为了使计算机具有智能，能模拟人类的智能行为，就必须使它具有知识。但人类的知识需要以适当的模式表示出来，才能存储到计算机中并能够被运用。因此，知识的表示成为人工智能领域中一个十分重要的研究课题。

知识图谱技术是人工智能技术的组成部分，其强大的语义处理和互联组织能力，为智能化信息应用提供了基础。知识图谱以结构化的形式描述客观世界中的概念、实体间的复杂关系，将互联网信息转换成更接近人类认知世界的形式，为人类提供了一种更好的组织、管理和理解互联网海量信息的能力。

本章将首先介绍知识的概念、特征与知识表示的概念；然后介绍谓词逻辑、产生式、状态空间、框架知识表示法等当前人工智能中应用比较广泛的知识表示方法；最后介绍知识图谱的相关概念以及在现实生活中的应用，为后面介绍推理方法、搜索专家系统等奠定理论基础。

## 2.1  知识与知识表示的内涵

### 2.1.1  知识的概念

在现实生活中，经常会出现数据、信息、知识相关叙述，但通常人们对三者之间的关系认识还不够准确。一般认为，数据是记录客观事物的、可以鉴别的符号，这些符号不仅指数字，而且包括字符、文字、图形等；数据经过处理仍然是数据。处理数据是为了便于更好地解释，只有经过解释，数据才有意义，才成为信息；可以说信息是经过加工以后，并对客观世界产生影响的数据。信息是对客观世界各种事物特征的反映，是关于客观事实的可沟通的知识。所谓知识，就是反映各种事物的信息进入人们大脑，对神经细胞产生作用后留下的痕迹。知识是由信息形成的。在管理过程中，同一数据，每个人的解释可能不同，对决策的影响可能不同。结果，决策者利用经过处理的数据做出决策，可能取得成功，也可能失败，这里的关键在于对数据的解释是否正确，即是否正确地运用知识对数据做出解释，以得到准确的信息。

知识是人们在长期的生活及社会实践中、在科学研究及实验中积累起来的对客观世界的认识与经验。知识是符合文明方向的、人类对物质世界以及精神世界探索的结果总和。人们把对实践中获得的信息进行智能性加工后关联在一起，就形成了知识。一般来说，把有关信息关联在一起后形成的信息结构称为知识，"信息"与"关联"是构成知识的两个要素。

信息之间有多种关联形式，不同事物或相同事物间的不同关系形成了不同的知识。例如，"雪是白色的"是一条知识，它反映了"雪"与"白色"之间的一种关系。又如"如果他学过人工智能课程，则他应该知道什么叫知识"也是一条知识，它反映了"学过人工智能"与"知道什么叫知识"之间的一种因果关系。在人工智能中，把前一种知识称为"事实"，而把后一种知识，即用"如果……，则……"关联起来、反映信息之间某种因果关系的知识称为"规则"。

## 2.1.2 知识的特征

### 1. 相对正确性

知识是人们对客观世界认识的结晶，并且受到长期实践的检验。因此，在一定的条件及环境下，知识是正确的。这里，"一定的条件及环境"是必不可少的，它是知识正确性的前提。因为任何知识都是在一定条件及环境下产生的，所以也就只有在这种条件及环境下才是正确的。例如，牛顿力学定律在一定条件下才是正确的。又如，1+1=2，这是一条众所周知的正确知识，但是也只有在十进制的前提下才是正确的，如果是二进制，就是错误的。

在人工智能中，知识的相对正确性更加突出。除了人类知识本身的相对正确性外，在建造专家系统时，为了减少知识库的规模，通常将知识限制在所求解问题的范围内。也就是说，只要这些知识对所求解的问题是正确的就行。例如，在一个简单的动物识别系统中，因为仅仅识别了老虎、金钱豹、斑马、长颈鹿、企鹅、鸵鸟、老鹰这七种动物，所以知识"如果该动物是鸟类并且善跑，则该动物是鸵鸟"是正确的。

### 2. 不确定性

由于现实世界的复杂性，信息可能是精确的，也可能是不精确的、模糊的；关联是确定的，也可能是不确定的。这就使知识并不总是只有"真"与"假"这两种状态，而是在"真"与"假"之间还存在许多中间状态，即存在为"真"的程度问题。知识的这一特性称为不确定性。

造成知识具有不确定性的原因有很多，主要有以下几个：

(1) 由随机性引起的不确定性。由随机事件形成的知识不能简单地用"真"或"假"来刻画，它是不确定的。例如，"如果头痛且流鼻涕，则有可能感冒了"这条知识，虽然大部分情况下可能患了感冒，但是有时候具有"头痛且流鼻涕"的人不一定都"患了感冒"。其中的"有可能"实际上就反映了"头痛且流鼻涕"与"患了感冒"之间的一种不确定的因果关系。因此，它是一条具有不确定性的知识。

(2) 由模糊性引起的不确定性。由于某些事物客观上存在的模糊性，使得人们无法把两个相似的事物严格区分开来，不能明确地判定一个对象是否符合一个模糊概念；又由于某些事物

之间存在着模糊关系，使得我们不能准确地判定它们之间的关系究竟是"真"还是"假"。像这样由模糊概念、模糊关系形成的知识显然是不确定的。例如，"如果张三跑得较快，那么他的跑步成绩就比较好"，这里的"较快""成绩较好"都是模糊的。

(3) 由经验引起的不确定性。知识一般是由领域专家提供的，这种知识大都是领域专家在长期的实践及研究中积累起来的经验性知识。如老马识途，通过有经验的老马，帮助迷路的部队找出出路。尽管领域专家以前多次运用这些知识都是成功的，但是不能保证每次都是正确的。实际上，经验性知识自身就蕴含着不确定性和模糊性，这就导致知识的不确定性。

(4) 由不完全性引起的不确定性。人们对客观世界的认识是逐步提高的，只有在积累了大量的感性认识之后才能提升到理性认识的高度，形成某种知识。因此，知识有一个逐步完善的过程。在此过程中，或者由于客观事物表露得不够充分，致使人们对它的认识不够全面；或者对充分表露的事物一时抓不住本质，使人们对它的认识不够准确。这种认识上的不完全、不准确必然导致相应的知识是不精确、不确定的。例如，火星上没有高级生命其实是确定的，但是我们对火星了解的不完全造成人类对有关火星知识的不确定性。不完全性是使知识具有不确定性的一个重要原因。

### 3. 可表示性与可利用性

知识的可表示性是指知识可以用适当形式表示出来，如使用语言、文字、图形、神经网络等形式，这样才能被存储、传播。知识的可利用性是指知识可以被利用。这是不言而喻的，我们每个人天天都在利用自己掌握的知识来解决各种问题。

## ▼ 2.1.3　知识表示的概念

知识表示(knowledge representation)就是将人类知识形式化或模型化。

知识表示的目的是让计算机存储和运用人类的知识。现有的知识表示方法大都是在进行某项具体研究时提出来的，有一定的针对性和局限性，目前已经提出了许多知识表示方法。接下来将介绍常用的谓词逻辑、产生式、状态空间、框架表示法，其他几种知识表示方法(如神经网络等)将在后续章节中结合应用再做介绍。

## 2.2　知识表示方法

## ▼ 2.2.1　一阶谓词逻辑表示法

人工智能中用到的逻辑可划分为两大类。一类是经典逻辑，包括命题逻辑和一阶谓词逻辑，其特点是任何一个命题的真值或者为"真"，或者为"假"，二者必居其一。由于只有两个真值，因此又称为二值逻辑。另一类泛指经典逻辑外的那些逻辑，主要包括三值逻辑、多值逻辑、模糊逻辑等，统称为非经典逻辑。

命题逻辑与谓词逻辑是最先应用于人工智能的两种逻辑，在知识的形式化表示方面，特别是定理的自动证明方面，发挥了重要作用，在人工智能的发展史中占有重要地位。

### 1. 命题

谓词逻辑是在命题逻辑基础上发展起来的，命题逻辑可看作谓词逻辑的一种特殊形式。下面首先讨论命题的概念。

**定义 2-1**　命题(proposition)是非真即假的陈述句。

判断一个句子是否为命题，应该先判断它是否为陈述句，再判断它是否有唯一的真值。没有真假意义的语句(如感叹句、疑问句等)不是命题。

若命题的意义为真，称它的真值为真，记作 T(True)；若命题的意义为假，称它的真值为假，记作 F(False)。例如，"北京是中华人民共和国的首都""3<5"都是真值为 T 的命题，"太阳从西边升起""煤球是白色的"都是真值为 F 的命题。

一个命题不能同时既为真又为假，但可以在一种条件下为真，在另一种条件下为假。例如，"1+1=10"在二进制情况下是真值为 T 的命题，但在十进制情况下是真值为 F 的命题。同样，对于命题"今天是晴天"，也要看当天的实际情况才能决定其真值。

在命题逻辑中，命题通常用大写的英文字母表示。例如，可用英文字母 $P$ 表示"西安是座古老的城市"这个命题。

英文字母表示的命题既可以是一个特定的命题，称为命题常量；也可以是一个抽象的命题，称为命题变量(或称为命题变元)。对于命题变量而言，只有把确定的命题代入后，才可能有明确的真值。

简单陈述句表达的命题称为简单命题或原子命题。引入否定、合取、析取、条件、双条件等连接词，可以将原子命题构成复合命题。可以定义命题的推理规则和蕴涵式，从而进行简单的逻辑证明。

命题逻辑表示法有较大的局限性，既不能把描述的事物的结构及逻辑特征反映出来，也不能把不同事物间的共同特征表述出来。例如，对于"老李是小李的父亲"这一命题，若用英文字母表示，比如使用字母 $P$，则无论如何也看不出老李与小李的父子关系。又如，对于"李白是诗人""杜甫也是诗人"这两个命题，用命题逻辑表示时，也无法把两者的共同特征(都是诗人)形式化地表示出来。由于这些原因，在命题逻辑的基础上发展出谓词逻辑。

### 2. 谓词

谓词(predicate)逻辑是基于命题中谓词分析的一种逻辑。谓词可分为谓词名与个体两部分。个体表示某个独立存在的事物或某个抽象的概念，谓词名用于刻画个体的性质、状态或个体间的关系。

谓词的一般形式是：

$$P(x_1, x_2, \cdots, x_n) \tag{2-1}$$

其中，$P$ 是谓词名，$x_1$，$x_2$，$\cdots$，$x_n$ 是个体。

谓词中包含的个体数目称为谓词的元数。$P(x)$ 是一元谓词，$P(x, y)$ 是二元谓词，$P(x_1, x_2, \cdots, x_n)$ 是 $n$ 元谓词。

谓词名是由使用者根据需要人为定义的，一般用具有相应意义的英文单词表示，或者用大

写的英文字母表示，也可以用其他符号，甚至用中文表示。个体通常用小写的英文字母表示。例如对于谓词 $S(x)$，既可以定义它表示"$x$ 是一名学生"，也可以定义它表示"$x$ 是一艘船"。

在谓词中，个体可以是常量，也可以是变量，还可以是函数。个体常量、个体变量、函数统称为"项"。

### 1) 个体是常量，表示一个或一组指定的个体

例如，"老张是一位教师"这个命题，可表示为一元谓词 Teacher(Zhang)。其中，Teacher 是谓词名，Zhang 是个体，Teacher 刻画了 Zhang 的职业是教师这一特征。

"5>3"这个不等式命题，可表示为二元谓词 Greater(5, 3)。其中，Greater 是谓词名，5 和 3 是个体，Greater 刻画了 5 与 3 之间的"大于"关系。

"Smith 作为一名工程师为 IBM 工作"这个命题，可表示为三元谓词 Works(Smith, IBM, Engineer)。

命题的谓词表示也不是唯一的。例如，"老张是一位教师"这个命题，也可表示为二元谓词 Is-a(Zhang, Teacher)。

### 2) 个体是变量，表示没有指定的一个或一组个体

例如，"$x<5$"这个命题可表示为 Less($x$, 5)。其中，$x$ 是变量。

当变量可通过具体的个体名代替时，称变量被常量化。当谓词中的变量都用特定的个体取代时，谓词就具有确定的真值：T 或 F。

个体变量的取值范围称为个体域。个体域可以是有限的，也可以是无限的。例如，若用 $I(x)$ 表示"$x$ 是整数"，则个体域是所有整数，它是无限的。

### 3) 个体是函数，表示一个个体到另一个个体的映射

例如，"小李的父亲是教师"，可表示为一元谓词 Teacher(father(Li))；"小李的妹妹与小张的哥哥结婚"，可表示为二元谓词 Married(sister(Li), brother(Zhang))。其中，father(Li)、sister(Li) 与 brother(Zhang) 是函数。

函数可以递归调用。例如，"小李的祖父"可以表示为 father(father(Li))。

函数与谓词表面上很相似，容易混淆，其实这是两个完全不同的概念。谓词的真值是"真"或"假"，而函数的值是个体域中的某个个体，函数无真值可言，它只是个体域中从一个个体到另一个个体的映射。

在谓词 $P(x_1, x_2, \cdots, x_n)$ 中，若 $x_i(i=1, 2, \cdots, n)$ 都是个体常量、变量或函数，则称它为一阶谓词；若 $x_i$ 本身又是一个一阶谓词，则称它为二阶谓词；余者可依此类推。例如，"Smith 作为一名工程师为 IBM 工作"这个命题，可表示为二阶谓词 Works(Engineer(Smith), IBM)，因为其中的个体 Engineer(Smith) 也是一个一阶谓词。本书讨论的都是一阶谓词。

### 3. 谓词公式

无论是命题逻辑还是谓词逻辑，均可用下列连接词把一些简单命题连接起来构成复合命题，以表示比较复杂的含义。

### 1) 连接词(连词)

(1) ⌐：称为"否定"(Negation)或"非"，表示否定位于它后面的命题。当命题 $P$ 为真时，

$\neg P$ 为假；当 $P$ 为假时，$\neg P$ 为真。

例如，"机器人不在 2 号房间内"可表示为

$$\neg InRoom(Robot, R2)$$

(2) $\wedge$：称为"合取"(Conjunction)，表示用它连接的两个命题具有"与"的关系。

例如，"我喜爱音乐与绘画"可表示为

$$Like(I, Music) \wedge Like(I, Painting)$$

某些较简单的句子也可以用 $\wedge$ 构成复合形式，例如："李明住在一幢黄色的房子里"可表示为

$$Lives(LiMing, House-1) \wedge Color(House-1, Yellow)$$

(3) $\vee$：称为"析取"(Disjunction)，表示用它连接的两个命题具有"或"的关系。

例如，"李明打篮球或踢足球"可表示为

$$Plays(LiMing, Basketball) \vee Plays(LiMing, Football)$$

(4) $\rightarrow$：称为"蕴涵"(Implication)或"条件"(Condition)。$P \rightarrow Q$ 表示"$P$ 蕴涵 $Q$"，即表示"如果 $P$，则 $Q$"。其中，$P$ 称为条件的前件，$Q$ 称为条件的后件。

例如：

"如果刘华跑得最快，那么他取得冠军"可表示为

$$Run(LiuHua, Fastest) \rightarrow Wins(LiuHua, Champion)$$

"如果书是李明的，那么书是蓝色的"可表示为

$$Owns(LiMing, Book-1) \rightarrow Color(Book-1, Blue)$$

"如果 Jones 制造了一个传感器，且这个传感器不能用，那么他将在晚上进行修理，或在第二天把它交给工程师"可表示为

$$Produces(Jones, Sensor) \wedge \neg Works(Sensor) \rightarrow$$
$$Fix(Jones, Sensor, Evening) \vee Give(Sensor, Engineer, Next-Day)$$

如果后项取值 T(不管前项的值如何)，或者前项取值 F(不管后项的值如何)，则蕴涵取值 T，否则蕴涵取值 F。注意，只有前项为真且后项为假时，蕴涵才为假，其余均为真，如表 2-1 所示。

"蕴涵"与汉语中的"如果……，则……"有区别，汉语中前后要有联系，而命题中可以毫无关系。例如，"如果太阳从西边出来，则雪是白色的"是一个真值为 T 的命题。

(5) $\leftrightarrow$：称为"等价"(Equivalence)或"双条件"(Bicondition)。$P \leftrightarrow Q$ 表示"$P$ 当且仅当 $Q$"。

以上连接词的真值由表 2-1 给出。

表2-1　谓词逻辑的真值表

| $P$ | $Q$ | $\neg P$ | $P \vee Q$ | $P \wedge Q$ | $P \rightarrow Q$ | $P \leftrightarrow Q$ |
|-----|-----|----------|------------|--------------|-------------------|-----------------------|
| T | T | F | T | T | T | T |
| T | F | F | T | F | F | F |
| F | T | T | T | F | T | F |
| F | F | T | F | F | T | T |

### 2) 量词(quantifier)

为刻画谓词与个体间的关系，在谓词逻辑中引入了两个量词：全称量词和存在量词。

全称量词(universal quantifier)($\forall x$)：表示"对个体域中的所有(或任何一个)个体 $x$"。例如：
"所有机器人都是灰色的"可表示为

$$(\forall x)[Robot(x) \rightarrow Color(x, Gray)]$$

"所有的车工都操作车床"可表示为

$$(\forall x)[Turner(x) \rightarrow Operates(x, Lathe)]$$

存在量词(existential quantifier)($\exists x$)：表示"在个体域中存在个体 $x$"。例如：
"1 号房间有个物体"可表示为

$$(\exists x)InRoom(x, r1)$$

"某个工程师操作车床"可表示为

$$(\exists x)[Engineer(x) \rightarrow Operates(x, Lathe)]$$

全称量词和存在量词可以出现在同一个命题中。例如，设谓词F$(x, y)$表示 $x$ 与 $y$ 是朋友，于是：

$(\forall x)(\exists y)F(x, y)$表示对于个体域中的任何个体 $x$ 都存在个体 $y$，$x$ 与 $y$ 是朋友。

$(\exists x)(\forall y)F(x, y)$表示个体域中存在个体 $x$ 与个体域中的任何个体 $y$ 都是朋友。

$(\exists x)(\exists y)F(x, y)$表示个体域中存在个体 $x$ 与个体 $y$，$x$ 与 $y$ 是朋友。

$(\forall x)(\forall y)F(x, y)$表示对于个体域中的任何两个个体 $x$ 和 $y$，$x$ 与 $y$ 都是朋友。

当全称量词和存在量词出现在同一个命题中时，这时量词的次序将影响命题的意思。例如：

$(\forall x)(\exists y)(Employee(x) \rightarrow Manager(y, x)$表示"每个雇员都有经理"，

而$(\exists y)(\forall x)(Employee(x) \rightarrow Manager(y, x)$表示"有一个人是所有雇员的经理"。

又如：

$(\forall x)(\exists y)Love(x, y)$表示"每个人都有喜欢的人"，

而$(\exists y)(\forall x)Love(x, y)$表示"有的人大家都喜欢"。

### 3) 谓词公式

**定义 2-2** 可按下述规则得到谓词公式：

- 单个谓词是谓词公式，称为原子谓词公式。
- 若A是谓词公式，则$\neg$A也是谓词公式。

- 若A、B都是谓词公式，则A∧B、A∨B、A→B、A↔B也都是谓词公式。
- 若A是谓词公式，则(∀x)A、(∃x)A也都是谓词公式。
- 应用以上规则生成的公式也是谓词公式。

谓词公式的概念：由谓词符号、常量符号、变量符号、函数符号以及括号、逗号等按一定语法规则组成的字符串表达式。

在谓词公式中，连接词的优先级别从高到低排列后如下：

$$¬ \quad ∧ \quad ∨ \quad → \quad ↔$$

#### 4) 量词的辖域

位于量词后面的单个谓词或者用括号括起来的谓词公式称为量词的辖域，辖域内与量词中同名的变量称为约束变量，不受约束的变量称为自由变量。

例如：

$$∃x(P(x, y)→Q(x, y))∨R(x, y)$$

其中，$(P(x, y)→Q(x, y))$是$(∃x)$辖域，辖域内的变量 $x$ 是受$(∃x)$约束的变量，而$R(x, y)$中的 $x$ 是自由变量。公式中的所有 $y$ 都是自由变量。

在谓词公式中，变量的名字是无关紧要的，可以把一个名字换成另一个名字。但必须注意，当对量词辖域内的约束变量改名时，必须把同名的约束变量统一改成相同的名字，且不能与辖域内的自由变量同名；当对辖域内的自由变量改名时，不能改成与约束变量相同的名字。例如，对于公式$(∀x)P(x, y)$，可改名为$(∀z)P(z, t)$，这里把约束变量 $x$ 改成 $z$，把自由变量 $y$ 改成了 $t$。

### 4. 谓词公式的性质

#### 1) 谓词公式的解释

在命题逻辑中，对命题公式中各个命题变量的一次真值指派称为命题公式的解释。一旦命题确定后，根据各连接词的定义就可以求出命题公式的真值(T 或 F)。

在谓词逻辑中，由于公式中可能有个体变量以及函数，因此不能像命题公式那样直接通过真值指派给出解释，必须首先考虑个体变量和函数在个体域中的取值，然后才能针对变量与函数的具体取值为谓词分别指派真值。由于存在多种组合情况，因此一个谓词公式的解释可能有多个。对于每一个解释，谓词公式都可求出真值(T 或 F)。

#### 2) 谓词公式的永真性、永假性、可满足性、不可满足性

**定义 2-3** 如果谓词公式 $P$ 对个体域 $D$ 上的任何一个解释都取得真值 T，则称 $P$ 在 $D$ 上是永真的；如果 $P$ 在每个非空个体域上均永真，则称 $P$ 永真。

**定义 2-4** 如果谓词公式 $P$ 对个体域 $D$ 上的任何一个解释都取得真值 F，则称 $P$ 在 $D$ 上是永假的；如果 $P$ 在每个非空个体域上均永假，则称 $P$ 永假。

可见，为了判定某个公式永真，必须对每个个体域上的所有解释逐个判定。当解释的个数无限时，公式的永真性就很难判定了。

**定义 2-5** 对于谓词公式 $P$，如果至少存在一个解释使得公式 $P$ 在这个解释下的真值为 T，则称公式 $P$ 是可满足的；否则，称公式 $P$ 是不可满足的。

### 3) 谓词公式的等价性

**定义 2-6** 假设 $P$ 与 $Q$ 是两个谓词公式，$D$ 是它们共同的个体域，若对 $D$ 上的任何一个解释，$P$ 与 $Q$ 都有相同的真值，则称公式 $P$ 和 $Q$ 在 $D$ 上是等价的。如果 $D$ 是任意个体域，则称 $P$ 和 $Q$ 是等价的，记作 $P \Leftrightarrow Q$。

下面列出今后要用到的一些主要等价式：

- 交换律

$$P \lor Q \Leftrightarrow Q \lor P$$
$$P \land Q \Leftrightarrow Q \land P$$

- 结合律

$$(P \lor Q) \lor R \Leftrightarrow P \lor (Q \lor R)$$
$$(P \land Q) \land R \Leftrightarrow P \land (Q \land R)$$

- 分配律

$$P \lor (Q \land R) \Leftrightarrow (P \lor Q) \land (P \lor R)$$
$$P \land (Q \lor R) \Leftrightarrow (P \land Q \lor (P \land R)$$

- 德摩根(De Morgen)律

$$\neg(P \lor Q) \Leftrightarrow \neg P \land \neg Q$$
$$\neg(P \land Q) \Leftrightarrow \neg P \lor \neg Q$$

- 双重否定律(对合律)

$$\neg \neg P \Leftrightarrow P$$

- 吸收律

$$P \lor (P \land Q) \Leftrightarrow P$$
$$P \land (P \lor Q) \Leftrightarrow P$$

- 补余律(否定律)

$$P \lor \neg P \Leftrightarrow T$$
$$P \land \neg P \Leftrightarrow F$$

- 连接词化归律

$$P \rightarrow Q \Leftrightarrow \neg P \lor Q$$

- 逆否律

$$P \rightarrow Q \Leftrightarrow \neg Q \rightarrow \neg P$$

- 量词转换律

$$\neg(\exists x)P \Leftrightarrow (\forall x)(\neg P)$$
$$\neg(\forall x)P \Leftrightarrow (\exists x)(\neg P)$$

● 量词分配律

$$(\forall x)(P \wedge Q) \Longleftrightarrow (\forall x)P \wedge (\forall x)Q$$
$$(\exists x)(P \vee Q) \Longleftrightarrow (\exists x)P \vee (\exists x)Q$$

**4) 谓词公式的永真蕴涵**

**定义 2-7** 对于谓词公式 $P$ 与 $Q$，如果 $P \rightarrow Q$ 永真，则称公式 $P$ 永真蕴涵 $Q$，记作 $P \Rightarrow Q$，且称 $Q$ 为 $P$ 的逻辑结论，$P$ 为 $Q$ 的前提。

下面列出今后要用到的一些主要永真蕴涵式：

(1) 假言推理

$$P, P \rightarrow Q \Rightarrow Q$$

即由 $P$ 为真及 $P \rightarrow Q$ 为真，可推出 $Q$ 为真。

(2) 拒取式推理

$$\neg Q, P \rightarrow Q \Rightarrow \neg P$$

即由 $Q$ 为假及 $P \rightarrow Q$ 为真，可推出 $P$ 为假。

(3) 假言三段论

$$P \rightarrow Q, Q \rightarrow R \Rightarrow P \rightarrow R$$

即由 $P \rightarrow Q$ 和 $Q \rightarrow R$ 为真，可推出 $P \rightarrow R$ 为真。

(4) 全称固化

$$(\forall x)P(x) \Rightarrow P(y)$$

其中，$y$ 是个体域中的任意个体，利用以上永真蕴涵式可消去公式中的全称量词。

(5) 存在固化

$$(\exists x)P(x) \Rightarrow P(y)$$

其中，$y$ 是个体域中某一可使 $P(y)$ 为真的个体。利用以上永真蕴涵式可消去公式中的存在量词。

(6) 反证法

当且仅当 $P \wedge \neg Q \Longleftrightarrow F$ 时

$$P \Rightarrow Q$$

即 $Q$ 为 $P$ 的逻辑结论，$P \wedge \neg Q$ 是不可满足的。

**定理** $Q$ 为 $P_1$，$P_2$，$\cdots$，$P_n$ 的逻辑结论，当且仅当 $(P_1 \wedge P_2 \wedge \cdots \wedge P_n) \wedge \neg Q$ 是不可满足的。

以上定理是归结反演的理论依据。

上面列出的等价式及永真蕴涵式是进行演绎推理的主要依据，因此这些公式又称为推理规则。

**5. 一阶谓词逻辑表示法**

从前面介绍的谓词逻辑的例子可见，用谓词公式表示知识的一般步骤如下。

步骤 1：定义谓词及个体，确定每个谓词及个体的确切定义。

步骤 2：根据要表达的事物或概念，为谓词中的变量赋予特定的值。

步骤 3：根据语义用适当的连接符号将各个谓词连接起来，形成谓词公式。

**例 2-1** 用一阶谓词逻辑表示每个储蓄钱的人都得到利息。

**解** 定义谓词：save($x$)表示 $x$ 储蓄钱，interest($x$)表示 $x$ 获得利息。"每个储蓄钱的人都得到利息"可以表示为

$$(\forall x)(\text{save}(x) \rightarrow \text{interest}(x))$$

一阶谓词逻辑表示并不是唯一的。例如，例 2-1 也可以按如下方法表示。

定义谓词：save($x,y$)表示 $x$ 储蓄 $y$，money($y$)表示 $y$ 是钱，interest($u$)表示 $u$ 是利息，obtain($x,u$)表示 $x$ 获得 $u$。"每个储蓄钱的人都得到利息"可以表示为

$$(\forall x)((\exists y)(\text{money}(y) \wedge \text{save}(x,y) \rightarrow (\exists u)(\text{interest}(u) \wedge \text{obtain}(x,u)))$$

实际上，关系数据库也可以用一阶谓词表达，如表 2-2 所示。

表2-2　关系数据库中的表

| 住户 | 房间 | 电话号码 |
|---|---|---|
| Zhang | 201 | 491 |
| Li | 201 | 492 |
| Wang | 202 | 451 |
| Zhao | 203 | 451 |

表 2-2 中有两个关系：

Occupant(给定用户和房间的居住关系)

Telephone(给定电话号码和房间的电话关系)

用一阶谓词可表示为：

Occupant(Zhang, 201)，Occupant(Li, 201)，…

Telephone(491, 201)，Telephone(492, 201)，…

### 6. 一阶谓词逻辑表示法的特点

#### 1) 一阶谓词逻辑表示法的优点

**自然性**

谓词逻辑是一种接近自然语言的形式语言，用它表示的知识比较容易理解。

**精确性**

谓词逻辑是二值逻辑，其谓词公式的真值只有"真"与"假"，因此可用它表示精确的知识，可保证演绎推理所得结论的精确性。

**严密性**

谓词逻辑具有严格的形式定义及推理规则，利用这些推理规则及有关定理证明技术可从已知事实推出新的事实，或证明所做的假设。

**容易实现**

用谓词逻辑表示的知识可以比较容易地转换为计算机的内部形式，易于模块化，便于对知识进行增加、删除及修改。

**2) 一阶谓词逻辑表示法的局限性**

**不能表示不确定的知识**

谓词逻辑只能表示精确性的知识，不能表示不精确、模糊性的知识，但人类的知识在不同程度上具有不确定性，这使得表示知识的范围受到限制。

**组合爆炸**

在推理过程中，随着事实数目的增大以及盲目地使用推理规则，有可能形成组合爆炸。目前人们在这一方面做了大量的研究工作，出现了一些比较有效的方法，如定义过程或启发式控制策略来选取合适的规则等。

**效率低**

用谓词逻辑表示知识时，推理是根据形式逻辑进行的，把推理与知识的语义割裂开来，这就使得推理过程冗长，降低了系统的效率。

尽管谓词逻辑表示法有以上一些局限性，但它仍是一种重要的表示方法，许多专家系统的知识表达都采用谓词逻辑表示，如格林等人研制的用于求解化学方面问题的 QA3 系统[1]、菲克斯等人研制的 STRIPS 机器人行动规划系统[2]以及菲尔曼等人研制的 FOL 机器证明系统[3]。

## 2.2.2 产生式表示法

产生式表示法又称为产生式规则(production rule)表示法。"产生式"这一术语是由美国数学家波斯特(E. Post)在 1943 年首先提出来的，他根据串代替规则提出了一种称为波斯特机的计算模型，模型中的每条规则称为产生式。如今，产生式表示法已被应用到多个领域，已成为人工智能中应用最多的一种知识表示模型。

### 1. 产生式

产生式又称为规则或产生式规则，通常用于表示事实、规则以及它们的不确定性度量，适合于表示事实性知识和规则性知识。

**1) 确定性规则知识的产生式表示**

确定性规则知识的产生式表示的基本形式如下：

$$\text{IF} \quad P \quad \text{THEN} \quad Q$$

或者

$$P \rightarrow Q$$

其中，$P$ 是产生式的前提，有时又称为"条件""前提条件""前件""左部"等，用于指出产生式可用的条件；$Q$ 是一组结论或操作，有时又称为"后件""右部"等，用于指出当前提 $P$ 指示的条件满足时，应该得出的结论或者应该执行的操作。整个产生式的含义是：如果前提 $P$ 被满足，则结论 $Q$ 成立或执行 $Q$ 所规定的操作。示例如下。

$r_1$: IF 动物有犬齿 AND 有爪 AND 眼盯前方 THEN 该动物是食肉动物

这就是一个产生式。$r_1$ 是该产生式的编号；"动物有犬齿 AND 有爪 AND 眼盯前方"是

该产生式的前提 $P$，"该动物是食肉动物"是该产生式的结论 $Q$。

### 2) 不确定性规则知识的产生式表示

不确定性规则知识的产生式表示的基本形式如下：

$$\text{IF} \quad P \quad \text{THEN} \quad Q(置信度)$$

或者

$$P \rightarrow Q(置信度)$$

例如

$$r_2: \text{IF} \ \text{发烧} \ \text{AND} \ \text{流鼻涕} \ \text{THEN} \ \text{感冒}(0.6)$$

这表示当前提中列出的各个条件都得到满足时，结论"感冒"可以相信的程度为 0.6，这里用 0.6 指出了知识的强度。

### 3) 确定性事实性知识的产生式表示

确定性事实一般用三元组表示：

(对象，属性，值)或者(关系，对象1，对象2)

例如，小王的考试成绩为 98 分，表示为(Wang, Grade, 98)。小王和小张是同学，表示为(Classmate, Wang, Zhang)。

### 4) 不确定性事实性知识的产生式表示

不确定性事实一般用四元组表示：

(对象，属性，值，置信度)或者(关系，对象1，对象2，置信度)

例如，小王这次考试很可能得了 90 分，表示为(Wang, Grade, 90, 0.8)。小王和小李是朋友的可能性不大，表示为(Friend, Wang, Li, 0.1)。

## 2. 产生式系统

把一组产生式放在一起，让它们相互配合、协同作用，一个产生式生成的结论可以供另一个产生式作为已知事实使用，以求得问题的解，这样的系统称为产生式系统。

一般来说，产生式系统由规则库、控制系统(推理机)、综合数据库三部分组成，它们之间的关系如图 2-1 所示。

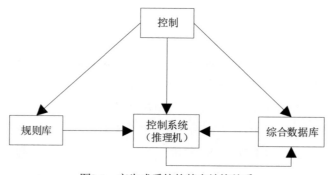

图2-1　产生式系统的基本结构关系

**1) 规则库**

用于描述相应领域内知识的产生式集合称为规则库。

显然，规则库是产生式系统求解问题的基础，其知识是否完整、一致，表达是否准确、灵活，对知识的组织是否合理等，将直接影响到系统的性能。因此，需要对规则库中的知识进行合理的组织和管理，检测并排除冗余及矛盾的知识，保持知识的一致性。采用合理的结构形式，可使推理避免访问那些与求解当前问题无关的知识，从而提高求解问题的效率。

**2) 综合数据库**

综合数据库又称为事实库、上下文、黑板等，是一种用于存放问题求解过程中各种当前信息的数据结构，如问题的初始状态、原始证据、推理中得到的中间结论及最终结论。当规则库中某个产生式的前提可与综合数据库的某些已知事实相匹配时，该产生式就被激活，并把推出的结论放入综合数据库，作为后面推理的已知事实。显然，综合数据库的内容是在不断变化的。

**3) 控制系统**

控制系统又称为推理机，由一组程序组成，负责整个产生式系统的运行，实现对问题的求解。粗略地说，推理机要做以下几项工作：

- 按一定的策略从规则库中选择条件并与综合数据库中的已知事实进行匹配。所谓匹配，是指把规则的前提条件与综合数据库中的已知事实进行比较，如果两者一致，或者近似一致且满足预先规定的条件，则匹配成功，相应的规则可被使用，否则匹配不成功。
- 冲突消解。匹配成功的规则可能不止一条，这称为发生了冲突。此时，推理机构必须调用相应的冲突解决策略进行消解，以便从匹配成功的规则中选出一条执行。
- 执行规则。如果某一规则的右部是一个或多个结论，则把这些结论加入综合数据库；如果规则的右部是一个或多个操作，则执行这些操作。对于不确定性知识，在执行每条规则时还要按照一定的算法计算结论的不确定性。
- 检查推理终止条件。检查综合数据库中是否包含了最终结论，决定是否停止系统的运行。

**3. 产生式表示法的特点**

**1) 产生式表示法的主要优点**

**自然性**

产生式表示法用"如果……，则……"的形式表示知识，这是人们常用的一种表达因果关系的知识表示形式，既直观、自然，又便于进行推理。正是由于这一原因，才使得产生式表示法成为人工智能中最重要且应用最多的一种知识表示方法。

**模块性**

产生式是规则库中最基本的知识单元，它们同推理机构相对独立，而且每条规则都具有相同的形式。这就便于对其进行模块化处理，为知识的增、删、改带来了方便，为规则库的建立和扩展提供了可管理性。

**有效性**

产生式表示法既可表示确定性知识，又可表示不确定性知识；既有利于表示启发式知识，

又可方便地表示过程性知识。目前已建造成功的专家系统大部分是用产生式来表达过程性知识的。

### 清晰性

产生式有固定的格式。每一条产生式规则都由前提与结论(操作)两部分组成，而且每一部分所含的知识量都比较少。这既便于对规则进行设计，又易于对规则库中知识的一致性及完整性进行检测。

**2) 产生式表示法的主要缺点**

### 效率不高

在产生式系统求解问题的过程中，首先要用产生式的前提部分与综合数据库中的已知事实进行匹配，从规则库中选出可用的规则，此时选出的规则可能不止一条，这就需要按指定的策略进行"冲突消解"，然后对选中的规则启动执行。因此，用产生式系统求解问题是一个反复进行"匹配—冲突消解—执行"的过程。鉴于规则库一般都比较庞大，而匹配又是一件十分费时的工作，因此工作效率不高，而且大量的产生式规则容易引起组合爆炸。

### 不能表达具体结构的知识

产生式适合于表达具有因果关系的过程性知识，是一种非结构化的知识表示方法，所以对具有结构关系的知识无能为力，不能把具有结构关系的事物间的区别与联系表示出来。后面介绍的框架表示法可以解决这方面的问题。因此，产生式表示法除了可以独立作为一种知识表示模式外，还经常与其他表示法结合起来表示特定领域的知识。例如，在专家系统 PROSPECTOR 中将产生式表示法与语义网络相结合，在 Alkins 中把产生式表示法与框架表示法结合起来，等等。

**3) 产生式表示法适合表示的知识**

由上述关于产生式表示发的特点，可以看出产生式表示法适合于表示具有下列特点的领域知识。

- 由许多相对独立的知识元组成的领域知识，彼此间关系不密切，不存在结构关系，如化学反应方面的知识。
- 具有经验性及不确定性的知识，而且相关领域对这些知识没有严格、统一的理论，如医疗诊断、故障诊断等方面的知识。
- 领域问题的求解过程可被表示为一系列相对独立的操作，而且每个操作可被表示为一条或多条产生式规则。

## ▼ 2.2.3 状态空间表示法

### 1. 状态空间表示

状态空间(state space)是利用状态变量和操作符号表示系统或问题的有关知识的符号体系。状态空间可以用如下四元组表示：

$$(S, O, S_0, G)$$

其中，$S$ 是状态集合，$S$ 中的每一元素表示一个状态，状态是某种结构的符号或数据。$O$ 是操作算子的集合，利用操作算子可将一个状态转换为另一个状态。$S_0$是问题的初始状态的集合，是 $S$ 的非空子集，即$S_0 \subset S$。$G$ 是问题的目的状态的集合，是 $S$ 的非空子集，即$G \subset S$。$G$ 可以是若干具体状态，也可以是满足某些性质的路径信息描述。

从$S_0$节点到 $G$ 节点的路径称为求解路径。求解路径上的操作算子序列为状态空间的一个解。例如，操作算子序列$O_1, \cdots, O_K$使初始状态转换为目标状态，如图 2-2 所示。

$$S_0 \xrightarrow{O_1} S_1 \xrightarrow{O_2} S_2 \xrightarrow{O_3} \cdots \xrightarrow{O_K} G$$

图2-2　状态空间的解

$O_1, \cdots, O_K$即为状态空间的一个解。当然，解往往不是唯一的。

任何类型的数据结构都可以用来描述状态，如符号、字符串、向量、多维数组、树和表格等。所选用的数据结构形式要与状态蕴含的某些特性具有相似性。比如对于八数码问题，一个 3×3 的阵列便是一种合适的状态描述方式。

**例 2-2**　八数码问题的状态空间表示。八数码问题(重排九宫问题)如下：在一个 3×3 的方格盘上，放有 1~8 的数码，另一个方格为空。空方格四周的数码可移到空方格中，如何找到一个数码移动序列，使初始的无序数码转变为特殊的排列。如图 2-3(a)所示，八数码问题的初始状态为问题的一个布局，需要找到一个数码移动序列，使初始布局转变为目标布局。

该问题可以用状态空间来表示。此时八数码的任何一种摆法就是一个状态，所有的摆法即为状态集 $S$，它们构成了一个状态空间，数目为 9!。而 $G$ 是指定的某个或某些状态，如图 2-3(b)所示。

| | | |
|---|---|---|
| 2 | 3 | 1 |
| 5 | | 8 |
| 4 | 6 | 7 |

(a) 初始状态

| | | |
|---|---|---|
| 1 | 2 | 3 |
| 4 | | 5 |
| 6 | 7 | 8 |

(b) 目标状态

图2-3　八数码问题

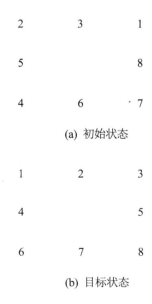

对于操作算子的设计，如果着眼在数码上，相应的操作算子就是数码的移动，操作算子共有 4(方向)×8(数码)=32 个。如果着眼在空格上，即空格在方格盘上的每个可能位置的上下左右移动，那么操作算子可简化成 4 个：①将空格向上移 Up；②将空格向左移 Left；③将空格向下移 Down；④将空格向右移 Right。

移动时要确保空格不会移出方格盘之外，因此并不是在任何状态下都能运用这 4 个操作算子。如空格在方格盘的右上角时，只能运用两个操作算子——向左移 Left 和向下移 Down。

### 2. 状态空间的图描述

状态空间可用有向图来描述，图中的节点表示问题的状态，图中的弧表示状态之间的关系。初始状态对于实际问题的已知信息是图中的根节点。在问题的状态空间描述中，寻找从一种状态转换为另一种状态的某个操作算子序列等价于在图中寻找某一路径。

图 2-4 所示为使用有向图描述的状态空间。该图表示对状态 $S_0$ 允许使用操作算子 $O_1$、$O_2$、$O_3$，分别使 $S_0$ 转换为 $S_1$、$S_2$、$S_3$。就这样一步步利用操作算子转换下去。若 $S_{10} \in G$，则 $O_2$、$O_6$、$O_{10}$ 就是一个解。

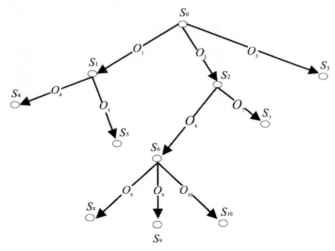

图2-4　状态空间有向图

上面做了较为形式化的说明，下面再以八数码为例，介绍具体问题的状态空间的有向图描述。

**例 2-3** 对于八数码问题，如果给出问题的初始状态，就可用图来描述状态空间。其中的弧可用 4 个操作算子来标注：空格向上移 Up、向左移 Left、向下移 Down、向右移 Right。图的部分描述如图 2-5 所示。

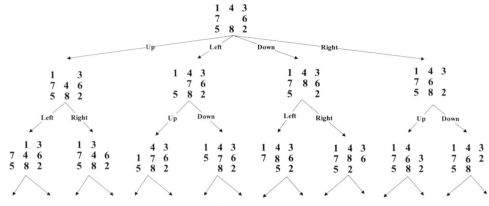

图2-5　八数码状态空间图(部分)

在某些问题中，各种操作算子的执行是有不同费用的。比如在旅行商问题中，两座城市之间的距离通常是不相等的，在图中只需要给各弧线标注距离或费用即可。下面以旅行商问题为例，说明这类状态空间的图描述，终止条件则用解路径本身的特点来描述，当找到经过图中所有城市的最短路径时搜索结束。

**例 2-4** 旅行商问题(Traveling Salesman Problem，TSP)或旅行推销员问题：假设一名推销员从出发地到若干城市去推销产品，然后回到出发地。要求每个城市必须走一次，而且只能走一次。问题是：找到一条最好的路径，使得推销员访问每个城市后回到出发地时经过的路径最短或费用最少。

图 2-6 是这个问题的一个实例，其中节点代表城市，弧上标注的数值表示经过该路径的费用(或距离)。假定推销员从 A 出发。

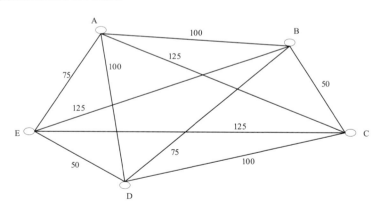

图2-6　旅行商问题的一个实例

图 2-7 是该问题的部分状态空间表示。可能的路径有很多，例如，费用为 375 的路径(A, B, C, D, E, A)就是一条可能的旅行路径，但目的是要找到具有最小费用的旅行路径。

在上面的两个例子中，我们只绘出问题的部分状态空间图。对于许多实际问题，要在有限时间内绘出问题的全部状态图是不可能的。例如旅行商问题，$n$ 个城市存在 $\frac{(n-1)!}{2}$ 条路径。通过用 108 次/秒的计算机进行穷举，当 $n$=7 时，搜索时间为 $t$=20 秒；当 $n$=15 时，$t$=1.8 小时；当

$n=20$ 时，$t=350$ 年；当 $n=50$ 时，$t=5\times1048$ 年；当 $n=100$ 时，$t=5\times10\,142$ 年。因此，这类显式表示对于大型问题的描述是不切实际的，而对于具有无限节点集合的问题则是不可能的。因此，要研究能够在有限时间内搜索到较好解的搜索算法。

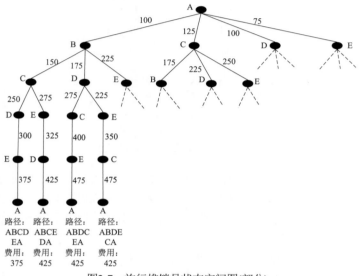

图2-7　旅行推销员状态空间图(部分)

## 2.2.4　框架表示法

1975 年，美国著名的人工智能学者明斯基提出了框架理论。该理论认为人们对现实世界中各种事物的认识都以一种类似于框架的结构存储在记忆中。当面临一个新的事物时，就从记忆中找出一个合适的框架，并根据实际情况对细节加以修改、补充，从而形成对当前事物的认识。例如，一个人走进一间教室之前就能依据以往对"教室"的认识，想象一下这间教室一定有四面墙，有门、窗，有天花板和地板，有课桌、凳子、讲台、黑板等。尽管他对这间教室的大小、门窗的个数、桌凳的数量、颜色等细节还不清楚，但对教室的基本结构是可以预见的。因为通过以往看到的教室，他已经在记忆中建立了关于教室的框架。该框架不仅指出了相应事物的名称(教室)，而且指出了事物各有关方面的属性(如有四面墙，有课桌，有黑板，……)。通过对该框架进行查找就很容易得到教室的各个特征。他在进入教室后，经观察得到教室的大小、门窗的个数、桌凳的数量、颜色等细节，把它们填入教室框架，就得到了教室框架的一个具体实例。这是他关于这间具体教室的视觉形象，称为实例框架。

框架表示法是一种结构化的知识表示方法，现已在多种系统中得到应用。

### 1. 框架的一般结构

框架是一种描述所论对象(事物、事件或概念)属性的数据结构。框架由若干被称为"槽"(slot)的结构组成，每一个槽又可根据实际情况划分为若干"侧面"(facet)。槽用于描述所论对象某一方面的属性。侧面用于描述相应属性的某一方面。槽和侧面具有的属性值分别被称为槽值和侧面值。在用框架表示知识的系统中一般都含有多个框架，一个框架一般都含有多个不同的槽和侧面，分别用不同的框架名、槽名及侧面名表示。无论是框架、槽或侧面，都可以为其附加一些说明性信息，一般是一些约束条件，用于指出什么样的值才能填入槽和侧面。

表 2-3 给出了框架的一般表示形式。可以看出，一个框架可以拥有任意有限数目的槽，一个槽可以拥有任意有限数目的侧面，一个侧面可以拥有任意有限数目的侧面值。槽值或侧面值既可以是数值、字符串、布尔值，也可以是满足某个给定条件时要执行的动作或过程，还可以是另一个框架的名字，从而实现一个框架对另一个框架的调用，表示框架之间的横向联系。约束条件是任选的，当不指出约束条件时，表示没有约束。

表2-3　框架的一般表示形式

| <框架名> | | |
|---|---|---|
| 槽名 1： | 侧面名 $11$ | 侧面值 $111$，侧面值 $112$，…，侧面值 $11p_1$ |
|  | 侧面名 $12$ | 侧面值 $121$，侧面值 $122$，…，侧面值 $12p_2$ |
|  | ⋮ | ⋮ |
|  | 侧面名 $1m$ | 侧面值 $1m1$，侧面值 $1m2$，…，侧面值 $1mp_m$ |
| 槽名 2： | 侧面名 $21$ | 侧面值 $211$，侧面值 $212$，…，侧面值 $21p_1$ |
|  | 侧面名 $22$ | 侧面值 $221$，侧面值 $222$，…，侧面值 $22p_2$ |
|  | ⋮ | ⋮ |
|  | 侧面名 $2m$ | 侧面值 $2m1$，侧面值 $2m2$，…，侧面值 $2mp_m$ |
| ⋮ | ⋮ | ⋮ |
| 槽名 $n$： | 侧面名 $n1$ | 侧面值 $n11$，侧面值 $n12$，…，侧面值 $n1p_1$ |
|  | 侧面名 $n2$ | 侧面值 $n21$，侧面值 $n22$，…，侧面值 $n2p_2$ |
|  | ⋮ | ⋮ |
|  | 侧面名 $nm$ | 侧面值 $nm1$，侧面值 $nm2$，…，侧面值 $nmp_m$ |
| 约束： | 约束条件 $1$ 约束条件 $2$ ⋮ 约束条件 $n$ | |

## 2. 用框架表示知识的例子

下面举一些例子，说明框架的建立方法。

**例 2-5** 教师框架

框架名：<教师>

姓名：单位(姓、名)

年龄：单位(岁)

性别：范围(男、女)，默认为男

职称：范围(教授、副教授、讲师、助教)，默认为讲师

部门：单位(系、教研室)

住址：<住址框架>

工资：<工资框架>

开始工作时间：单位(年、月)

截止时间：单位(年、月)，默认为现在

教师框架共有九个槽，分别描述了"教师"九个方面的情况，或者说关于"教师"的九个属性。每个槽里都指出了一些说明性信息，用于对槽的填值给出某些限制。"范围"指出槽的值只能在指定的范围内挑选，例如，对"职称"槽，槽值只能是"教授""副教授""讲师""助教"中的某个，不能是别的，如"工程师"等；"默认"表示当相应槽不填入槽值时，就以默认值作为槽值，这样可以节省一些填槽的工作。例如，对"性别"槽，当不填入"男"或"女"时，就默认为"男"，这样对男性教师就可以不填这个槽的槽值。

对于上述教师框架，当把具体的信息填入槽或侧面后，就得到了相应框架的实例框架。例如，把某教师的一组信息填入"教师"框架的各个槽，就可得到：

框架名：<教师-1>

姓名：夏冰

年龄：36

性别：女

职称：副教授

部门：计算机系软件教研室

住址：<adr-1>

工资：<sal-1>

开始工作时间：1988.9

截止时间：1996.7

**例 2-6** 教室框架

框架名：<教室>

墙数：

窗数：

门数：

座位数：

前墙：<墙框架>

后墙：<墙框架>

左墙：<墙框架>

右墙：<墙框架>

门：<门框架>

窗：<窗框架>

黑板：<黑板框架>

天花板：<天花板框架>

讲台：<讲台框架>

教室框架共有 13 个槽，分别描述了"教室"的 13 个方面的情况或属性。

**例 2-7** 关于自然灾害的新闻报道中所涉及的事实经常是可以预见的，这些可预见的事实就可以作为代表所报道新闻的属性。例如，用框架表示下列一则地震消息："某年某月某日，某地发生 6.0 级地震，若以膨胀注水孕震模式为标准，则三项地震前兆中的波速比为 0.45，水氡含量为 0.43，地形改变为 0.60。"

解：如图 2-8 所示，"地震框架"也可以是"自然灾害事件框架"的子框架，"地震框架"中的值也可以是子框架，比如"地形改变"就是一个子框架。

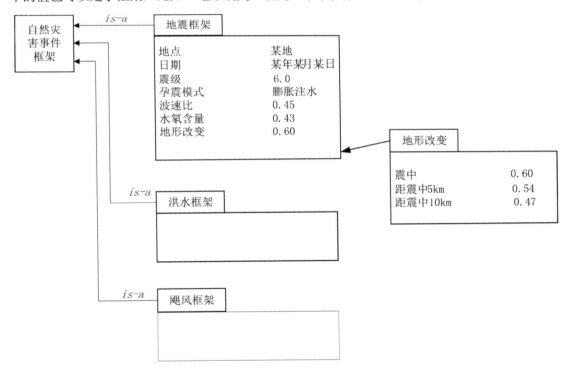

图2-8　自然灾害事件框架

### 3. 框架表示法的特点

#### 1) 结构性

框架表示法最突出的特点是便于表达结构性知识，能够将知识的内部结构关系及知识间的

联系表示出来，因而是一种结构化的知识表示方法，这是产生式表示法所不具备的。产生式系统中的知识单位是产生式规则，这种知识单位太小而难以处理复杂问题，也不能将知识间的结构关系表示出来。产生式规则只能表示因果关系，而框架表示法不仅可以表示因果关系，还可以表示更复杂的关系。

**2) 继承性**

框架表示法通过使槽值为另一个框架的名字实现了不同框架间的联系，建立了表示复杂知识的框架网络。在框架网络中，下层框架可以继承上层框架的槽值，也可以进行补充和修改，这不仅减少了知识的冗余，而且较好地保证了知识的一致性。

**3) 自然性**

框架表示法与人在观察事物时的思维活动是一致的，比较自然。

## 2.3 知识图谱及其应用

### 2.3.1 知识图谱概述

知识图谱(Knowledge Graph)以结构化形式描述客观世界中的概念、实体及其之间的关系，将互联网信息表达成更接近人类认知世界的形式，提供一种更好的组织、管理和理解互联网海量信息的能力。知识图谱给互联网语义搜索带来了活力，同时也在智能问答中显示出强大威力，已经成为互联网知识驱动的智能应用的基础设施。

知识图谱技术是指知识图谱的建立和应用技术，融合了认知计算、知识表示与推理、信息检索与抽取、自然语言处理与语义 Web、数据挖掘与机器学习等交叉研究，属人工智能重要研究领域——知识工程的研究范畴。知识图谱于 2012 年由谷歌提出并成功应用于搜索引擎，是建立大规模知识的核心应用。

1994 年，图灵奖获得者、知识工程的建立者费根鲍姆给出如下知识工程定义：将知识集成到计算机系统从而完成只有特定领域专家才能完成的复杂任务。在大数据时代，知识工程是从大数据中自动或半自动获取知识，建立基于知识的系统，以提供互联网智能知识服务。大数据对智能服务的需求，已经从单纯的搜集获取信息，转变为自动化的知识服务。我们需要利用知识工程为大数据添加语义/知识，使数据产生智慧，完成从数据到信息，再到知识，最终到智能应用的转变过程，从而实现对大数据的洞察、提供用户关系问题的答案、为决策提供支持、改进用户体验等目标。

当前知识图谱中包含的几种主要节点如下。

- 实体：指的是具有可区别性且独立存在的某种事物，如某个人、某座城市、某种植物、某件商品，等等。世间万物都由事物组成，此指实体。实体是知识图谱的最基本元素，不同的实体间存在不同的关系。
- 概念：具有同种特性的实体构成的集合，如国家、民族、书籍、电脑等，概念主要指集合、类别、对象类型、事物的种类，例如人物、地理等。

- 属性：用于区分概念的特征，不同概念具有不同的属性，不同的属性值类型对应于不同类型属性的边界。如果属性值对应的是概念或实体，则属性描述两个实体间的关系，称为对象属性；如果属性值是具体的数值，则称为数据属性。

知识图谱在以下应用中已经显现出越来越重要的价值。

- 知识融合：当前互联网大数据具有分布异构的特点，通过知识图谱可以对这些数据资源进行语义标注和链接，建立以知识为中心的资源语义集成服。
- 语义搜索和推荐：知识图谱可将用户搜索输入的关键词，映射为知识图谱中客观世界的概念和实体，搜索结果直接显示出满足用户需求的结构化信息内容而不是互联网网页。
- 问答与对话系统：基于知识的问答系统将知识图谱看成大规模知识库，通过理解将用户的问题转换为对知识图谱的查询，直接得到用户关系问题的答案。
- 大数据分析与决策：知识图谱通过语义链接可以帮助理解大数据，获得对大数据的洞察，通过决策支持。

## ◣ 2.3.2　知识图谱应用示例

本节将通过案例，简要说明前面提到的几种知识图谱的典型应用的特点以及因知识图谱带来的提升。

在语义搜索和推荐方面，传统的基于关键词的搜索并不能很好地理解用户的搜索意图，仅能通过用户提供的关键词与待检索文档间字符串的相关性来匹配结果，用户还需要自己甄选结果，搜索体验差。而知识图谱的引入能够有效利用其良好定义的结构形式，以有向图的方式提供满足用户需求的结构化语义内容。如谷歌、百度和搜狗都通过建立大规模知识图谱对搜索关键词和文档内容进行语义标注，提供包括实体搜索、关系搜索和实例搜索等多种类型的服务，使得用户能够直接获得精确度很高的答案。同时，我们可以利用知识图谱来提供个性化推荐，实现所谓的千人千面，比如根据游戏来推荐游戏的道具。对于小白用户和骨灰级用户，推荐的东西显然是不一样的，这是个性化推荐。除了个性化推荐之外，还有场景化推荐，比如用户购买了沙滩鞋，存在用户可能要去海边度假这样的场景，基于这样的场景可以继续给他推荐游泳衣、防晒霜或其他海岛旅游度假产品。第三类推荐是任务型推荐，比如用户买了牛肉卷或羊肉卷，假设他实际上想准备做一顿火锅，这时候系统可以给他推荐火锅底料或电磁炉。最后一类推荐是知识型推荐，比如清华大学、北京大学都是顶级名校，复旦大学同样也是，这时候可以推荐复旦大学；再比如百度、阿里和腾讯都属于顶级互联网公司，基于百度、阿里就可以推荐腾讯。

知识问答一般通过对问句进行语义分析，将非结构化问句解析成结构化查询，在已有结构化的知识库上获取答案。相对于语义搜索，知识问答的问句更长，描述的知识需求更确定。当前，我们生活中的智能问答是对知识图谱问答和基于检索的问答进行融合。首先，把用户的语音转成文字以后，进行预处理，预处理主要是进行分词、纠错、词性标注、实体属性的识别，对句子进行依存句法树的结构分析。预处理完以后，引擎会尝试根据问句的句法结构进行问句模板的匹配，如果能够匹配到合适的问句模板，这时根据在预处理阶段得到的问句的实体属性和关系，对匹配到的问题模板进行实例化，接着根据实例化以后的问句模板生成知识图谱的图数据库的查询语言，最后在图数据库里查出答案。另外一种情况是没有匹配到合适的问句模板，

这时候会进入基于检索的问答模块，最后对基于知识图谱和基于检索的两种结果进行融合。

在知识驱动的大数据分析与决策方面，美国 Netflix 公司利用基于订阅用户的注册信息和观看行为构建知识图谱，通过分析受众群体、观看偏好、电视剧类型、导演与演员的受欢迎程度等信息，了解到用户很喜欢 Fincher 导演的作品、Spacey 主演的作品总体收视率不错以及英剧版的《纸牌屋》很受欢迎这些信息，因此决定拍摄美剧版的《纸牌屋》，最终在美国及 40 多个国家成为热门的在线剧集。

基于知识图谱的服务和应用已经成为当前的研究热点，除了应用方式多变，应用领域也逐渐延伸到各行各业。

**例 2-8** 在金融行业，知识图谱比较典型的应用就是风控反欺诈。①知识图谱可以进行信息的不一致性检查，以确定是否存在可能的借款人欺诈风险，比如在图 2-9(a)中，借款人甲和乙来自不同的公司，但是他们却留下相同的公司电话号码，这时审核人员就应该格外留意，有可能存在欺诈风险；②组团欺诈，如图 2-9(b)所示，甲、乙、丙三个借款人同一天向银行发起借款，表面上看三人互不相关，但是他们留了相同的地址，这时也可能是组团欺诈；③静态的异常检测，如图 2-9(c)所示，表示的是在某个时间点突然发现图中的几个节点的联系异常紧密，原来互相联系都比较少、比较松散，突然间有几个节点之间联系密集，有可能会出现欺诈组织；④动态的异常检测，如图 2-9(d)所示，随着时间的变化，几个节点之间图的结构发生明显变化。原来处于比较稳定的状态，左边黑色的上三角、下三角，然后中间连线，但经过一段时间后，整个图变成了右边的结构，此时很可能发生了异常的关系变化，会出现欺诈组织；⑤客户关系管理，如图 2-9(e)所示，比如借款用户李四，银行当下没有办法直接找到他，甚至通过他的直接联系人也无法找到他，这时候可以再进一步通过他的二度联系人间接找到他。通过这样的图结构可以快速找到他的二度联系人，比如张小三或王五，去联系他们，尝试找到这个人。

针对辅助信贷审核和投研分析，知识图谱会融合多个数据源，从多个维度维护关联人员的信息，避免数据不全与数据孤岛，把它们整合到更大的网络结构中。借助知识图谱的搜索，审核人员可以快速获取到信贷申请人的相关信息，比如住址、配偶、就职公司、他的朋友，等等。这比原来到各个异构且散落的数据源进行搜集的效率要高得多，并且能够从整体上看到关键实体相互之间的关联关系。同时，知识图谱能够实时地串联起与一家公司相关的上下游公司、供应商的关系、竞争者的关系、客户的关系、投融资的关系等，然后进行快速实时定位。

知识图谱还可以应用于公安情报分析。通过融合企业和个人银行资金交易明细、通话、出行、住宿、工商、税务等信息构建初步的"资金账户-人-公司"关联知识图谱。同时从案件描述、笔录等非结构化文本中抽取人(受害人、嫌疑人、报案人)、事、物、组织、时间、地点等信息，连接并补充到原有的知识图谱中，形成一条完整的证据链。辅助公安刑侦、经侦、银行进行案件线索侦查和挖掘同伙。比如银行和公安经侦监控资金账户，当一段时间内有大量资金流动并集中到某个账户的时候，很可能是非法集资，系统触发预警。

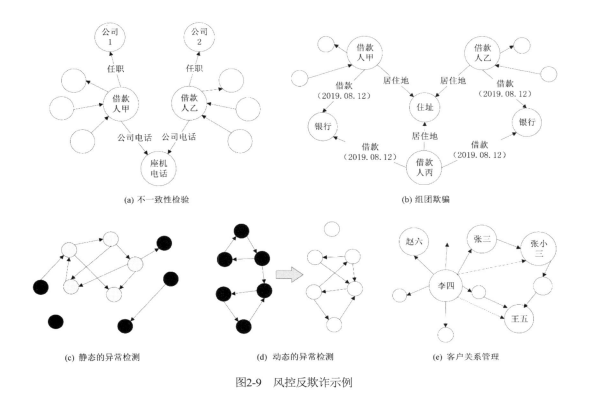

图2-9　风控反欺诈示例

## 2.4　本章小结

本章首先介绍了知识的概念与特征，把有关信息关联在一起形成的信息结构称为知识。知识主要具有相对正确性、不确定性、可表示性与可利用性等特性。造成知识具有不确定性的原因主要有随机性、模糊性、经验性、认识不完全性。

本章然后介绍了四种知识表示方法：一阶谓词逻辑表示法、产生式表示法、状态空间表示法和框架表示法。其中一阶谓词逻辑表示法具有自然、精确、严密、容易实现等优点，但有无法表示不确定的知识、组合爆炸、效率低等缺点。产生式表示法通常用于表示事实、规则以及它们的不确定性度量，产生式表示法不仅可以表示确定性规则，还可以表示各种操作、规则、变换、算子、函数等；不仅可以表示确定性知识，也可以表示不确定性知识。状态空间表示法利用状态变量和操作符号表示系统或问题的相关知识，状态空间是四元组$(S, O, S_0, G)$，状态空间的一个解是一个有限的操作算子序列，可使初始状态转换为目标状态。框架是一种描述所论对象(事物、事件或概念)属性的数据结构，框架由若干被称为"槽"的结构组成，每一个槽又可根据实际情况划分为若干"侧面"，一个槽用于描述所论对象某一方面的属性，一个侧面用于描述相应属性的一个方面。

本章最后介绍了知识图谱及其应用。知识图谱技术是人工智能知识表示和知识库在互联网环境下的大规模应用，显示了知识在智能系统中的重要性，是实现智能系统的基础资源。

## 2.5 习　　题

1. 什么是知识？知识有哪些特性？

2. 什么是谓词？什么是谓词个体及个体域？函数与谓词的区别是什么？

3. 请写出用一阶谓词逻辑表示法表示知识的步骤。

4. 对于下列语句，使用相应的谓词公式分别表示出来：

(1) 人人爱劳动；

(2) 所有整数不是偶数就是奇数；

(3) 李明是一名计算机专业的学生，但是他不喜欢编程；

(4) 他每天下午都去踢足球；

(5) 要想出国学习，必须通过外语考试。

5. 设$D=\{1, 2\}$，试给出谓词公式$(\exists x)(\forall y)(P(x, y) \rightarrow Q(x, y))$的一个解释，并且指出该谓词公式的真值。

6. 产生式系统由哪几部分组成？说明产生式表示法的特点。

7. 用产生式表示如下场景：如果一个人发烧、呕吐、出现黄疸，那么得肝炎的可能性有7成。

8. 一位农夫携带一只狐狸、一只羔羊和一筐白菜，要从河的南岸渡到北岸。现岸边有一只小船，过河时，除农夫外，船上至多能载狐狸、羔羊、白菜中的一种。狐狸要吃羔羊，羔羊要吃白菜，除非农夫在那里。请问农夫如何才能将它们全部安全渡到北岸？请使用状态空间表示法。

9. 假设有下面一段天气预报："北京地区今天白天晴，偏北风3级，最高气温12℃，最低气温－2℃，降水概率15%。"请用框架表示法进行表示。

10. 按"师生框架""教师框架""学生框架"的形式写出框架系统描述。

11. 请举例说明知识图谱在现实中的应用。

## 参考文献

[1] Green C C. Application of Theorem Proving to Problem Solving [C]. International Joint Conference on Artificial Intelligence，1969.

[2] Fikes R E, Nilsson N J. Strips: A new approach to the application of theorem proving to problem solving [J]. Artificial Intelligence，1971，2(3-4)：189-208.

[3] Robert E. Filman，Richard W. Weyhrauch. An FOL primer [R]. Technical Report，1976.

[4] 李德毅，于剑. 人工智能导论[M]. 北京：中国科学技术出版社，2018.

[5] 王万良. 人工智能导论[M]. 4版. 北京：高等教育出版社，2017.

[6] 佘玉梅，段鹏. 人工智能及其应用[M]. 上海：上海交通大学出版社，2007.

[7] 蔡自兴. 人工智能及其应用[M]. 北京：清华大学出版社，2016.

[8] 王永庆. 人工智能原理与方法[M]. 西安：西安交通大学出版社，1998.

[9]　高济. 人工智能基础[M]. 北京：高等教育出版社，2002.

[10]　王文杰，叶世伟. 人工智能原理与应用[M]. 北京：人民邮电出版社，2004.

[11]　刘培奇. 新一代专家系统开发技术及应用[M]. 西安：西安电子科技大学出版社，2014.

[12]　王万森. 人工智能原理及其应用[M]. 北京：电子工业出版社，2007.

[13]　Wang Q，Mao Z，Wang B，et al. Knowledge Graph Embedding：A Survey of Approaches and Applications [J]. IEEE Transactions on Knowledge and Data Engineering，2017，29(12)：2724-2743.

[14]　中国中文信息学会. 知识图谱发展报告[R]，2018.

[15]　王保魁，吴琳，胡晓峰，等. 基于知识图谱的联合作战态势知识表示方法[J]. 系统仿真学报，2019，31(11)：2228-2237.

[16]　方阳，赵翔，谭真，等. 一种改进的基于翻译的知识图谱表示方法[J]. 计算机研究与发展，2018，55(1)：139-150.

[17]　王忠义，夏立新，李玉海. 基于知识内容的数字图书馆跨学科多粒度知识表示模型构建[J]. 中国图书馆学报，2019，45(06)：50-64.

[18]　王晰巍，韦雅楠，邢云菲，等. 社交网络舆情知识图谱发展动态及趋势研究[J]. 情报学报，2019，38(12)：1329-1338.

# 第 3 章

# 自动推理与专家系统

为使计算机具有智能，仅仅使计算机拥有知识是不够的，还必须使它具有思维能力，即能够运用知识求解问题。推理是求解问题的一种重要方法。因此，推理方法成为人工智能的一个重要研究课题。目前，人们已经对推理方法进行了比较多的研究，提出了多种可在计算机上实现的推理方法。另外，经历了人工智能初期阶段的研究失败，研究者们逐渐认识到知识的重要性。一位专家之所以能够很好地解决本领域的问题，就是因为他具有本领域的专业知识。如果能将专家的知识总结出来，以计算机可以使用的形式加以表达，那么计算机系统是否就可以利用这些知识，像专家一样解决特定领域的问题呢？这就是研究专家系统的初衷。

本章主要介绍自动推理的基本知识，包括确定性推理和不确定性推理。此外，还介绍专家系统的内涵、结构、设计与实现以及应用与发展。最后，通过动物识别专家系统和勘探专家(PROSPECTOR)系统案例进一步阐述专家系统的实现方法和应用范围。

## 3.1 自动推理基本知识

### 3.1.1 确定性推理

#### 1. 推理的基本概念

##### 1) 推理的定义

人们在对各种事物进行分析、综合并最后做出决策时，通常是从已知的事实出发，通过运用已掌握的知识，找出其中蕴涵的事实，或归纳出新的事实。这一过程通常称为推理，即从初始证据出发，按某种策略不断运用知识库中的已有知识，逐步推出结论。

在人工智能系统中，推理是由程序实现的，称为推理机。已知事实和知识是构成推理的两个基本要素。已知事实又称为证据，用以指出推理的出发点及推理时应该使用的知识；而知识是使推理得以向前推进，并逐步达到最终目标的依据。例如，在医疗诊断专家系统中，专家的经验及医学常识以某种表示形式存储于知识库中。为病人诊治疾病时，推理机从存储在综合数据库中的病人症状及化验结果等初始证据出发，按某种搜索策略在知识库中搜寻可与之匹配的知识，推出某些中间结论，然后再以这些中间结论为证据，在知识库中搜索与之匹配的知识，推出进一步的中间结论，如此反复进行，直到最终推出结论，得出病人的病因与治疗方案为止。

**2) 推理方式及其分类**

人类的智能活动有多种思维方式。人工智能作为对人类智能的模拟，相应地也有多种推理方式。下面分别从不同的角度对它们进行分类。

**演绎推理、归纳推理、默认推理**

若从推出结论的途径划分，推理可分为演绎推理、归纳推理和默认推理。

演绎推理(Deductive Reasoning)是一个从全称判断推导出单称判断的过程，由一般性知识推出适合于某一具体情况的结论。演绎推理是一种从一般到个别的推理，演绎推理是人工智能中一种重要的推理方式，许多智能系统中采用了演绎推理。演绎推理有多种形式，经常使用的是三段论式，包括以下几个部分。

- 大前提：已知的一般性知识或假设。
- 小前提：关于所研究的具体情况或个别事实的判断。
- 结论：由大前提推出的适合于小前提所示情况的新判断。

下面是一个三段论推理的例子。

- 大前提：足球运动员的身体都是强壮的。
- 小前提：高波是一名足球运动员。
- 结论：高波身体强壮。

归纳推理(Inductive Reasoning)是一个从足够多的事例中归纳出一般性结论的推理过程，是一种从个别到一般的推理。若从归纳时所选事例的广泛性来划分，归纳推理又可分为完全归纳推理和不完全归纳推理两种。完全归纳推理是指在进行归纳时考察相应事物的全部对象，并根据这些对象是否都具有某种属性，从而推出这个事物是否具有这种属性。例如，某厂进行产品质量检查，如果对每一件产品都进行严格检查，并且产品都是合格的，则推出结论"该厂生产的产品是合格的"。不完全归纳推理是指仅考察相应事物的部分对象就得出了结论。例如，检查产品质量时，只是随机地抽查了部分产品，只要它们都合格，就得出结论"该厂生产的产品是合格的"。不完全归纳推理推出的结论不具有必然性，属于非必然性推理，而完全归纳推理是必然性推理。但由于考察事物的所有对象通常都比较困难，因而大多数归纳推理都是不完全归纳推理。归纳推理是人类思维活动中最基本、最常用的一种推理形式。人们在由个别到一般的推理中，经常要用到思维过程。

默认推理(Default Reasoning)是在知识不完全的情况下假设某些条件已经满足正在进行的推理。例如，在条件 A 已成立的情况下，如果没有足够的证据能证明条件 B 不成立，则默认条件 B 是成立的，并在此默认前提下进行推理，推导出某个结论。例如，要设计一种鸟笼，但不知道要放的鸟是否会飞，则默认这只鸟会飞，因此，推出"这个鸟笼要有盖子"的结论。由于这种推理默认某些条件是成立的，因此在知识不完全的情况下也能进行。然而，在默认推理的过程中，如果到某一时刻发现原先所做的默认前提不正确，则必须撤销所做的默认前提以及由此默认前提推出的所有结论，重新根据新情况进行推理。

### 确定性推理、不确定性推理

按推理时所用知识的确定性来划分，推理可分为确定性推理与不确定性推理。

确定性推理是指推理时所用的知识与证据都是确定的，推出的结论也是确定的，真值或者为真，或者为假，没有第三种情况出现。本章将讨论的经典逻辑推理就属于这一类。经典逻辑推理是最先提出的类推理方法，是根据经典逻辑(命题逻辑及一阶谓词逻辑)的逻辑规则进行的一种推理，主要有自然演绎推理、归结演绎推理等。这种推理由于是基于经典逻辑的，真值只有"真"和"假"两种，因此是一种确定性推理。

不确定性推理是指推理时所用的知识与证据不都是确定的，推出的结论也是不确定的。现实世界中的事物和现象大都是不确定的或模糊的，很难用精确的数学模型来表示与处理。不确定性推理又分为似然推理与近似推理(模糊推理)，前者是基于概率论的推理，后者是基于模糊逻辑的推理。人们经常在知识不完全、不精确的情况下进行推理。因此，要使计算机能模拟人类的思维活动，就必须使计算机具有不确定性推理的能力。

### 单调推理、非单调推理

按推理过程中推出的结论是否越来越接近最终目标来划分，推理又分为单调推理与非单调推理。

单调推理是指在推理过程中随着推理向前推进及新知识的加入，推出的结论越来越接近最终目标。单调推理的推理过程中不会出现反复的情况，即不会由于新知识的加入否定前面推出的结论，从而使推理又退回到前面的某一步。本章将要介绍的基于经典逻辑的演绎推理属于单调性推理。

非单调推理是指在推理过程中由于新知识的加入，不仅没有加强已推出的结论，反而要否定结论，使推理退回到前面的某一步，然后重新开始。非单调推理一般是在知识不完全的情况下发生的。由于知识不完全，为使推理进行下去，就要先做某些假设，并在假设的基础上进行推理。当以后由于新知识的加入发现原先的假设不正确时，就需要推翻假设以及由假设推出的所有结论，再用新知识重新进行推理。显然，默认推理是一种非单调推理。

在人们的日常生活及社会实践中，很多情况下进行的推理都是非单调推理。明斯基举了一个非单调推理的例子：当知道 X 是一只鸟时，一般认为 X 会飞，但之后又知道 X 是企鹅，而企鹅是不会飞的，因而取消先前加入的"X 会飞"的结论，加入"X 不会飞"的结论。

### 启发式推理、非启发式推理

按推理过程中是否运用与推理有关的启发性知识来划分，推理可分为启发式推理(heuristic inference)与非启发式推理。

如果在推理过程中运用了与推理有关的启发性知识，则称为启发式推理，否则称为非启发式推理。所谓启发性知识，是指与问题有关且能加快推理过程、求得问题最优解的知识。例如，推理的目标是要在脑膜炎、肺炎、流感这三种疾病中选择一种，又设有 $r_1$、$r_2$、$r_3$ 这三条产生式规则可供使用，其中 $r_1$ 推出的是脑膜炎，$r_2$ 推出的是肺炎，$r_3$ 推出的是流感。如果希望尽早排除脑膜炎这一危险疾病，应该先选用 $r_1$；如果本地区目前正在盛行流感，则应考虑首先选择 $r_3$。这里，"脑膜炎这一危险疾病"及"目前正在盛行流感"是与问题求解有关的启发性信息。

### 2. 自然演绎推理

从一组已知为真的事实出发，直接运用经典逻辑的推理规则推出结论的过程称为自然演绎推理。其中，基本的推理是 $P$ 规则、$T$ 规则假言推理、拒取式推理等。

$P$ 规则：(前提引入)在推导的任何步骤中，都可以引入前提。

$T$ 规则：(结论引用)在推导的任何步骤中所得的结论都可以作为后继证明的前提。

假言推理(肯定前件($P$))的一般形式是

$$P,\ P \to Q \Rightarrow Q$$

表示由 $P \to Q$ 及 $P$ 为真，可推出 $Q$ 为真。

例如，由"如果 $x$ 是金属，则 $x$ 能导电"及"铜是金属"可推出"铜能导电"的结论。

拒取式推理(否定后件($Q$))的一般形式是

$$P \to Q,\ \neg Q \Rightarrow \neg P$$

表示由 $P \to Q$ 为真及 $Q$ 为假，可推出 $P$ 为假。

例如，由"如果下雨，则地上是湿的"及"地上不湿"可推出"没有下雨"的结论。

这里，应该注意避免如下两类错误：一种是肯定后件($Q$)的错误，另一种是否定前件($P$)的错误。

所谓肯定后件，是指当 $P \to Q$ 为真时，希望通过肯定后件 $Q$ 为真来推出前件 $P$ 为真，这是不允许的。例如下面的推理就使用了肯定后件的推理，从而违反了逻辑规则：

- 如果下雨，则地上是湿的。
- 地上是湿的(肯定后件)。
- 所以，下雨了。

这显然是不正确的。因为除了下雨外，当人们在地上洒水时，地上也会湿。

所谓否定前件，是指当 $P \to Q$ 为真时，希望通过否定前件 $P$ 来推出后件 $Q$ 为假，这也是不允许的。例如下面的推理就使用了否定前件的推理，从而违反了逻辑规则：

- 如果下雨，则地上是湿的。
- 没有下雨(否定前件)。
- 所以，地上不湿。

这显然也是不正确的。如同前面的例子，当人们在地上洒水时，地上也会湿。事实上，只要仔细分析蕴涵 $P \to Q$ 的定义，就会发现当 $P \to Q$ 为真时，肯定后件或否定前件所得的结论既可能为真，也可能为假，不能确定。

下面举例说明自然演绎推理方法。

**例 3.1** 已知如下事实。

- 凡是容易的课程小王(Wang)都喜欢。
- $C$ 班的课程都是容易的。
- ds 是 $C$ 班的一门课程。

求证：小王喜欢 ds 这门课程。

**证明** 首先定义谓词。

$EASY(x)$：$x$ 是容易的。

$LIKE(x, y)$：$x$ 喜欢 $y$。

$C(x)$：$x$ 是 $C$ 班的一门课程。

把上述已知事实及待求证的问题用谓词公式表示出来：

$(\forall x)(EASY(x) \rightarrow LIKE(Wang, x))$　　凡是容易的课程小王都是喜欢的；

$(\forall x)(C(x) \rightarrow EASY(x))$　　$C$ 班的课程都是容易的；

$C(ds)$　　ds 是 $C$ 班的课程；

$LIKE(Wang, ds)$　　小王喜欢 ds 这门课程，这是待求证的问题。

应用推理规则进行推理：

因为

$(\forall x)(EASY(x) \rightarrow LIKE(Wang, x))$

所以由全称固化得到

$EASY(z) \rightarrow LIKE(Wang, z)$

因为

$(\forall x)(C(x) \rightarrow EASY(x))$

所以由全称固化得到

$C(y) \rightarrow EASY(y)$

由 $P$ 规则及假言推理得到

$C(ds), C(y) \rightarrow EASY(y) \Longrightarrow EASY(ds)$

$EASY(ds), EASY(z) \rightarrow LIKE(Wang, z)$

由 T 规则及假言推理得到

$LIKE(Wang, ds)$

换言之，小王喜欢 ds 这门课程。

一般来说，由已知事实推出的结论可能有多个，只要其中包括待证明的结论，就认为问题得到了解决。

自然演绎推理的优点是定理证明过程表达自然，容易理解，而且拥有丰富的推理规则，推理过程灵活，便于在推理规则中嵌入领域启发式知识。缺点是容易产生组合爆炸，推理过程中得到的中间结论一般以指数形式递增，这对于大的推理问题来说十分不利。

### 3. 将谓词公式化为子句集的方法

在谓词逻辑中，有下述定义：

原子(atom)谓词公式是不能再分解的命题。原子谓词公式及其否定统称为文字(literal)。$P$ 称为正文字，$\neg P$ 称为负文字。$P$ 与 $\neg P$ 为互补文字。任何文字的析取式称为子句(clause)。任何文字本身也是子句。由子句构成的集合称为子句集。不包含任何文字的子句称为空子句，表示为 $NIL$。

由于空子句不含文字，因此不能被任何解释满足。所以，空子句是永假的、不可满足的。在谓词逻辑中，任何谓词公式都可以通过应用等价关系及推理规则化成相应的子句集，从而能够比较容易地判定谓词公式的不可满足性。

**例 3.2** 将下列谓词公式化为子句集：

$(\forall x)((\forall y)P(x, y) \rightarrow \neg(\forall y)(Q(x, y) \rightarrow R(x, y)))$

**解**

(1) 消去谓词公式中的 → 和 ↔ 符。

利用谓词公式的等价关系：

$$P \rightarrow Q \Leftrightarrow \neg P \vee Q$$
$$P \rightarrow Q \Leftrightarrow (P \wedge Q) \vee (\neg P \wedge \neg Q)$$

上例等价变换为

$$(\forall x)(\neg(\forall y)P(x,y) \vee \neg(\forall y)(\neg Q(x,y) \vee R(x,y)))$$

(2) 把否定符号移到紧靠谓词的位置。

利用谓词公式的等价关系：

双重否定律　　　　　　　　　　$\neg(\neg P) \Leftrightarrow P$

德摩根律　　　　　　　　　　$\neg(P \wedge Q) \Leftrightarrow \neg P \vee \neg Q$

　　　　　　　　　　　　　$\neg(P \vee Q) \Leftrightarrow \neg P \wedge \neg Q$

量词转换律　　　　　　　　　　$\neg(\forall x)P \Leftrightarrow (\exists x)\neg P$

把否定符号移到紧靠谓词的位置，减少否定符号的辖域。

上例等价变换为

$$(\forall x)((\exists y)\neg P(x,y) \vee (\exists y)(Q(x,y) \wedge \neg P(x,y)))$$

(3) 变量标准化。

所谓变量标准化，就是重新命名变元，使每个量词采用不同的变元，从而使不同量词的约束变元有不同的名字。这是因为在任一量词辖域内，受到量词约束的变元为一哑元(虚构变量)，它可以在该辖域内被另一个没有出现过的任意变元统一代替，而不改变谓词公式的值。

$$(\forall x)P(x) \equiv (\forall y)P(y)$$
$$(\exists x)P(x) \equiv (\exists y)P(y)$$

上例等价变换为

$$(\forall x)((\exists y)\neg P(x,y) \vee (\exists z)(Q(x,z) \wedge \neg R(x,z)))$$

(4) 消去存在量词。

消去存在量词分两种情况。

一种情况是存在量词不出现在全称量词的辖域内。此时只要用一个新的个体常量替换受存在量词约束的变元，就可以消去存在量词。因为若原谓词公式为真，则总能够找到一个个体常量，替换后仍然使谓词公式为真。这里的个体常量就是不含变量的 Skolem 函数。

另一种情况是存在量词出现在一个或多个全称量词的辖域内。此时要用 Skolem 函数替换受存在量词约束的变元，从而消去存在量词。这里认为存在的 $y$ 依赖于 $x$，它们的依赖关系由 Skolem 函数定义。

对于一般情况

$$(\forall x_1)(\forall x_2) \cdots (\forall x_n)(\exists y)P(x_1, x_2, \cdots, x_n, y)$$

存在量词 $y$ 的 Skolem 函数记为

$$y = f(x_1, x_2, \cdots, x_n) \tag{3-1}$$

可见，Skolem 函数把每个 $x_1, x_2, \cdots, x_n$ 值映射到存在的那个 $y$。

用 Skolem 函数代替每个存在量词量化的变量的过程称为 Skolem 化。Skolem 函数使用的函数符号必须是新的。

对于上面的例子，存在量词(∃y)及(∃z)都位于全称量词(∀x)的辖域内，所以都需要用 Skolem 函数代替。设 $y$ 和 $z$ 的 Skolem 函数分别记为 $f(x)$ 和 $g(x)$，则替换后得到

$$(\forall x)(\neg P(x, f(x)) \lor (Q(x, g(x)) \land \neg R(x, g(x))))$$

(5) 化为前束形。

所谓前束形，就是把所有的全称量词都移到公式的前面，使每个量词的辖域都包括公式后的整个部分：

$$前束形=(前缀)\{母式\} \tag{3-2}$$

其中，(前缀)是全称量词串，{母式}是不含量词的谓词公式。

对于上面的例子，因为只有一个全称量词，而且已经位于公式的最左边，所以这一步不需要做任何工作。

(6) 化为 Skolem 标准形。

Skolem 标准形的一般形式是

$$(\forall x_1)(\forall x_2) \cdots (\forall x_n)M \tag{3-3}$$

其中，$M$ 是子句的合取词，称为 Skolem 标准形的母式。

一般利用

$$P \lor (Q \land R) \Leftrightarrow (P \lor Q) \land (P \lor R)$$

或

$$P \land (Q \lor R) \Leftrightarrow (P \land Q) \lor (P \land R)$$

把谓词公式化为 Skolem 标准形。

对于上面的例子，有

$$(\forall x)(\neg P(x, f(x)) \lor (Q(x, g(x))) \land (\neg P(x, f(x)) \lor \neg R(x, g(x))))$$

(7) 略去全称量词。

由于公式中的所有变量都是全称量词量化过的变量，因此可以省略全称量词。母式中的变量仍然认为是全称量词量化过的变量。

对于上面的例子，有

$$(\neg P(x, f(x)) \lor Q(x, g(x))) \land (\neg P(x, f(x)) \lor \neg R(x, g(x)))$$

(8) 消去合取词，把母式用子句集表示。

对于上面的例子，有

$$\{\neg P(x, f(x)) \lor Q(x, g(x)), \neg P(x, f(x)) \lor \neg R(x, g(x))\}$$

(9) 将子句变量标准化，即使每个子句中的变量符号不同。

谓词公式的性质有

$$(\forall x)[P(x) \wedge Q(x)] \equiv (\forall x)P(x) \wedge (\forall y)Q(y)$$

对于上面的例子，有

$$\{\neg P(x, f(x)) \vee Q(x, g(x)), \neg P(y, f(y)) \vee \neg R(y, g(y))\}$$

显然，子句集中各子句之间是合取关系。

### 4. 鲁滨逊归结原理

从前面的分析可以看出，谓词公式的不可满足性分析可以转化为子句集中子句的不可满足性分析。为了判定子句集的不可满足性，就需要对子句集中的子句进行判定。为了判定子句的不可满足性，就需要对个体域上的一切解释逐个地进行判定，只有当子句对任何非空个体域上的任何解释都是不可满足的时候，才能判定该子句不可满足的，这是一件非常困难的事情，要在计算机上实现证明过程是很困难的。1965 年鲁滨逊提出了归结原理，使机器定理证明进入应用阶段。

鲁滨逊归结原理(Robinson resolution principle)又称为消解原理，是鲁滨逊提出的一种证明子句集不可满足性，从而实现定理证明的一种理论及方法，是机器定理证明的基础。

由谓词公式转化为子句集的过程可以看出，子句集中的子句之间是合取关系，其中只要有一个子句不可满足，子句集就不可满足。由于空子句是不可满足的，因此如果一个子句集中包含空的子句，则这个子句集是不可满足的。鲁滨逊归结原理就是基于这个思想提出来的。其基本方法是：检查子句集 $S$ 中是否包含空的子句，若包含，则 $S$ 不可满足；若不包含，就在子句集中选择合适的子句进行归结，一旦通过归结得到空的子句，就说明子句集 $S$ 是不可满足的。

下面对命题逻辑及谓词逻辑分别给出归结的定义。

#### 1) 命题逻辑中的归结原理

**定义 3.1** 设 $C_1$ 与 $C_2$ 是子句集中的任意两个子句。如果 $C_1$ 中的文字 $L_1$ 与 $C_2$ 中的文字 $L_2$ 互补，那么从 $C_1$ 与 $C_2$ 中分别消去 $L_1$ 和 $L_2$，并将两个子句中余下的部分析取出来，构成新的子句 $C_{12}$，这一过程称为归结。$C_{12}$ 称为 $C_1$ 与 $C_2$ 的归结式，$C_1$ 和 $C_2$ 称为 $C_{12}$ 的亲本子句。

下面举例说明具体的归结方法。

例如，在子句集中取两个子句 $C_1 = P$，$C_2 = \neg P$，$C_1$ 与 $C_2$ 是互补文字，通过归结可得归结式 $C_{12} = $ NIL。这里 NIL 代表空的子句。

又如，设 $C_1 = \neg P \vee Q \vee R$，$C_2 = \neg Q \vee S$，这里 $L_1 = Q$，$L_2 = \neg Q$，通过归结可得归结式 $C_{12} = \neg P \vee R \vee S$。

**定理 3.1** 归结式 $C_{12}$ 是亲本子句 $C_1$ 与 $C_2$ 的逻辑结论。如果 $C_1$ 与 $C_2$ 为真，则 $C_{12}$ 为真。

**证明** 设 $C_1 = L \vee C_1'$，$C_2 = \neg L \vee C_2'$。

通过归结可以得到 $C_1$ 与 $C_2$ 的归结式 $C_{12} = C_1' \vee C_2'$。

因为
$$C_1' \vee L \Leftrightarrow \neg C_1' \rightarrow L$$
$$\neg L \vee C_2' \Leftrightarrow L \rightarrow C_2'$$

所以
$$C_1 \wedge C_2 = (\neg C_1' \rightarrow L) \wedge (L \rightarrow C_2')$$

根据假言三段论得到

$$(\neg C_1' \rightarrow L) \wedge (L \rightarrow C_2') \Rightarrow \neg C_1' \rightarrow C_2'$$

因为 $\qquad \neg C_1' \rightarrow C_2' \Leftrightarrow C_1' \vee C_2' = C_{12}$

所以 $\qquad C_1 \wedge C_2 \Rightarrow C_{12}$ (3-4)

由逻辑结论的定义——$C_1 \wedge C_2$ 的不可满足性可推出 $C_{12}$ 的不可满足性，得出 $C_{12}$ 是亲本子句 $C_1$ 和 $C_2$ 的逻辑结论。

这是归结原理中一个很重要的定理，由它可得到如下两个重要的推论。

**推论 3.1** 设 $C_1$ 与 $C_2$ 是子句集 $S$ 中的两个子句，$C_{12}$ 是它们的归结式，若用 $C_{12}$ 代替 $C_1$ 与 $C_2$ 后得到新的子句集 $S_1$，则由 $S_1$ 的不可满足性可推出原子句集 $S$ 的不可满足性，即

$$S_1\text{ 的不可满足性} \Rightarrow S\text{ 的不可满足性}$$

**推论 3.2** 设 $C_1$ 与 $C_2$ 是子句集 $S$ 中的两个子句，$C_{12}$ 是它们的归结式，若把 $C_{12}$ 加入原子句集 $S$ 中，得到新的子句集 $S_2$，则 $S$ 与 $S_2$ 在不可满足的意义上是等价的，即

$$S_2\text{ 的不可满足性} \Leftrightarrow S\text{ 的不可满足性}$$

这两个推论说明：为了证明子句集 $S$ 的不可满足性，只需要对其中可进行归结的子句进行归结，并把归结式加入子句集 $S$，或者用归结式替换亲本子句，然后对新的子句集($S_1$ 或 $S_2$)证明不可满足性就可以了。注意空的子句是不可满足的，因此，如果经过归结能得到空的子句，则立即可得到原子句集 $S$ 是不可满足的结论。这就是用归结原理证明子句集不可满足性的基本思想。

**2) 谓词逻辑中的归结原理**

在谓词逻辑中，由于子句中含有变元，因此不像命题逻辑那样可直接消去互补文字，而需要先用最一般合一对变元进行代换，才能进行归结。

例如，有如下两个子句

$$C_1 = P(x) \vee Q(x)$$
$$C_2 = \neg P(a) \vee R(y)$$

由于 $P(x)$ 与 $P(a)$ 不同，因此 $C_1$ 与 $C_2$ 不能直接进行归结，但若使用最一般合一

$$\sigma = \{a/x\}$$

对两个子句分别进行代换

$$C_1\sigma = P(a) \vee Q(a)$$
$$C_2\sigma = \neg P(a) \vee R(y)$$

就可对它们进行直接归结，消去 $P(a)$ 与 $\neg P(a)$，得到如下归结式：

$$Q(a) \vee R(y)$$

下面给出谓词逻辑中关于归结的定义。

**定义 3.2** 设 $C_1$ 与 $C_2$ 是两个没有相同变元的子句，$L_1$ 和 $L_2$ 分别是 $C_1$ 与 $C_2$ 中的文字，若使用 $L_1$ 和 $\neg L_2$ 的最一般合一，则称

$$C_{12} = (C_1\sigma - \{L_1\sigma\}) \vee (C_2\sigma - \{L_2\sigma\}) \tag{3-5}$$

为 $C_1$ 与 $C_2$ 的二元归结式。

**例 3.3** 设 $C_1 = P(x) \lor Q(a)$，$C_2 = \neg P(b) \lor R(x)$，求其二元归结式。

**解** $C_1$ 与 $C_2$ 有相同的变元，不符合要求。为了进行归结，需要修改 $C_2$ 中的变元的名字，令 $C_2 = \neg P(b) \lor R(y)$。此时，$L_1 = P(x)$，$L_2 = \neg P(b)$。

$L_1$ 和 $\neg L_2$ 的最一般合一 $\sigma = \{b/x\}$。于是

$$C_{12} = (\{P(b), Q(a)\} - \{P(b)\}) \lor (\{\neg P(b), R(y)\} - \{\neg P(b)\})$$
$$= \{Q(a), R(y)\}$$
$$= Q(a) \lor R(y)$$

如果在参与归结的子句内部含有可合一的文字，则在归结之前应对这些文字先进行合一。

**定义 3.3** 子句 $C_1$ 与 $C_2$ 的归结式是下列二元归结式之一：

- $C_1$ 与 $C_2$ 的二元归结式；
- $C_1$ 的因子 $C_1\sigma_1$ 与 $C_2$ 的二元归结式；
- $C_1$ 与 $C_2$ 的因子 $C_2\sigma_2$ 的二元归结式；
- $C_1$ 的因子 $C_1\sigma_1$ 与 $C_2$ 的因子 $C_2\sigma_2$ 的二元归结式。

与命题逻辑中的归结原理相同，对于谓词逻辑，归结式是亲本子句的逻辑结论。用归结式取代子句集 $S$ 中的亲本子句后，得到的新子句集仍然保持着原子句集 $S$ 的不可满足性。

另外，对于一阶谓词逻辑，从不可满足的意义上说，归结原理也是完备的。若子句集是可满足的，则必然存在一个从该子句集到空子句的归结演绎；若子句集存在一个到空子句的演绎，则该子句集是不可满足的。关于归结原理的完备性，可用海伯伦的有关理论进行证明，这里不再讨论。

需要指出的是，如果没有归结出空的子句，则既不能说 $S$ 是不可满足的，也不能说 $S$ 是可满足的。因为，有可能 $S$ 是可满足的，但归结不出空的子句，也可能是因为没有找到合适的归结演绎步骤而归结不出空的子句。但是，如果确定不存在任何方法能够归结出空的子句，则可以确定 $S$ 是可满足的。

归结原理的能力是有限的，例如，用归结原理证明"两个连续函数之和仍然是连续函数"时，推导 10 万步也没能证明出结果。

## 3.1.2 不确定性推理

由前面讲述的确定性推理相关知识可知，每条规则都是确定性的，也就是说满足了什么条件，结果就一定是什么。用户给出的事实也是确定性的，有羽毛就是有羽毛，会游泳就是会游泳。但现实生活中的很多实际问题是非确定性问题。比如：如果阴天，则下雨。阴天就是非确定性的，是有些云彩就算阴天呢？还是乌云密布算阴天？即便是乌云密布也不确定就一定下雨，只是天阴得越厉害，下雨的可能性就越大，但不能说阴天就一定下雨。这就是非确定性问题，需要非确定性推理方法。

随机性、模糊性和不完全性均可导致非确定性。解决非确定性推理问题至少要解决以下几个问题：事实的表示、规则的表示、逻辑运算、规则运算、规则的合成。

目前有不少非确定性推理方法，各有优缺点，下面我们以著名的专家系统 MYCIN 中使用的可信度(Certainty Factor，CF)方法为例进行说明。

### 1. 事实的表示

事实 A 为真的可信度用 CF(A) 表示，取值范围为[–1,1]。当 CF(A)=1 时，表示 A 肯定为真；当 CF(A)= –1 时，表示 A 为真的可信度为–1，也就是 A 肯定为假。CF(A)>0 表示 A 以一定的可信度为真；CF(A)<0 表示 A 以一定的可信度(–CF(A))为假，或者说 A 为真的可信度为 CF(A)，由于此时 CF(A) 为负，实际上 A 为假；CF(A)=0 表示对 A 一无所知。在实际使用时，一般会给出一个绝对值比较小的区间，只要在这个区间内就表示对 A 一无所知，这个区间的 CF(A) 的一般取值范围为[–0.2, 0.2]。

例如：我们假设天气只分晴天与阴天(雨天等乌云密布的天气均包括在阴天类别内)。

CF(阴天)=0.7，表示阴天的可信度为 0.7。

CF(阴天)= –0.7，表示阴天的可信度为–0.7，也就是晴天的可信度为 0.7。

### 2. 规则的表示

具有可信度的规则表示为如下形式：

IF    A    THEN    B    CF(B, A)

其中，A 是规则的前提；B 是规则的结论；CF(B, A) 是规则的可信度，又称规则的强度，表示当前提 A 为真时，结论 B 为真的可信度。同样，规则的可信度 CF(B, A) 的取值范围也是[–1, 1]，取值大于 0 表示规则的前提和结论是正相关的，取值小于 0 表示规则的前提和结论是负相关的。换言之，前提越成立，结论越不成立。

一条规则的可信度可以理解为当前提肯定为真时，结论为真的可信度。

例如：IF    阴天    THEN    下雨    0.7

表示：如果阴天，则下雨的可信度为 0.7。

再比如：IF    晴天    THEN    下雨    –0.7

表示：如果晴天，则下雨的可信度为–0.7；换言之，如果晴天，则不下雨的可信度为 0.7。若规则的可信度 CF(B, A) = 0，则表示规则的前提和结论之间没有任何相关性。

例如：IF    上班    THEN    下雨    0

表示：上班和下雨之间没有任何联系。

规则的前提也可以是复合条件。

### 3. 逻辑运算

规则前提可以是复合条件，复合条件可以通过逻辑运算表示。常用的逻辑运算有与(and)、或(or)、非(not)三种。

例如：IF    阴天    and    湿度大    THEN    下雨    0.6

表示：如果阴天且湿度大，则下雨的可信度为 0.6。

在可信度方法中，具有可信度的逻辑运算规则如下。

(1) 表示 A and B 的可信度，等于 CF(A) 和 CF(B) 中较小的那个。

$$CF(A \text{ and } B) = \min\{CF(A), CF(B)\}$$

(2) 表示 A or B 的可信度，等于 CF(A) 和 CF(B) 中较大的那个。

$$CF(A \text{ or } B)=\max\{CF(A), CF(B)\}$$

(3) 表示 not A 的可信度，等于 A 的可信度的相反值。

$$CF(\text{not } A)= -CF(A)$$

例如，已知：

CF(阴天)=0.7

CF(湿度大)=0.5

因此：

CF(阴天 and 湿度大)=0.5

CF(阴天 or 湿度大)=0.7

CF(not 阴天)=−0.7

### 4. 规则运算

前面提到过，规则的可信度可以理解为当规则的前提肯定为真时结论的可信度。如果已知的事实不是肯定为真，也就是当事实的可信度不是 1 时，如何从规则得到结论的可信度呢？在可信度方法中，规则运算的规则按照如下方式计算。

已知：

IF　　A　　THEN　　B　　CF(B, A)

CF(A)

因此：

CF(B)=max{0, CF(A)}×CF(B, A)

由于只有当规则的前提为真时，才有可能推出规则的结论，而前提为真意味着 CF(A)必须大于 0；CF(A)<0 意味着规则的前提不成立，不能从规则推出任何与结论 B 有关的信息。所以在可信度的规则运算中，可通过 max{0, CF(A)} 筛选出前提为真的规则，并通过将规则前提的可信度 CF(A)与规则的可信度 CF(B, A)相乘的方式得到规则的结论 B 的可信度 CF(B)。如果一条规则的前提不是真，即 CF(A)<0，那么可通过该规则得到 CF(B)=0，表示从该规则得不出任何与结论 B 有关的信息。注意，这里 CF(B)=0，只是表示通过该规则得不到任何与 B 有关的信息，并不表示对 B 就一定一无所知，因为还有可能通过其他的规则推出与 B 有关的信息。

例如，已知：

IF　　阴天　　THEN　　下雨　　0.7

CF(阴天) = 0.5

因此：

CF(下雨)=0.5×0.7=0.35，表示通过该规则得出下雨的可信度为 0.35。

已知：

IF　　湿度大　　THEN　　下雨　　0.7

CF(湿度大) = -0.5

因此：

CF(下雨)=0×0.7=0，表示通过该规则得不到下雨的信息。

### 5. 规则合成

通常情况下，得到同一结论的规则不止一条。也就是说，可以从多条规则得出同一结论，但是从不同规则得到同一结论的可信度可能并不相同。

例如，有以下两条规则：

IF　　阴天　　　　THEN　　下雨　　0.8

IF　　湿度大　　　THEN　　下雨　　0.5

并且已知：

CF(阴天)=0.5

CF(湿度大)=0.4

从第一条规则可以得到：CF(下雨)=0.5×0.8=0.4。

从第二条规则可以得到：CF(下雨)=0.4×0.5=0.2。

那么究竟 CF(下雨)应该是多少呢？这就是规则合成问题。

在可信度方法中，规则的合成计算如下。

假设从规则 1 得到 CF1(B)，从规则 2 得到 CF2(B)，那么合成结果如下。

(1) 当 CF1(B)、CF2(B)均大于 0 时

$$CF(B)=CF1(B)+CF2(B)-CF1(B)\times CF2(B)$$

(2) 当 CF1(B)、CF2(B)均小于 0 时

$$CF(B)=CF1(B)+CF2(B)+CF1(B)\times CF2(B)$$

(3) 其他

$$CF(B)=CF1(B)+CF2(B)$$

上面的例子合成后的结果为：CF(下雨)=0.4+0.2–0.4×0.2=0.52。

如果进行三条及三条以上规则的合成，可使用两条规则先合成一条，再与第三条规则进行合成。以此类推，实现多条规则的合成。

下面给出一个使用可信度方法实现非确定性推理的例子。

已知：

$r_1$：　IF　A1　　　　　THEN　　B1　　CF(B1, A1)=0.8

$r_2$：　IF　A2　　　　　THEN　　B1　　CF(B1, A2)=0.5

$r_3$：　IF　B1 and A3　THEN　　B2　　CF(B2, B1 and A3)=0.8

CF(A1)=CF(A2)=CF(A3)=1

计算 CF(B1)和 CF(B2)。

由$r_1$得出CF1(B1)=CF(A1)×CF(B1, A1)=1×0.8=0.8

由$r_2$得出CF2(B1)=CF(A2)×CF(B1, A2)=1×0.5=0.5

合成得到 CF(B1)=CF1(B1)+CF2(B1)–CF1(B1)×CF2(B1)=0.8+0.5–0.8×0.5=0.9

CF(B1 and A3)=min{CF(B1), CF(A3)}=min{0.9, 1}=0.9

由$r_3$得出 CF(B2)=CF(B1 and A3)×CF(B2, B1 and A3)=0.9×0.8=0.72

最终得到 CF(B1)=0.9，CF(B2)=0.72。

## 3.2　专家系统

### 3.2.1　专家系统的内涵

专家系统是基于知识的系统，它在某种特定的领域中运用领域专家多年积累的经验和专业知识，求解只有专家才能解决的难题。专家系统作为一种计算机系统，继承了计算机快速、准确的特点，在某些方面比人类专家更可靠、更灵活，可以不受时间、地域及人为因素的影响。

专家系统的奠基人斯坦福大学的费根鲍姆(E. A. Feigenbaum)教授，把专家系统定义为"一种智能的计算机程序，运用知识和推理来解决只有专家才能解决的复杂问题"。也就是说，专家系统是一种模拟专家决策能力的计算机系统。

### 3.2.2　专家系统的结构

专家系统的结构是指专家系统的各个组成部分及组织形式。在实际使用中各个专家系统的结构可能略有不同，但一般都应该包括知识库、推理机、数据库、知识获取机构、解释机构和人机接口六部分，它们之间的相互关系图 3-1 所示。

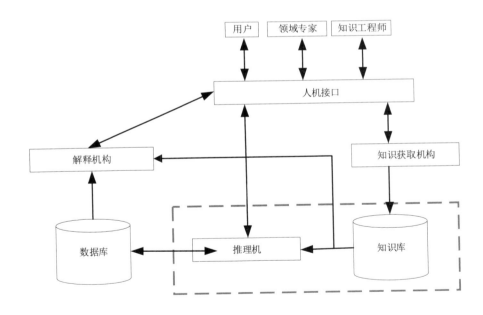

图3-1　专家系统的一般结构

专家系统的基本工作过程：用户通过人机接口回答系统的提问，推理机将用户输入的信息与知识库中的知识进行推理，不断地由已知的前提推出未知的结论——中间结果，并将中间结果放到综合数据库中，最后将得出的最终结论呈现给用户。专家系统在运行过程中，会不断地通过人机接口与用户进行交互，向用户提问，并为用户做出解释。知识库和推理机是专家系统

的核心部分，其中知识库存储解决某领域问题的专家级水平的知识，推理机根据环境从知识库中选择相应的专家知识，按一定的推理方法和控制策略进行推理，直至得出相应的结论。

下面简要介绍专家系统的各主要部分。

## 1. 知识库

知识库中的知识来源于知识获取机构，同时为推理机提供求解问题所需的知识。专家知识是指特定问题城方面的知识。例如，在医学领域，对医术高明的医生的医疗实践经验进行分析、归纳、提炼并以某种模式存储到计算机中，形成可以被专家系统使用的专家知识，这也是专家系统的基础。医疗专家系统可以利用提取的专家知识模拟人类专家的治疗过程，给出诊断和治疗建议。知识库中的知识包括概念、事实和规则。例如，在控制系统中，事实包括对象的有关知识，如结构、类型及特征等；控制规则有自适应、自学习、参数自调整等方面的规则；其他的还有经验数据和经验公式，如对象的参数变化范围、控制参数的调整范围及限幅值、控制系统的性能指标等。专家系统的能力在很大程度上取决于知识库中所含知识的数量和质量。

知识库中的知识通常以文件的形式存放于外部介质上，运行时被调入内存。系统通过知识库管理模块实现知识库知识的存储、检索、编辑、增删、修改、扩充、更新及维护等功能。构建知识库时，必须解决知识获取和知识表示的问题。知识获取要解决的问题是从哪里获取以及如何获取专门知识，而知识表示则要解决如何用计算机能理解的形式表达获取的专家知识并存入知识库。按照知识获取的自动化程序，目前知识获取主要有手动获取、半自动获取和自动获取三种模式，将在后面进行详细介绍。

知识库中的知识可以更详细地分为求解问题所需的专业知识和领域专家的经验知识。专业知识是应用领域的基本原理和常识，可以精确地定义和使用，为普通技术人员所掌握，是求解问题的基础；专业知识的不足在于不与求解的问题紧密结合，知识量大，利用专业知识求解领域问题效率低。经验知识是领域专家多年工作经验的积累，是对如何使用专业识解析问题所做的高度集中和浓缩，能够高效、高质地解决复杂的问题，但推理的前提条件比较苛刻。

## 2. 推理机

推理机是实现机器推理的程序，能模拟领域专家的思维过程，控制并执行对问题的求解。在推理机的控制和管理下，整个专家系统能够以逻辑方式协调工作，相当于专家的思维机构。推理机根据输入的问题以及描述问题初始状态的数据，利用知识库中的知识，在一定的推理策略下，按照类似领域专家的问题求解方法，推出新的结论或者执行某个操作。需要注意的是，推理机能够根据知识进行推理和产生新的结论，而不是简单地搜索现成的答案。推理机的推理方法分为精确推理和不精确推理。推理控制策略主要指推理方向的控制和推理规则的选择策略，按推理方向可分为正向推理、反向推理和双向推理，推理策略一般还与搜索策略有关。系统可请求用户输入推理必需的数据，并根据用户的要求解释推理结果和推理过程。

专家系统的核心是推理机和知识库，这两部分是相辅相成、密切相关的。推理机的推理方式和工作效率与知识库中知识的表示方法和知识库的组织有关。然而，专家系统强调推理机和知识库分离，推理机应符合专家的推理过程，与知识的具体内容无关，即推理机与知识库是相对独立的，这是专家系统的重要特征。采用这种方式的优点在于，对知识库进行修改和扩充时不必改动推理机，从而保证了系统的灵活性和可扩展性。

### 3. 数据库

数据库也称为综合数据库、动态数据库、黑板，用于存放用户提供的原始信息、问题描述、中间推理结果、控制信息和最终结果等。因此，数据库中的内容可以而且也是经常变化的，这也是"动态数据库"这一名称的由来。开始时，数据库中存放着用户提供的初始事实，随着推理过程的进行，推理机会根据数据库的内容从知识库中选择合适的知识进行推理，并将得到的中间结果存放在数据库中。因此，数据库是推理机工作的重要场所，它们之间存在双向交互作用。对于实时控制专家系统，数据库中除了存放推理过程中的数据、中间结果，还会存放实时采集与处理的数据。

数据库也为解释机构提供支持。解释机构从数据库中获取信息，为向用户解释系统行为提供依据。数据库由数据库管理系统进行管理，完成数据检索、维护等任务。

### 4. 知识获取机构

知识获取机构负责知识库中的知识，是构建专家系统的关键。知识获取机构负责根据需要建立、修改与删除知识以及一切必要的操作，维护知识库的一致性、完整性等。有的系统由知识工程师和领域专家共同完成知识获取，首先由知识工程师从领域专家那里获取知识，然后通过专门的软件工具或编程手段，使用适当的方法表示出来送入知识库，并不断地充实和完善知识库中的知识。通常，知识获取机构自身具有部分学习功能，通过系统的运行实践自动获取新知识添加到知识库中。有的系统还可以直接与领域专家对话获取知识，使领域专家可以修改知识库而不必了解知识库中知识的表示方法、组织结构等实现细节。

### 5. 解释机构

解释机构专门负责回答用户提出的问题，向用户解释专家系统的行为和结果，使用户了解推理过程以及运用的知识和数据。因此，专家系统对用户来说是透明的，这对于用户来说是一项重要功能。专家系统的透明性使普通用户了解系统的动态运行情况，更容易接受系统，也使系统开发者便于调试系统。解释机构由一组程序跟踪并记录推理过程，通常要用到知识库中的知识、数据库推理过程中的中间结果、中间假设和记录等。当用户提出的询问需要给出解释时，将根据问题的要求分别做出相应的处理，然后通过人机接口把结果输出给用户。解释机构对于诊断型、操作指导型专家系统尤为重要，成为专家系统与用户之间沟通的桥梁。

### 6. 人机接口

为了提供友好的交互环境，专家系统都提供人机接口，作为最终用户、领域专家、知识工程师与专家系统的交互界面。人机接口由一组程序及相应的硬件组成，用于完成用户到专家系统、专家系统到用户的双向信息转换。领域专家或知识工程师通过人机接口输入领域知识，更新、完善、扩充知识库，普通用户通过人机接口输入待求解问题、已知事实和询问。系统可通过人机接口回答用户提出的问题，对系统行为和最终结果进行必要的解释。人机接口一般要求界面友好、方便操作。目前，可视化图形界面已广泛应用于专家系统，人机接口可能是带有菜单的图形界面。在专家系统中引入多媒体技术，将会大大改善和提高专家系统人机接口的交

互性。如果人机接口包括某种自然语言处理系统，将允许用户使用有限的自然语言形式与系统交互。

在系统内部，知识获取机构通过人机接口与领域专家及知识工程师进行交互，通过人机接口输入专家知识；推理机通过人机接口与用户交互，推理机根据需要会不断地向用户提问以得到相应的实时数据，推理机通过人机接口向用户显示结果；解释机构通过人机接口向系统开发者解释系统决策过程，向普通用户解释系统行为回答用户提问。可见，人机接口对于专家系统来说至关重要。

人机接口需要完成专家系统内部表示形式与外部表示形式的相互转换。在输入时，人机接口会把领域专家、知识工程师或最终用户输入的信息转换为计算机内部表示形式，然后交给不同的解释机构去处理；输出时，人机接口把系统要输出的信息由内部表示形式转换为外部表示形式，使用户容易理解。

上面介绍的专家系统结构只是基本模型，只强调了知识和推理这两个核心特征。专家系统的求解问题领域不能太狭窄，否则系统求解问题的能力较弱。但也不能太宽泛，否则涉及的知识太多，知识库过于庞大，不仅不能保证知识的质量，而且会影响系统的运行效率，难以维护和管理。专家系统已被广泛应用于多个领域以解决实际问题，各个系统的结构错综复杂，而且必须满足实际应用的各种要求。因此，在设计专家系统时需要根据具体情况，在一般结构的基础上进行适当的调整。

## 3.2.3 专家系统的设计与实现

专家系统的研制和开发是一件复杂、困难、费时的工作。为了提高系统设计和开发的效率，缩短研制周期，就需要使用专家系统开发工具，以便于提供系统设计和开发的计算机辅助手段和环境。

### 1. 骨架系统

骨架系统是由已有的成功的专家系统演化而来的，它抽出原系统中具体的领域知识，而保留原系统的体系结构和功能，再把领域专用的界面改为通用界面。

在骨架系统中，知识表示模式、推理机制都是确定的。利用骨架系统作为开发工具，只要将新的领域知识用骨架系统规定的模式表示出来并装入知识库就可以了。

在专家系统的建造中发挥重要作用的骨架系统主要有 EMYCIN、KAS 和 EXPERT 等。

### 1) EMYCIN 系统

EMYCIN 系统是由 MYCIN 系统抽去原有的医学领域知识，保留骨架而形成的系统。它采用产生式规则表达知识、目标驱动的反向推理控制策略，特别适合开发领域咨询、诊断型专家系统。EMYCIN 系统具有 MYCIN 系统的以下全部功能：

- 解释程序。系统可以向用户解释推理过程。
- 知识编辑程序及类英语的简化会话语言。EMYCIN系统提供了用于开发知识库的环境，使得开发者可使用比LISP更接近自然语言的规则语言来表示知识。

- 知识库的管理和维护手段。EMYCIN系统不仅提供了用于开发知识库的环境，还可在进行知识编辑及输入时进行语法、一致性、是否矛盾和包含等检查。
- 跟踪和调试功能。EMYCIN系统提供了有价值的跟踪和调试功能，实验过程中的状况都将被记录并保留下来。

EMYCIN 系统的工作过程分两步。第一步为专家系统建立过程。在这个过程中，首先知识工程师输入专家知识，知识获取和知识库构造模块把知识形式化，并对知识进行语法和语义检查，建立知识库。然后知识工程师调试并修改知识库。知识库调试正确后，用 EMYCIN 系统构造的专家系统即可交付使用。第二步为咨询过程。在这个过程中，咨询用户提出目标假设，推理机根据知识库中的知识进行推理，最后提出建议，做出决策，并通过解释模块向用户解释推理过程。

EMYCIN 系统已用于建造、医学、地质、工程、农业和其他领域的诊断型专家系统。图 3-2 列出了借助于 EMYCIN 系统开发的一些专家系统。

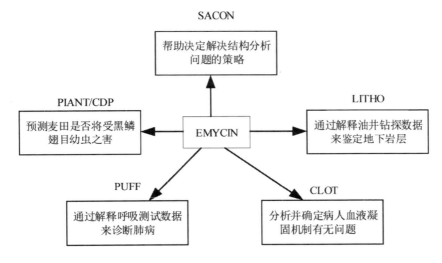

图3-2  EMYCIN系统的应用

### 2) KAS 系统

KAS 系统是由 PROSPECTOR 系统抽去原有的地质勘探知识而形成的。当把某个领域知识用 KAS 要求的形式表示出来并输入知识库后，便得到了可用推理机来求解问题的专家系统。

KAS 系统采用产生式规则和语义网络相结合的知识表达方法及启发式正反向混合推理控制策略。在推理过程中，推理方向是不断改变的，推理过程大致为：在 KAS 系统提示下，用户以类似自然语言的形式输入信息，KAS 系统对它们进行语法检查并将正确的信息转换为语义网络，然后与表示成语义网络形式的规则的前提条件相匹配，从而形成一组候选目标，并根据用户输入的信息使各候选目标得到不同的评分。接着 KAS 系统从这些候选的目标中选出评分最高的候选目标进行反向推理，只要一条规则的前提条件不能被直接证实或被否定，反向推理就一直进行下去。当有证据表明某条规则的前提条件不可能有超过一定阈值的评分时，就放弃沿这条路线进行的推理，而选择其他的路线。

KAS 系统提供了一些辅助工具，如知识编辑系统、推理解释系统、用户回答系统、英语分

析器等，用来开发、测试规则和语义网络。

KAS 系统具有功能很强的网络编辑程序和网络匹配程序。网络编辑程序可以用来把用户输入的信息转换为相应的语义网络，并可用来检测语法错误和一致性等。网络匹配程序用于分析任意两个语义网络之间的关系，看看它们是否具有等价、包含、相交等关系，从而决定这两个语义网络是否匹配，同时还可以用来检测知识库中的知识是否存在矛盾、冗余等。

KAS 系统适用于开发解释型专家系统，其典型应用如图3-3所示。

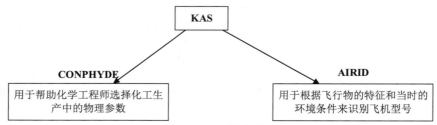

图3-3　KAS系统的应用

### 3) EXPERT 系统

EXPERT 系统是由美国 Rutgers 大学的威斯(Weiss)和库里斯科基(Kulikowski)等人在已成功开发的专家系统及工具[如 CASNET 系统(青光眼诊断系统)等]的基础上于 1981 年设计完成的一个骨架系统，适用于开发诊断型和分类型专家系统[4]。

EXPERT 系统的知识由假设、事实和决策规则三部分组成。与 EMYCIN 系统和 PROSPECTOR 系统不一样，EXPERT 系统中的事实可假设是严格区分的。事实是有待观察、测量和确定的证据，如人的身高、血压等。事实以真、假、数值或不知道的形式来回答系统提出的问题。假设可以是由系统推出的结论，例如，诊断就是假设。通常，每个假设都有一个不确定的度量值。规则用来描述事实和假设之间的逻辑关系，EXPERT 系统中具有三种形式的规则：FF 规则、FH 规则、HH 规则。

所谓 FF 规则，就是从事实到事实的规则，可从已知的事实推出另一些事实，从而省去一些不必要的提问。由 FF 规则推出的事实只能取真假或不知道。例如：

F(M, T)→F(PREGP, F)；如果 M 为真，则 PREGP 为假。

以上规则表示如果病人为男性，就不必做妊娠检查。

所谓 FH 规则，就是从事实到假设的规则，用来由事实的逻辑组合推出假设并确立可信度。例如：

F(A, T)&F(B, F)&[1:F(C, T), F(D, F)]→H(E, 0.5)

以上规则表示如果第一个事实(A 为真)成立、第二个事实(B 为假)成立、第三个事实(C 为真)和第四个事实(D 为假)中有一个成立，则假设 E 成立的可能性为 0.5。

可信度的取值范围为−1~1。1 表示绝对肯定，−1 表示绝对否定。在推理中，可能有几条规则能推出同一假设，这时可信度的绝对值最大的规则生效。

所谓 HH 规则，就是从假设到假设的规则，用来从已知的假设推出其他假设。在 EXPERT 系统的 HH 规则中，出现在规则左侧的假设的确定程度需要用数值区间表示，例如：

$$H(A, 0.2:1)\&H(B, 0.1:1)→H(C, 1)$$

以上规则表示如果对假设 A 有 0.2~1 的把握，并且对假设 B 有 0.1~1 的把握，则得出结论 C

的把握程度为100%。另外，在EXPERT系统中为提高推理效率，还把若干条HH规则组成一个模块。在模块前另加条件，称为规则的上下文。只有上下文为真时，规则组内的规则才被启用。

EXPERT系统推理的主要目的是希望达到正确的结论或提出合理的问题。推理过程大致描述如下：

- 由事实对所有的FF规则进行推理，以取得尽可能多的事实。
- 从已有的事实出发，检查所有的FH规则，如果规则的左侧为真，就将右侧的假设存入集合PH。
- 置集合DH为空。
- 从已有事实出发，在所有HH规则的上下文中对上下文条件成立的规则做如下处理：若规则左侧的假设出现在DH或PH中，那么H的当前可信度为PH和DH中同一H的可信度绝对值最大者，按H的这个可信度对规则进行推理，并把结论存入DH。若DH中已有这个假设，则仅保留可信度绝对值最大的那个。
- 按假设形成的推理网络进行推理，以最终得到假设的可信度。

对假设的选择除可按上述方法选择可信度最大的之外，EXPERT还设置了评分函数。

EXPERT已被用于建造、医疗、地质和其他一些领域的诊断型专家系统，其典型应用如图3-4所示。

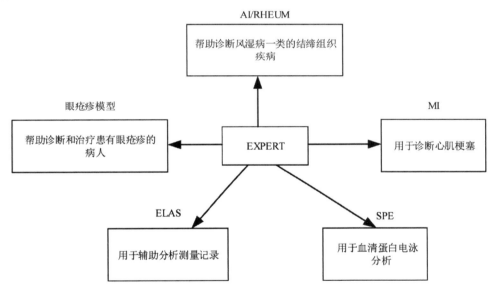

图3-4　EXPERT系统的应用

以上讨论了三种骨架系统。用骨架系统开发领域专家系统可以大大减少开发的工作量。但也存在一定的问题，主要问题是骨架系统只适用于建造与其类似的专家系统，因为推理机制和控制策略是固定的，所以局限性大、灵活性差。

### 2. 通用型知识表达语言

通用型知识表达语言并不严格倾向特定的领域和范例系统，所以能够处理许多不同领域和类型的问题。目前这类通用语言有很多，如OPS5、ROSIE、HEARSAY III、RLL、ART等。这

里只简单地介绍 OPS5。

OPS5 是美国卡内基梅隆大学开发的一种通用知识表达语言，特点是将通用的表达和控制结合起来。OPS5 提供了专家系统所需的基本机制，并不偏向于特定的问题求解策略和知识表达结构。OPS5 允许程序设计者使用符号表示并表达符号之间的关系，但并不事先定义符号和关系的含义。这些含义完全由程序设计者所写的产生式规则确定。

OPS5 由产生式规则库、推理机及数据库三部分组成。规则的一般形式为

$$P(规则号)〈前提〉→(结论) \tag{3-6}$$

其中，前提是条件元的序列，而结论部分是基本动作构成的集合。OPS5 中定义了 12 个基本动作，如 MAKE、MODIFY、REMOVE、WRITE 等。数据库用于存储当前求解问题的已知事实及中间结果等。数据库包含一个不变的符号集合。符号结构有两种类型：符号向量以及与属性-值元组相联系的对象。

推理机用规则库中的规则及数据库中的事实进行推理，具体步骤如下：

① 确定哪些规则的前提已满足(匹配)。

② 选择一条前提得到满足的规则。如果得不到满足的规则，就终止运行(解除冲突)。

③ 执行所选择规则的动作。

④ 转向①。

上述动作是行为序列的大框架，用户可以根据意愿加入控制结构，由产生式系统本身确定使用什么样的控制及求解策略。

OPS5 已被用来开发许多专家系统，其典型应用图 3-5 所示。

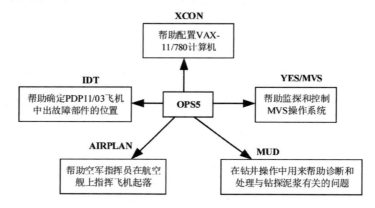

图3-5  OPS5系统的应用

### 3. 专家系统开发环境

专家系统开发环境又称为专家系统开发工具包，可为专家系统的开发提供多种方便的构件，如知识获取的辅助工具、适用各种不同知识结构的知识表示模式、各种不同的不确定推理机制、知识库管理系统以及各种不同的辅助工具、调试工具等。目前，国内外已有的专家系统开发环境有 AGE、KEE 等。这里只简单地介绍 AGE。

AGE 是由斯坦福大学研制的专家系统开发环境，是一种典型的模块组合式开发工具。AGE 为用户提供了一种通用的专家系统结构框架，并将该框架分解为许多在功能和结构上较为独立

的组件。这些组件已预先编制成标准模块保存在系统中。用户可以通过以下两条途径构造自己的专家系统：

- 用户使用 AGE 现有的各种组件作为构造材料，很方便地组合设计自己所需的系统。
- 用户通过 AGE 的工具界面，定义和设计各种所需的组成部件，以构成自己的专家系统。

AGE 采用黑板模型来构造专家系统结构框架。人们应用 AGE 已经开发了一些专家系统，主要用于医疗诊断、密码翻译、军事科学等方面。

### 4. 专家系统程序设计语言

PROLOG 和 LISP 是两种主要的人工智能程序设计语言。

PROLOG 是一种以逻辑推理为基础的程序设计语言，无论是描述求解问题的方式，还是语言本身，都与一般的程序设计语言有很大的差别。

PROLOG 最早在 20 世纪 70 年代初由英国爱丁堡大学的 R.Kowalski 首先提出[5]，1986 年美国推出了 HURBO PROLOG 软件，能够适应个人计算机，现在 PROLOG 语言已经广泛应用于许多人工智能领域，包括定理证明、专家系统、自然语言理解等。

自从创立以来，LISP 在美国一直居于人工智能语言的主导地位。由于易于表达，许多早期专家系统的外壳都是用 LISP 建立的。但是，传统的计算机不能高效地执行 LISP。对于使用 LISP 编写的外壳，情况更糟。为了解决这个问题，几个公司开始提供专门设计的机器来执行 LISP 代码。用 LISP 编写的专家系统一般难以嵌入用其他语言编写的程序。

为了克服 LISP、PROLOG 运行速度慢、可移植性差、解决复杂问题能力差等问题，1984 年，美国航空航天局的约翰逊空间中心推出了 CLIPS(C Language Integrated Production System)，CLIPS 是基于 Rate 算法的前向推理语言，用标准 C 语言编写，具有移植性较好、扩展性和知识表达能力强、成本低等特点。

选择人工智能语言的一个重要原因在于它们提供了一些工具。由于可移植性、效率和速度等原因，许多专家系统工具，现在都用 C/C++、Java 等语言编写。由于面向对象程序设计语言以类、对象、继承等机制，与人工智能的知识表示、知识库等产生了自然的联系，因而现在面向对象语言也成为一种人工智能程序设计语言。面向对象程序设计也被广泛地用于人工智能程序设计，特别是专家系统程序设计。

## 3.2.4　专家系统的应用与发展

专家系统综合利用人工智能技术和计算机技术进行推理和判断，根据一个或多个专家提供的知识和经验，求解那些只有人类专家才能求解的高难度的复杂问题。前面介绍了专家系统结构和专家系统设计方法，在此基础上，本节介绍专家系统的两个应用案例，以增强读者对专家系统的具体认识，掌握专家系统的实现方法。

### 1. 动物识别专家系统

动物识别专家系统是一种比较流行的专家系统试验模型，用于识别金钱豹、老虎、长颈鹿、斑马、企鹅、鸵鸟、信天翁 7 种动物。以下是对该系统的知识表示、数据库、推理机以及解释机构的相关介绍。

**1) 知识表示**

动物识别专家系统用产生式规则来表示知识，其知识库中共有以下 15 条规则。

规则 1：IF 动物有毛发 THEN 动物是哺乳动物

规则 2：IF 动物能产奶 THEN 动物是哺乳动物

规则 3：IF 动物有羽毛 THEN 动物是鸟

规则 4：IF 动物会飞 AND 会产蛋 THEN 动物是鸟

规则 5：IF 动物吃肉 THEN 动物是肉食动物

规则 6：IF 动物有犬齿 AND 有爪 AND 眼盯前方 THEN 动物是食肉动物

规则 7：IF 动物是哺乳动物 AND 有蹄 THEN 动物是有蹄类动物

规则 8：IF 动物是哺乳动物 AND 反刍 THEN 动物是有蹄类动物

规则 9：IF 动物是哺乳动物 AND 食肉 AND 是黄褐色的 AND 有暗斑点 THEN 动物是金钱豹

规则 10：IF 动物是黄褐色的 AND 动物是哺乳动物 AND 食肉 AND 有黑条纹 THEN 动物是老虎

规则 11：IF 动物有暗斑点 AND 有长腿 AND 有长脖子 AND 有蹄 THEN 动物是长颈鹿

规则 12：IF 动物有黑条纹 AND 有蹄 THEN 动物是斑马

规则 13：IF 动物有长腿 AND 有长脖子 AND 是黑色的 AND 是鸟 AND 不会飞 THEN 动物是鸵鸟

规则 14：IF 动物是鸟 AND 不会飞 AND 会游泳 AND 是黑色的 THEN 动物是企鹅

规则 15：IF 动物是鸟 AND 会飞 THEN 动物是信天翁

知识库中包含将问题从初始状态转换到目标状态的变化规则。规则库中并不简单地给每一种动物一条规则。首先用 6 条规则将动物粗略分成哺乳动物、鸟、食肉动物三大类，然后逐步缩小分类范围，最后给出金钱豹、老虎、长颈鹿、斑马、企鹅、鸵鸟、信天翁这 7 种动物的识别规则。这些规则比较简单，可以修改原规则或增加新规则，对系统进行完善或功能扩充，也可以使用加进其他领域的新规则来取代这些规则对其他事物进行识别。

在以上 15 条规则中共出现 30 个概念，也称为事实：有毛发、能产奶、哺乳动物、有羽毛、会飞、会产蛋、鸟、吃肉、有犬齿、有爪、眼盯前方、食肉动物、有蹄、反刍、有蹄类动物、黄褐色、身上有暗斑点、黑条纹、有长脖子、有长腿、不会飞、黑色、会游泳、信天翁、企鹅、鸵鸟、斑马、长颈鹿、老虎、金钱豹。

为了推出结论，需要根据数据库中的已知事实从知识库中选用合适的知识。动物识别专家系统采用精确匹配的方法，若产生式规则的前提条件所要求的事实在数据库中存在，就认为这是一条适用的知识。

**2) 数据库**

数据库为事实库，主要存放问题求解的相关信息，包括原始事实、中间结果和最终结论，中间结果又可以作为下一步推理的事实。事实上，综合数据库是计算机中开辟的一块存储空间。

**3) 推理机**

动物识别专家系统采用正向推理，并且精确推理，推理过程如图 3-6 所示。推理步骤如下：

步骤 1：用户首先初始化综合数据库，把已知事实存放到综合数据库中。

步骤 2：推理机检查规则库中是否有规则的前提条件可与综合数据库中的已知事实相匹配。若有，则把匹配成功的规则的结论部分作为新的事实放入综合数据库。

步骤 3：检查综合数据库中是否包含待解决问题的解，若有，说明问题求解成功；否则用更新后的综合数据库中的所有事实重新进行匹配，重复上述过程，直到推理结束。

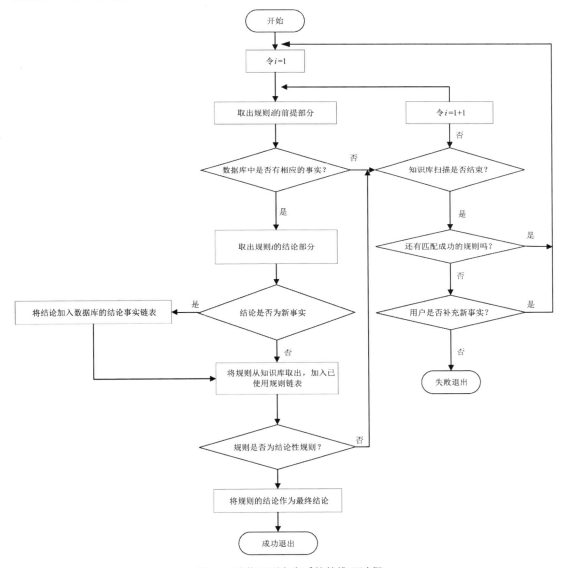

图3-6 动物识别专家系统的推理过程

一般来说，推理终止的情况有以下两种：

- 经推理已经求得问题的解。
- 知识库中再无适用的知识。

若一条规则的结论在其他规则的前提条件中都不出现，则这条规则的结论部分就是最终结论，把含有最终结论的规则称为结论性规则。对于第 1 种情况，每当推理机用到结论性规则进行推理时，推出的结论就是最终结论，此时可终止推理过程。对于第 2 种情况，检查当前知识库中是否还有未使用的规则，但均不能与综合数据库中的已有事实相匹配，这说明问题无解，终止问题求解过程。

### 4) 解释机构

解释机构回答系统如何推出最终结论，解释功能的实现与推理机密切相关。动物识别专家系统的解释机构对推理进行实时跟踪。在推理过程中，每匹配成功一条规则，解释机构就记下该规则的序号，推理结束后，把问题求解使用的规则按次序记录下来，得到整个推理路径。当用户需要解释时，就可以向用户解释为何得到某个结论。为了便于理解，可以将规则转变为自然语言的形式。

尽管动物识别专家系统简单，但基本包含专家系统的基本组成部分：知识库、数据库、推理机和解释机构。作为基本模型，只要对知识库中的知识进行扩充，就可以实现更复杂的功能，或用其他领域的专家知识替换，以完成其他领域的任务，保证系统的灵活性和可扩展性。

### 2. PROSPECTOR系统

PROSPECTOR 是一种地质勘探专家系统，该系统能根据岩石标本及地质勘探数据对矿产资源进行估计和预测，提供勘探方面的咨询。

### 1) 系统功能

PROSPECTOR 系统集中了多个领域专家的知识，具有以下功能：

- 勘探结果评价。系统对获得的有限地质矿藏信息进行分析和评价，预测成矿的可能性，并指导用户下一步应采集哪些对判别矿藏有用的信息。
- 区域资源评价。系统采用脱机方式处理某一范围区域的地质数据，给出区域内资源的分布情况，在矿床分布、蕴藏量、品位及开采价值等方面做出合理推断。
- 钻井井位选择。已知某一区域含有某种矿藏后，根据地质图和井位选择模型，帮助工作人员选择最佳钻井位置，以避免不必要的浪费。

### 2) 系统结构

系统结构是指专家系统各组成部分的构造方法和组织形式，系统结构选择恰当与否，与专家系统的适应性和有效性密切相关，选择什么结构，要根据系统的应用环境和所执行任务的特点而定。PROSPECTOR 系统的总体结构如图 3-7 所示。

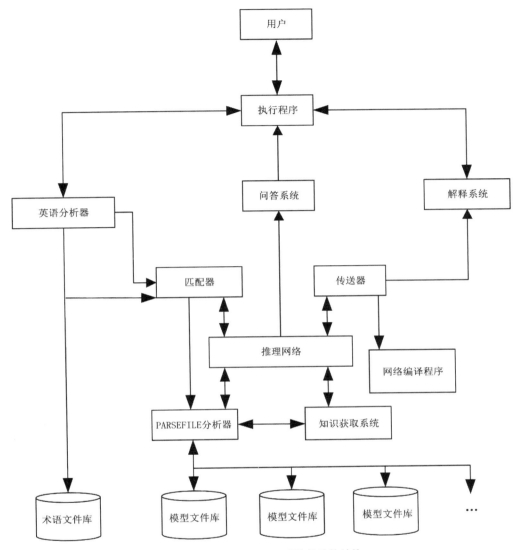

图3-7　PROSPECTOR系统的总体结构

在图 3-7 中，箭头表示信息流动的方向，该系统通常由知识库、英语分析器、问答系统、解释系统、匹配器、传送器等 10 个部分构成。每个部分的具体功能如下。

- 知识库。由术语文件库和模型文件库组成，术语文件库中存放岩石、地质名字、地质年代和语义网络中用到的其他术语，模型文件库中存放推理规则网络形式的矿床模型。系统的勘探知识以外部文件形式存储在磁盘中，需要时调用。
- 英语分析器。负责理解用户输入的英语等自然语言中包含的信息，并转换成匹配器可以使用的语义网络形式。
- 问答系统。检查推理网络的推理过程，随时对系统进行查询，负责向用户提问，要求提供勘探证据。
- 解释系统。用于向用户解释结论和推理过程，解答用户提问。

- 匹配器。比较语义空间的关系，进行语义网络匹配，同时也把用户输入的信息加入推理网络中，或检查推理网络的一致性。
- 传送器。用于在推理网络中传播结论的概率值，实现系统的似然推理。
- 推理网络。推理网路是具有层次结构的与/或树，将勘探数据和有关的地质假设联系起来，进行从顶到底的逐级推理，将上一级的结论作为下一级的证据，直到结论可由勘探数据直接证实的端节点为止。
- PARSEFILE分析器。用于把矿床模型知识库中的模型文件转换成系统内部的表示形式，即推理网络。
- 知识获取系统。获取专家知识，生成、修改或保存推理网络。
- 网络编译程序。通过钻井定位模型和推理结果，编制钻井井位选择方案，输出图像信息。

### 3) 系统介绍

每个专家系统所需完成的任务和特点不同，系统结构也会有所不同。下面对 PROSPECTOR 系统的知识表示、推理机制和解释系统进行介绍。

#### 知识表示

PROSPECTOR 系统的知识用语义网络和规则表示。知识库由三级网络组成——分类学网络、分块语义网络和推理网络，分别用来描述概念、陈述和推理规则。

- 分类学网络。分类学网络是最低层网络，用于给出系统知道的词汇的用途及相互关系。
- 分块语义网络。分块语义网络用来表示陈述，把整个网络划分成若干块，每一块表示一句完整的话(陈述)。
- 推理网络。推理网络是系统赖以完成咨询的知识库。在PROSPECTOR系统中，判断性知识用规则来表示，每条规则的形式为

$$E \rightarrow H(LS, LN) \tag{3-7}$$

以上规则用来反映证据 E 对假设 H 的支持程度。每条规则的 LS、LN 及每个语义空间 H 的 $P(H)$ 均由领域专家在建造知识库时提供。

推理网络通过决策规则把证据和假设链接成有向图，推理网络中的节点代表各个语义空间，称为超节点，弧代表规则，与每条弧有联系的数字分别表示规则的 LS、LN，分别称为规则的充分性量度和必要性量度。每个端点或叶节点是用户提供的证据，其他节点都是假设。通常，证据和假设是相对的，假设相对于进一步推理来说是证据，而证据相对于下一级推理来说又是假设。每个断言都存在真或假的确定程度，推理开始时，每个断言的真假是未知的，当获取证据后，有些断言就被明确建立起来，其他断言的确定程度也会发生变化。因此，为每个断言附上概率值，对应推理网络中的每个超节点 H 都有先验概率 $P(H)$。随着信息 E 的出现，H 的先验概率变为后验概率 $P(H|E)$。PROSPECTOR 系统中没有独立于知识库而存在的数据库，推理网络同时兼有知识库和数据库两种身份。

PROSPECTOR 系统的知识按用途可分为两类：分类学网络，通用知识库，系统每次运行时都需要使用；其他矿藏模型，专用知识库，根据用户需要，系统运行时只把需要的模型调入内存。

#### 推理机制

PROSPECTOR 系统的不精确推理建立在概率论的基础上，采用主观贝叶斯方法，根据前

提 E 的概率，利用规则的 LS 和 LN，把结论 H 的先验概率 $P(H)$ 更新为后验概率 $P(H|E)$。

PROSPECTOR 系统采用多种推理方式，称为混合主动式推理，采用正反向混合推理与接纳用户自愿提供信息相结合的推理方式。

PROSPECTOR 系统的正向推理实际上就是概率传播。系统运行时，用户输入一个证据 E 并指出 E 在观察 S 下成立的后验概率 $P(E|S)$。系统在推理网络中搜索以 E 为前提或前提包含 E 的规则 R，利用 $P(E|S)$ 计算在规则 R 的作用下结论 H 的后验概率，然后从推理网络中搜索前提中包含 H 的规则 R'，重复以上过程。PROSPECTOR 系统的推理过程实际上就是重复地将规则前提的后验概率沿推理网络中的规则弧传到规则的结论部分，修改结论的后验概率，直到推理网络的顶层语义空间。PROSPECTOR 系统的概率传播过程由传播器完成。

当正向推理(概率传播)结束后，如果系统已能确定存在某种矿藏，则输出结果；否则进入反向推理过程。反向推理由提问系统负责，为断定某种矿藏的成矿可能性寻求有关数据。

系统在推理过程中，用户可根据自己的观察为系统提供信息，包括可用空间的信息和推理网络在任意层次上的假设空间的信息。这样有利于充分发挥用户的作用，加快推理速度，增强系统的灵活性。推理时可能需要考虑上下文先后次序的语义关系，基于上下文语义关系进行推理。

**解释系统**

解释系统可以为用户提供几种不同类型的解释。解释系统可随时检查推理网络中某个语义空间的后验概率，还可以向用户显示为推断某个结论而使用的规则，或者检查某一数据对推理网络中任一特定空间概率的影响。通过这些解释方法，用户可以了解所采集数据的意义以及进一步需要的数据。

PROSPECTOR 系统可帮助勘探人员推断矿床分布、储藏量、品位、开采价值等信息，制定开采计划和钻井井位布局方案，目前已成为世界上公认的经典专家系统之一。

## 3.3　本章小结

本章主要介绍了自动推理得基本知识与专家系统的内涵、结构、设计实现以及应用与发展。推理就是按照一定的策略由已知事实推出新的论断的思维过程。推理方法从推理时应用知识及得出结论的确定性角度，可划分为确定性推理和不确定性推理两种。按照明确的规则由确定的条件推理出肯定或否定结论的推理，称为确定性推理。专家系统中的经验性知识以及输入条件一般是不确定的，因此，按照不确定的知识由不确定的条件推理出具有一定程度不确定性的结论，称为不确定性推理。正因为现实中人们掌握的经验知识及获取的条件信息多是不完全、不精确的，具有不确定性，所以就要求专家系统中的知识表示和处理以及推理方法必须能处理这种不确定性。当前，不确定性问题仍是专家系统研究的重点，知识不确定性及条件不确定性的表示、不确定性的合成、不确定性的传递算法等问题，都需要在推理机制的设计实现中完成。

专家系统在人工智能历史上曾经具有很高的地位，是符号主义的典型代表，也是最早可以使用的人工智能系统。专家系统强调知识的作用，通过整理人类专家的知识，让计算机像专家一样求解专业领域的问题。不同于一般的计算机软件系统，强调知识库与推理机等系统其他部分的分离，在系统建造完成后，只需要通过知识库就可以提升系统的性能。推理机一般具有非确定性推理能力，这为求解现实问题打下了基础，因为现实中的问题绝大多数具有非确定性。

对结果的可解释性也是专家系统的一大特色，可以为用户详细解释得出结果的根据。

## 3.4 习　　题

1. 判断下列公式是否可合一，若可合一，则求出最一般合一。

(1) $P(a,b), P(x,y)$

(2) $P(f(x),b), P(y,z)$

(3) $P(f(x),y), P(y,f(b))$

2. 有一组推理规则：CF1(B)=0.9，CF2(B)=0.5，CF3(B)=0.3，根据规则合成原则，请计算一下"先合成 CF1 与 CF2，接着与 CF3 合成"的结果，是否与"先合成 CF2 与 CF3，接着与 CF1 合成"的结果相同？

3. 专家系统由哪几个部分组成？基本工作过程是怎样的？

4. 专家系统中"解释"功能的作用是什么？

5. 说明推理机在专家系统中的地位。

## 参考文献

[1] 黄元亮，李冰. 不确定性推理中确定性的传播[J]. 计算机仿真，2008(7):133-136.

[2] 卞世晖. 专家系统中不确定性推理的研究与应用[D]. 合肥：安徽大学，2010.

[3] 尼格尼维斯基. 人工智能[M]. 北京：机械工业出版社，2012.

[4] 马少平，朱小燕. 人工智能[M]. 北京：清华大学出版社，2014.

[5] 史忠植. 人工智能[M]. 北京：机械工业出版社，2018.

[6] 徐洁磐. 人工智能导论[M]. 北京：中国铁道出版社有限公司，2019.

[7] 史蒂芬·卢奇，丹尼·科佩克. 人工智能[M]. 2 版. 北京：人民邮电出版社，2018.

[8] 徐宝祥，叶培华. 知识表示的方法研究[J]. 情报科学，2007(5):690-694.

[9] 佘玉梅，段鹏. 人工智能及其应用[M]. 上海：上海交通大学出版社，2007.

[10] 蔡自兴. 人工智能及其应用[M]. 北京：清华大学出版社，2016.

[11] 高济. 人工智能基础[M]. 北京：高等教育出版社，2002.

[12] 冯冲，康丽琪，石戈，等. 融合对抗学习的因果关系抽取[J]. 自动化学报，2018，44(5):811-818.

[13] 韩润繁，陈桂明，常雷雷，等. 基于置信规则库的海基系统性能退化机理分析与预测[J]. 控制与决策，2019，34(3):479-486.

[14] 王利民，李雄飞，王学成. 基于半监督学习的启发式值约简[J]. 控制与决策，2010，25(10):1531-1535.

[15] 张煜东，吴乐南，王水花. 专家系统发展综述[J]. 计算机工程与应用，2010，46(19):43-47.

[16] 刘康，张元哲，纪国良，等. 基于表示学习的知识库问答研究进展与展望[J]. 自动化学报，2016，42(6):807-818.

[17] Nemanja Djuric,Lakesh Kansakar,Slobodan Vucetic. Semi-supervised combination of experts for aerosol optical depth estimation[J]. Artificial Intelligence, 2016.

[18] Nripsuta Ani Saxena,Karen Huang,Evan DeFilippis,Goran Radanovic,David C. Parkes,Yang Liu. How do fairness definitions fare?Testing public attitudes towards three algorithmic definitions of fairness in loan allocations[J]. Artificial Intelligence, 2020.

[19] Jacob W. Crandall. When autonomous agents model other agents: An appeal for altered judgment coupled with mouths, ears, and a little more tape[J]. Artificial Intelligence, 2020.

[20] Haris Aziz,Omer Lev,Nicholas Mattei,Jeffrey S. Rosenschein,Toby Walsh. Strategyproof peer selection using randomization, partitioning, and apportionment[J]. Artificial Intelligence, 2019.

[21] Xin Zheng, Yanqing Guo. A Survey of Deep Facial Attribute Analysis[J]. International Journal of Computer Vision, 2020.

# 第 4 章

# 搜索算法与智能计算

在求解一个问题时，涉及两个方面：一是该问题的表示，如果一个问题找不到一种合适的表示方法，就谈不上对它求解；二是选择一种相对合适的求解方法。在人工智能中，问题求解的基本方法有搜索法、归约法、归结法、推理法及产生式等。由于绝大多数需要用人工智能方法求解的问题缺乏直接求解的方法，因此搜索不失为一种求解问题的一般方法。此外，受自然界和生物界规律的启发，人们根据其原理模仿设计了许多求解问题的算法，并广泛应用于组合优化、机器学习、智能控制、模式识别、规划设计、网络安全等领域。本章一方面介绍搜索算法中常用的搜索策略，另一方面介绍智能计算，包括遗传算法、粒子群优化算法、蚁群算法等。

## 🕉 4.1 搜索算法 🕉

搜索策略是人工智能中获取知识的基本技术之一，在人工智能各领域中被广泛应用，特别是在人工智能早期的知识获取中，如专家系统模式识别等领域。

搜索策略在人工智能中属问题求解的一种方法，在早期一直是人工智能研究与应用中的核心问题。它通常首先将应用中的问题转换为某个可供搜索的空间，称为"搜索空间"，然后采用一定的方法(称为"策略")，在搜索空间内寻找一条路径，称为"搜索路径"或"求解"，最终得到一条路径，终点被称为"解"。在问题求解中，问题由初始条件、目标和操作集合这三部分组成。因此，搜索策略是以状态空间法为知识表示方法，以搜索算法思想作引导从而获得知识的一种方法。这是一种演绎推理方法。这里主要研究搜索算法思想，包括盲目搜索策略、启发式搜索策略和博弈搜索策略等内容。

在搜索策略中从给定的问题出发，寻找能够达到所希望目标的操作序列，并使付出的代价最小、性能最好，这就是基于搜索策略的问题求解。第一步是实现问题的建模，对给定问题用状态空间图表示。第二步是搜索，就是找到操作序列，可用搜索算法引导。第三步是执行，就是执行搜索算法。输入是问题的实例，输出表示为操作序列。因此，求解一个问题包括三个阶段：问题建模、搜索和执行。其中主要阶段为搜索阶段。

## ◤ 4.1.1　盲目搜索策略

在状态空间中，一般的初始状态称为根状态，以此为起点搜索后生成的是一棵有向树，称为搜索树。如果在搜索过程中没有利用任何与问题有关的知识或启发信息，则称为盲目搜索。深度优先搜索和宽度优先搜索是常用的两种盲目搜索方法。

### 1. 深度优先搜索

深度优先搜索的基本思想是优先扩展深度最深的节点。在搜索策略图中，初始节点的深度定义为 0，其他节点的深度定义为父节点的深度加 1。深度优先搜索每次选择一个深度最深的节点进行扩展，如果有深度相同的多个节点，就按照事先的约定从中选择一个。如果节点没有子节点，就选择一个除了该节点以外的深度最深的节点进行扩展。依此进行下去，直到找到问题的解；或者再也没有节点可扩展，这种情况下表示没有找到问题的解。

深度优先搜索按照图 4-1 所示的次序搜索状态。

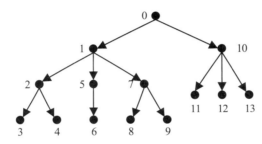

图4-1　深度优先搜索中状态的搜索次序

搜索从 0 出发，沿一个方向，一直扩展下去，如状态 1、2、3、…、直到达到一定的深度(这里假定为 3 层)。如果未找到目的状态或无法再扩展，便回溯到另一条路径(状态 4)继续搜索；如果还未找到目的状态或无法再扩展，再回溯到另一条路径(状态 5 和 6)搜索；依此类推。

深度优先搜索的特点体现在如下几个方面：

- 无论问题的内容和性质以及求解要求如何不同，它们的程序结构都是相同的，不同的仅仅是存储节点的数据结构和产生规则以及输出要求。
- 深度优先搜索有递归以及非递归两种设计方法。一般情况下，当搜索深度较小、问题递归方式比较明显时，用递归方法设计好，可以使得程序结构更简捷易懂。当搜索深度较大、数据量较大时，由于受系统堆栈容量的限制，递归容易产生溢出，用非递归方法设计比较好。
- 深度优先搜索有广义和狭义两种理解。广义的理解是，只要最新产生的节点(深度最大的节点)先进行扩展，就称为深度优先搜索方法。在这种情况下，深度优先搜索算法有全部保留和不全部保留产生的节点两种情况。狭义的理解是，仅仅只保留全部产生的节点。本书采取广义的理解。不保留全部节点的算法属于一般的回溯算法范畴。保留全部节点的算法，实际上是在数据库中产生节点之间的搜索树，因此也属于图搜索算法范畴。
- 对于不保留全部节点的深度优先搜索，由于要把扩展后的节点从数据库中删除，一般数

据库中存储的节点数就是深度值，因此占用的空间较少。当搜索树的节点较多，用其他方法易产生内存溢出时，深度优先搜索不失为一种有效的算法。

● 从输出结果可以看出，深度优先搜索找到的第一个解并不一定是最优解。

如果要求输出最优解的话，一种方法是动态规划法，另一种方法是修改原算法：把原输出过程改为记录过程，记录达到当前目标的路径和相应的值，并与前面已记录的值进行比较，保留其中最优的，等全部搜索完成后，才把保留的最优解输出。

### 2. 宽度优先搜索

与深度优先搜索刚好相反，宽度优先搜索会优先搜索深度浅的节点，每次选择深度最浅的节点进行扩展，如果有深度相同的节点，就按照事先约定从深度最浅的几个节点中选择一个。与深度优先搜索的"竖"着搜不同，宽度优先搜索体现的是"横"着搜。

宽度优先搜索按图 4-2 所示的次序搜索状态。

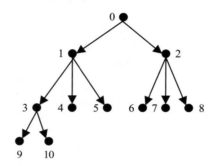

图4-2　宽度优先搜索中状态的搜索次序

由 0 生成状态 1 和 2，然后扩展状态 1，生成状态 3、4、5，接着扩展状态 2，生成状态 6、7、8，扩展完该层后，再进入下一层，对状态 3 进行扩展，如此一层一层地扩展下去，直到搜索到目的状态(如果目的状态存在的话)。

宽度优先搜索的显著特点体现在如下几个方面：

● 在产生新的子节点时，深度越小的节点越先得到扩展，即先产生它的子节点。为使算法便于实现，存放节点的数据库一般用队列结构。

● 无论问题的性质如何不同，利用宽度优先搜索解题的基本算法是相同的，但数据库中每个节点的内容和产生式规则，根据不同的问题有不同的内容和结构，哪怕是同一问题也可以有不同的表示方法。

● 当节点到根节点的费用(有的书称为耗散值)和节点的深度成正比时，特别是当每一节点到根节点的费用等于深度时，得到的解是最优解，但如果不成正比，那么得到的解不一定是最优解。这类问题要求出最优解，一种方法是使用后面介绍的其他算法进行求解，另一种方法是改进前面的搜索算法：找到目标节点后，不是立即退出，而是记录目标节点的路径和费用；如果有多个目标节点，就加以比较，留下较优的节点。把所有可能的路径都搜索完后，才输出记录的最优路径。

● 宽度优先搜索一般需要存储产生的所有节点，占用的存储空间要比深度优先搜索大得多，因此在程序设计中必须考虑溢出和节省内存空间的问题。

- 比较深度优先和宽度优先两种搜索算法，宽度优先搜索算法一般无回溯操作，也就是入栈和出栈操作，所以运行速度比深度优先搜索算法要快些。

总之，一般情况下，深度优先搜索占用内存少，但速度较慢；而宽度优先搜索占用内存多，但速度较快，能在距离和深度成正比的情况下较快地求出最优解。因此，在选择用哪种算法时，要综合考虑，权衡利弊。

## 4.1.2　启发式搜索

盲目式搜索由于采用固定搜索方式，具有较大的盲目性，生成的无用节点较多，搜索空间较大，因而效率不高。如果能够利用节点中与问题相关的一些特征信息来预测目标节点的存在方向，并沿着该方向搜索，则有希望缩小搜索范围，提高搜索效率。这种利用节点的特征信息来引导搜索过程的方法称为启发式搜索。

启发式搜索有较强的问题针对性，可以提高效率。启发式搜索的具体操作方式是：在启发式搜索中，在生成一个节点的全部子节点之前都将使用一种评估函数判断这个"生成"的过程是否值得进行。评估函数为每一个节点计算一个整数值，称为该节点的评估函数值。通常，评估函数值小的节点被认为是值得进行"生成"的过程。按照惯例，将生成节点$n$的全部子节点称为"扩展节点$n$"。

### 1. 评估函数

评估函数的任务是估计待搜索节点的重要程度，从而对它们排定顺序。这里把评估函数$f(n)$定义为从初始节点$S_0$经过节点$n$到达目标节点的最小代价路径的代价评估值，一般形式为

$$f(n) = g(n) + h(n) \tag{4-1}$$

其中，$g(n)$为初始节点$S_0$到节点$n$时已实际付出的代价；$h(n)$是从节点$n$到目标节点$S_B$最优路径的估计代价，而搜索的启发式信息主要由$h(n)$决定。$g(n)$的值可以按指向父节点的指针，从节点$n$反向跟踪到初始节点$S_0$，得到一条从初始节点$S_0$到节点$n$的最小代价路径，然后把这条路径上的所有有向边的代价相加，就得到$g(n)$的值。

在启发式搜索中，每个待扩充节点都需要评估函数$f(n)$，它的值是由问题中与该节点有关的语义决定的，如距离、时间、金钱等。因而这些语义信息必须由人工决定而无法自动生成。而在人工生成时，涉及人对语义理解的深刻程度，有一定的弹性。因此在启发式搜索中，即便采用相同的算法，效果也还是有区别，这与设置节点评估的语义因素有一定关系。

### 2. 启发信息

启发信息是指与具体问题求解过程有关的，并可指导搜索过程朝着最有希望的方向前进的控制信息，一般有以下三种：

- 有效地帮助确定扩展节点的信息。
- 有效地帮助决定哪些后继节点应被生成的信息。
- 能决定在扩展节点时哪些节点应从搜索树上删除的信息。

一般来说，搜索过程中使用的启发信息的启发能力越强，扩展的无用节点就越少。

例如八数码问题。问题的初始状态$S_0$和目标状态$S_B$如图 4-3 所示。评估函数为$f(n) = d(n) + w(n)$，其中$d(n)$表示节点$n$在搜索树中的深度，$w(n)$表示节点$n$中"不在位"的数码个数，请计算初始状态$S_0$的评估函数值$f(S_0)$。

| 2 | 8 | 3 |
|---|---|---|
| 1 |   | 4 |
| 7 | 6 | 5 |

(a)初始状态$S_0$

| 1 | 2 | 3 |
|---|---|---|
| 8 |   | 4 |
| 7 | 6 | 5 |

(b)目标状态$S_B$

图4-3 八数码问题

**解** 在本例的评估函数中，取$g(n) = d(n)$、$h(n) = w(n)$。此处使用初始节点$S_0$到节点$n$的路径上的单位代价表示实际代价，用节点$n$中"不在位"的数码个数作为启发信息。一般来说，某节点中"不在位"的数码个数越多，说明离目标节点越远。

对于初始节点$S_0$，由于$d(S_0) = 0$、$w(S_0) = 3$，因此得到：

$$f(S_0) = 0 + 3 = 3$$

这个例题只是为了说明评估函数的含义以及评估函数值的计算。在问题搜索过程中，除了需要计算初始节点的评估函数之外，更多的是要计算新生成节点的评估函数值。

搜索的每一步都利用了评估函数$f(n) = g(n) + h(n)$，从根节点开始对子节点计算评估函数，按照数值大小，选取小者向下扩展，直到最后得到目标节点，这种搜索算法称为 $A$ 算法。由于评估函数中带有问题自身的启发信息，因此 $A$ 算法是一种启发式搜索算法。

在 $A$ 算法中，由于并没有对启发式函数做任何要求与规定，因此使用 $A$ 算法得到的结果无法对其做出评价，这是 $A$ 算法的不足之处。为弥补此不足，可对启发式函数进行一定的限制，为$h(n)$设置$h^*(n)$，$h(n)$满足如下条件：$h(n) \leqslant h^*(n)$。若问题有解，$A$ 算法就可以得到代价较小的结果，这种算法是对 $A$ 算法的改进，称为$A^*$算法。

$A^*$算法是由著名的人工智能学者 Nilsson 于 2008 年提出的[1]，是目前最有影响的启发式图搜索算法，也称为最佳图搜索算法。如果某一问题有解，那么利用$A^*$算法对该问题进行搜索后，一定能搜索到解，并且一定能搜索到最优解。$A^*$搜索算法比 $A$ 搜索算法好，不仅能得到目标解，并且一定能找到最优解(只要问题有解)。

$A^*$算法中的关键是$h^*(n)$的设置，它有明确的语义，给出了具有明确代价域的标准，一般是一种代价最小或较小的函数。如果$h^*(n)$是代价最小的，就能保证$A^*$算法找到最优解；当然并不是对所有问题都能找到$h^*(n)$，因而$A^*$算法并不是对所有问题都适用。

$A^*$算法有以下三个特性。

(1) 可采纳性。对于可解状态空间图，如果一个搜索算法在有限步内终止，并能得到最优解，就称该算法是可采纳的。可以证明，$A^*$算法是可采纳的。

(2) 单调性。在$A^*$算法中并不要求$g(n) \leqslant g^*(n)$，这意味着要采纳的启发式算法可能会沿着一条非最佳路径搜索到某一中间状态。如果为启发函数$h(n)$加上单调性限制，就可以减少比较代价和调整路径的工作量，从而减少搜索代价。很容易证明单调性启发策略是可采纳的。这意味着单调性策略$h(n)$满足$A^*$算法中的下界要求，算法是可采纳的。

(3) 信息性。对于启发策略 $h_1$ 和 $h_2$，如果对搜索空间中的任一状态 $n$ 都有 $h_1(n) \leqslant h_2(n)$，就称启发策略 $h_1$ 比 $h_2$ 具有更多的信息性。某一搜索策略的 $h(n)$ 越大，搜索的状态就越少。如果启发策略 $h_2$ 的信息性比 $h_1$ 多，则使用 $h_2$ 搜索的状态集合是使用 $h_1$ 搜索的状态集合的子集。因此，$A^*$ 算法的信息性越多，搜索的状态集合数就越少。必须注意的是，更多的信息性需要更多的计算时间，从而有可能抵消减少搜索空间带来的好处。

在计算机科学中，$A^*$ 算法作为 Dijkstra 算法的扩展，因高效性而被广泛应用于寻路及图的遍历，《星际争霸》等游戏中就大量使用了 $A^*$ 算法。在理解 $A^*$ 算法前，我们需要知道几个概念。

搜索区域(Search Area)：图中的搜索区域被划分为简单的二维数组，数组中的每个元素对应一个小方格，当然我们也可以将区域等分成五角星、矩形等，通常将一个单位的中心点称为搜索区域节点(Node)。

开放列表(Open List)：我们将路径规划过程中待检测的节点存放于 Open List 中，而已检测过的格子则存放于 Close List 中。

父节点(Parent Node)：在路径规划中用于回溯的节点，开发时可考虑为双向链表结构中的父节点指针。

路径排序(Path Sorting)：具体往哪个节点移动由公式 $F(n)=G+H$ 确定。$G$ 代表从初始位置 $A$ 沿着已生成的路径到指定待检测格子的移动开销；$H$ 指待测格子到目标节点 $B$ 的估计移动开销。

启发函数(Heuristics Function)：$H$ 为启发函数，也被认为是一种试探，由于在找到唯一路径前，我们不确定前面会出现什么障碍物，因此采用一种计算 $H$ 的算法，具体根据实际场景决定。在我们简化的模型中，$H$ 采用的是传统的曼哈顿距离(Manhattan Distance)，也就是横纵方向走的距离之和。

如图 4-4 所示，机器人的起始位置为 $A$，目标位置为 $B$，中间物体为障碍物。

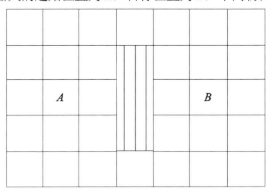

图4-4　算法示例的步骤1

我们把要搜寻的区域划分成正方形的格子。这是寻路的第一步：简化搜索区域。这个特殊的方法能够把我们的搜索区域简化为二维数组。数组的每一项代表一个格子，状态为可走(walkable)或不可走(unwalkable)。现用 $A^*$ 算法寻找一条自位置 $A$ 到 $B$ 的最短路径，每个方格的边长为 10，垂直和水平方向的移动开销为 10。因此，沿对角移动的开销约等于 14。具体步骤如下：从起点 $A$ 开始，加入一个由方格组成的 Open List(开放列表)中，这个 Open List 就像购物清单。Open List 里的格子可能会沿途经过，也有可能不经过。因此，可以将它看成待检查的

列表。查看与 A 相邻的 8 个方格，把其中可走的(walkable)或可到达的(reachable)方格加入 Open List 中，并把起点 A 设置为这些方格的父节点(Parent Node)。然后把 A 从 Open List 中移除，加入 Close List(封闭列表)中，Close List 中的每个方格都不需要再关注。

如图 4-5 所示，加粗的方格为起点 A，表示该方格被加入 Close List 中。与之相邻的方格是需要被检查的。每个方格都有一个指针指向它们的父节点 A。

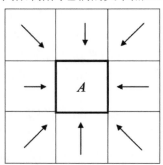

图4-5　算法示例的步骤2

下一步，我们需要从 Open List 中选择一个与起点 A 相邻的方格。但是到底选择哪个方格好呢？选 F 值最小的那个，如图 4-6 所示。在标有字母的方格中，G=10。这是因为水平方向从起点到那里只有一个方格的距离。与起点直接相邻的上方、下方、左方的方格的 G 值都是 10，对角线方格的 G 值都是 14。H 值可通过估算起点到终点(B)的 Manhattan 距离得到，只进行横向和纵向移动，并且忽略沿途的障碍。使用这种方式，从起点右边的方格到终点有 3 个方格的距离，因此 H=30。从这个方格上方的方格到终点有 4 个方格的距离(注意只计算横向和纵向距离)，因此 H=40。

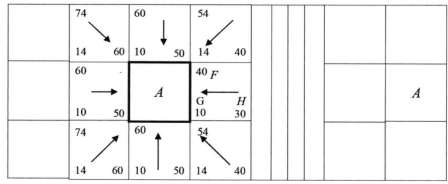

图4-6　算法示例的步骤3

比较 Open List 中节点的 F 值后，发现起点 A 右侧节点的 F=40，F 值最小。选作当前处理节点，并将这个节点从 Open List 中删除，移到 Close List 中，如图 4-7 所示。

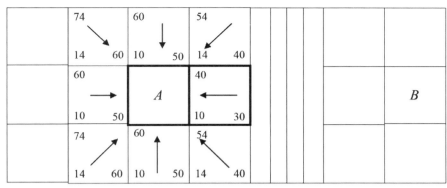

图4-7　算法示例的步骤4

对这个节点周围的 8 个格子进行判断，若不可通过(比如墙、水或其他非法地形)或已经在 Close List 中，则忽略。否则执行以下步骤：

① 若当前处理节点的相邻格子已经在 Open List 中，则检查这条路径是否更优，即计算经由当前处理节点到达那个方格是否具有更小的 $G$ 值。如果没有，不做任何操作。相反，如果 $G$ 值更小，则把那个方格的父节点设为当前处理节点(我们选中的方格)，然后重新计算那个方格的 $F$ 值和 $G$ 值。

② 若当前处理节点的相邻格子不在 Open List 中，那么把它加入，并将它的父节点设置为当前处理节点。

按照上述规则继续搜索，选择起点右边的方格作为当前处理节点，它的外框已用粗线打亮，被放入 Close List 中。然后检查与它相邻的方格。右侧的 3 个方格是墙壁，我们忽略。左侧的方格是起点，在 Close List 中，我们也忽略。其他 4 个相邻的方格均在 Open List 中，我们需要检查经由当前处理节点到达那里的路径是否更好。我们看看上面的方格，现在的 $G$ 值为 14，如果经由当前方格到达那里，$G$ 值将会为 20(其中 10 为从起点到达当前方格的 $G$ 值，此外还要加上从当前方格纵向移到上面方格的 $G$ 值 10)，因此这不是最优路径。看图就会明白，直接从起点沿对角线移到那个方格比先横向移动再纵向移动要好。

当对 4 个已经在 Open List 中的相邻方格都做了检查后，没有发现经由当前处理节点的更好路径，因此不做任何改变。接下来选择下一个待处理的节点。因此再次遍历 Open List，现在 Open List 中只有 7 个方格了，我们需要选择 $F$ 值最小的那个。这次有两个方格的 $F$ 值都是 54，选哪个呢？没什么关系。从速度上考虑，选择最后加入 Open List 的方格更快。因此，选择起点右下方的方格，如图 4-8 所示。

接下来把起点右下角 $F$ 值为 54 的方格作为当前处理节点，检查相邻的方格。我们发现右边是墙(墙下面的方格也忽略掉，假定墙角不能直接穿越)，忽略之。这样还剩下 5 个相邻方格。当前方格下面的 2 个方格还没有加入 Open List，所以把它们加入，同时把当前方格设为它们的父方格。在剩下的 3 个方格中，有 2 个已经在 Close List 中(一个是起点，另一个是当前方格上面的方格，外框被加粗)，我们忽略它们。最后一个方格，也就是当前方格左边的方格，检查经由当前方格到达那里是否具有更小的 $G$ 值。没有，因此我们准备从 Open List 中选择下一个待处理的方格。

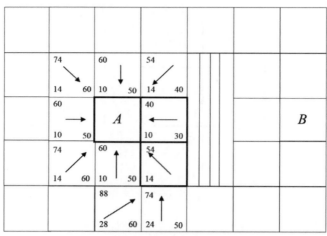

图4-8　算法示例的步骤5

不断重复这个过程，直到把终点也加入 Open List 中，此时如图 4-8 所示。注意起点下方 2 个方格处的方格的父方格已经与前面不同了。之前 $G$ 值是 28 并且指向右上方的方格，现在 $G$ 值为 20 并且指向正上方的方格。这是由于在寻路过程中，在某处使用新路径时 $G$ 值更小，因此父节点被重新设置，$G$ 值和 $F$ 值被重新计算。如图 4-9 所示，需要从终点开始，沿着箭头向父节点移动，直至回到起点，这就是实际路径。

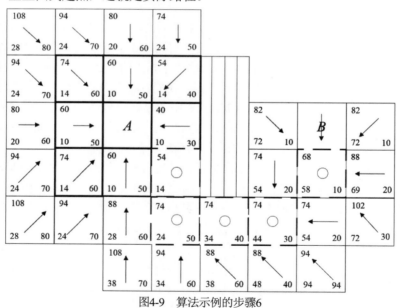

图4-9　算法示例的步骤6

$A^*$算法总结：

(1) 把起点加入 Open List。

(2) 重复如下过程：

① 遍历 Open List 以查找 $F$ 值最小的节点，把它作为当前要处理的节点，然后移到 Close List 中。

② 对当前方格的 8 个相邻方格一一进行检查，如果是不可抵达的或者已在 Close List 中，就忽略。否则，执行如下操作：如果不在 Open List 中，就加入 Open List，并把当前方格设置为父方格；如果已在 Open List 中，就检查这条路径(经由当前方格到达那个方格)是否更近。如果更近，把父方格设置为当前方格，并重新计算 G 值和 F 值。如果 Open List 是按 F 值排序的话，改变后可能需要重新排序。

③ 遇到下面的情况时停止搜索：把终点加入 Open List 中，此时路径已经找到；或者查找失败，并且 Open List 是空的，此时没有路径。

(3) 从终点开始，每个方格沿着父节点移动直至起点，形成路径。

## 4.1.3　博弈搜索策略

博弈是一类富有智能行为的竞争活动，如下棋、打牌等。博弈的常用方法是双人完备信息博弈，就是两位选手对垒，轮流走步，最终一方胜出或者双方和局。这类博弈的实例有象棋、围棋等。在双人完备信息博弈的过程中，双方都希望自己能获胜。因此，当任何一方走步时，都选择对自己最为有利而对另一方最为不利的行动方案。假设博弈的一方为 MAX，另一方为 MIN，对于博弈过程中的每一步，可供 MAX 和 MIN 选择的行动方案可能都有很多种。从 MAX 的观点看，可供自己选择的那些行动方案之间是"或"的关系，原因是主动权在 MAX 手中，选择哪个方案完全可由自己决定；而那些可供对方选择的行动方案之间是"与"的关系，原因是主动权在 MIN 手中，任何一个方案都可能被 MIN 选中，MAX 必须防止那种对自己最为不利的情况发生。

双人完备信息博弈的过程可用改进的状态空间图和有向树表示出来，这种树可称为博弈树。博弈树与状态空间图中的有向树唯一不同的是：在节点下方的弧中可用符号增加"与""或"语义，如图 4-10 所示。因此，博弈树是一棵与/或树。

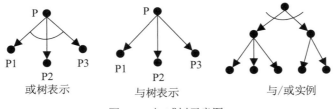

P1　　P2　　P3
或树表示　　　与树表示　　　与/或实例

图4-10　与/或树示意图

在博弈树中，那些下一步该 MAX 走的节点称为 MAX 节点，而下一步该 MIN 走的节点称为 MIN 节点。

博弈树具有如下特点：
- 博弈的初始状态是初始节点。
- 博弈树中的"或"节点和"与"节点逐层交替出现。
- 整个博弈过程始终站在某一方的立场上。所有能使自己一方胜利的终局都是本原问题，相应的节点是可解节点；所有使对方获胜的终局都是不可解节点。例如站在MAX方，所有能使MAX方获胜的节点都是可解节点，所有能使MIN方获胜的节点都是不可解节点。

如图 4-11 所示，MAX 选择 $B$ 节点，分值是 19，如果选择 $C$ 节点，而 MIN 选择 $D$ 节点，则分值是 17。所以，MAX 选择 $C$ 节点肯定不如选择 $B$ 节点，根本不用再考虑 $E$ 节点和 $F$ 节点，因为 MAX 选择 $C$ 节点时 MIN 将选择 $D$、$E$、$F$ 中分值最小的那个，而这个分值不会超过 17。所以将 $E$ 和 $F$ 剪掉，无须将博弈树在这里展开，也无须计算这些节点的分值。

同理，如图 4-12 所示，MIN 也无须考虑 $E$ 和 $F$ 节点，而直接选择 $B$ 节点。

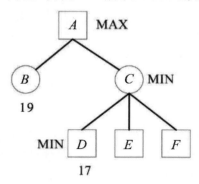

图4-11　博弈树的MAX示意图

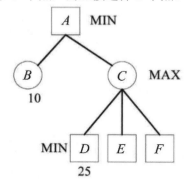

图4-12　博弈树的MIN示意图

对于简单的博弈问题，可以生成整个博弈树，找到必胜的策略。首先利用评估函数对叶节点进行估值，一般来说，那些对 MAX 有利的节点，评估函数取正值；那些对 MIN 有利的节点，评估函数取负值；那些使双方均等的节点，评估函数取接近于 0 的值。为了计算非叶节点的值，必须从叶节点向上倒推。对于 MAX 节点，由于 MAX 方总是取估值最大的走法，因此 MAX 节点的倒推值应该取后继节点估值的最大值。对 MIN 节点，由于 MIN 方总是选择使估值最小的走法，因此 MIN 节点的倒推值应取后继节点估值的最小值。这样一步步地计算倒推值，直至求出初始节点的倒推值为止。由于站在 MAX 立场上，因此应该选择具有最大倒推值的走法。这一过程称为极大极小过程。

极大极小过程首先生成与/或树，然后计算各节点的估值，这种生成节点和计算估值相分离的搜索方式需要生成规定深度内的所有节点，因此搜索效率低。如果能在生成节点的同时对节点进行估值，就可以剪去一些没用的分枝，这种技术被称为 $\alpha$-$\beta$ 剪枝。

$\alpha$-$\beta$ 剪枝的方法如下：

- MAX节点的 $\alpha$ 值为当前子节点的最大倒推值。
- MIN节点的 $\beta$ 值为当前子节点的最小倒推值。

$\alpha$-$\beta$ 剪枝的规则如下：

- 任何MAX节点 $n$ 的 $\alpha$ 值大于或等于先辈节点的 $\beta$ 值，$n$ 以下的分枝可停止搜索并令节点 $n$ 的倒推值为 $\alpha$，这种剪枝称为 $\beta$ 剪枝。
- 任何MIN节点 $n$ 的 $\beta$ 值小于或等于先辈节点的 $\alpha$ 值，$n$ 以下的分枝可停止搜索并令节点 $n$ 的倒推值为 $\beta$，这种剪枝称为 $\alpha$ 剪枝。

如图 4-13 所示，由节点 $K$、$L$、$M$ 的估值推出节点 $F$ 的倒推值为 4，也就是 $F$ 的 $\beta$ 值为 4，由此可推出节点 $C$ 的倒推值($\geqslant$4)。记 $C$ 的倒推值的下界为 4，不可能再比 4 小，故 $C$ 的倒推值为 4。由节点 $N$ 的估值推出节点 $G$ 的倒推值($\leqslant$1)，无论 $G$ 的其他子节点的估值是多少，$G$ 的倒推值都不可能比 1 大。事实上，随着子节点的增多，$G$ 的倒推值只可能越来越小，因此 $I$

是 $G$ 的倒推值的上界，所以 $G$ 的倒推值为 1。另外，已经知道 $C$ 的倒推值($\geq 4$)，$G$ 的其他子节点又不可能使 $C$ 的倒推值增大。因此，对 $G$ 的其他分枝不必再进行搜索，这就相当于把这些分枝剪去。由节点 $F$、$G$ 的倒推值可推出节点 $C$ 的倒推值为 4，再由节点 $C$ 可推出节点 $A$ 的倒推值($\leq 4$)，也就是 $A$ 的 $\beta$ 值为 4。另外，由节点 $P$、$Q$ 推出节点 $H$ 的倒推值为 5，此时可推出节点 $D$ 的倒推值($\geq 5$)，也就是 $D$ 的 $\alpha$ 值为 5。此时，$D$ 的其他子节点的倒推值无论是多少都不能使 $D$ 和 $A$ 的倒推值减少或增加，所以 $D$ 的其他分枝被剪去，并可确定 $A$ 的倒推值为 4。用同样的方法可推出其他分枝的剪枝情况，最终推出$S_0$的倒推值为 4。

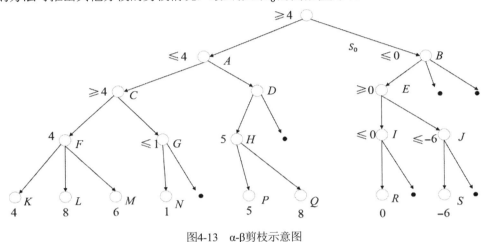

图4-13  $\alpha$-$\beta$剪枝示意图

## 4.2  遗传算法

遗传算法是生命科学与工程科学互相交叉、互相渗透的产物，其遵循的原则就是达尔文的进化论和孟德尔的遗传学说，其本质是一种求解问题的高度并行性全局搜索算法。它能在搜索过程中自动获取和积累有关搜索空间的知识，并自适应地控制搜索过程以求得最优解。经过近些年的努力，遗传算法不论是在应用上、算法设计上，还是在基础理论上，均取得长足的发展，已成为信息科学、计算机科学、运筹学和应用数学等诸多学科共同关注的热点研究领域。尽管遗传算法在理论研究和实践应用中已经取得巨大的成功，但遗传算法存在收敛速度慢和易于陷入局部最优的问题，各国学者一直都在探索遗传算法的改进及发展，以使遗传算法有更广泛的应用领域。

### 4.2.1  基本遗传算法

遗传算法的起源可追溯到 20 世纪 60 年代初期。1967 年，美国密歇根大学 J. Holland 教授的学生 Bagley 在自己的博士论文中首次提出了遗传算法这一术语[2]，并讨论了遗传算法在博弈中的应用，但早期研究缺乏带有指导性的理论和计算工具的开拓。1975 年，J. Holland 等提出了对遗传算法理论研究极为重要的模式理论[3]，出版了专著《自然系统和人工系统的适配》，在书中系统阐述了遗传算法的基本理论和方法，推动了遗传算法的发展。20 世纪 80 年代后，遗

传算法进入兴盛发展时期，被广泛应用于自动控制、生产计划、图像处理、机器人等研究领域。

遗传算法的基本思想如下：对于自然界中生物遗传与进化机理的模仿，长期以来人们针对不同问题设计了许多不同的编码方法来表示问题的可行解，产生了多种不同的遗传算子来模仿不同环境下的生物遗传特性。这样，由不同的编码方法和遗传算子就构成了各种不同的遗传算法。但这些遗传算法都具有共同的特点，即通过对生物遗传和进化过程中选择、交叉、变异机理的模仿来完成对问题最优解的自适应搜索过程。基于这个共同的特点，Goldberg 总结出基本遗传算法(Simple Genetic Algorithm，SGA)[4]，该算法只使用选择算子、交叉算子和变异算子三种基本遗传算子，遗传进化操作过程简单、容易理解，给各种遗传算法提供了基本框架。基本遗传算法描述的框架也是进化算法的基本框架。

进化算法类似于生物进化，需要经过长时间的成长演化，最后才收敛到最优化问题的一个或多个解。因此，了解生物进化过程有助于理解遗传算法等进化算法的工作过程。"适者生存"揭示了大自然生物进化过程中的一条规律，即最适合自然环境的个体生存产生后代的可能性大。生物进化的基本过程如图 4-14 所示。

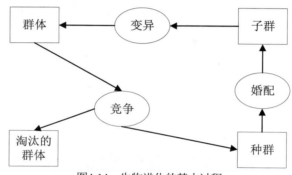

图4-14　生物进化的基本过程

以一个初始生物群体为起点，经过竞争后，一部分个体被淘汰而无法再进入这个循环，而另一部分则进入种群。竞争过程遵循生物进化中"适者生存，优胜劣汰"的基本规律，所以都有竞争标准或者生物是否适应环境的评价标准。需要说明的是，适应程度高的个体只是进入种群的可能性比较大，但并不一定进入种群；而适应程度低的个体只是进入种群的可能性比较小，但并不一定被淘汰。这一重要特性保证了种群的多样性。

在生物进化中，种群经过婚配产生子代群体(简称子群)，同时可能因变异而产生新的个体。每个基因编码了生物机体的某种特征，如头发的颜色、耳朵的形状等。综合变异的作用，使子群成长为新的群体而取代旧群体。在新的循环过程中，新的群体代替旧的群体而成为循环的起点。

遗传算法处理的是染色体。在遗传算法中，染色体对应的是数据或数组，通常用一维的串结构数据来表示。一定数量的个体组成了群体。群体中个体的数量称为种群的规模。个体对环境的适应程度叫做适应度。适应度大的个体被选择进行遗传操作产生新个体的可能性大，这体现了生物遗传中适者生存的原理。选择两个染色体进行交叉产生一组新的染色体的过程，类似于生物遗传中的婚配。编码的某个分量发生变化，类似生物遗传中的变异。

## 4.2.2 遗传算法的基本操作

遗传算法包含五个基本要素：参数编码、初始群体的设定、适应度函数的设计、遗传操作的设计和控制参数的设定。

### 1. 编码

由于遗传算法不能直接处理问题空间的参数，因此必须通过编码将要求解的问题表示成遗传空间的染色体或个体。它们由基因按一定结构组成。由于遗传算法的鲁棒性，对编码的要求并不苛刻。对具体问题如何编码是应用遗传算法求解的首要问题，也是遗传算法应用的难点。事实上，还不存在通用的编码方法，特殊的问题往往采用特殊的方法。

**1) 二进制编码**

将问题空间的参数编码为一维排列的染色体的方法，称为一维染色体编码方法。一维染色体编码中最常用的符号集是值符号集 $\{0, 1\}$，可采用二进制编码。

二进制编码是用若干二进制数表示个体，将原问题的解空间映射到位串空间 $B=\{0, 1\}$，然后在位串空间中执行遗传操作。

例如：$x$ 是区间[0, 1023]内的一个整数，精度为 1(因为是整数)，$m$ 表示二进制编码串的长度，由于解空间的要求，$2^{(m-1)} \leqslant 1024$，因此 $m$ 最小为 11。染色体 00101011110 就可以表示为 $x = 350$ 的个体。

二进制编码类似于生物染色体的组成，从而使算法易于用生物遗传理论来解释，并使得遗传操作(如交叉、变异等)很容易实现。但在求解高维优化问题时，二进制编码串非常长，从而使算法的搜索效率很低。

**2) 实数编码**

为克服二进制编码的缺点，针对问题变量是实向量的情形，可以直接采用实数编码。实数编码用若干实数表示个体，然后在实数空间中执行遗传操作。

实数编码就是直接采用原始的十进位数字进行编码。机器设备的参数有转速、压力、运作实间，其中转速的取值区间为[75, 150]，压力的取值区间为[190, 300]，运作时间的取值区间为[5, 9]。我们希望借由遗传算法找出最佳运作参数，随机的一组实数编码就是(125, 233, 7)。

采用实数编码不必进行数制转换，可直接执行遗传操作，从而可引入与问题领域相关的启发信息来提高算法的搜索能力。近年来，遗传算法在求解高维或复杂优化问题时一般使用实数编码。

### 2. 群体设定

由于遗传算法是对群体执行操作的，因此必须为遗传操作准备一个由若干初始解组成的初始群体。群体设定主要包括初始种群的产生和种群规模的确定两方面。

遗传算法中，初始群体中的个体可以是随机产生的，但最好先随机产生一定数目的个体，然后从中挑选最好的个体纳入初始群体。这种过程不断迭代，直到初始群体中的个体数目达到预先确定的规模。

群体中个体的数量称为种群规模。种群规模影响遗传优化的结果和效率。当种群规模太小时，会使遗传算法的搜索空间范围有限，搜索有可能出现未成熟收敛的现象，使算法陷入局部最优解。当种群规模太大时，适应度评估次数增加，计算更复杂；而且当群体中的个体非常多时，少量适应度很高的个体会被选择生存下来，但大多数个体却被淘汰，影响配对库的形成，从而影响交叉操作。种群规模一般取20~100个个体。

### 3. 适应度函数

遗传算法遵循自然界优胜劣汰的原则，在进化搜索中基本不用外部信息，而是用适应度值表示个体的优劣并作为遗传操作的依据。适应度是评价个体优劣的标准。个体的适应度高，被选择的概率高，反之就低。适应度函数是用来区分群体中个体好坏的标准，是进行自然选择的唯一依据。因此，适应度函数的设计非常重要。

在具体应用中，适应度函数的设计要结合求解问题本身的要求而定。一般而言，适应度函数是由目标函数变换得到的。

将目标函数变换成适应度函数的最直观方法是直接将待求解优化问题的目标函数作为适应度函数。

若目标函数$f(x)$为最大化问题，则适应度函数可以取为

$$\text{Fit}(f(x)) = f(x) \tag{4-2}$$

若目标函数$f(x)$为最小化问题，则适应度函数可以取为

$$\text{Fit}(f(x)) = \frac{1}{f(x)} \tag{4-3}$$

### 4. 选择

选择操作也称复制操作，是指从当前群体中按照一定概率选出优良的个体，使它们有机会作为父代繁殖下一代子孙。判断个体优良与否的准则是个体的适应度值。显然这一操作借用了达尔文适者生存的进化原则，个体的适应度越高，其被选择的机会越大。

需要注意的是，如果总挑选最好的个体，遗传算法就变成了确定性优化方法，使种群过快地收敛到局部最优解；如果只进行随机选择，遗传算法就变成了完全随机方法，需要很长时间才能收敛甚至不收敛。因此，选择方法的关键是找到一个策略，既要使种群较快地收敛，也能够维持种群的多样性。

选择操作的实现方法有很多，这里仅介绍几种常用的选择方法。

#### 1) 个体选择概率分配方法

在遗传算法中，哪个个体被选择进行交叉是按照概率进行的。适应度大的个体被选择的概率大，但不是说一定能够被选上。同样，适应度小的个体被选择的概率虽小，但也可能被选上。所以，首先要根据个体的适应度确定被选择的概率，然后按照个体选择概率进行选择。传统上，确定个体选择概率的方法有两种，分别为适应度比例法与排序法。

适应度比例法又称蒙特卡罗法，是目前遗传算法中最基本也是最常用的选择方法。在适应度比例法中，各个个体被选择的概率和适应度值成比例。假设种群规模大小为$M$，个体$i$的适应

度值为 $f_i$, 个体 $i$ 被选择的概率为

$$p_{si} = \frac{f_i}{\sum_{i=1}^{M} f_i}$$ (4-4)

假设个体的适应度值分别为 $f_1 = 1$、$f_2 = 3$、$f_3 = 5$, 相应个体被选择的概率分别是 $p_{s1} = \frac{f_1}{\sum_{i=1}^{3} f_i} = \frac{1}{1+3+5} = \frac{1}{9}$、$p_{s2} = \frac{f_2}{\sum_{i=1}^{3} f_i} = \frac{3}{1+3+5} = \frac{1}{3}$ 和 $p_{s3} = \frac{f_3}{\sum_{i=1}^{3} f_i} = \frac{5}{1+3+5} = \frac{5}{9}$。

排序法是指在计算每个个体的适应度后，根据适应度大小顺序对群体中的个体进行排序，然后把事先设计好的概率按序分配给个体，作为各自的选择概率。在排序法中，选择概率仅仅取决于个体在种群中的序位，而不是实际的适应度值。虽然适应度大的个体仍然会排在前面，有较多的被选择机会，但两个适应度值相差很大的个体被选择的概率相差没有原来大。排序法相比适应度比例法具有更好的鲁棒性，是一种比较好的选择方法。

只要符合"原来适应度大的个体变换后被选择的概率仍然大"这条原则，就可以采用各种变换方法。线性排序是其中最常用的一种排序方法。线性排序最初由 J.E. Baker 提出，他首先假设群体成员按适应度大小依次排列为 $x_1, x_2, \cdots, x_M$, 然后根据线性函数给第 $i$ 个个体 $x_i$ 分配选择概率 $p_{si}$:

$$p_{si} = \frac{a - bi}{M(M+1)}$$ (4-5)

其中，$a$、$b$ 是常数。

假设个体的适应度值分别为 $f_1 = 3$、$f_2 = 1$、$f_3 = 5$ 且 $a = 5$、$b = \frac{1}{2}$, 按适应度大小依次排列为 $x_1 = 1$、$x_2 = 3$、$x_3 = 5$, 于是 $p_{s1} = \frac{a - bi}{M(M+1)} = \frac{5 - \frac{1}{2} \times 1}{3 \times 4} = \frac{9}{24}$、$p_{s2} = \frac{a - bi}{M(M+1)} = \frac{5 - \frac{1}{2} \times 2}{3 \times 4} = \frac{1}{3}$、

$p_{s3} = \frac{a - bi}{M(M+1)} = \frac{5 - \frac{1}{2} \times 3}{3 \times 4} = \frac{7}{24}$。

**2) 个体选择方法**

选择操作根据个体的选择概率，确定哪些个体被选择执行交叉、变异等操作。基本原则是选择概率越大的个体，被选择的机会越大。基于这个原则，可以采用许多个体选择方法。其中锦标赛选择策略、轮盘赌选择策略与最佳个体保存方法在遗传算法中使用较多。

**锦标赛选择策略**

锦标赛选择策略是指每次从种群中取出一定数量的个体，然后选择其中最好的一个进入子代种群。重复该操作，直到新的种群规模达到原来的种群规模。锦标赛选择策略的优点是克服了基于适应度比例和基于排序的选择方法在种群规模很大时，额外计算量(如计算总体适应度或排序)很大的问题，常常相比轮盘赌选择策略能得到更加多样化的群体。

这种方法也使得适应度好的个体具有较大的生存机会。同时，由于只使用适应度的相对值作为选择的标准，而与适应度的数值大小不成直接比例，从而也能避免超级个体的影响，一定程度上避免过早收敛和停滞现象的发生。

**轮盘赌选择策略**

在轮盘赌选择策略中，先按个体的选择概率产生轮盘，轮盘上每个区的角度与个体的选择概率成比例，然后产生一个随机数，它落入轮盘的哪个区域就选择相应的个体交叉。

显然，选择概率大的个体被选中的可能性大，获得交叉的机会就大。

在实际计算时，可以按照个体顺序求出每个个体的累积概率，然后产生一个随机数，它落入累积概率的哪个区域就选择相应的个体交叉。

**最佳个体保存方法**

通常在采用轮盘赌选择策略时，同时采用最佳个体保存方法，以保护已经产生的最佳个体不被破坏。最佳个体保存方法又称为精英选拔方法，不对群体中适应度最高的一个或多个个体进行交叉就直接复制到下一代中，保证遗传算法终止时得到的最后结果一定是历代出现过的适应度最高的个体。使用这种方法能够明显提高遗传算法的收敛速度，但可能使种群过快收敛，从而只找到局部最优解。实验结果表明，保留种群中 2%~5%适应度最高的个体，效果最为理想。在使用其他选择方法时，一般都同时使用最佳个体保存方法，以保证不会丢失最优个体。

### 5. 交叉

当两个生物机体配对或复制时，它们的染色体相互混合，产生一对由双方基因组成的新的染色体。这一过程称为交叉或重组。

举个简单的例子：假设雌性动物仅仅青睐大眼睛的雄性，这样眼睛越大的雄性越易受到雌性的青睐，进而生出更多的后代。可以说动物的适应性正比于眼睛的直径。因此，从一个具有不同大小眼睛的雄性群体出发，当动物进化时，在同位基因中能够产生大眼睛雄性动物的基因相对于小眼睛雄性动物的基因就更有可能复制到下一代。当进化几代以后，大眼睛雄性群体将会占据优势。生物逐渐向一种特殊遗传类型收敛。

一般来说，交叉得到的后代可能继承了上一代的优良基因，后代会比它们的父母更加优秀；但也可能继承了上一代的不良基因，后代会比它们的父母差，难以生存，甚至不能再复制自己。越能适应环境的后代越能继续复制自己并将基因传给后代，由此形成一种趋势，每一代总是比上一代生存和复制得更好。

遗传算法中起核心作用的是交叉算子，也称为基因重组。交叉算子应能够使父串的特征遗传给子串，子串应能够部分或全部继承父串的结构特征和有效基因。最简单、常用的交叉算子是一点交叉、二点交叉以及多点交叉。

### 1) 一点交叉

一点交叉又称为简单交叉。具体操作是，在个体串中随机设定一个交叉点，实行交叉时，对该交叉点前后两个个体的部分结构进行互换并生成两个新的个体。

交叉前：

| 1 | 0 | 1 | 1 | 0 | 0 | 1 |
|---|---|---|---|---|---|---|
| 0 | 0 | 1 | 0 | 1 | 1 | 1 |

交叉后：

| 1 | 0 | 1 | 1 | 1 | 1 | 1 |
|---|---|---|---|---|---|---|
| 0 | 0 | 1 | 0 | 0 | 0 | 1 |

### 2) 二点交叉

具体操作与一点交叉类似，只是设置了两个交叉点(仍然是随机设定的)，将两个交叉点之间的码串相互交换。

交叉前：

| 1 | 0 | 1 | 1 | 0 | 0 | 1 |
|---|---|---|---|---|---|---|
| 0 | 0 | 1 | 0 | 1 | 1 | 1 |

交叉后：

| 1 | 0 | 1 | 0 | 0 | 0 | 1 |
|---|---|---|---|---|---|---|
| 0 | 0 | 1 | 1 | 1 | 1 | 1 |

### 3) 多点交叉

类似于二点交叉，可以采用多点交叉。多点交叉允许个体的切断点有多个，每个切断点在两个个体间进行个体的交叉，产生两个新的个体。

交叉前：

| 1 | 0 | 1 | 1 | 0 | 0 | 1 |
|---|---|---|---|---|---|---|
| 0 | 0 | 1 | 0 | 1 | 1 | 1 |

交叉后：

| 1 | 0 | 1 | 1 | 1 | 0 | 1 |
|---|---|---|---|---|---|---|
| 0 | 0 | 1 | 0 | 0 | 1 | 1 |

由于交叉可能出现不满足约束条件的非法染色体，为解决这一问题，可以采取对交叉、变异等遗传操作进行适当的修正，使其满足优化问题的约束条件。此外，结合罚函数法也可以解决带有强约束的优化问题。因此，针对不满足约束条件的非法染色体，采用结合罚函数法的方法，也是比较好的做法。

交叉概率用来确定对两个染色体进行局部互换以产生两个新的子代的概率。采用较大的交叉概率$P_c$，可以增强遗传算法开辟新的搜索区域的能力，但高性能模式遭到破坏的可能性也会随之增加。采用太低的交叉概率会使搜索陷入迟钝状态。交叉概率$P_c$一般取值 0.25~1.00，实验表明交叉概率通常取 0.7 左右是理想的。过程为每次从群体中选择两个染色体，同时生成 0 和 1 之间的一个随机数，然后根据这个随机数确定这两个染色体是否需要交叉。如果这个随机数低于交叉概率(0.7)，就进行交叉；反之，则不进行交叉。

### 6. 变异

如果生物繁殖仅仅是上述交叉过程，那么即使经历成千上万代，适应能力最强的成员的眼睛尺寸也只能同初始群体中的最大眼睛一样。根据对自然的观察可以看到，人类的眼睛尺寸实际存在一代比一代大的趋势。这是因为在基因传递给子孙后代的过程中会有很小的概率发生差错，从而使基因发生微小的改变，这就是基因变异。发生变异的概率通常很小，但在经历许多代以后变异就会很明显。

一些变异对生物是不利的，另一些对生物的适应性可能没有影响，但也有一些可能会给生

物带来好处，使它们优于其他同类生物。例如前面的例子，变异可能会产生眼睛更大的生物。当经历许多代以后，眼睛会越来越大。

进化机制除了能够改进已有的特征外，也能够产生新的特征。例如，可以设想某个时期动物没有眼睛，而是靠嗅觉和触觉来躲避捕食者。然而，这种动物在某次交配时，基因突变发生在它们后代的头部皮肤上，发育出具有光敏效应的细胞，使它们的后代能够识别周围环境是亮还是暗。它们的后代能够感知捕食者的到来，能够知道现在是白天还是夜晚等信息，从而有利于生存。光敏细胞会进一步突变逐渐形成一块区域，从而成为眼睛。

在遗传算法中，变异是对个体编码中的一些位进行随机变化。变异的主要目的是维持群体的多样性，对选择、交叉过程中可能丢失的某些遗传基因进行修复和补充。变异算子的基本内容是对群体中个体串的某些基因座上的基因值做变动。变异操作是按位进行的，对某一位的内容进行变异。变异概率是指在染色体中进行变化的概率。主要的变异方法如下。

### 1) 位点变异

在个体码串中随机挑选一个或多个基因座，并对这些基因座的基因值以变异概率$P_m$作变动。对于二进制编码的个体来说，若某位原为0，则通过变异操作变成了1，反之亦然。对于整数编码，被选择的基因变为以概率选择的其他基因。为了消除非法性，再将其他基因所在的基因座上的基因变为被选择的基因。

变异前：

| 1 | 1 | 0 | 0 | 0 | 1 | 1 |
|---|---|---|---|---|---|---|

变异后：

| 1 | 1 | 0 | 1 | 0 | 1 | 1 |
|---|---|---|---|---|---|---|

### 2) 逆转变异

在个体码串中随机选择两点(称为逆转点)，然后将两个逆转点之间的基因值以逆向排序插入原位置。

变异前：

| 1 | 3 | 4 | 6 | 7 | 9 | 8 | 2 | 0 | 5 |
|---|---|---|---|---|---|---|---|---|---|

变异后：

| 1 | 2 | 4 | 6 | 7 | 9 | 8 | 3 | 0 | 5 |
|---|---|---|---|---|---|---|---|---|---|

### 3) 插入变异

在个体码串中随机选择一个码，然后将此码插入随机选择的插入点的中间。

变异前：

| 1 | 5 | 7 | 4 | 0 | 6 | 7 | 2 | 3 | 5 |
|---|---|---|---|---|---|---|---|---|---|

变异后：

| 1 | 5 | 7 | 4 | 6 | 7 | 2 | 3 | 0 | 5 |
|---|---|---|---|---|---|---|---|---|---|

在遗传算法中，变异属于辅助性的搜索操作。变异概率$P_m$一般不能大，以防群体中重要的、

单一的基因被丢失。事实上，变异概率太大将使遗传算法趋于纯粹的随机搜索。通常取变异概率$P_m$为 0.001 左右。

## 4.2.3 遗传算法的一般步骤

综上所述，遗传算法的一般步骤如下。

步骤 1：使用随机方法或其他方法，产生包含 $N$ 个染色体的初始群体pop($t$)，$t := 1$。

步骤 2：对初始群体pop($t$)中的每一个染色体pop$_i$($t$)计算适应度。

$$f_i = \text{fitness}(\text{pop}_i(t)) \tag{4-6}$$

步骤 3：若满足停止条件，则算法停止；否则以概率

$$P_i = f_i / \sum_{j=1}^{N} f_j \tag{4-7}$$

从pop($t$)中随机选择一些染色体构成一个新的种群。

$$\text{newpop}(t + 1) = \{\text{pop}_j(t) | j = 1, 2, \cdots, N\}$$

步骤 4：以概率$P_c$进行交叉产生一些新的染色体，得到如下新的群体。

$$\text{crosspop}(t + 1)$$

步骤 5：以较小的概率$P_m$使染色体的基因发生变异，形成mutpop($t + 1$)，$t := t + 1$，得到一个新的群体；返回步骤 2。

遗传算法的基本流程如图 4-15 所示。

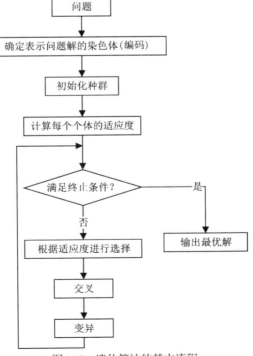

图4-15 遗传算法的基本流程

### 4.2.4 遗传算法的应用

遗传算法提供了一种求解复杂系统优化问题的通用框架，不依赖于问题的具体领域，且已广泛应用于多种学科领域。

#### 1. 函数优化

函数优化是遗传算法的经典应用领域，也是对遗传算法进行性能评价的常用算例。不同研究者构造出了各种各样的复杂形式的测试函数，有连续函数，也有离散函数；有凸函数，也有凹函数；有低维函数，也有高维函数；有确定函数，也有随机函数；有单峰值函数，也有多峰值函数；等等。用这些几何特性各具特色的函数来评价遗传算法的性能，更能反映算法的本质效果。对于一些非线性、多模型、多目标的函数优化问题，用其他优化方法较难求解，遗传算法却可以方便地得到较好的结果。

#### 2. 组合优化

随着问题规模的增大，组合优化问题的搜索空间也急剧扩大，有时在现有的计算机上用枚举法很难甚至不可能求出精确的最优解。对于这类复杂问题，应把主要精力放在寻求满意解上，而遗传算法是寻求这种满意解的最佳工具之一。实践证明，遗传算法已经在求解旅行商问题、背包问题、装箱问题、布局优化问题、图形划分问题等各种具有非确定性多项式(Non-deterministic Polynomial，NP)难度的问题上得到成功应用。

#### 3. 机器人学

机器人是一类复杂的、难以精确建模的人工系统。由于遗传算法的起源来自对人工自适应系统的研究，机器人学理所当然地成为遗传算法的一个重要应用领域。遗传算法已经在移动机器人路径规划、关节机器人运动轨迹规划、机器人逆运动学求解、细胞机器人的结构优化和行为协调等方面进行了研究和应用。

#### 4. 图像处理

图像处理是计算机视觉中的一个重要研究领域。在图像处理过程中，如扫描、特征提取、图像分割等，不可避免地会存在一些误差，从而影响图像的效果。如何使这些误差最小化是计算机视觉达到实用化的重要要求。遗传算法可用于图像处理中的优化计算，目前已在模式识别(包括汉字识别)、图像恢复、图像边缘特征提取等方面得到了应用。

## ❀ 4.3 蚁群算法 ❀

蚁群算法是由意大利科学家 Marco Dorigo 等受蚂蚁觅食行为的启发，在 20 世纪 90 年代初提出来的[5]，是继模拟退火算法、遗传算法、禁忌搜索算法、人工神经网络算法等启发式搜索算法后的又一种应用于组合优化问题的启发式搜索算法。研究表明，蚁群算法在解决离散组合优化方面具有良好的性能，并在多方面得到应用。

M. Dorigo、V. Maniezzo 等在观察蚂蚁觅食习性时发现，蚂蚁总能找到巢穴与食物之间的最短路径，并基于此提出了新的想法及算法。20 世纪 90 年代后期，这种算法逐渐引起很多研究者的注意，他们对算法做了各种改进并应用到其他领域。Dorigo 等提出了蚁群优化(Ant Colony Optimization，ACO)的算法框架[5]，所有符合蚁群优化描述框架的蚂蚁算法都可称为蚁群优化算法，简称蚁群算法。Gutgahr 首先证明了 ACO 类算法的收敛性[6]。

## 4.3.1 蚁群算法的基本思想

蚁群算法的基本原理来源于自然界蚂蚁觅食的最短路径原理，经研究发现，蚁群觅食时总存在信息素跟踪和信息素遗留两种行为。一方面，蚂蚁会按照一定的概率沿着信息素较强的路径觅食；另一方面，蚂蚁会在走过的路上释放信息素，使得一定范围内的其他蚂蚁能够觉察到并由此影响它们的行为。当一条路线上的信息素越来越多时，后来的蚂蚁选择这条路线的概率也越来越大，从而进一步增加信息素的强度；而当其他路线上的蚂蚁越来越少时，这条路线上的信息素会随着时间的推移逐渐减弱。这种选择过程称为蚂蚁的自催化过程，其原理是一种正反馈机制，所以蚂蚁系统也称为增强型学习系统。

## 4.3.2 基本的蚁群算法模型

蚁群优化算法的第一个应用是著名的旅行商问题(Traveling Salesman Problem，TSP)，M. Dorigo 等充分利用了蚁群搜索食物的过程与旅行商问题之间的相似性[5]，通过人工模拟蚂蚁搜索食物的过程(通过个体之间的信息交流与相互协作最终找到从蚁穴到食物源的最短路径)来求解旅行商问题。下面用旅行商问题阐明蚁群系统的模型。

设 $m$ 表示蚁群中蚂蚁的数量，$n$ 表示元素(城市)的数量，$d_{xy}(x, y = 1, 2, \cdots, n)$ 表示元素(城市) $x$ 和元素(城市) $y$ 之间的距离。$\eta_{xy}$ 表示能见度，称为启发信息函数，等于距离的倒数，$\eta_{xy}(t) = \frac{1}{d_{xy}}$。$b_x(t)$ 表示在 $t$ 时刻位于城市 $x$ 的蚂蚁的个数，因此 $m = \sum_{x=1}^{n} b_x(t)$。$\tau_{xy}(t)$ 表示 $t$ 时刻 $xy$ 连线上残留的信息素。在初始时刻，各条路径上的信息素相等，$\tau_{xy}(0) = C(\text{const})$。蚂蚁 $k(k = 1, 2, \cdots, m)$ 在运动过程中，根据各条路线上的信息素决定转移方向。$P_{xy}^k(t)$ 表示在 $t$ 时刻蚂蚁 $k$ 选择从元素(城市) $x$ 转移到元素(城市) $y$ 的概率。

$P_{xy}^k(t)$ 由信息素 $\tau_{xy}(t)$ 和局部启发信息 $\eta_{xy}(t)$ 共同决定，也称为随机比例规则。

$$P_{xy}^k(t) = \begin{cases} \frac{|\tau_{xy}(t)|^\alpha |\eta_{xy}(t)|^\beta}{\sum_{y \in \text{allowed}_k(x)} |\tau_{xy}(t)|^\alpha |\eta_{xy}(t)|^\beta}, & \text{如果 } y \in \text{allowed}_k(x) \\ 0, & \text{其他} \end{cases} \tag{4-8}$$

其中，$\text{allowed}_k(x) = \{0, 1, \cdots, n-1\} - \text{tabu}_k(x) \text{allowed}_k(x) = \{c - \text{tabu}_k(x)\}$，表示蚂蚁 $k$ 下一步允许选择的城市。$\text{tabu}_k(x)$ 记录蚂蚁 $k$ 当前走过的城市。$\alpha$ 是信息素启发式因子，表示轨迹的相对重要性，反映了残留信息浓度 $\tau_{xy}(t)$ 在指导蚁群搜索时的相对重要程度。

$\alpha$ 值越大，蚂蚁 $k$ 越倾向于选择其他蚂蚁经过的路线，状态转移概率越接近贪婪规则。当

$\alpha = 0$时，就不再考虑信息素水平。算法就成为有多重起点的随机贪婪算法；当$\beta = 0$时，算法就成为纯粹的正反馈的启发式算法。

随着时间的推移，以前留下的信息素逐渐消逝，用参数$1-\rho$表示信息素的消逝程度。蚂蚁完成一次循环，各路线上信息素浓度的消散规则为

$$\tau_{xy}(t) = \rho\tau_{xy}(t) + \triangle\tau_{xy}(t) \tag{4-9}$$

蚁群的信息素浓度更新规则为

$$\triangle\tau_{xy}(t) = \sum_{k=1}^{m}\triangle\tau_{xy}^{k}(t) \tag{4-10}$$

M. Dorigo 给出了$\triangle\tau_{xy}^{k}(t)$的三种不同模型。

第一种称为蚂蚁圈系统。单只蚂蚁所访问路线上的信息素浓度更新规则为

$$\triangle\tau_{xy}^{k}(t) = \begin{cases} \dfrac{Q}{L_k}, & \text{如果第}k\text{只蚂蚁在本次循环中从}x\text{到}y \\ 0, & \text{否则} \end{cases} \tag{4-11}$$

其中，$\tau_{xy}(t)$为当前路线上的信息素，$\triangle\tau_{xy}(t)$为路线$(x, y)$上信息素的增量，$\triangle\tau_{xy}^{k}$为第$k$只蚂蚁留在路线$(x, y)$上的信息素的增量。$Q$为常数，$L_k$为优化问题的目标函数值，表示第$k$只蚂蚁在本次循环中所走路径的长度。根据具体算法的不同，$\triangle\tau_{xy}(t)$、$\tau_{xy}(t)$及$P_{xy}^{k}(t)$的表达形式可以不同，要根据具体问题而定。

第二种称为蚂蚁数量系统：

$$\triangle\tau_{xy}^{k}(t) = \begin{cases} \dfrac{Q}{d_k}, & \text{如果第}k\text{只蚂蚁在本次循环中从}x\text{到}y \\ 0, & \text{否则} \end{cases} \tag{4-12}$$

第三种称为蚂蚁密度系统：

$$\triangle\tau_{xy}^{k}(t) = \begin{cases} Q, & \text{如果第}k\text{只蚂蚁在本次循环中从}x\text{到}y \\ 0, & \text{否则} \end{cases} \tag{4-13}$$

第一种模型利用的是整体信息，蚂蚁每完成一个循环后，就更新所有路线上的信息，通常作为蚁群优化算法的基本模型。后两种模型利用的是局部信息，每走一步都要更新残留信息素的浓度，而非等到所有蚂蚁完成对所有$n$个城市的访问以后。

比较上述三种方法，蚂蚁圈系统的效果最好，这是因为它利用的是全局信息$Q/L_k$，而其余两种算法利用的是局部信息$Q/d_k$和$Q$。全局信息更新方法很好地保证了残留信息素不至于无限累积，如果路线没有被选中，那么上面的残留信息素会随时间的推移而逐渐变弱，这使算法能"忘记"不好的路线。即使路线经常被访问也不至于因为$\triangle\tau_{xy}^{k}(t)$的累积，因产生$\triangle\tau_{xy}^{k}(t) >> \eta_{xy}(t)$而使期望值的作用无法体现，这充分体现了算法中全局范围内较短路线(较好解)的生存能力，加强了信息的正反馈性能，提高了系统搜索的收敛速度。因而，在蚁群算法中，通常采用蚂蚁圈系统作为基本模型。

### 4.3.3　蚁群算法的参数选择

从蚁群搜索最短路线的机理不难看到,算法中有关参数的不同选择对蚁群算法的性能有至关重要的影响,但对于选取的方法和原则,目前尚没有理论依据,通常都是根据经验而定。

信息素启发因子 $\alpha$ 的大小则反映了蚁群在路线搜索中随机性因素作用的强度, $\alpha$ 值越大,蚂蚁选择以前走过的路线的可能性越大,搜索的随机性减弱,当 $\alpha$ 过大时会使蚁群的搜索过早陷入局部最优。期望启发式因子 $\beta$ 的大小反映了蚁群在路线搜索中先验性、确定性因素作用的强度, $\beta$ 值越大,蚂蚁在某个局部点选择局部最短路线的可能性越大。虽然搜索的收敛速度得以加快,但蚁群在最优路线的搜索过程中随机性减弱,易于陷入局部最优。蚁群算法的全局最优性能,首先要求蚁群的搜索过程必须有很强的随机性;而蚁群算法的快速收敛性能,又要求蚁群的搜索过程必须有较高的确定性。因此, $\alpha$ 和 $\beta$ 对蚁群算法性能的影响和作用是相互配合且密切相关的。

蚁群算法与遗传算法等各种模拟进化算法一样,也存在着收敛速度慢、易于陷入局部最优等缺陷。信息素挥发度 $1-\rho$ 直接关系到蚁群算法的全局搜索能力及其收敛速度。由于信息素挥发度 $1-\rho$ 的存在,当要处理的问题规模比较大时,会使那些从来未被搜索到的路线(可行解)上的信息量减小到接近于 0,因而降低了算法的全局搜索能力。但是当 $1-\rho$ 过大时,以前搜索过的路线被再次选择的可能性也会过大,这会影响算法的随机性能和全局搜索能力。反之,通过减小信息素挥发度 $1-\rho$ ,虽然可以提高算法的随机性能和全局搜索能力,但又会使算法的收敛速度降低。

对于旅行商问题,单个蚂蚁在一次循环中经过的路线,表现为问题的可行解集中的一个解, $k$ 只蚂蚁在一次循环中经过的路线,则表现为问题的可行解集的一个子集。显然,子集越大(蚁群数量多),就越可以提高蚁群算法的全局搜索能力以及算法的稳定性。但蚂蚁数目增大后,会使大量的曾被搜索过的路线(解)上的信息素的变化比较平均,信息素正反馈的作用不明显,搜索的随机性虽然得到了加强,但收敛速度减慢。反之,子集较小(蚁群数量少),特别是当要处理的问题规模比较大时,会使那些从来未被搜索到的路线(解)上的信息素减小到接近于 0,搜索的随机性减弱,虽然收敛速度加快,但会使算法的全局性能降低,算法的稳定性差,容易出现过早停滞现象。

在蚂蚁圈系统中,总信息素量 $Q$ 为蚂蚁循环一周时释放在经过的路线上的信息素总量。总信息素量 $Q$ 越大,在蚂蚁已经走过的路线上的信息素累积越快,可以加强蚁群搜索时的正反馈性能,有助于算法的快速收敛。由于在蚁群算法中各个算法参数的作用实际上是紧密结合的,其中对算法性能起着主要作用的应该是信息素启发式因子 $\alpha$ 、期望启发式因子 $\beta$ 和信息素残留常数 $1-\rho$ 这三个参数。总信息素量 $Q$ 对算法性能的影响则有赖于上述三个参数的配置,以及算法模型的选取。例如,在蚂蚁圈系统和蚂蚁密度系统中,总信息素量 $Q$ 对算法性能的影响显然有较大的差异。同样,信息素的初始值 $\tau_0$ 对算法性能的影响不是很大。

### 4.3.4　蚁群算法的应用

柔性作业车间调度问题:某加工系统有 6 台机床,要加工 4 个工件,每个工件有 3 道工序,

如表 4-1 所示。比如，工序 $p_{11}$ 代表第一个工件的第一道工序，可由机床 1 用 2 个单元时间完成，或由机床 2 用 3 个单元时间完成，或由机床 3 用 4 个单元时间完成。

表4-1　工件各工序的加工机床及加工时间

| 工序选择 | | 加工机床及加工时间 | | | | | |
| --- | --- | --- | --- | --- | --- | --- | --- |
| | | 1 | 2 | 3 | 4 | 5 | 6 |
| $J_1$ | $p_{11}$ | 2 | 3 | 4 | | | |
| | $p_{12}$ | | 3 | | 2 | 4 | |
| | $p_{13}$ | 1 | 4 | 5 | | | |
| $J_2$ | $p_{21}$ | 3 | | 5 | | 3 | |
| | $p_{22}$ | 4 | 3 | | 6 | | |
| | $p_{23}$ | | | 4 | | 7 | 11 |
| $J_3$ | $p_{31}$ | 5 | | | | | |
| | $p_{32}$ | | | | 3 | 5 | |
| | $p_{33}$ | | | 13 | | 9 | 12 |
| $J_4$ | $p_{41}$ | 9 | | 7 | 9 | | |
| | $p_{42}$ | | 6 | | 4 | | 5 |
| | $p_{43}$ | 1 | | 3 | | | 3 |

经算法运行 300 代后，得到的最优解为 17 个单元时间，甘特图如图 4-16 所示。

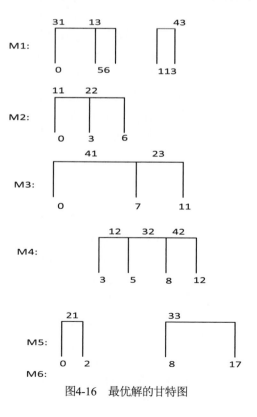

图4-16　最优解的甘特图

由图 4-16 可以看出,机床 6 并没有加工任何工件。原因在于机床 6 虽然可以加工工序$p_{23}$、$p_{33}$、$p_{42}$、$p_{43}$,但从表 4-1 可知机床 6 的加工时间大于其他可加工机床的加工时间,因此机床 6 并未分到任何加工任务。

## 4.4　粒子群优化算法

粒子群优化算法是一种演化计算技术。同遗传算法类似,粒子群优化算法是一种基于群体的优化工具。将系统初始化为一组随机解,通过迭代搜寻最优值。但是并没有使用遗传算法的交叉及变异操作,而是使用粒子(潜在的解)在解空间追随最优的粒子进行搜索。与遗传算法相比,粒子群优化算法的优势在于简单、容易实现同时又有深刻的智能背景,既适合科学研究,又特别适合工程应用。因此,粒子群优化算法一经提出,立刻引起演化计算等领域学者的广泛关注。

### 4.4.1　粒子群优化算法的基本原理

粒子群优化(Particle Swarm Optimization, PSO)算法是由美国普渡大学的 Kennedy 和 Eberhart 受到他们早期对鸟类群体行为研究结果的启发,于 1995 年在 IEEE International Conference on Neural Networks 国际会议上提出的一种仿生优化算法[7],利用并改进了生物学家的生物群体模型,使粒子能够飞向解空间并在最优解处降落。PSO 算法是一种基于群体智能理论的全局优化算法,通过群体中粒子间的合作与竞争产生的群体智能指导优化搜索。

PSO 算法与其他进化算法相似,也是基于群体的,根据对环境的适应度将群体中的个体移到好的区域,然而又不像其他演化算法那样对个体使用演化算子,而是将每个个体看作 $n$ 维搜索空间中没有体积和质量的粒子,在搜索空间中以一定的速度飞行。

在粒子群优化算法中,在 $n$ 维连续搜索空间中,对粒子群中的第 $i(i = 1, 2, \cdots, m)$ 个粒子,定义 $n$ 维当前位置向量 $\boldsymbol{x}^i(k) = [x_1^i\ x_2^i\ \cdots\ x_n^i]^{\mathrm{T}}$ 表示搜索空间中粒子的当前位置,$n$ 维最优位置向量 $\boldsymbol{p}^i(k) = [p_1^i\ p_2^i\ \cdots\ p_n^i]^{\mathrm{T}}$ 表示粒子至今获得的具有最有适应度 $f_p^i(k)$ 的位置,$n$ 维速度向量 $\boldsymbol{v}^i(k) = [v_1^i\ v_2^i\ \cdots\ v_n^i]^{\mathrm{T}}$ 表示粒子的搜索方向。群体经历的最优位置记为 $\boldsymbol{p}^g(k) = [p_1^g\ p_2^g\ \cdots\ p_n^g]^{\mathrm{T}}$,基本的 PSO 算法为

$$v_j^i(k + 1) = \varpi(k)v_j^i(k) + \varphi_1\mathrm{rand}(0, a_1)\left(p_j^i(k) - x_j^i(k)\right)$$

$$+\varphi_2\mathrm{rand}(0, a_2)\left(p_j^g(k) - x_j^i(k)\right) \tag{4-14}$$

$$x_j^i(k + 1) = x_j^i(k) + v_j^i(k + 1) \tag{4-15}$$

$$i = 1, 2, \cdots, m; j = 1, 2, \cdots, n$$

其中，$\varpi$是惯性权重因子。$\varphi_1$、$\varphi_2$是加速度，均为非负值。$\mathrm{rand}(0, a_1)$、$\mathrm{rand}(0, a_2)$为$[0, a_1]$、$[0, a_2]$区间内的具有均匀分布的随机数，$a_1$与$a_2$为相应的控制参数。

式(4-14)右边的第一部分$\varpi(k)v_j^i(k)$是粒子在前一时刻的速度；第二部分$\varphi_1\mathrm{rand}(0, a_1)\left(p_j^i(k) - x_j^i(k)\right)$为个体"认知"分量，表示粒子本身的思考，用于对现有的位置和曾经经历过的最优位置做对比；第三部分$\varphi_2\mathrm{rand}(0, a_2)\left(p_j^g(k) - x_j^i(k)\right)$是群体"社会"分量，表示粒子间的信息共享与相互合作。$\varphi_1$、$\varphi_2$分别控制个体认知分量和群体社会分量相对贡献的学习率。引入$\mathrm{rand}(0, a_1)$、$\mathrm{rand}(0, a_2)$将增加认知和社会搜索方向的随机性和算法多样性。

基于$\varphi_1$、$\varphi_2$，Kennedy给出以下4种类型的PSO模型：

- 若$\varphi_1 > 0$且$\varphi_2 > 0$，则称该算法为PSO全模型。
- 若$\varphi_1 \geqslant 0$且$\varphi_2 = 0$，则称该算法为PSO认知模型。
- 若$\varphi_1 = 0$且$\varphi_2 > 0$，则称该算法为PSO社会模型。
- 若$\varphi_1 = 0$、$\varphi_2 > 0$且$g \neq i$，则称该算法为PSO无私模型。

标准的粒子群优化算法分为两个版本：全局版和局部版。上面介绍的是全局版粒子群优化算法，局部版与全局版的差别在于，用局部领域内最优邻居的状态代替整个群体的最优状态。全局版的收敛速度比较快，但容易陷入局部极值点，而局部版搜索到的解可能更优，但速度较慢。

### 4.4.2 粒子群优化算法的流程

粒子群优化算法的流程如下：

① 初始化每个粒子，在允许范围内随机设置每个粒子的初始位置和速度。

② 评价每个粒子的适应度，计算每个粒子的目标函数。

③ 设置每个粒子的$P_i$。对于每个粒子，对适应度与经历过的最好位置$P_i$进行比较，如果优于$P_i$，就作为粒子的最好位置$P_i$。

④ 设置全局最优值$P_g$。对于每个粒子，对适应度与群体经历过的最好位置$P_g$进行比较，如果优于$P_g$，就作为当前群体的最好位置$P_g$。

⑤ 根据式(4-14)和式(4-15)更新粒子的速度和位置。

⑥ 检查终止条件。如果未达到设定条件(预设误差或迭代次数)，则返回步骤②。

粒子群优化算法的流程图如图4-17所示。

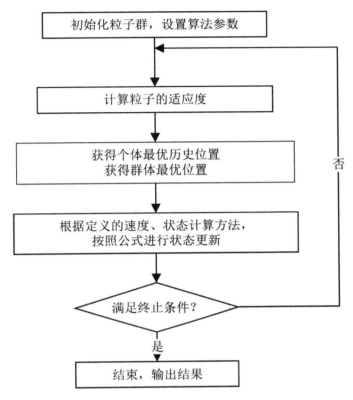

图4-17 粒子群优化算法的流程图

## 4.4.3 粒子群优化算法的参数分析

### 1. PSO算法的参数

PSO 算法的参数包括群体规模$m$、惯性权重$\varpi$、加速度$\varphi_1$和$\varphi_2$、最大速度$V_{\max}$以及最大代数$G_{\max}$。

### 1) 最大速度$V_{\max}$

对于速度$v_i$，PSO 算法以最大速度$V_{\max}$作为限制。如果当前粒子的某维速度大于最大速度$V_{\max}$，该维的速度就被限制为最大速度$V_{\max}$。最大速度$V_{\max}$决定了当前位置与最好位置之间的区域的分辨率(或精度)。如果最大速度$V_{\max}$太高，粒子可能会飞过好的解；如果最大速度$V_{\max}$太小，粒子容易陷入局部优值。

### 2) 权重因子

PSO 算法中有 3 个权重因子：惯性权重$\varpi$以及加速度常数$\varphi_1$和$\varphi_2$。惯性权重$\varpi$使粒子保持运动惯性，使其有扩展搜索空间的趋势，并有能力搜索新的区域。加速度$\varphi_1$和$\varphi_2$代表将每个粒子推向$P_g$和$P_i$位置的统计加速度项的权重。低的值让粒子在被拉回之前可以在目标区域外徘徊，而高的值则导致粒子突然冲向或越过目标区域。

### 2. 位置更新方程中各部分的影响

对于式(4-14)，如果只有第一部分，而没有后两部分($\varphi_1 = \varphi_2 = 0$)，粒子将一直以当前的速度飞行，直至到达边界。由于只能搜索有限的区域，因此很难找到好的解。

如果没有第一部分($\varpi = 0$)，速度将只取决于粒子当前位置和历史最好位置$P_i$和$P_g$，速度本身没有记忆性。假设一个粒子位于全局最好位置，它将保持静止，而其他粒子则飞向各自本身最好位置$P_g$和全局最好位置$P_g$的加权中心。在这种条件下，粒子群将收敛到当前的全局最好位置，更像局部算法。在加了第一部分后，粒子有扩展搜索空间的趋势，第一部分有全局搜索能力。这也使得$\varpi$的作用为针对不同的搜索问题，实现算法全局和局部搜索能力的平衡。

如果没有第二部分($\varphi_1 = 0$)，则粒子没有认知能力，也就是"只有社会模型"。在粒子的相互作用下，有能力达到新的搜索空间。收敛速度比标准版本更快，但对于复杂问题则相比标准版本更容易陷入局部最优点。

如果没有第三部分($\varphi_2 = 0$)，则粒子间没有社会共享信息，也就是"只有认知模型"。因为个体间没有交互，规模为$M$的群体等价于$M$个单独粒子的运行，因而得到最优解的概率非常小。

### 3. 参数设置

早期的实验将$\varpi$固定为1.0，将$\varphi_1$和$\varphi_2$固定为2.0，因此$V_{\max}$成为唯一需要调节的参数，通常设定每维的变化范围为10%~20%。实验表明，$\varphi_1$和$\varphi_2$为常数时可以得到较好的解，但不一定必须为2。

这些参数也可以通过模糊系统进行调节。研究人员提出使用模糊系统来调节$\varpi$，模糊系统包括9条规则，有两个输入和一个输出。一个输入为当前的全局最好适应度，另一个输入为当前的$\varpi$；输出为$\varpi$的变化。每个输入和输出定义了3个模糊集，结果显示这种方法能显著提高平均适应度。

粒子群优化算法的初始群体的产生方法与遗传算法类似。可以随机产生，也可以根据问题的固有知识产生。群体的初始化虽然也是影响算法性能的一个方面，但人们通过实验发现PSO算法只是略微受影响。粒子群优化算法的种群大小根据问题的规模而定，同时要考虑运算的时间。

粒子的适应度函数可根据具体问题而定，将目标函数转换成适应度函数的方法与遗传算法类似。

在基本的粒子群优化算法中，粒子的编码使用实数编码方法。这种编码方法在求解连续的函数优化问题时十分方便，同时粒子的速度求解与位置更新也很自然。

## ◤4.4.4 粒子群优化算法的应用

粒子群优化算法已在诸多领域得到应用，简单归纳如下。

### 1. 神经网络训练

可利用PSO算法来训练神经元网络，将遗传算法与PSO算法结合起来设计递归/模糊神经元网络等。利用 PSO 算法设计神经元网络是一种快速、高效且具有潜力的方法。

### 2. 化工领域

可利用 PSO 算法求解苯乙烯聚合反应的最优稳态操作条件，获得最大的转化率和最小的聚合体分散性；使用 PSO 算法来估计在化工动态模型中产生不同动态现象(如周期振荡、双周期振荡、混沌等)的参数区域，仿真结果显示传统动态分叉分析的速度提高了；可利用 GP 和 PSO 算法辨识最优生产过程模型及其参数。

### 3. 电力领域

将 PSO 算法用于最低成本发电扩张生态系统生产总值问题，结合罚函数解决带有强约束的组合优化问题；利用 PSO 算法优化电力系统稳压器参数；利用 PSO 算法解决考虑电压安全的无功功率和电压控制问题；利用 PSO 算法解决满足发电机约束的电力系统经济调度问题；利用 PSO 算法解决满足开关机热备约束的机组调度问题。

### 4. 机械设计领域

利用 PSO 算法优化设计碳纤维强化塑料；利用 PSO 算法对降噪结构进行最优化设计。

### 5. 通信领域

利用 PSO 算法设计电路，将 PSO 算法用于光通信系统的偏振模色散补偿问题。

### 6. 机器人领域

利用 PSO 算法和基于 PSO 算法的模糊控制器对可移动式传感器进行导航；利用 PSO 算法求解机器人路径规划问题。

### 7. 经济领域

利用 PSO 算法求解博弈论中的均衡解；利用 PSO 算法和神经元网络解决最大利益的股票交易决策问题。

### 8. 图像处理领域

利用 PSO 算法解决多边形近似问题，提高多边形近似结果；利用 PSO 算法对用于放射治疗的模糊认知图的模型参数进行优化；利用基于 PSO 算法的微波图像法确定电磁散射体的绝缘特性；利用结合局部搜索的混合 PSO 算法对生物医学图像进行配准。

### 9. 生物信息领域

利用 PSO 算法训练隐马尔可夫模型来处理蛋白质序列比对问题，克服利用 Baum-Welch 算法隐马尔可夫模型容易陷入局部极小的缺点；利用基于自组织映射和 PSO 算法的混合聚类方法解决基因聚类问题。

10. 运筹学领域

使用基于可变领域搜索的变领域搜索算法的PSO算法,解决满足最小耗时指标的置换问题。

## 4.5　本章小结

搜索技术在人工智能中起着重要作用,人工智能中的推理机制就是通过搜索实现的,很多问题求解也可以转换为状态空间的搜索问题。智能计算就是在自然界和生物界规律的启迪下,根据原理模仿设计求解问题的算法。智能计算由通用计算发展而来,既是对通用计算的延续与升华,更是应对 AI 趋势的新计算形态。系统的智能性不断增强,由计算机自动或委托完成任务的复杂性也在不断增加。智能计算已经完全融入我们的工业生产与生活之中。

搜索算法的三种典型策略是盲目搜索策略、启发式搜索策略与博弈搜索策略,它们在各领域被广泛应用。深度优先和宽度优先是常用的盲目搜索方法,具有通用性好的特点,但往往效率低下,不适合求解复杂问题。启发式搜索利用问题相关的启发信息,可以减少搜索范围,提高搜索效率。$A^*$算法是一种典型的启发式搜索算法,可以通过定义启发函数提高搜索效率,并且可以在问题有解的情况下找到问题的最优解。计算机博弈(如计算机下棋)也是典型的搜索问题,计算机通过搜索寻找最好的下棋走法。像象棋、围棋这样的棋类游戏具有非常多的状态,不可能通过穷举的办法达到战胜人类棋手的水平,算法在其中起着重要作用。

智能计算的三种算法——遗传算法、蚁群算法、粒子群优化算法仍是学者们研究的热点。遗传算法是一种通过模拟自然进化过程搜索最优解的方法。本章介绍了基本遗传算法以及遗传算法的基本操作与一般步骤。蚁群算法是对蚂蚁群落食物采集过程的模拟,已经成功运用于很多离散优化问题。粒子群优化算法起源于对简单社会系统的模拟。最初设想是用粒子群优化算法模拟鸟群觅食的过程,但后来发现这是一种很好的优化工具,在诸多领域都取得了很好的应用效果。

## 4.6　习　题

1. 用$A^*$算法求解八数码难题,初始状态与目标状态分布如图 4-18 所示。

| 2 | 8 | 3 |
|---|---|---|
| 1 |   | 4 |
| 7 | 6 | 5 |

(a)初始状态$S_0$

| 1 | 2 | 3 |
|---|---|---|
| 8 |   | 4 |
| 7 | 6 | 5 |

(b)目标状态$S_B$

图4-18　八数码难题

(1) 确定求解该问题的$A^*$算法的评估函数,给出相应的搜索图(需要标注各状态的评估值)以及问题的最优解。

(2) 说明$A^*$搜索算法与$A$搜索算法的区别。

2. 五座城市之间的交通路线图如图 4-19 所示，A 城市是出发地，E 城市是目的地，两城市之间的交通费用(代价)如图 4-19 中的数字所示，求从城市 A 到城市 E 费用最少的交通路线。

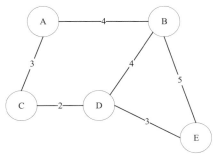

图4-19　五城市之间的交通路线图

3. 对于图 4-20 所示的一棵与/或树，请分别用与/或树的深度优先搜索和宽度优先搜索求出解数。

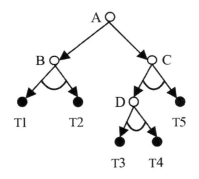

图4-20　与/或树

4. 什么是与/或树？什么是可解节点？什么是解数？

5. 执行遗传算法的选择操作：假设种群规模为 4，个体采用二进制编码，适应度函数为 $f(x) = x^2$，初始种群情况如表 4-2 所示。

表4-2　初始种群情况

| 编号 | 个体串 | $x$ | 适应度值 | 百分比/% | 累计百分比/% | 选中次数 |
|------|--------|-----|----------|----------|--------------|----------|
| $S_{01}$ | 1010 | | | | | |
| $S_{02}$ | 0100 | | | | | |
| $S_{03}$ | 1100 | | | | | |
| $S_{04}$ | 0111 | | | | | |

若规定选择概率为 100%，选择算法为轮盘赌算法，并且依次生成的 4 个随机数为 0.42、0.16、0.89、0.71，为表 4-2 填上全部内容，并求出经本次选择操作后得到的新种群。

❧ 参考文献 ❧

[1] Nannicini G，Delling D，Liberti L, et al. Bidirectional A * Search for Time-Dependent Fast Paths[C]/ International Workshop on Experimental and Efficient Algorithms. 2008.

[2] Bagley J D. The Behavior of Adaptive Systems Which Employ Genetic and Correlation Algorithms，Dissertation Abstracts International. 1967，28(12) .

[3] Holland J H. Concerning Efficient Adaptive Systems. In Yovits，M.C.，Eds.，Self-Organizing Systems，1962，215-230.

[4] Goldberg D E. Genetic Algorithms in Search，Optimization and Maehinel Learning. Reading，MA：Addison Wesley，1989.

[5] Colorni A，Dorigo M，Maniezzo V，et al. Distributed optimization by ant colonies [A]. Proc of European Conf on A rtificial L ife[C]. Paris，1991. 134-142.

[6] Gutjahr. ACO algorithms with guaranteed convergence to the optimal solution[J]. Information Processing Letters，2002，82(3)：145-153.

[7] Kennedy J，Eberhart R. Pariticle Swarm Optimization[C]. In：IEEE Int'I Conf on Neural Networks，Perth，Australia，1995：1942-1948.

[8] 王万良. SPSS 人工智能及其应用[M]. 北京：高等教育出版社，2016.

[9] 李德毅. 人工智能导论[M]. 北京：中国科学技术出版社，2018.

[10] 徐洁磐. 人工智能导论[M]. 北京：中国铁道出版社，2019.

[11] https://www.cnblogs.com/FrankChen831X/p/10358120.html.

[12] 罗雄，钱谦，伏云发. 遗传算法解柔性作业车间调度问题应用综述[J]. 计算机工程与应用，2019，55(23)：15-21，34.

[13] 李松，刘力军，翟曼. 改进粒子群算法优化 BP 神经网络的短时交通流预测[J]. 系统工程理论与实践，2012，32(9)：2045-2049.

# 第 5 章

# 机 器 学 习

机器学习是一门多领域交叉学科，涉及概率论、统计学、逼近论、凸分析、算法复杂度理论等多门学科。机器学习是人工智能及模式识别领域的共同研究热点，其理论和方法已被广泛应用于解决工程应用和科学领域的复杂问题。本章主要介绍机器学习的流程、机器学习的模型以及一些常见的分类算法和聚类算法。

## 5.1　机器学习的概念与类型

### ▼5.1.1　机器学习的概念

机器学习(Machine Learning，ML)作为一门多领域的交叉学科，涉及概率论、统计学、微积分、代数学、算法复杂度理论等多门学科。它通过一种让计算机自动"学习"的算法来实现人工智能，是人类在人工智能领域展开的积极探索。

机器学习利用计算机辅助工具来为人类创造价值，机器学习是一个新的领域，是为了实现人工智能与生活生产有机结合而兴起的一门学科，如计算机科学(人工智能、理论计算机科学)、数学(概率和数理统计、信息科学、控制理论)、心理学(人类问题求解和记忆模型)、生物学及遗传学(遗传算法、连接主义)、哲学等。机器学习有下面几种定义：

(1) 机器学习的主要研究对象是人工智能，特别是如何在经验学习中改善具体算法的性能。

(2) 机器学习是对能通过经验自动改进的计算机算法的研究。

(3) 机器学习是使用数据或以往的经验来优化计算机程序的性能标准。

机器学习研究的目标主要包括：发展各种学习理论，探讨各种可能的学习方法和算法；建立模拟人类学习过程的学习模型，探讨人的学习机制及本质；建立各种能在工作中不断完善自己性能和知识库的智能学习系统。

### ▼ 5.1.2 机器学习的类型

机器学习可以按照不同的标准进行分类。比如按函数的不同，机器学习可以分为线性模型和非线性模型；按照学习准则的不同，机器学习可以分为统计方法和非统计方法。

但一般来说，我们会按照训练样本提供的信息以及反馈方式的不同，将机器学习大致分类为有监督学习、无监督学习和弱监督学习，表 5-1 对它们做了对比。

表5-1 三种机器学习类型的比较

|  | 有监督学习 | 无监督学习 | 弱监督学习 |
|---|---|---|---|
| 数据特征 | 数据全部具有标签 | 数据不具有标签 | 数据一部分有标签，一部分没有标签 |
| 一句话概括 | 给定数据，预测标签 | 给定数据，寻找隐藏的标签 | 综合利用数据，生成合适的分类函数 |
| 常见算法 | 决策树、支持向量机、$K$ 近邻 | 层次聚类、$K$ 均值 | 强化学习、迁移学习 |

#### 1. 有监督学习

有监督学习又称为分类或归纳学习，这种类型的学习类似于人类学习的方式，人类可以从过去的经验中获取知识，用于提高解决当前问题的能力。

在学习问题中，数据集里的每个数据实例都可以用一组属性值 $A = \{A_1, A_2, \cdots, A_n\}$ 来表示，其中 $n$ 表示属性集合 $A$ 的大小。同时，数据集里的每个数据实例都具有特殊的目标属性 $C$，称为类属性，用于表征每个元素归属的类。类属性 $C$ 具有一系列离散值，例如 $C = \{C_1, C_2, \cdots, C_m\}$，其中 $m$ 是集合 $C$ 的大小，并且 $m \geqslant 2$。类属性值也称为类标。简单来说，用于学习的数据集就是一张关系表，表里的每条记录描述了一条"以往的经验"。在机器学习和数据挖掘中，一条数据记录又称为一个样例、一个实例、一个用例或一个向量。这样，数据集就是包括一系列样例的集合。

给出数据集 $D$，机器学习任务的目标就是产生一个联系属性值集合 $A$ 和类标集合 $C$ 的分类/预测函数，这个函数可以用于预测新的属性集合(数据实例)的类标。这个函数又被称为分类模型、预测模型或分类器。应该指出的是，分类模型可以是任何形式的，例如决策树、规则集、贝叶斯模型或超平面。

以下是一些常用的有监督学习算法。

#### 1) $K$ 近邻算法
$K$ 近邻算法的步骤为：
① 计算测试数据与各个训练数据之间的距离。
② 按照距离的递增关系进行排序。
③ 选取距离最小的 $K$ 个点。
④ 确定前 $K$ 个点所在类别的出现频率。
⑤ 返回前 $K$ 个点中出现频率最高的类别作为测试数据的预测分类。

**2) 决策树**

决策树是一种树结构(可以是二叉树或非二叉树)。其中的每个非叶节点表示一个特征属性上的测试，每个分支代表这个特征属性在某个值域上的输出，而每个叶节点存放一个类别。使用决策树进行决策的过程就是从根节点开始，测试待分类项中相应的特征属性，并按照其值选择输出分支，直至到达叶子节点，将叶子节点存放的类别作为决策结果。

**3) 逻辑回归**

我们知道，线性回归就是根据已知数据集求线性函数，使其尽可能拟合数据，让损失函数最小，常用的线性回归最优法有最小二乘法和梯度下降法。而逻辑回归是一种线性回归模型，相比于线性回归，多了 Sigmoid 函数(或称为 Logistic 函数)。逻辑回归是一种分类算法，主要用于二分类问题。

**2. 无监督学习**

无监督学习与有监督学习不同的是，那些表示数据类别的分类或分组信息是缺失的，当希望通过浏览数据来发现其中的某些内在结构时，就需要用到无监督学习算法。聚类就是一种发现这种内在结构的技术，聚类技术经常被称作无监督学习。

聚类是对数据集中在某些方面相似的数据成员进行分类组织的过程。因此，聚类就是一些数据实例的集合，这个集合中的元素彼此相似，但是它们都与其他聚类中的元素不同。在聚类的相关文献中，数据实例有时又称作对象，因为数据实例很可能代表现实世界中的对象。另外，数据实例有时也称作数据点，因为数据实例可以看作 $r$ 维空间中的点，其中 $r$ 便是数据的属性个数。

图 5-1 展示了一个二维数据集。我们可以很清楚地看到其中有三组数据点。每一组表示一个聚类。聚类的任务就是发现隐藏在数据背后的这三个群组。虽然通过目测人们就能十分简单地发现隐藏在二维甚至三维的数据集中的聚类，但是当数据集的维数不断增加时，这将变得越来越困难甚至是不可能的。此外，在有些应用中，聚类并不像图 5-1 分得那么清晰。由此可见，自动化技术对于聚类来说是十分必要的。

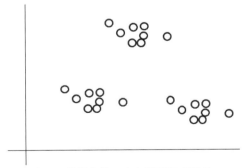

图5-1　数据点的三个自然群组或聚类

聚类需要使用相似度计算函数来度量两个数据点(对象)有多相似，或者使用距离函数来度量两个数据点之间的距离。聚类的目的就是通过使用某个聚类算法和距离函数来发现数据中内在的分组结构。常见的聚类算法有 $K$ 均值、层次聚类及 DBSCAN 等。

### 1) K 均值

K 均值可以理解为试图最小化集群惯性因子的算法。步骤如下：首先选择 K 值，也就是我们想要查找的聚类数量，随机选择每个聚类的质心；然后将每个数据点分配给最近的质心(使用欧氏距离)；最后计算集群惯性，将计算的新质心作为属于旧质心的点的平均值。换句话说，通过计算数据点到每个簇中心的最小二次误差，将中心移向该点。

### 2) 层次聚类

层次聚类的主要优点是不需要指定聚类的数量，可以自己找到。此外，还可以绘制树状图。树状图是二元层次聚类的可视化。层次聚类有两种方法：集聚和分裂。集聚会从将每个样本作为不同的集群开始，然后将它们彼此靠近，直到只有一个集群；分裂首先将所有数据点放入一个集群中，然后将簇分成较小的簇，直到它们中的每一个仅包含一个样本。

### 3) DBSCAN

DBSCAN 也叫基于密度的噪声应用空间聚类，是另一种特别用于正确识别数据中的噪声的聚类算法。这种算法遵循以下逻辑：首先确定核心点并将每个核心点或每个连接的核心点组成一组，然后确定边界点并将它们分配给各自的核心点。

## 3. 弱监督学习

有监督学习通过学习大量标记的训练样本来构建预测模型，已在很多领域获得巨大的成功。但由于数据标注本身往往需要很高的成本，在很多任务上都很难获得全部真值标签这样比较强的监督信息。而无监督学习由于缺乏指定的标签，在实际应用中的性能往往存在很大局限。针对这一问题，相关研究者提出了弱监督学习的概念。弱监督学习不仅可以降低人工标记的工作量，同时也可以引入人类的监督信息，在很大程度上提高无监督学习的性能。

弱监督学习是相对于有监督学习而言的。同有监督学习不同，弱监督学习中的数据标签可以是不完全的，训练集中只有一部分数据是有标签的，其余甚至绝大部分数据是没有标签的；或者说有监督学习是间接的，机器学习的信号并不是直接指定给模型，而是通过一些引导信息间接传递给机器学习模型。总之。弱监督学习涵盖的范围很广，可以说，只要标注信息不完全、不确切或不精确的标记学习都可以看作弱监督学习。下面仅选取半监督学习、迁移学习和强化学习这三种典型的机器学习算法来介绍弱监督学习的概念。

### 1) 半监督学习

半监督学习是一种典型的弱监督学习方法。在半监督学习中，我们通常只拥有少量有标注数据的情况，这些有标注数据并不足以训练出好的模型，但同时我们拥有大量未标注数据可供使用，我们可以通过充分利用少量的有监督数据和大量的无监督数据来改善算法性能。因此，半监督学习可以最大限度地发挥数据的价值，使机器学习模型从体量巨大、结构繁多的数据中挖掘出隐藏在背后的规律，也因此成为近年来机器学习领域比较活跃的研究方向，被广泛应用于社交网络分析、文本分类、计算机视觉和生物医学信息处理等诸多领域。

在半监督学习中，基于图的半监督学习方法被广泛采用，近年来有大量的工作专注于此领域，也产生了诸多卓有成效的进展。该方法将数据样本间的关系映射为相似度图，如图 5-2(a)所示。其中，图的节点表示数据点(包括有标注数据和未标注数据)；图的边被赋予相应权重，代表数据点之间的相似度，通常来说相似度越大，权重越大，如图 5-2(b)所示。对无标记样本的识别，可以通过图中标记信息的传播方法实现，节点之间的相似度越大，标签越容易传播；

反之，传播概率越低。在标签传播过程中，保持有标注数据的标签不变，使其作为源头把标签传向未标注节点。每个节点根据相邻节点的标签来更新自己的标签，与节点相似度越大，标签就越容易传播到相邻节点，相似节点的标签就越趋于一致。当选代过程结束时，相似节点的概率分布也趋于相似，可以划分到同一类别中，从而完成标签传播过程，如图 5-2(c) 所示。

(a) 相似度图                (b) 邻接矩阵                (c) 标签矩阵

图5-2　基于图的半监督学习

　　基于图的半监督学习算法简单有效，符合人类对于数据样本相似度的直观认知，同时还可以针对实际问题灵活定义数据之间的相似性，具有很强的灵活性。尤其需要指出的是，基于图的半监督学习具有坚实的数学基础作为保障，通常可以得到闭式最优解，因此具有广泛的适用范围。该方法的代表性论文也因此获得 2013 年国际机器学习大会"十年最佳论文奖"。由此也可以看出这种方式的影响力和重要性。

　　近年来，随着大数据相关技术的飞速发展，收集大量的未标记样本已经相当容易，而获取大量有标记的样本则较为困难，而且获得这些标注数据往往需要大量的人力、物力和财力。例如，在医学图像处理中，随着医学影像技术的发展，获取成像数据变得相对容易，但是对病灶等数据的标识往往需要专业的医疗知识，而要求医生进行大量的标注往往非常困难。由于时间和精力的限制，在多数情况下，医学专家能标注相当少的一部分图像，如何发挥半监督学习在医学影像分析中的优势就显得尤为重要。另外，在大量互联网应用中，未标注数据极为庞大甚至是无限的，但是要求用户对数据进行标注则相对困难，如何利用半监督学习技术在少量用户标注的情况下实现高效推荐、搜索、识别等复杂任务，具有重要的应用价值。

**2) 迁移学习**

　　迁移学习是另一类比较重要的弱监督学习方法，侧重于将已经学习过的知识迁移应用到新的问题中。对于人类来说，迁移学习其实就是一种与生俱来的能够举一反三的能力。比如我们学会打羽毛球后，再学打网球就会变得相对容易；而学会了中国象棋后，学习国际象棋也会变得相对容易。对于计算机来说，我们同样希望机器学习模型在学习到一种能力之后，稍加调整即可用于新的领域。

　　随着大数据时代的到来，迁移学习变得愈发重要。现阶段，我们可以很容易地获取大量的城市交通、视频监控、行业物流等不同类型的数据，互联网也在不断产生大量的图像、文本、语音等数据。但遗憾的是，这些数据往往都是没有标注的，而现在很多机器学习方法都需要以大量的标注数据作为前提。如果我们能够将从标注数据训练得到的模型有效地迁移到这些无标注数据，将会产生重要的应用价值，这就催生了迁移学习的发展。

　　在迁移学习中，通常称含有大量知识和数据标注的领域为源域，是我们要迁移的对象；而

把最终要赋予知识、赋予标注的对象称作目标域。迁移学习的核心目标就是将知识从源域迁移到目标域。目前，迁移学习主要通过三种方式来实现：①样本迁移，即在源域中找到与目标域相似的数据并赋予更高的权重，从而完成从源域到目标域的迁移。这种方法的好处是简单且容易实现，但是权重和相似度的选择往往高度依赖经验，使算法的可靠性降低。②特征迁移，其核心思想是通过特征变换，将源域和目标域的特征映射到同一特征空间，然后使用经典的机器学习方法来求解。这种方法的好处是对大多数方法适用且效果较好，但是在实际问题中的求解难度通常比较大。③模型迁移，这也是目前最主流的方法。这种方法假设源域和目标域共享模型参数，将之前在源域中通过大量数据训练好的模型应用到目标域。比如，我们在一个千万量级的标注样本集上训练得到一个图像分类系统，在另一新领域的图像分类任务中，我们可以直接利用之前训练好的模型，再加上目标域的几万张标注样本进行微调，就可以得到很高的精度。这种方法可以很好地利用模型之间的相似度，具有广阔的应用前景。

迁移学习可以充分利用既有模型的知识，使机器学习模型在面临新的任务时只需要进行少量的微调即可完成相应的任务，具有重要的应用价值。目前，迁移学习已经在机器人控制、机器翻译、图像识别、人机交互等诸多领域获得广泛应用。

### 3) 强化学习

强化学习也可以看作弱监督学习的一类典型算法，其算法理论的形成可以追溯到二十世纪七八十年代，但是最近才引起学界和工业界的广泛关注。具有里程碑意义的事件是 2016 年 3 月 DeepMind 开发的 AlphaGo 程序利用强化学习算法以 4∶1 的结果击败世界围棋冠军李世石。如今，强化学习算法已经在游戏、机器人等领域开花结果，谷歌、脸谱、百度、微软等各大科技公司更是将强化学习技术作为重点发展的技术之一。著名学者 David Silver(AlphaGo 的发明者之一)认为，强化学习是解决通用人工智能的关键路径。

与有监督学习不同，强化学习需要通过尝试来发现各个动作产生的结果，而没有训练数据告诉机器应当作哪个动作，但是我们可以通过设置合适的奖励函数，使机器学习模型在奖励函数的引导下自主学习相应的策略。强化学习的目标就是研究在与环境交互的过程中，如何学习到一种行为策略以最大化得到的累积奖赏。简单来说，强化学习就是在训练的过程中不断尝试，错了就扣分，对了就奖励，由此训练得到各个状态环境中最好的决策。

需要指出的是，强化学习通常有两种不同的策略：一是探索，也就是尝试不同的事情，看它们是否会获得比之前更好的回报；二是利用，也就是尝试过去经验中最有效的行为。举个例子，假设有 10 家餐馆，你在其中 6 家餐馆吃过饭，知道这些餐馆中最好吃的可以打 8 分，而其余的餐馆也许可以打 10 分，也可能只有 2 分。那么你应该如何选择？如果以每次的期望得分最高为目标，那就有可能一直吃打了 8 分的那家餐厅，但是你永远突破不了 8 分，不知道会不会吃到更好吃的。所以，只有去探索未知的餐厅，才有可能吃到更好吃的，即使伴随着不可避免的风险。这就是探索和利用的矛盾，也是强化学习要解决的难点问题。

强化学习给我们提供了一种新的学习范式，它和我们之前讨论的有监督学习有明显区别。强化学习处在对行为进行评判的环境中，使得在没有任何标签的情况下，通过尝试一些行为并根据行为结果的反馈不断调整之前的行为，最后学习到在什么样的情况下选择什么样的行为可以得到最好的结果。在强化学习中，我们允许结果奖励信号的反馈有延时，可能需要经过很多步骤才能得到最后的反馈。而有监督学习则不同，有监督学习没有奖励函数，其本质是建立从输入到输出的映射函数。就好比在学习过程中，有导师在旁边，他知道什么是对的、什么是错的，并且当算法做了错误的选择时会立刻纠正，不存在延时问题。

总之，由于弱监督学习的涵盖范围比较广泛，其学习框架也具有广泛的适用性，包括半监督学习、迁移学习和强化学习等方法已经被广泛应用在自动控制、调度、金融、网络通信等领域。在认知、神经科学领域，强化学习也有重要研究价值，已经成为机器学习领域的新热点。

## 5.2　机器学习的流程

### ▼5.2.1　模型

一种机器学习的模型如图 5-3 所示。

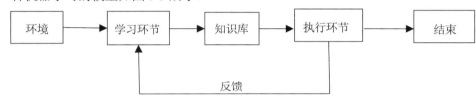

图5-3　一种机器学习的模型

以上模型中包含学习系统的四个基本组成环节。环境和知识库是以某种知识表示形式表达的信息的集合，分别代表外界信息来源和系统具有的知识。学习环节和执行环节代表两个过程。学习环节处理环境提供的信息，以便改善知识库中的显式知识。执行环节利用知识库中的知识来完成某种任务，并把执行中获得的信息回送给学习环节。

#### 1. 环境

环境可以是系统的工作对象，也可以包括工作对象和外界条件。例如，在医疗系统中，环境就是病人当前的症状、检验的数据和病历；在模式识别中，环境就是待识别的图形或景物；在控制系统中，环境就是受控的设备或生产流程。就环境提供给系统的信息来说，信息的水平和质量对学习系统有很大影响。

信息的水平是指信息的一般性程度，也就是适用范围的广泛性。这里的一般性程度是相对执行环节的要求而言的。高水平信息比较抽象，适用于更广泛的问题。低水平信息比较具体，只适用于个别的问题。环境提供的信息水平和执行环节所需的信息水平之间往往有差距，学习环节的任务就是解决水平差距问题。如果环境提供较抽象的高水平信息，学习环节就要补充遗漏的细节，以便执行环节能用于具体情况。如果环境提供较具体的低水平信息，即在特殊情况下执行任务的实例，学习环境就要由此归纳出规则，以便用于完成更广泛的任务。

信息的质量是指正确性、适当的选择和合理的组织。信息的质量对学习难度有明显的影响。例如，若施教者向系统提供准确的示教例子，而且例子的提供次序也有利于学习，则容易进行归纳。若示教例子中有干扰，或示例的提供次序不合理，则难以归纳。

### 2. 知识库

影响学习系统设计的第二个因素是知识库的形式和内容。

知识库的形式就是知识表示的形式。常用的知识表示方法有特征向量、谓词演算、产生式规则、过程、LISP 函数、数字多项式、语义网络和框架。选择知识表示方法时要考虑下列几个准则：可表达性、推理难度、可修改性和可扩充性。下面以特征向量和谓词演算方法为例说明这些准则。

- 可表达性。特征向量适于描述缺乏内在结构的事物，以固定的特征集合来描述事物。谓词演算则适于描述结构化的事物。
- 推理难度。一种常用的推理是比较两个描述是否等效。显然判定两个特征向量等效较容易，判定两个谓词表达式等效的代价就较大。
- 可修改性。特征向量和谓词演算这类显式的方法都容易修改，过程表示等隐式的方法就难以修改。
- 可扩充性。学习系统可通过增加词典条目和表示结构来扩大表示能力，以便学习更复杂的知识。

### 3. 执行环节

学习环节的目的就是改善执行环节的行为。执行环节的复杂性、反馈和透明度都对学习环节有影响。

复杂的任务需要更多的知识。例如，二分分类是最简单的任务，只需要一条规则；某个玩扑克的程序有 20 条规则；而 MYCIN 这类医疗诊断系统则使用几百条规则。在机器学习中，可以按任务复杂性分成三类：一类是基于单一概念或规则的分类或预测；另一类是包含多个概念的任务；第三类是多步执行的任务。

执行环节给学习环节的反馈也很重要。学习系统都要用某种方法去评价学习环节推荐的假设。一种方法是用独立的知识库做这种评价。例如，AM 程序用一些启发式规则评价学到的新概念的重要性。另一种方法是以环境作为客观的执行标准，系统判定执行环节是否按预期标准工作，由此反馈信息评价当时的假设。

若执行环节有较好的透明度，学习环节就容易追踪执行环节的行为。例如，在学习下棋时，如果执行环节把考虑过的所有走法都提供给学习环节，而不是仅仅提供实际采用的走法，系统就较容易分析合理的走法。

## ▼5.2.2  训练

模型的训练就是参数的求解，即算法。那么，如何确定模型的参数呢？这就需要样本集出场，要找到合适的模型参数，使得模型能最好地拟合样本集数据的特征，这就是所谓的机器学习算法。它检查所有的样本数据，从而找到一个模型，这个模型的误差要尽可能小。简单来说，就是通过机器学习算法来求解参数。比如，找到一组参数值，使得均方误差最小，模型训练的目标就是找到误差尽可能小的参数。

为了评估模型拟合的好坏，通常用损失函数(严格来说相当于下面的目标函数)来度量拟合的程度。损失函数极小化，意味着拟合程度最好，对应的模型参数即为最优参数。

每一个算法都有一个目标函数(objective function)，算法就是让这个目标函数达到最优。对于分类算法，都会有对错。错了就会有代价，或者说损失。分类算法的目标就是让错的最少，也就是代价最小。

损失函数又叫误差函数(预测值与真实值之间的误差)，用来衡量算法的运行情况。损失函数只适用于衡量算法在单个训练样本中的表现。它主要是配合反向传播使用的，为了在反向传播中可以找到最小值，损失函数必须是可导的。

损失函数一般分为二分类损失函数、多分类损失函数和回归问题损失函数。二分类损失函数有 0-1 损失、hinge 损失、Logistic Cross Entropy 损失；多分类损失函数有 Softmax Cross Entropy 损失；回归问题损失函数有均方差误差或根均方差误差、平均绝对值误差和 huber 损失。

迭代法是用计算机解决问题的一种基本方法。对于一个数据集，我们要求解最佳参数，使得它的误差最小(比如使用 MSE 来判断)。迭代法就是利用计算机运算速度快、适合做重复性操作的特点，让计算机尝试多组参数值，在同一数据集上重复计算误差。在每次执行一组参数后，就换到另一组新的参数迭代值，直到找到最优参数(见图 5-4)，使机器学习算法能够使用一组误差足够小的参数值。

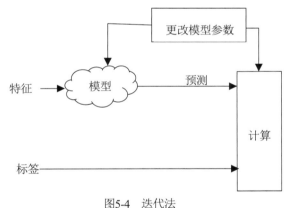

图5-4　迭代法

简单来说，利用迭代法解决问题需要做好以下三方面的工作。

第一，确定迭代变量。在可以用迭代法解决的问题中，至少存在一个直接或间接地不断由旧值推出新值的变量，这个变量就是迭代变量。

第二，确定迭代关系式。所谓迭代关系式，是指从变量的前一个值推出下一个值的公式(或关系)。迭代关系式的建立是解决迭代问题的关键，通常可以使用递推或倒推的方法来完成。

第三，对迭代过程进行控制。在什么时候结束迭代过程是编写迭代程序必须考虑的问题。不能让迭代过程无休止地重复执行下去。迭代过程的控制通常可分为两种情况：一种是所需的迭代次数是确定的值，可以计算出来；另一种是所需的迭代次数无法确定。对于前一种情况，可以构建固定次数的循环来实现对迭代过程的控制；对于后一种情况，需要进一步分析出用来结束迭代过程的条件。在机器学习中，这个结束条件就是误差(比如 MSE)。只要误差达到要求，就可以结束迭代。一般情况下，误差不再有大的变化，我们就可以终止迭代，然后说模型已经收敛了。

## 5.3 模型性能度量

为了衡量机器学习模型的好坏，需要给定测试集，用模型对测试集中的每一个样本进行预测，并根据预测结果计算评价分数。对于分类问题，常见的评价标准有正确率、准确率、召回率和$F$值等。

给定测试集$\mathcal{T} = \left(x^{(1)}, y^{(1)}\right), \left(x^{(2)}, y^{(2)}\right), \cdots \left(x^{(N)}, y^{(N)}\right)$，假设标签$y^{(n)} \in \{1, 2, \cdots, C\}$，用模型对测试集中的每一个样本进行预测，结果为$Y = \hat{y}^{(1)}, \hat{y}^{(2)}, \cdots, \hat{y}^{(N)}$。

### 5.3.1 模型精度

最常用的评价指标为准确率(Accuracy)：

$$ACC = \frac{1}{N}\sum_{n=1}^{N} I(y^{(n)} = \hat{y}^{(n)}) \tag{5-1}$$

其中$I(.)$为指示函数，$y^{(n)}$为测试数据集的标签，$\hat{y}^{(n)}$为模型预测的结果。

错误率和准确率对应的就是错误率(Error Rate)：

$$\mathcal{E} = 1 - ACC = \frac{1}{N}\sum_{n=1}^{N} I(y^{(n)} \neq \hat{y}^{(n)}) \tag{5-2}$$

### 5.3.2 查准率、查全率与$F$值

准确率是所有类别整体性能的平均值，如果希望对每个类别都进行性能估计，就需要计算查准率和查全率。查准率和查全率是广泛用于信息检索和统计学分类领域的两个度量值，在机器学习中也被大量使用。

对于类别$c$来说，模型在测试集上的结果可以分为以下四种情况：

(1) 真正例(True Positive，TP)

样本的真实类别为$c$并且模型已正确地预测为类别$c$。这类样本数量记为

$$TP_c = \sum_{n=1}^{N} I(y^{(n)} = \hat{y}^{(n)} = c) \tag{5-3}$$

(2) 假负例(False Negative，FN)

样本的真实类别为$c$，并且模型已错误地预测为其他类别。这类样本数量记为

$$FN_c = \sum_{n=1}^{N} I(y^{(n)} = c \wedge \hat{y}^{(n)} \neq c) \tag{5-4}$$

(3) 假正例(False Positive，FP)

样本的真实类别为其他类别，并且模型已错误地预测为类别$c$。这类样本数量记为

$$FP_c = \sum_{n=1}^{N} I(y^{(n)} \neq c \wedge \hat{y}^{(n)} = c) \tag{5-5}$$

(4) 真负例(True Negative，TN)

样本的真实类别为其他类别，并且模型也已经预测为其他类别。对于类别$c$来说，这种情况一般不需要关注。

这四种情况的关系可使用表 5-2 所示的混淆矩阵来表示。

表5-2 类别c的预测结果的混淆矩阵

| | | 预测类别 | |
| --- | --- | --- | --- |
| | | $\hat{y} = c$ | $\hat{y} \neq c$ |
| 真实类别 | $y = c$ | $\text{TP}_c$ | $\text{FN}_c$ |
| | $y \neq c$ | $\text{FP}_c$ | $\text{TN}_c$ |

查准率(Precision)也叫精确率或精度，类别 $c$ 的查准率为所有预测为类别 $c$ 的样本中预测正确的比例。

$$P_c = \frac{\text{TP}_c}{\text{TP}_c + \text{FP}_c} \tag{5-6}$$

查全率(Recall)也叫召回率，类别 $c$ 的查全率为所有真实标签为类别 $c$ 的样本中预测正确的比例。

$$R_c = \frac{\text{TP}_c}{\text{TP}_c + \text{FN}_c} \tag{5-7}$$

$F$ 值是一项综合指标，为查准率和查全率的调和平均。

$$\mathcal{F}_c = \frac{(1+\beta^2) \times \mathcal{P}_c \times \mathcal{R}_c}{\beta^2 \times \mathcal{P}_c + \mathcal{R}_c} \tag{5-8}$$

其中：$\beta$ 用于平衡查全率和查准率的重要性，一般取值为 1。$\beta$ 为 1 时的 $F$ 值称为 $F1$ 值，是查准率和查全率的调和平均。

### 5.3.3 ROC与AUC

ROC(Receiver Operating Characteristic)和 AUC(Area Under Curve)常被用来评价二值分类器 (binary classifier)的优劣。图 5-5 是一个 ROC 曲线示例，正如我们在这条 ROC 曲线中看到的那样，ROC 曲线的横坐标为 FPR(False Positive Rate)、纵坐标为 TPR(True Positive Rate)。

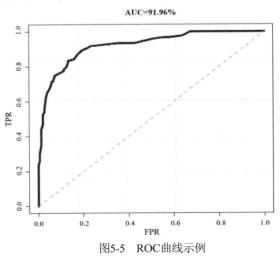

图5-5 ROC曲线示例

相比准确率、召回率、$F$ 值这样的评价指标，ROC 曲线有如下很好的特性：当测试集中正负样本的分布发生变化时，ROC 曲线能够保持不变。在实际的数据集中经常会出现类不平衡 (class imbalance) 现象，即负样本比正样本多很多 (或者相反)，而且测试数据中正负样本的分布也可能随着时间变化。ROC 曲线以 FPR 为横坐标，以 TPR 为纵坐标。其中：

$$FPR = \frac{FP}{FP+TN} \tag{5-9}$$

$$TPR = \frac{TP}{TP+TN} \tag{5-10}$$

AUC(确切地说，应该是 AUROC)被定义为 ROC 曲线下的面积，显然这个面积的数值不会大于 1。ROC 曲线上的任意相邻两点与横轴都能形成梯形，对所有这样的梯形面积进行加和即可得到 AUC。一般而言，训练样本越多，在得到样本判别为正例的分数取值后，不同分数也相对会越多，这样 ROC 曲线上的点也就越多，估算的 AUC 会更准些。这种思路很像微积分里常用的微分法。

### 4. 交叉验证

交叉验证(Cross Validation)是一种比较好的衡量机器学习模型的统计分析方法，可以有效避免划分训练集和测试集时的随机性对评价结果造成的影响。我们可以把原始数据集平均分为 $K(K$ 一般大于 3)组不重复的子集，每次选 $K-1$ 组子集作为训练集，剩下的一组子集作为验证集。这样可以进行 $K$ 次试验并得到 $K$ 个模型。将这 $K$ 个模型在各自验证集上的错误率的平均值作为分类器的评估值。

## 5.4 常见分类方法

### 5.4.1 逻辑回归与Softmax回归

#### 1. 逻辑回归

逻辑回归(Logistic Regression，LR)是一种常用的处理二分类问题的线性模型，由条件概率分布 $P(Y|X)$ 表示，这里，随机变量 $X$ 的取值为实数，随机变量 $Y$ 的取值为 1 或 0。我们可通过有监督学习的方法来估计模型参数。

逻辑回归模型是如下条件概率分布：

$$P(Y=1|\boldsymbol{x}) = \frac{\exp(\boldsymbol{w}\cdot\boldsymbol{x}+\boldsymbol{b})}{1+\exp(\boldsymbol{w}\cdot\boldsymbol{x}+\boldsymbol{b})} \tag{5-11}$$

$$P(Y=0|\boldsymbol{x}) = \frac{1}{1+\exp(\boldsymbol{w}\cdot\boldsymbol{x}+\boldsymbol{b})} \tag{5-12}$$

这里，$\boldsymbol{x} \in R^n$ 是输入，$Y \in \{0,1\}$ 是输出，$\boldsymbol{w} \in R^n$ 和 $\boldsymbol{b} \in R$ 是参数，$\boldsymbol{w}$ 称为权值向量，$\boldsymbol{b}$ 称为偏置向量，$\boldsymbol{w} \cdot \boldsymbol{x}$ 为 $\boldsymbol{w}$ 和 $\boldsymbol{x}$ 的点积。

对于给定的输入实例 $\boldsymbol{x}$，按照上式可以求得 $P(Y=1|\boldsymbol{x})$ 和 $P(Y=0|\boldsymbol{x})$。逻辑回归比较两个

条件概率值的大小，将实例 $x$ 分到概率值较大的那一类。

有 时 为 了 方 便， 对 权 值 向 量 和 输 入 向 量 加 以 扩 充， 仍 记 作 $w$ 和 $x$，$w = (w^{(1)}, w^{(2)}, \cdots, w^{(n)}, b)$，$w = (x^{(1)}, x^{(2)}, \cdots, x^{(n)}, 1)$。这时，逻辑回归模型如下：

$$P(Y = 1|x) = \frac{\exp(w \cdot x)}{1 + \exp(w \cdot x)} \tag{5-13}$$

$$P(Y = 0|x) = \frac{1}{1 + \exp(w \cdot x)} \tag{5-14}$$

现在考查逻辑回归模型的特点。事件的几率是指事件发生概率与不发生概率的比值。如果事件的发生概率为 $p$，那么事件的几率或 logit 函数为

$$\text{logit}(p) = \log \frac{p}{1-p} \tag{5-15}$$

对于逻辑回归而言，上式变为

$$\log \frac{P(Y = 1|x)}{1 - P(Y = 1|x)} = w \cdot x \tag{5-16}$$

也就是说，在逻辑回归模型中，输出 $Y = 1$ 的对数几率是输入 $x$ 的线性函数。或者说，输出 $Y = 1$ 的对数几率是由输入 $x$ 的线性函数表示的模型，即逻辑回归模型。

换个角度看，考虑对输入 $x$ 进行分类的线性函数 $w \cdot x$，值域为实数域。注意，这里 $x \in R^{n+1}$，$w \in R^{n+1}$。通过逻辑回归模型的定义可以将线性函数 $w \cdot x$ 转换为概率。

本节采用 $Y \in \{0,1\}$ 以符合逻辑回归的描述习惯。为了解决连续的线性函数不适合进行分类的问题，我们引入非线性函数 $g: R_d \to (0,1)$ 来预测类别标签的后验概率 $P(Y = 1|x)$。

$$P(Y = 1|x) = \frac{\exp(w \cdot x)}{1 + \exp(w \cdot x)} \tag{5-17}$$

这时，线性函数的值越接近正无穷，概率值就越接近 1；线性函数的值越接近负无穷，概率值就越接近 0。这样的模型就是逻辑回归模型。

### 2. Softmax回归

Softmax 回归(Softmax Regression)也称为多项(multinomial)或多类(multi-class)的逻辑回归，是逻辑回归在多类问题上的推广。

对于多类问题，类别标签 $y \in \{1, 2, \cdots, C\}$ 可以有 $C$ 个取值。给定样本 $x$，Softmax 回归预测的属于类别 $c$ 的条件概率为

$$\begin{aligned} p(y = c \mid x) &= \text{soft} \max(w_C^\mathsf{T} x) \\ &= \frac{\exp(w_C^\mathsf{T} x)}{\sum_{c=1}^{C} \exp(w_C^\mathsf{T} x)} \end{aligned} \tag{5-18}$$

其中，$w_c$ 是类别 $c$ 的权重向量。

Softmax 回归的决策函数可以表示为

$$\begin{aligned} \hat{y} &= \arg_{c=1}^{C} \max p(y = c \mid x) \\ &= \arg_{c=1}^{C} \max w_C^\mathsf{T} x \end{aligned} \tag{5-19}$$

当类别数 $C$=2 时，Softmax 回归的决策函数为

$$\begin{aligned}
\hat{\boldsymbol{y}} &= \arg\max_{y\in\{0,1\}} \boldsymbol{w}_y^{\mathrm{T}} x \\
&= I(\boldsymbol{w}_1^{\mathrm{T}} x - \boldsymbol{w}_0^{\mathrm{T}} x > 0) \\
&= I((\boldsymbol{w}_1 - \boldsymbol{w}_0)^{\mathrm{T}} x > 0)
\end{aligned} \tag{5-20}$$

其中，$I(\cdot)$ 是指示函数。对比二分类决策函数，可以发现二分类中的权重向量 $\boldsymbol{w} = \boldsymbol{w}_1 - \boldsymbol{w}_0$，用向量形式可以写为

$$\begin{aligned}
\hat{\boldsymbol{y}} &= \text{softmax}(\boldsymbol{w}^{\mathrm{T}} x) \\
&= \frac{\exp(\boldsymbol{w}^{\mathrm{T}} x)}{\boldsymbol{1}^{\mathrm{T}} \exp(\boldsymbol{w}^{\mathrm{T}} x)}
\end{aligned} \tag{5-21}$$

其中 $\boldsymbol{w} = [\boldsymbol{w}_1, \boldsymbol{w}_2, \cdots, \boldsymbol{w}_c]$ 是由 $C$ 个类别的权重向量组成的矩阵，$\boldsymbol{1}$ 为全 1 向量，$\hat{\boldsymbol{y}} \in R_C$ 为所有类别的预测条件概率组成的向量，第 $c$ 维的值是类别 $c$ 的预测条件概率。

## 5.4.2 KNN

$K$ 近邻($K$-Nearest Neighbor，KNN)算法是最简单的机器学习分类算法之一，适用于多分类问题，简单来说，核心思想就是"排队"：给定训练集，对于待分类的样本点，计算待预测样本和训练集中所有数据点的距离，将距离从小到大取前 $K$ 个，哪个类别在前 $K$ 个数据点中的数量最多，就认为待预测样本属于该类别。

下面通过一个简单的例子加以说明。如图 5-6 所示，如果要决定中心的待预测样本是属于三角形还是正方形，我们可以选取训练集中距离最近的一部分样本点。例如，选取 $K$=3，可以看到其中 2 个点是三角形、1 个点是正方形，待预测样本将被赋予三角形类别。KNN 算法最大的优点是简单且容易实现，支持多分类，并且不需要进行训练，可以直接用训练数据来实现分类。

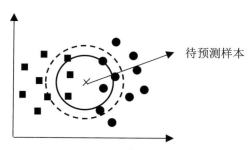

图5-6　KNN算法示意图

但是，KNN 算法的缺点也是显而易见的，最主要的缺点是对参数的选择很敏感。仍以图 5-6 为例，当选取不同的参数 $K$ 时，我们会得到完全不同的结果。例如，选取 $K$=7 时(如图 5-6 中的虚线所示)，其中有 4 个正方形和 3 个圆形，待预测样本被赋予正方形类别，即使可能真的是圆形。KNN 算法的另一个缺点是计算量大，每次分类都需要计算未知数据和所有训练样本的距离。

KNN 使用的模型实际对应于特征空间的划分，模型由三个基本要素——距离度量、$K$ 值的选择和分类决策规则的决定。

### 1. 模型

在 KNN 算法中，当训练集、距离度量(如欧氏距离)、$K$ 值及分类决策规则(如多数表决)确定后，对于任何一个新的输入实例，所属的类被唯一地确定。这相当于根据上述要素将特征空间划分为一些子空间,确定子空间里的每个点所属的类,这一事实从 KNN 算法可以看得很清楚。

在特征空间中，对于每个训练实例点，将距离该点比其他点更近的所有点组成一个区域，叫做单元(cell)。每个训练实例点拥有一个单元，所有训练实例点的单元构成特征空间的一个划分。KNN 将实例 $x$ 所属的类别作为单元中所有点的类标记(class label)，这样每个单元的实例点的类别就是确定的。

### 2. 距离度量

特征空间中两个实例点的距离是对两个实例点相似程度的反映。KNN 模型的特征空间一般是 $n$ 维实数向量空间 $R^n$。使用的距离是欧式距离，但也可以是其他距离，如更一般的 $L_p$ 距离或曼哈顿距离。

设特征空间 $\chi$ 是 $n$ 维实数向量空间 $R^n$，其中 $\boldsymbol{x}_i$ 和 $\boldsymbol{x}_j \in \chi$，$\boldsymbol{x}_i = (x_i^{(1)}, x_i^{(2)}, \cdots, x_i^{(n)})^{\mathrm{T}}$，$\boldsymbol{x}_j = (x_j^{(1)}, x_j^{(2)}, \cdots, x_j^{(n)})^{\mathrm{T}}$，$\boldsymbol{x}_i$ 和 $\boldsymbol{x}_j$ 的 $L_p$ 距离定义为

$$L_p(\boldsymbol{x}_i, \boldsymbol{x}_j) = \left( \sum_{l=1}^n |x_i^{(l)} - x_j^{(l)}|^p \right)^{\frac{1}{p}} \tag{5-22}$$

这里 $p \geqslant 1$。当 $p = 2$ 时，称为欧氏距离(Euclidean Distance):

$$L_2(\boldsymbol{x}_i, \boldsymbol{x}_j) = \left( \sum_{l=1}^n |x_i^{(l)} - x_j^{(l)}|^2 \right)^{\frac{1}{2}} \tag{5-23}$$

当 $p = 1$ 时，称为曼哈顿距离(Manhattan Distance):

$$L_1(\boldsymbol{x}_i, \boldsymbol{x}_j) = \sum_{l=1}^n |x_i^{(l)} - x_j^{(l)}| \tag{5-24}$$

当 $p = \infty$ 时，则是各个坐标距离的最大值:

$$L_\infty(\boldsymbol{x}_i, \boldsymbol{x}_j) = \max |x_i^{(l)} - x_j^{(l)}| \tag{5-25}$$

图 5-7 给出了二维空间中 $p$ 取不同的值时，与原点的 $L_p$ 距离为 $\boldsymbol{I}(L_p = 1)$ 的点的图形。由不同的距离度量确定的最近邻点是不同的。

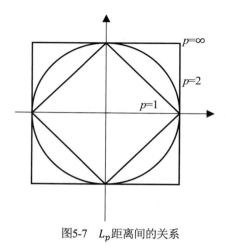

图5-7　$L_p$距离间的关系

### 3. $K$值的选择

如前所述，$K$值的选择会对KNN算法的结果产生重大影响。

如果选择较小的$K$值，就相当于用较小邻域中的训练实例进行预测，"学习"的近似误差(approximation error)会减小，只有与输入实例较近的(相似的)训练实例才会对预测结果起作用。但缺点是"学习"的估计误差(estimation error)会增大，预测结果会对近邻的实例点非常敏感。如果邻近的实例点恰好是噪声，预测就会出错。换句话说，$K$值的减小意味着整体模型变得更复杂，容易发生过拟合。

如果选择较大的$K$值，就相当于用较大邻域中的训练实例进行预测。优点是可以减少学习的估计误差。但缺点是学习的近似误差会增大，这时与输入实例较远的(不相似的)训练实例也会对预测起作用，使预测发生错误。

如果$K = N$，那么无论输入实例是什么，都将简单地预测属于训练实例中最多的类。这时，模型过于简单，完全忽略训练实例中的大量有用信息是不可取的。

在应用中，$K$值一般取比较小的数值。通常采用交叉验证法来选取最优的$K$值。

### 4. 分类决策规则

KNN算法中的分类决策规则往往是多数表决：由输入实例的$K$个邻近的训练实例的多数类别决定输入实例的类别。

多数表决规则(majority voting rule)有如下解释：如果分类的损失函数为0-1损失函数，分类函数为

$$f: R^n \rightarrow \{c_1, c_2, \cdots, c_K\} \tag{5-26}$$

那么误分类的概率是

$$P(Y \neq f(X)) = 1 - P(Y = f(X)) \tag{5-27}$$

对于给定的实例$x \in \chi$，由最近邻的$K$个训练实例点构成集合$N_k(x)$。如果涵盖$N_k(x)$的区域的类别是$c_j$，那么误分率是

$$\frac{1}{k}\sum_{x_i \in N_k(x)} I(y_i = c_j) = 1 - \frac{1}{k}\sum_{x_i \in N_k(x)} I(y_i = c_j) \tag{5-28}$$

要使误分率最小(经验风险最小),就要使$\sum_{x_i \in N_k(x)} I(y_i = c_j)$最大,所以多数表决规则等价于经验风险最小化规则。

## 5.4.3 朴素贝叶斯

朴素贝叶斯是基于贝叶斯定理与特征条件独立假设的分类方法。对于给定的训练数据集,首先基于特征条件独立假设学习输入/输出的联合概率分布;然后基于此模型,对给定的输入$x$,利用贝叶斯定理求出后验概率的最大输出$y$,朴素贝叶斯实现简单,学习与预测效率都很高,是一种常用的分类方法。

有监督学习可以很自然地从概率的角度来认识。分类任务可以看作给定测试样例$d$后估计后验概率,也就是说

$$P_r(C = c_j | d) \tag{5-29}$$

然后考察哪个类别($c_j$)对应的概率最大,就将哪个类别赋予样例$d$。

在数据集$D$中,令$A_1, A_2, \cdots, A_{|A|}$为用离散值表示的属性集合,令$C$为具有$|C|$个不同值的类别属性(即$c_1, c_2, \cdots, c_{|C|}$),给定测试样例$d$,观察属性值$a_1 \sim a_{|A|}$,其中$a_i$是$A_i$的一个可能取值(或者说是邻域$A_i$中的一个成员),也就是说,

$$d = <A_1 = a_1, \cdots, A_{|A|} = a_{|A|}> \tag{5-30}$$

预测值就是类别$c_j$,使得$P_r(C = c_j | A_1 = a_1, \cdots, A_{|A|} = a_{|A|})$最大。$c_j$被称为最大后验概率假设。

根据贝叶斯准则,$P_r(C = c_j | d)$可以表示为

$$P_r(C = c_j | A_1 = a_1, \cdots, A_{|A|} = a_{|A|})$$
$$= \frac{P_r(A_1 = a_1, \cdots, A_{|A|} = a_{|A|} | C = c_j) P_r(C = c_j)}{P_r(A_1 = a_1, \cdots, A_{|A|} = a_{|A|})} \tag{5-31}$$
$$= \frac{P_r(A_1 = a_1, \cdots, A_{|A|} = a_{|A|} | C = c_j) P_r(C = c_j)}{\sum_{k=1}^{|C|} P_r(A_1 = a_1, \cdots, A_{|A|} = a_{|A|} | C = c_k) P_r(C = c_k)}$$

$P_r(C = c_j)$是类别$c_j$的先验概率,可以用训练样本估计,还可以简单地使用训练集$D$中属于类别$c_j$的比例估计。

在分类问题中,$P_r(A_1 = a_1, \cdots, A_{|A|} = a_{|A|})$对于做出分类决策无关紧要,因为它对于每个类别都是一样的。所以,只需要计算$P_r(A_1 = a_1, \cdots, A_{|A|} = a_{|A|} | C = c_j)$即可,这个概率可以展开为:

$$P_r(A_1 = a_1, \cdots, A_{|A|} = a_{|A|} | C = c_j) \tag{5-32}$$
$$= P_r(A_1 = a_1 | A_2 = a_2, \cdots, A_{|A|} = a_{|A|}, C = c_j) \times P_r(A_2 = a_2, \cdots, A_{|A|} = a_{|A|} | C = c_j)$$

其中,$(P_r(A_2 = a_2, \cdots, A_{|A|} = a_{|A|} | C = c_j))$同样可以递归展开,以此类推。

朴素贝叶斯的基本方法是在统计数据的基础上,依据条件概率公式,计算当前特征的样本

属于某个类别的概率，选择最大的概率类别。对于给出的待分类项，求解在此项出现的条件下各个类别出现的概率，哪个最大，就认为此待分类项属于哪个类别。

### ▼ 5.4.4  决策树

决策树(decision tree)是一类常见的有监督学习方法，代表的是对象属性与对象值之间的一种映射关系。顾名思义，决策树是基于树结构进行决策的，这恰是人类在面临决策问题时一种很自然的处理机制。决策树一般包含一个根节点、若干内部节点和若干叶节点，其中每个内部节点表示一个属性上的测试，每个分支代表一个测试输出，每个叶节点代表一种类别。

如表 5-3 所示，每行代表一个样本点，分别从颜色、形状、大小三方面描述水果属性。通过构造如图 5-8 所示的决策树，利用不同的叶节点对应形状、大小、颜色等不同的属性并分别测试，我们可以得到最终的叶节点，从而将所有样本根据属性分成不同的类别。

表5-3  水果数据集

| 编号 | 颜色 | 形状 | 大小 | 类别 |
|------|------|------|------|------|
| 1 | 红 | 球 | 一般 | 苹果 |
| 2 | 黄 | 弯月 | 一般 | 香蕉 |
| 3 | 红 | 球 | 小 | 樱桃 |
| 4 | 绿 | 球 | 大 | 西瓜 |
| 5 | 桔 | 球 | 一般 | 橘子 |

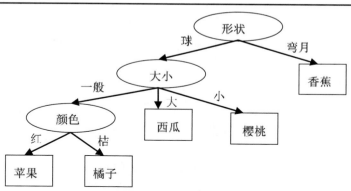

图5-8  决策树示例

决策树学习的目的是产生一棵泛化能力很强的决策树，其基本流程遵循简单且直观的"分而治之"(divide-and-conquer)策略。通常来讲，决策树的生成是一个递归过程。在基本算法中，有三种情形会导致递归返回：①当前节点包含的样本全属于同一类别，无须划分；②当前属性集为空或者所有样本在所有属性上取值相同，无法划分；③当前节点包含的样本集为空，不能划分。

同其他分类器相比，决策树易于理解和实现，具有能够直接体现数据的特点。因此，人们在学习过程中不需要了解很多的背景知识，通过解释都有能力去理解决策树所表达的意思。决策树往往不需要准备大量的数据，并且能够同时处理数据型和常规型属性，在相对短的时间内能够对大型数据源给出可行且效果良好的结果；同时，如果给定观察模型，那么根据产生的决策树很容易推出相应的逻辑表达式。

决策树学习的关键是选择最优划分属性。一般而言，随着划分过程不断进行，我们希望决策树的分支节点中包含的样本尽可能属于同一类别，节点的"纯度"(purity)越来越高。相关的研究者提出了信息增益、增益率、基尼指数等不同准则用以实现决策树划分选择，但经典决策树在存在噪声的情况下性能会出现明显下降。

### 1. 决策树模型

决策树模型是一种描述对实例进行分类的树状结构。决策树由节点(node)和有向边(directed edge)组成。节点有两种类型：内部节点(internal node)和叶节点(leaf node)。内部节点表示特征或属性，叶节点表示类别。

使用决策树进行分类时，从根节点开始，对实例的某一特征进行测试，根据测试结果，将实例分配到子节点；这时，每一个子节点对应着该特征的一个取值。如此递归地对实例进行测试并分配，直至叶节点，最后将实例分到叶节点的类别中。在前面的图 5-8 中，圆和方框分别表示内部节点和叶节点。

### 2. 决策树与if-then规则

可以将决策树看成 if-then 规则的集合。将决策树转换成 if-then 规则的过程是这样的：由决策树的根节点到叶节点的每一条路径构建一条规则；路径上内部节点的特征对应着规则的条件，而叶节点的类别对应着规则的结论。决策树的路径或对应的 if-then 规则集具有如下重要的性质：互斥并且完备。也就是说，每一个实例都被一条路径或一条规则覆盖，而且只被一条路径或规则覆盖。所谓覆盖，是指实例的特征与路径上的特征一致或实例满足规则的条件。

### 3. 决策树与条件概率分布

决策树还表示给定特征条件下类别的条件概率分布。这一条件概率分布定义在特征空间的一个划分(partition)上。将特征空间划分为互不相交的单元(cell)或区域(region)，并在每个单元中定义一个类别的概率分布，就构成了条件概率分布。决策树的一条路径对应于划分中的一个单元，决策树表示的条件概率分布由各个单元给定条件下类别的条件概率分布组成。假设 $X$ 为表示特征的随机变量，$Y$ 为表示类别的随机变量，那么这个条件概率分布可以表示为 $P(Y|X)$。$X$ 取值为给定划分下单元的集合，$Y$ 取值为类别的集合。各叶节点(单元)上的条件概率往往偏向某个类别，属于该类别的概率较大。

### 4. 决策树学习

假设给定如下训练数据集：

$$D = \{(x_1, y_1), (x_2, y_2), \cdots, (x_N, y_N)\}$$

其中，$\boldsymbol{x}_i = (x_i^{(1)}, x_i^{(2)}, \cdots, x_i^{(n)})^{\mathrm{T}}$ 为输入实例(特征向量)，$n$ 为特征个数，$y_i \in \{1, 2, \cdots, K\}$ 为类别标记，$i = 1, 2, \cdots, N$，$N$ 为样本容量。学习的目标是根据给定的训练数据集构建决策树模型，使它能够对实例进行正确的分类。

决策树学习在本质上是从训练数据集中归纳出分类规则。与训练数据集不矛盾的决策树(能对训练数据进行正确分类的决策树)可能有多个,也可能一个也没有。我们需要的是一棵与训练数据矛盾较小的决策树,同时具有很好的泛化能力。从另一个角度看,决策树学习是由训练数据集估计条件概率模型。基于特征空间划分的类别的条件概率模型有无穷多个,我们选择的条件概率模型应该不仅对训练数据有很好的拟合,而且对未知数据有很好的预测。

决策树学习用损失函数表示这一目标。如下所述,决策树学习的损失函数通常是正则化的极大似然函数,决策树学习的策略是以损失函数为目标函数的最小化。

当损失函数确定以后,学习问题就变为在损失函数意义下选择最优决策树的问题。因为从所有可能的决策树中选取最优决策树是 NP 完全问题,所以现实中的决策树学习算法通常采用启发式方法,近似求解这一最优化问题。这样得到的决策树是次最优(sub-optimal)的。

决策树学习的算法通常是递归地选择最优特征,并根据该特征对训练数据进行分割,使得对各个子数据集有一个最好的分类过程。这一过程对应着特征空间的划分,也对应着决策树的构建。构建根节点,将所有训练数据都放在根节点中,选择一个最优特征,按照这一特征将训练数据集分割成子集,使得各个子集有当前条件下最好的分类。如果这些子集已经能够被基本正确分类,那么构建叶节点,并将这些子集分到对应的叶节点中:如果还有子集不能被基本正确分类,那么就为这些子集选择新的最优特征,继续进行分割,构建相应的节点。如此递归地进行下去,直至所有训练数据子集被基本正确分类,或者没有合适的特征为止。最后每个子集都被分到叶节点中,都有了明确的类别。这就生成了一棵决策树。

使用以上方法生成的决策树可能对训练数据有很好的分类能力,但对未知的测试数据未必有很好的分类能力,可能发生过拟合现象。我们需要对已生成的树自下而上进行剪枝,将决策树变得更简单,从而使它具有更好的泛化能力。具体就是去掉过于细分的叶节点,使其回退到父节点甚至更高的节点,然后将父节点或更高的节点改为新的叶节点。

如果特征数量很多,也可以在决策树学习开始的时候,对特征进行选择,只留下对训练数据有足够分类能力的特征。

可以看出,决策树学习算法包含特征选择、决策树的生成与决策树的剪枝过程。由于决策树表示条件概率分布,因此深浅不同的决策树对应于不同复杂度的概率模型、决策树的生成对应于模型的局部选择,决策树的剪枝对应于模型的全局选择,决策树的生成只考虑局部最优。相对地,决策树的剪枝则考虑全局最优。

## 5.4.5 支持向量机

支持向量机(Support Vector Machine,SVM)于 1995 年正式发布,其由于严格的理论基础以及在诸多分类任务中显示出的卓越性能,很快成为机器学习的主流技术,并直接掀起"统计学习"(statistical learning)在 2000 年前后的浪潮。给定一组训练实例,每个训练实例被标记为属于两个类别中的一个或另一个,SVM 训练算法通过寻求最小的结构化风险来提高学习机泛化能力,实现经验风险和置信范围的最小化,建立一个将新的实例分配给两个类别之一的模型,从而达到在统计样本量较少的情况下也能获得良好统计规律的目的。

SVM 模型将实例表示为空间中的点,这样映射就使得单独类别的实例被尽可能大地间隔(margin)分开。然后,将新的实例映射到同一空间,并基于它们落在间隔的哪一侧来预测所属类别。通俗来讲，这是一种二类分类模型，其基本模型定义为特征空间中间隔最大的线性分类器，支持向量机的学习策略便是让间隔最大化，最终可转为一个凸二次规划问题的求解。下面通过一个简单的例子来解释支持向量机。

如图 5-9 所示，在一个二维平面(一个超平面，在二维空间中的例子就是一条直线)中，有两种不同的点，分别用实心点和空心点表示。同时，为了方便描述，我们通常用+1 表示其中一类，用–1 表示另外一类。支持向量机的目标就是通过求解超平面将不同属性的点分开，在超平面一边的数据点对应的全是–1，而在另一边对应的全是 1。一般而言，一个点距离超平面的远近可以表示为分类预测的确信与准确程度。当一个数据点的分类间隔越大时，即离超平面越远时，分类的置信度越大。对于一个包含 $n$ 个点的数据集，我们可以很自然地定义它的间隔为所有这 $n$ 个点中间隔最小的那一个。于是，为了提高分类的置信度，我们希望所选的超平面能够最大化这个间隔值，这就是 SVM 算法的基础，即最大间隔(max-margin)准则。

在图 5-9 中，距离超平面最近的几个训练样本点被称为"支持向量"(support vector)，两类异类支持向量到超平面的距离之和被称为"间隔"。支持向量机的目标就是找到具有"最大间隔"的划分超平面。

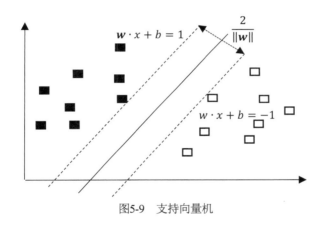

图5-9　支持向量机

需要指出的是，以上问题是支持向量机问题的基本模型，在很多现实问题中往往需要考虑更加复杂的情况。首先，基本型假设训练样本是线性可分的，存在一个划分超平面能将训练样本正确分类，然而在现实任务中，在原始样本空间内也许并不存在一个能正确划分两类样本的超平面。实际上也无法找到一个线性分类面将两类样本分开。为了解决这类问题，相关研究者提出了诸多解决办法，其中一种重要方法是核方法。这种方法通过选择一个核函数，将数据映射到高维空间，使得在高维属性空间中有可能实现超平面的分割，避免在原输入空间中进行非线性曲面分割计算，以解决原始空间中线性不可分的问题。

由于核函数的良好性能，计算量只和支持向量的数量有关，而独立于空间的维度；而且在处理高维输入空间的分类时，这样的非线性扩展在计算量上并没有比原来显著增加。因此，核方法在目前的机器学习任务中有非常广泛的应用。

以下介绍三种支持向量机以及核函数。

### 1. 线性可分支持向量机

考虑一个二类分类问题。假设输入空间与特征空间为两个不同的空间。输入空间为欧式空间或离散空间，特征空间为欧式空间或希伯尔特空间。线性可分支持向量机、线性支持向量机假设这两个空间中的元素一一对应，并将输入空间中的输入映射为特征空间中的特征向量。非线性支持向量机利用一个从输入空间到特征空间的非线性映射将输入映射为特征向量。所以，输入都由输入空间转换到特征空间，支持向量机的学习是在特征空间中进行的。

给定一个特征空间中的训练数据集：

$$T = \{(x_1, y_1), (x_1, y_1), \cdots, (x_N, y_N)\}$$

其中，$\boldsymbol{x}_i \in \chi = R^n$，$\boldsymbol{y}_i \in \mathcal{Y} = \{+1, -1\}$，$i = 1,2,\cdots,N$，$\boldsymbol{x}_i$ 为第 $i$ 个特征向量，也称为实例，$\boldsymbol{y}_i$ 为 $\boldsymbol{x}_i$ 的类标记，当 $\boldsymbol{y}_i$=+1 时称 $\boldsymbol{x}_i$ 为正例，当 $\boldsymbol{y}_i$=−1 时称 $\boldsymbol{x}_i$ 为负例，称 $(\boldsymbol{x}_i, \boldsymbol{y}_i)$ 为样本点，再假设这个训练数据集是线性可分的。

学习的目标是在特征空间中找到一个分离超平面，能将实例分到不同的类别。分离超平面对应于方程 $\boldsymbol{w} \cdot \boldsymbol{x} + b = 0$，它由法向量 $\boldsymbol{w}$ 和截距 $b$ 决定，可用 $(\boldsymbol{w}, b)$ 来表示。分离超平面将特征空间划分为两部分，一部分是正类，另一部分是负类。法向量指向的一侧为正类，另一侧为负类。

一般地，当训练数据集线性可分时，存在无穷个分离超平面可将两类数据正确分开。感知机利用误分类最小的策略，求得分离超平面，不过这时的解有无穷多个。线性可分支持向量机利用间隔最大化求最优分离超平面，这时，解是唯一的。

线性支持向量机的定义是：给定线性可分训练数据集，通过间隔最大或等价求解相应的凸二次规划问题学习得到的分离超平面为

$$\boldsymbol{w}^* \cdot \boldsymbol{x} + b^* = 0 \tag{5-33}$$

相应的分类决策函数

$$f(x) = sign(\boldsymbol{w}^* \cdot \boldsymbol{x} + b^*) \tag{5-34}$$

称为线性可分支持向量机。

### 2. 线性支持向量机

线性可分问题的支持向量机学习方法，对线性不可分训练数据是不适用的，因为这时上述方法中的不等式约束并不都成立。

给定一个特征空间中的训练数据集：

$$T = \{(x_1, y_1), (x_1, y_1), \cdots, (x_N, y_N)\}$$

其中，$\boldsymbol{x}_i \in \chi = R^n$，$\boldsymbol{y}_i \in \mathcal{Y} = \{+1, -1\}$，$i = 1,2,\cdots,N$，$\boldsymbol{x}_i$ 为第 $i$ 个特征向量，$\boldsymbol{y}_i$ 为 $\boldsymbol{x}_i$ 的类标记。再假设训练数据集不是线性可分的。通常情况是，训练数据中有一些奇异点(outlier)，将这些奇异点去除后，剩下大部分的样本点组成的集合是线性可分的。

线性不可分意味着某些样本点 $(\boldsymbol{x}_i, \boldsymbol{y}_i)$ 不能满足函数间隔大于或等于 1 的约束条件。为了解决这个问题，可以对每个样本点 $(\boldsymbol{x}_i, \boldsymbol{y}_i)$ 引入松弛变量 $\xi_i \geqslant 0$，使函数间隔加上松弛变量大于或等于 1。这样，约束条件就变为

$$\boldsymbol{y}_i(\boldsymbol{w} \cdot \boldsymbol{x}_i + b) \geqslant 1 - \xi_i \tag{5-35}$$

同时，对于每个松弛变量$\xi_i$，目标函数由原来的$\frac{1}{2}||\boldsymbol{w}||^2$变成

$$\frac{1}{2}||\boldsymbol{w}||^2 + C\sum_{i=1}^{N}\xi_i \tag{5-36}$$

这里，$C > 0$称为惩罚函数，一般由应用问题解决，$C$值大时对误分类的惩罚增大，$C$值小时对误分类的惩罚减小。上式包含两层含义：使$\frac{1}{2}||\boldsymbol{w}||^2$尽量小(即间隔尽量大)，同时使误分类点的个数尽量小，$C$是调和二者的系数。

线性不可分的线性支持向量机的学习问题变成如下凸二次规划问题：

$$\min_{\boldsymbol{w},b,\xi}\frac{1}{2}||\boldsymbol{w}||^2 + C\sum_{i=1}^{N}\xi_i$$

$$\text{s.t.}\quad \boldsymbol{y}_i(\boldsymbol{w}\cdot\boldsymbol{x}_i + b)\geqslant 1 - \xi_i,\ i = 1,2,\cdots,N \tag{5-37}$$

$$\xi_i\geqslant 0,\ i = 1,2,\cdots,N$$

假设以上凸二次规划问题的解为$\boldsymbol{w}^*$和$b^*$，于是可以得到线性支持向量机的定义：对于给定的线性不可分的训练数据集，通过求解凸二次规划问题，得到的分离超平面为

$$\boldsymbol{w}^*\cdot x + b^* = 0 \tag{5-38}$$

相应的分类决策函数

$$f(x) = \text{sign}(\boldsymbol{w}^*\cdot x + b^*) \tag{5-39}$$

称为线性支持向量机。

### 3. 非线性支持向量机与核函数

对于解线性分类问题，线性分类支持向量机是一种非常有效的方法。但是，有时分类问题是非线性的，这时可以使用非线性支持向量机。

#### 1) 非线性分类问题

非线性分类问题是指通过利用非线性模型才能很好地进行分类的问题。图 5-10 是一个分类问题。图中的 • 表示正实例点。负实例点可用×表示。由图 5-10 可见，无法用直线(线性模型)将正负实例正确分开，但可以用一条椭圆曲线(非线性模型)将它们正确分开。

一般来说，对于给定的训练数据集$T = \{(x_1, y_1), (x_1, y_1), \cdots, (x_N, y_N)\}$，其中，实例$x_i$属于输入空间，$x_i \in \chi = R^n$，对应的标记有两类$y_i \in \mathcal{Y} = \{+1, -1\}$，$i = 1,2,\cdots,N$。如果能用$R^n$中的一个超曲面将正负例正确分开，则称这个问题为非线性可分问题。

非线性问题往往不好求解，所以希望能用解线性分类问题的方法解决这个问题。所采取的方法就是进行非线性变换，将非线性问题变换为线性问题，通过求解变换后的线性问题的方法求解原来的非线性问题。对于图 5-10 所示的例子，通过变换后，将左图中的椭圆变换成右图中的直线，将非线性分类问题变换为线性分类问题。

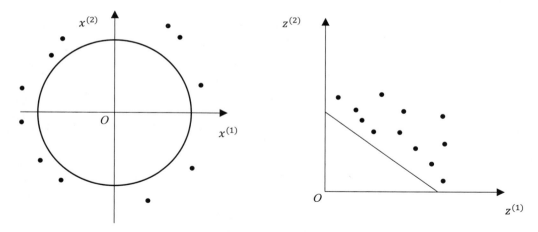

图5-10 非线性分类问题与核技巧示例

设原空间$\chi \subset R^2$，$x = (x^{(1)}, x^{(2)})^\mathrm{T} \in \chi$，新空间为$Z \subset R^2$，$z = (z^{(1)}, z^{(2)})^\mathrm{T} \in Z$，定义从原空间到新空间的变换(映射)为

$$z = \phi(x) = \left( (x^{(1)})^2, (x^{(2)})^2 \right)^\mathrm{T} \tag{5-40}$$

经过变换$z = \phi(x)$，原空间$\chi \subset R^2$变换为新空间$Z \subset R^2$，原空间中的点相应地变换为新空间的点，原空间中的椭圆

$$w_1(x^{(1)})^2 + w_2(x^{(2)})^2 + b = 0 \tag{5-41}$$

变换为新空间中的直线

$$w_1 z^{(1)} + w_2 z^{(2)} + b = 0 \tag{5-42}$$

在变换后的新空间里，直线$w_1 z^{(1)} + w_2 z^{(2)} + b = 0$可以将变换后的正负实例点正确分开。这样，原空间的非线性可分问题就变成了新空间的线性可分问题。

上面的例子说明，用线性分类方法求解非线性分类问题分为两步：首先使用一个变换将原空间的数据映射到新空间；然后在新空间里用线性分类学习方法从训练数据中学习分类模型，核技巧就属于这样的方法。

将核技巧应用到支持向量机的基本想法就是通过一个非线性变换让输入空间(欧式空间$R^n$或离散集合)对应一个特征空间(希尔伯特空间$\mathcal{H}$)，使得输入空间$R^n$中的超曲面模型对应特征空间$\mathcal{H}$中的超平面模型(支持向量机)。这样，分类问题的学习任务通过在特征空间中求解线性支持向量机就可以完成。

**2) 核函数的定义**

设$\chi$为输入空间(欧式空间$R^n$的子集或离散集合)，又设$\mathcal{H}$为特征空间(希尔伯特空间)，如果存在一个从$\chi$到$\mathcal{H}$的映射

$$\phi(x): \chi \to \mathcal{H} \tag{5-43}$$

使得对所有$x, z \in \chi$，函数$K(x, z)$满足条件

$$K(x, z) = \phi(x) \cdot \phi(z) \tag{5-44}$$

称$K(x, z)$为核函数、$\phi(x)$为映射函数，上式中的$\phi(x) \cdot \phi(z)$为$\phi(x)$和$\phi(z)$的内积。

核技巧的想法是，在学习与预测中只定义核函数$K(x, z)$，而不显式地定义映射函数$\phi$。通

常，直接计算$K(x,z)$比较容易，而通过$\phi(x)$和$\phi(z)$计算$K(x,z)$并不容易。注意，$\phi$是输入空间$R^n$到特征空间$\mathcal{H}$的映射，特征空间$\mathcal{H}$一般是高维的，甚至是无穷维的。可以看到，对于给定的核$K(x,z)$，特征空间$\mathcal{H}$和映射函数$\phi$的取法并不唯一，可以取不同的特征空间，即便在同一特征空间里也可以取不同的映射。

## 5.5 常见聚类方法

在无监督学习中，研究最多、应用最广的是聚类，聚类有两个作用：一是作为单独过程，用于找寻数据内在的分布结构；二是作为其他学习任务的前驱过程。聚类方法可以分为原型聚类、密度聚类与层次聚类。

### 5.5.1 原型聚类

原型聚类基于样本空间中一些代表性的点进行聚类，更新方法通常是迭代。原型聚类算法中经典的算法有 $K$ 均值算法，其他的有学习向量量化(LVQ)，高斯混合聚类也属于原型聚类。本节主要介绍 $K$ 均值算法，并简要介绍学习向量量化。

#### 1. $K$均值算法

自机器学习诞生以来，研究者针对不同的问题提出了多种聚类方法，其中最为广泛使用的是 $K$ 均值算法。$K$ 均值算法无论是思想还是实现都比较简单，对于给定的样本集合，$K$ 均值算法的目标是使聚类簇内的平方误差最小化，即

$$E = \sum_{i=1}^{K} \sum_{X \in C_i} \left\| X - \mu_i \right\|_k^i \tag{5-45}$$

其中，$K$ 是人为指定的簇的数量，是均值向量，$X$ 是对应的样本特征向量。从直观上看，这个误差刻画了簇内样本围绕簇均值向量的紧密程度，$E$ 值越小，簇内样本相似度越高。$K$ 均值算法的求解采取贪心策略，通过迭代方法实现。首先随机选择 $K$ 个向量作为初始均值向量，然后进行迭代过程，根据均值向量将样本划分到距离最近的均值向量所在的簇中，划分完成后更新均值向量，直到迭代完成。

$K$ 均值算法的时间复杂度近于线性，适合挖掘大规模数据集。但是，由于损失函数是非凸函数，因此意味着不能保证取得的最小值是全局最小值。在通常的实际应用中，$K$ 均值算法达到的局部最优已经满足需求。如果局部最优无法满足性能需要，简单的方法是通过不同的初始值来实现。

需要指出的是，$K$ 均值算法对参数的选择比较敏感。也就是说，不同的初始位置或类别数量的选择往往会导致完全不同的结果。如图 5-11 所示，在指定 $K$ 均值算法的簇的数量 $K$=2 后，如果选取不同的初始位置，实际上我们会得到不同的聚类结果。而在图 5-12 中可以看到，当簇的数量 $K$=4 时，我们同样会得到不同的聚类结果。对比图 5-11 和图 5-12 会发现，当设置不同的聚类参数 $K$ 时，机器学习算法也会得到不同的结果。而很多情况下，我们无法预知样本的分

布，最优参数的选择通常也非常困难，这就意味着算法得到的结果可能和我们的预期会有很大的不同，这时候往往需要设置不同的模型参数和初始位置来实现，从而给模型学习带来很大的不确定性。

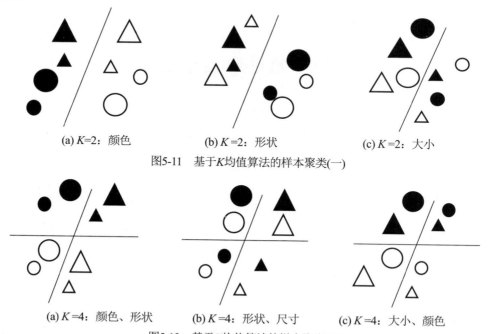

(a) $K=2$：颜色      (b) $K=2$：形状      (c) $K=2$：大小

图5-11   基于$K$均值算法的样本聚类(一)

(a) $K=4$：颜色、形状      (b) $K=4$：形状、尺寸      (c) $K=4$：大小、颜色

图5-12   基于$K$均值算法的样本聚类(二)

### 2. 学习向量量化

与$K$均值算法不同，在学习向量量化的学习过程中会利用样本的类别信息，所以学习向量化是一种监督式的聚类算法。其目标是学得一组原型向量，每一个原型向量代表一个聚类簇标记。

算法步骤：输入的是训练集$D$以及聚类簇数量$p$；输出的是$p$个原型向量。

①：初始化原型向量。

②：计算距离。在训练集$D$中随机抽取一个样本$x_j$，分别计算该样本与各个原型向量间的距离，然后找出最近的原型向量$\boldsymbol{p}_i$。

③：重置均值向量。如果样本$x_j$与原型向量$\boldsymbol{p}_i$的类别相同，则让原型向量靠近样本$x_j$，否则远离。

④：迭代求解。迭代步骤①和②，直至原型向量更新很小或者迭代次数到达上限为止。返回原型向量。

## ▼ 5.5.2   密度聚类

密度聚类基于样本分布的紧密程度确定聚类结构。只要样本密度大于某个阈值，就将样本添加到最近的簇中。密度聚类从样本密度的角度考查样本之间的可连接性，并由可连接样本不断扩展，直到获得最终的聚类结果。这类算法可以克服$K$均值、BIRCH等只适用于凸样本集的情况。常用的密度聚类算法有 DBSCAN(Density-Based Spatial Clustering of Applications with Noise，具有噪声的基于密度的聚类算法)、MDCA(密度最大值聚类算法)、OPTICS、DENCLUE 等。本节主要介绍 DBSCAN 算法和 MDCA 算法。

### 1. DBSCAN算法

DBSCAN 是一种典型的密度聚类算法，既适用于凸样本集，也适用于非凸样本集。DBSCAN 算法的显著优点是聚类速度快且能够有效处理噪声点和发现任意形状的空间聚类。DBSCAN 算法利用基于密度的聚类的概念，过滤低密度区域，发现稠密度样本点。属于同一类别的样本，它们之间是紧密相连的，也就是说，在样本周围不远处一定有同类别的样本存在。

DBSCAN 基于一组邻域来描述样本集的紧密程度，参数$(\varepsilon, \text{Minpts})$用来描述邻域的样本分布紧密程度。其中，$\varepsilon$描述某个样本的邻域距离阈值，Minpts 描述某一样本的距离为$\varepsilon$的邻域中样本个数的阈值。

$\varepsilon$邻域：对象 O 是以原点为中心、$\varepsilon$为半径的空间。参数$\varepsilon > 0$，它是用户指定的领域半径值。

Minpts(邻域密度阈值)：$\varepsilon$邻域的对象数量。

核心对象：如果对象 O的$\varepsilon$邻域至少包含 Minpts 个对象，那么对象 O 是核心对象。

密度直达：如果$x_i$位于$x_j$的$\varepsilon$邻域，且$x_j$是核心对象，则称$x_i$是$x_j$密度直达。注意，反之不一定成立，此时不能说$x_j$是$x_i$密度直达，除非$x_i$也是核心对象。

密度可达：对于$x_i$和$x_j$，如果存在样本序列$p_1, p_2, \cdots, p_T$，满足$p_1 = x_i$，$p_T = x_j$，且$p_{t+1}$由$p_t$密度直达，则称$x_j$由$x_i$密度可达。也就是说，密度可达满足传递性，此时序列$p_1, p_2, \cdots, p_{t-1}$中的对象均为核心对象，因为只有核心对象才能使其他样本密度直达，注意密度可达也不满足对称性，这可以由密度直达的不对称性得出。

密度相连：对于$x_i$和$x_j$，如果存在核心对象$x_k$，使$x_i$和$x_j$均由$x_k$密度可达，则称$x_i$和$x_j$密度相连，注意密度相连关系满足对称性。

从图 5-13 可以很容易理解上述定义，其中 Minpts=5，点都是核心对象，因为$\varepsilon$邻域至少有 5 个样本。黑色的样本是非核心对象。所有核心对象的密度直达样本在以红色核心对象为中心的超球体内，如果不在超球体内，则不能密度直达。用箭头连起来的核心对象组成了密度可达的样本序列。在这些密度可达的样本序列的$\varepsilon$邻域内，所有样本相互都是密度相连的。

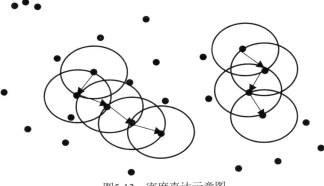

图5-13　密度直达示意图

由密度可达关系导出的最大密度相连的样本集合，就是最终聚类的一个类别，或者说是一个簇。簇里面可以有一个或多个核心对象。如果只有一个核心对象，则簇里其他的非核心对象都在这个核心对象的ε邻域里；如果有多个核心对象，则簇里的任意一个核心对象的ε邻域内一定有一个其他的核心对象，否则这两个核心对象无法密度可达。

初始时，给定数据集 $D$ 中的所有对象都被标记为 unvisited，DBSCAN 算法随机选择一个未访问的对象 $p$，标记 $p$ 为 visited，并检查 $p$ 的ε邻域是否至少包含 Minpts 个对象。如果不是，则 $p$ 被标记为噪声点；否则为 $p$ 创建一个新的簇 $C$，并且把 $p$ 的ε邻域内的所有对象都放在候选集合 $N$ 中。DBSCAN 算法迭代地把 $N$ 中不属于其他簇的对象添加到 $C$ 中。在此过程中，对应 $N$ 中标记为 unvisited 的对象 $P'$，DBSCAN 把它们标记为 visited，并且检查ε邻域，如果 $P'$ 的ε邻域至少包含 Minpts 个对象，则 $P'$ 的ε邻域内的对象都被添加到 $N$ 中。DBSCAN 继续添加对象到 $C$ 中，直到 $C$ 不能扩展，此时 $N$ 为空。此时簇 $C$ 完成生成，输出。

为了找到下一个簇，DBSCAN 算法从剩下的对象中随机选择一个未访问过的对象。聚类过程继续，直到所有对象都被访问。你还需要考虑三个问题：首先，一些异常样本点或者说少量游离于簇外的样本点，不在任何一个核心对象的周围，在 DBSCAN 算法中，我们一般将这些样本点标记为噪声点，DBSCAN 算法很容易检测到异常点。其次是距离的度量问题，即如何计算某样本和核心对象样本的距离。在 DBSCAN 算法中，一般采用最近邻思想，采用某一距离度量来衡量样本距离，比如欧式距离。这和 KNN 分类算法的最近邻思想完全相同。对应少量的样本，通过寻找最近邻可以直接计算所有样本的距离，如果样本量较大，则一般采用 KD 树或球树来快速搜索最近邻。最后，某些样本可能到两个核心对象的距离都小于ε，但是这两个核心对象由于不是密度直达的，又不属于同一个聚类簇，如何界定这个样本的类别呢？一般来说，此时 DBSCAN 算法采用先来后到的原则，先进行聚类的类别簇会标记这个样本为它的类别。因此，DBSCAN 算法不是完全稳定的算法。

### 1) 优点

和传统的 $K$ 均值算法相比，DBSCAN 算法最大的不同就是不需要输入类别数 $k$，当然最大的优势是可以发现任意形状的聚类簇，同时在聚类的同时还可以找出奇异点，对数据集中的奇异点不敏感。一般来说，如果数据集是稠密的，并且数据集不是凸的，那么 DBSCAN 算法要比 $K$-均值聚类效果好很多。如果数据集不是稠密的，则不推荐使用 DBSCAN 算法。

### 2) 缺点

- 当样本集的密度不均匀、聚类间距相差很大时，聚类质量较差，这时一般不适合用 DBSCAN算法进行聚类。
- 调参相对于传统的 $K$ 均值之类的聚类算法稍复杂，需要对距离阈值ε、邻域样本数阈值 Minpts联合调参，不同的参数组合对最后的聚类效果有较大影响。一般这两个参数的确定要靠经验值。如果觉得靠经验值的聚类结果不满意，可以适当调整ε和Minpts的值，经过多次迭代计算对比，选择最合适的参数值。如果Minpts不变，且ε取值过大，就会导致大多数点都聚到同一个簇中，ε过小会导致簇的分裂；如果ε不变，且Minpts取值过大，就会导致同一个簇中的点被标记为离群点，ε过小，会导致发现大量的核心点。
- 不适合高维数据，可以先执行降维操作。
- Sklearn中效率很低，可以先执行数据削减策略。

### 2. MDCA算法

MDCA(Maximum Density Clustering Algorithm，密度最大值聚类)算法将基于密度的思想引入划分聚类中，使用密度而不是初始质心作为考察簇归属情况的依据，能够自动确定簇的数量并发现任意形状的簇。MDCA 一般不保留噪声，因此避免了由于阈值选择不当而造成大量对象丢弃的情况。

MDCA 算法的基本思路是寻找最高密度的对象及其所在的稠密区域，在原理上 MDCA 和密度的定义无关，采用任意一种密度定义公式均可，一般采用 DBSCAN 算法中的密度定义方式。

MDCA 算法的基本步骤如下。

① 将数据集划分为基本簇，对数据集选取最大密度点$p_{max}$，按照距离排序得到$S_{pmax}$；对序列中的前 $M$ 个样本数据进行判断，如果对象密度大于或等于densit $y_0$，那么将当前对象添加到基本簇$C_i$中；从数据集中删除$C_i$中包含的所有对象，处理余下的数据集，选择最大密度点$p_{max}'$，并构建基本簇$C_{i+1}$；循环以上操作，直到数据集中剩余对象的密度均小于densit $y_0$。

② 使用凝聚层次聚类的思想，合并较近的基本簇，得到最终的簇划分，在所有簇中选择距离最近的两个簇进行合并。合并要求是：簇间距小于或等于dis $t_0$；当所有簇中没有簇间距小于dis $t_0$的时候，结束合并操作。

③ 处理剩余点。如果保留噪声，则扫描所有剩余对象，将其中与某些簇的距离小于或等于dis $t_0$的对象归入相应最近的簇；与任何簇的距离都大于dis $t_0$的对象视为噪声。如果不保留噪声，则把每个剩余对象划给最近的簇。

## 5.5.3　层次聚类

层次聚类又分为凝聚的层次聚类和分裂的层次聚类。凝聚的方法也称自底向上的方法，首先将每个对象作为单独的聚类，然后根据性质和规则相继合并相近的类，直到所有的对象都合并到一个聚类中，或者满足一定的终止条件。经典的层次凝聚算法以 AGNES 算法为代表，改进的层次凝聚算法主要以 BIRCH、CURE、ROCK、CHAMELEON 算法为代表；分裂的方法也称自顶向下的方法，正好与凝聚的方法相反，首先将所有的对象都看作聚类，然后在每一步中，上层的类被分裂为下层更小的类，直到每个类只包含单独的对象，或者也满足终止条件为止。分裂的方法将生成与凝聚的方法完全相同的类集，只是生成的次序完全相反。经典的层次分裂算法以 DIANA 算法为代表。

### 1. AGNES(AGglomerative NESting)

这种算法最初将每个对象作为一个簇，然后这些簇根据某些准则被一步步合并，两个簇间的相似度由这两个不同簇中距离最近的数据点对的相似度确定，聚类的合并过程反复进行，直到所有的对象最终满足簇的数目。

算法的输入是 $n$ 个对象、终止条件和簇的数目 $K$；输出为 $K$ 个簇——为达到终止条件规定的簇的数目。

算法步骤如下：

① 将每个对象当成初始簇。

② 根据两个簇中最近的数据点找到最近的两个簇。

③ 合并两个簇，生成新的簇集合。

④ 直至达到定义的簇的数目。

AGNES 算法实现简单，但经常会遇到合并点难以选择的困难。一旦一组对象被合并，下一步就在新生成的簇上进行。已经做的处理不能撤销，聚类之间也不能交换对象。一步合并错误，就可能导致低质量的聚类结果。

### 2. DIANA(Divisive Analysis)

DIANA(Divisive Analysis)算法首先将所有的对象初始化到一个簇中，然后根据一些原则(比如最邻近的最大欧式距离)对该簇分类，直到达到用户指定的簇的数目或者两个簇之间的距离超过某个阈值。

算法的输入是包含 $n$ 个对象的数据库、终止条件和簇的数目 $K$；输出为 $K$ 个簇——为达到终止条件规定的簇的数目。

算法步骤如下：

① 将所有对象当成初始簇，在所有簇中挑选出具有最大直径的簇 $C$。

② 找出簇 $C$ 中与其他点的平均相异度最大的点 $P$ 并把点 $P$ 放入 splinter group，剩余的放入 old party。

③ 在 old party 中找出到最近的 splinter group 中点的距离不大于到 old party 中最近点的距离的点，并放入 splinter group，直到没有新的 old party 中的点被分配给 spilinter group。

④ 用 spilinter group 和 old party 与其他簇一起组成新的簇集合。

在实际应用中，层次分裂算法一般较少使用。

## 5.6 集成学习

给定一个学习任务，假设输入 $x$ 和输出 $y$ 的真实关系为 $y = h(x)$。对于 $M$ 个不同的模型，每个模型的期望错误为

$$\mathcal{R}(f_m) = \mathbb{E}_X \left[ \left( f_m(X) - h(X) \right)^2 \right] = \mathbb{E}_X[\epsilon_m(X)^2] \tag{5-46}$$

其中，$\epsilon_m(X) = f_m(X) - h(X)$ 为模型 $m$ 在样本 $x$ 上的错误。

那么所有模型的平均错误为

$$\overline{\mathcal{R}}(f) = \frac{1}{M} \sum_{m=1}^{M} \mathbb{E}_X[\epsilon_m(X)^2] \tag{5-47}$$

集成学习(Ensemble Learning)就是通过某种策略将多个模型集成起来，通过群体决策来提高决策准确率。集成学习首要的问题在于集成多个模型。比较常用的集成策略有直接平均、加权平均等。

最直接的集成学习策略就是直接平均，又称"投票"。基于投票的集成模型为

$$F(X) = \frac{1}{M} \sum_{m=1}^{M} f_m(X) \tag{5-48}$$

集成学习的思想可以用一句古老的谚语来描述："三个臭皮匠，赛过诸葛亮"。但是，有效的集成需要各个基模型的差异尽可能大。为了增加模型之间的差异性，可以采取 Bagging 类方法或 Boosting 类方法。

Bagging 类方法通过随机构造训练样本、随机选择特征等方法来提高每个基模型的独立性，代表性方法有 Bagging 和随机森林等。

Bagging(Bootstrap Aggregating)通过不同模型的训练集的独立性来提高不同模型之间的独立性。首先在原始训练集上进行有放回的随机采样，得到 $M$ 比较小的训练集并训练 $M$ 个模型，然后通过投票的方法进行模型集成。

随机森林(Random Forest)在 Bagging 的基础上引入了随机特征，进一步提高不同基模型之间的独立性。在随机森林中，每个基模型就是一棵决策树。

Boosting 类方法按照一定的顺序训练不同的基模型，每个模型都针对前序模型的错误进行专门训练。根据前序模型的结果来调整训练样本的权重，从而增加不同基模型之间的差异性。Boosting 类方法是一种非常强大的集成方法，只要基模型的准确率比随机猜测好，就可以通过集成方法来显著提高集成模型的准确率。Boosting 类方法的代表性方法有 AdaBoost 等。

## 5.7  本章小结

本章主要介绍了机器学习的基础知识，并为后面介绍深度学习做了一些简单的铺垫。机器学习算法虽然种类繁多，但其中三个基本要素为模型、学习准则、优化算法，大部分机器学习算法都可以看作这三个基本要素的不同组合。

机器学习模型按照训练数据集的特点可以分为有监督学习、无监督学习和弱监督学习，本章主要介绍了这三种模型的概念及特点，还介绍了常见的分类方法，如朴素贝叶斯、支持向量机等，最后介绍了常见的聚类方法，如 $K$ 均值算法、层次聚类算法等。通过本章的学习，读者应该可以理解各种模型适合使用的情境，并为学习深度学习打下基础。

## 5.8  习　　题

1. 理解聚类与分类的区别。

2. 简述有监督学习、无监督学习与弱监督学习之间的区别。

3. 已知二维空间中的三个点 $x_1 = (1,1)^T$，$x_2 = (5,1)^T$，$x_3 = (4,4)^T$，试求在 $p$ 取不同值时，$L_p$ 距离 $x_1$ 的最近邻点。

4. 已知一个训练数据集，其中的正例点是 $x_1 = (3,3)^T$、$x_2 = (4,3)^T$，负例点是 $x_3 = (1,1)^T$，试求最大间隔分离超平面。

5. 思考 ROC 曲线如何绘制以及 ROC 曲线的主要功能是什么。

6. AUC 与 ROC 的关系是什么？

## 参考文献

[1] Zhang C, Shang Z, Chen W, et al. A review of research on pulsar candidate recognition based on machine learning[J]. Procedia Computer Science, 2020, 166: 534-538.

[2] Meng T, Jing X, Yan Z, et al. A survey on machine learning for data fusion[J]. Information Fusion, 2020, 57: 115-129.

[3] 贾俊平. 统计学[M]. 6 版. 北京：人民大学出版社，2015.

[4] 李德毅. 人工智能导论[M]. 北京：中国科学技术出版社，2018.

[5] 蔡自兴. 人工智能及其应用[M]. 5 版. 北京：清华大学出版社，2016.

[6] 尹丽波. 人工智能发展报告(2018～2019)[M]. 北京：社会科学文献出版社，2019.

[7] Ye F, Zhang Z, Chakrabarty K, et al. Board-level functional fault diagnosis using multikernel .support vector machines and incremental learning[J]. IEEE Transactions on Computer-Aided Design of Integrated Circuits and Systems, 2014, 33(2): 279-290.

[8] Huang K, Yang H, King I, et al. Maxi-min margin machine: learning large margin classifiers locally and globally[J]. IEEE Transactions on Neural Networks, 2008, 19(2): 260-272.

[9] 杨正洪. 人工智能与大数据技术导论[M]. 北京：清华大学出版社，2019.

[10] Liu Bing. Web 数据挖掘[M]. 北京：清华大学出版社，2009.

[11] 李航. 统计学习方法[M]. 北京：清华大学出版社，2012.

# 第 6 章

# 深度学习(1)

深度学习(Deep Learning，DL)是机器学习(Machine Learning，ML)领域的一个重要分支，它被引入机器学习以使其更接近于最初的目标——人工智能(Artificial Intelligence，AI)。深度学习是指学习样本数据的内在规律和表示层次，在学习过程中获得的这些信息对诸如文字、图像和声音等数据的解释有很大的帮助。它的最终目标是让机器能够像人一样具有分析学习能力，能够识别文字、图像和声音等数据。深度学习本质上是构建含有多隐层的机器学习架构模型，通过大规模数据进行训练，得到大量更具代表性的特征信息，从而对样本进行分类和预测，提高分类和预测精度。这个过程通过深度学习模型达到特征学习的目的。

深度学习的概念起源于人工神经网络的研究，是用于建立、模拟人脑进行分析学习的神经网络，并模仿人脑的机制来解释数据的一种机器学习技术。它的基本特点是试图模仿人脑的神经元之间传递、处理信息的模式，最显著应用是计算机视觉和自然语言处理(NLP)。显然，"深度学习"与机器学习中的"神经网络"强相关，"神经网络"也是主要的算法和手段；我们也可以将"深度学习"称为"深度神经网络"算法。

本章主要介绍深度学习的核心计算模型——人工神经网络模型，重点介绍三种主要的人工神经网络模型：BP 神经网络、卷积神经网络和循环神经网络。本章首先介绍神经元的基本概念和神经网络的结构以及神经网络的优化算法，然后分别介绍三种神经网络的结构、学习算法及模型应用实例，最后介绍深度学习中的发展热潮——与贝叶斯相结合的神经网络和深度学习。

## 6.1 神经元与神经网络

人工神经网络(Artificial Neural Network，ANN)是使用大量简单处理单元经广泛连接而组成的人工网络。人工神经网络为许多问题的研究提供了新的思路，特别是迅速发展的深度学习，能够发现高维数据中的复杂结构，取得比传统机器学习方法更好的结果，在图像识别、语音识别、机器视觉、自然语言理解等领域获得成功应用,解决了人工智能领域多年来没有进展的问题。

### 6.1.1  神经元模型

人工神经元(Artificial Neuron)简称神经元(Neuron)，是构成神经网络的基本单元，神经元可以模拟生物神经元的结构和特性，接收一组输入信号并产出输出。生物学家在 20 世纪初就发现了生物神经元的结构。一个生物神经元通常具有多个树突和一条轴突。树突用来接收信息，轴突用来发送信息。当神经元获得的输入信号的积累超过某个阈值时，它就处于兴奋状态，产生电脉冲。轴突尾端有许多末梢可以给其他几个神经元的树突产生连接(突触)，并将电脉冲信号传递给其他神经元。

1943 年，心理学家 McCulloch 和数学家 Pitts 根据生物神经元的结构，提出了一种非常简单的神经元模型：MP 神经元。现代神经网络中的神经元和 MP 神经元的结构并无太多变化。不同的是，MP 神经元中的激活函数 $f$ 为 0 或 1 的阶跃函数，而现代神经元中的激活函数通常要求是连续的可导函数。

假设一个神经元接收 $d$ 个输入 $x_1, x_2, \cdots, x_d$，用向量 $\boldsymbol{X}=[x_1, x_2, \cdots, x_d]$ 来表示这组输入，并用净输入 $z\in\mathbb{R}$ 表示一个神经元获得的输入信号 $x$ 的加权和：

$$z = \sum_{i=1}^{d} w_i x_i + b'$$

$$= \boldsymbol{W}^{\mathrm{T}} X + b' \tag{6-1}$$

其中 $\boldsymbol{W} = [w_1, w_2, ..., w_d] \in \mathbb{R}^d$ 是 $d$ 维的权重向量，$b' \in \mathbb{R}$ 是偏置。

净输入 $z$ 在经过一个非线性函数 $f(\cdot)$ 后，得到神经元的活性值 $a$：

$$a = f(z) \tag{6-2}$$

其中，非线性函数 $f(\cdot)$ 又称为激活函数(Activation Function)。

图 6-1 给出了一种典型的神经元结构。

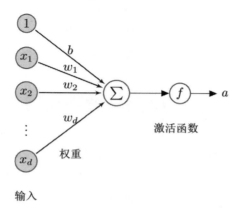

图6-1  典型的神经元结构

激活函数在神经元中非常重要。为了增强网络的表示能力和学习能力，激活函数需要具备以下几点性质：

- 激活函数必须是连续可导(允许在少数点上不可导)的非线性函数。可导的激活函数可以直接利用数值优化的方法来学习网络参数。
- 激活函数及其导函数要尽可能简单，从而有利于提高网络计算效率。
- 激活函数的导函数的值域要在合适的区间内，不能太大也不能太小，否则会影响训练的效率和稳定性。

常见的激活函数有以下两种。

**1) 阶跃函数**

$$f(x_i) = \begin{cases} 1 & x_i \geqslant 0 \\ 0 & x_i < 0 \end{cases} \tag{6-3}$$

$$f(x_i) = \begin{cases} 1 & x_i \geqslant 0 \\ -1 & x_i < 0 \end{cases} \tag{6-4}$$

**2) S 型函数**

S 型函数具有平滑和渐近性，并保持单调性，是最常用的非线性函数。最常用的 S 型函数为 Sigmoid 函数：

$$f(x_i) = \frac{1}{1 + e^{-\alpha x_i}} \tag{6-5}$$

其中，$\alpha$ 可以控制斜率。

当需要神经元的输出区间为[-1,1]时，S 型函数可以选为双曲线正切函数(hyperbolic tangent function)：

$$f(x_i) = \frac{1 - e^{-\alpha x_i}}{1 + e^{-\alpha x_i}} \tag{6-6}$$

## ◤ 6.1.2　神经网络的结构

神经网络是由众多简单的神经元的轴突和其他神经元或自身的树突连接而成的网络。尽管每个神经元的结构、功能都不复杂，但神经网络的行为并不是各神经元行为的简单相加。神经网络的整体动态行为是极为复杂的，可以组成高度非线性动力学系统，从而可以表达很多复杂的物理系统，表现出一般复杂非线性系统的特性，如不可预测性、不可逆性、多吸引子、可能出现混沌现象等。

根据神经网络中神经元的连接方式，神经网络可划分为不同类型的结构。目前，人工神经网络主要有前馈网络、反馈网络和图网络三大类，如图 6-2 所示。

前馈网络：前馈网络中的各个神经元按接收信息的先后分为不同的组。每一组可以看作一个神经层。每一层中的神经元接收前一层神经元的输出，并输出到下一层神经元。整个网络中的信息朝一个方向传播，没有反向的信息传播，可以用一张有向无环路图表示。前馈网络可以

看作函数，通过简单非线性函数的多次复合，实现输入空间到输出空间的复杂映射。这种网络结构简单，易于实现。后面着重介绍的 BP(Back Propagation)神经网络、卷积神经网络都是前馈型神经网络。

反馈网络：反馈网络中的神经元不但可以接收其他神经元的信号，也可以接收自己的反馈信号。和前馈网络相比，反馈网络中的神经元具有记忆功能，在不同的时刻具有不同的状态。反馈网络中的信息传播可以是单向或双向传递的，因此可用一张有向或无向循环图来表示。反馈网络包括循环神经网络，Hopfield 网络、玻尔兹曼机等。

图网络：前馈网络和反馈网络的输入都可以表示为向量或向量序列。但在实际应用中，很多数据是图结构的，比如知识图谱、社交网络、分子网络等。前馈网络和反馈网络很难处理图结构的数据。图网络是定义在图结构数据上的神经网络，每个节点都由一个或一组神经元构成。节点之间的连接可以是有向的，也可以是无向的。每个节点可以收到来自相邻节点或自身的信息。图网络是前馈网络和记忆网络的泛化，包含很多不同的实现方式，比如图卷积网络(Graph Convolutional Network，GCN)、消息传递网络(Message Passing Neural Network，MPNN)等。

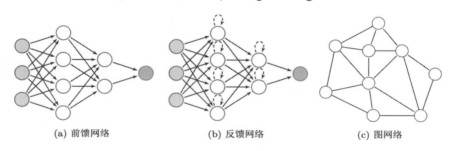

(a) 前馈网络　　　　　　(b) 反馈网络　　　　　　(c) 图网络

图6-2　三种不同的网络模型

## 6.1.3　神经网络的优化算法

神经网络的参数主要通过梯度下降法来进行优化。当确定了损失函数以及网络结构后，我们就可以用链式法则来计算损失函数对每个参数的梯度。

梯度下降法作为机器学习中较常使用的优化算法，主要有三种不同的形式：批量梯度下降(Batch Gradient Descent，BGD)、随机梯度下降(Stochastic Gradient Descent，SGD)、小批量梯度下降(Mini-Batch Gradient Descent，MBGD)。其中，小批量梯度下降也常用于深度学习中模型的训练。

### 1. 批量梯度下降

使用整个训练集的优化算法被称为批量(batch)或确定性(deterministic)梯度下降法，因为它们会同时处理所有样本。

批量梯度下降是最原始的形式，会在每一次迭代时使用所有样本进行梯度的更新。

优点：

- 在训练过程中，使用固定的学习率，不必担心学习率衰退现象的出现。
- 由全数据集确定的方向能够更好地代表样本总体，从而更准确地朝向极值所在的方向。

当目标函数为凸函数时，一定能收敛到全局最小值；如果目标函数非凸函数，则收敛到局部最小值。

- 对梯度的估计是无偏的。样例越多，标准差越低。
- 一次迭代会对所有样本进行计算，此时利用向量化进行操作，实现了并行。

缺点：

- 尽管在计算过程中使用了向量化计算，但是遍历全部样本仍需要大量时间，尤其当数据集很大时(几百万甚至上亿条数据)，就不适用了。
- 每次的更新都是在遍历全部样例之后发生的，这时才会发现一些例子可能是多余的且对参数更新没有太大的作用。

### 2. 随机梯度下降

随机梯度下降不同于批量梯度下降，随机梯度下降在每次迭代时使用一个样本对参数进行更新(mini-batch size =1)。

样本的损失函数为：

$$J^{(i)}(\theta_0, \theta_1) = \frac{1}{2}(h_\theta(x^{(i)}) - y^{(i)})^2 \tag{6-7}$$

计算损失函数的梯度：

$$\frac{\Delta J^{(i)}(\theta_0, \theta_1)}{\theta_j} = (h_\theta(x^{(i)}) - y^{(i)})x_j^{(i)} \tag{6-8}$$

参数更新为：

$$\theta_j := \theta_j - \alpha(h_\theta(x^{(i)}) - y^{(i)})x_j^{(i)} \tag{6-9}$$

优点：

- 在学习过程中加入了噪声，提高了泛化误差。
- 由于不是全部训练数据上的损失函数，而是在每轮迭代中，随机优化某个训练数据上的损失函数，因此每一轮参数的更新速度大大加快。

缺点：

- 不收敛，在最小值附近波动。
- 不能在单个样本中使用向量化计算，学习过程变得很慢。
- 单个样本并不能代表全体样本的趋势。
- 当遇到局部极小值或鞍点时，SGD会陷入局部最优。

### 3. 小批量梯度下降

大多数用于深度学习的梯度下降算法介于以上两者之间，使用一个以上而又不是全部训练样本。传统上，它们被称为小批量(mini-batch)或小批量随机(mini-batch stochastic)方法，现在通常将它们简单地称为随机(stochastic)方法。对于深度学习模型而言，人们所说的“随机梯度下降(SGD)”其实就是基于小批量(mini-batch)的随机梯度下降。

什么是小批量梯度下降？具体来说，就是在算法的每一步，从具有 $m$ 个样本的训练集(已

经打乱样本的顺序)中随机抽出一小批量(mini-batch)样本 $X=[x^{(1)}, x^{(2)}, \cdots, x^{(m')}]$。小批量的数目 $m'$ 通常是一个相对较小的数(从一到几百)。重要的是，当训练集大小 $m$ 增长时，$m'$ 通常是固定的。我们可能在拟合几十亿个样本时，每次更新计算只用到几百个样本。

$m'$ 个样本的损失函数为：

$$J(\theta_0, \theta_1) = \frac{1}{2m'} \sum_{i=1}^{m'} (h_\theta(x^{(i)}) - y^{(i)})^2 \tag{6-10}$$

计算损失函数的梯度：

$$g = \frac{\partial J(\theta_0, \theta_1)}{\partial \theta_j} = \frac{1}{m'} \sum_{i=1}^{m'} (h_\theta(x^{(i)}) - y^{(i)}) x_j^{(i)} \tag{6-11}$$

参数更新为：

$$\theta_j := \theta_j - \alpha g \tag{6-12}$$

小批量的 SGD 算法中的关键参数是学习率。在实践中，有必要随着时间的推移逐渐降低学习率——学习率衰减(learning rate decay)。

进行学习率衰减的原因是：在梯度下降初期，能接收较大的步长(学习率)，以较快的速度进行梯度下降。当收敛时，我们希望步长小一点，并且在最小值附近小幅摆动。假设模型已经接近梯度较小的区域，若保持原来的学习率，则只能在最优点附近徘徊。如果降低学习率，则目标函数能够进一步降低，有助于算法的收敛，更容易接近最优解。

常用的进行学习率衰减的方法如下：

$$\alpha = \frac{\alpha_0}{1 + \beta * \lambda}$$

$$\alpha = 0.95^\lambda * \alpha_0$$

$$\alpha = \frac{k}{\sqrt{\lambda}} * \alpha_0 \tag{6-13}$$

$$\alpha = \frac{k}{\sqrt{\text{mini-batch size}}} \alpha_0$$

其中 $\beta$ 为衰减率，$\lambda$ 为 epoch 数量，$k$ 为常数，$\alpha_0$ 为初始学习率。

mini-batch size(小批量大小)通常由以下几个因素决定：

- 更大的批量会计算更精确的梯度，但回报却是小于线性的。
- 极小的批量通常难以充分利用多核结构。当批量低于某个数值时,计算时间不会减少。
- 批量处理中的所有样本可以并行处理,内存消耗和批量大小会成正比。对于很多硬件设备，这是批量大小的限制因素。
- 在使用GPU时，通常使用2的幂作为批量大小，从而获得更少的运行时间。一般来说，2的幂的取值范围是32~256。有时在尝试大模型时使用16。

在一定范围内，一般来说 batch size 越大，确定的下降方向越准，引起的训练震荡越小。跑完一次 epoch(全数据集)所需的迭代次数减少，对于相同数据量的处理速度进一步加快，但是要想达到相同的精度，花费的时间大大增加了，从而对参数的修正也就显得更加缓慢。当 batch size 增大到一定程度时，确定的下降方向已经基本不再变化，也可能会超出内存容量。

优点：

- 计算速度比 BGD 算法快，因为只遍历部分样例就可执行更新。
- 随机选择样例有利于避免重复多余的样例和对参数更新贡献较少的样例。
- 每次使用一个 batch 可以大大减小收敛所需的迭代次数，同时可以使收敛到的结果更加接近梯度下降的效果。

缺点：

- 在迭代过程中，因为噪声的存在，学习过程会出现波动。因此，只在最小值区域徘徊，不会收敛。
- 学习过程中会有更多的振荡，为更接近最小值，需要增加学习率衰减以降低学习率，避免过度振荡。
- batch size 的不当选择可能会带来一些问题。

## 6.1.4　神经网络的发展历程

神经网络方法是一种知识表示方法和推理方法。产生式、框架等方法是知识的显式表示，例如，在产生式系统中，知识独立地表示为一条规则；而神经网络知识表示是一种隐式的表示方法，它将某一问题的若干知识通过学习表示在同一网络中。神经网络的学习是指调整神经网络的连接权值或结构，使输入和输出具有需要的特性。

赫布(Hebb)(1944)提出了改变神经元连接强度的 Hebb 学习规则[6]。虽然 Hebb 学习规则的基本思想很容易被接受，但近年来神经科学的许多发现都表明，Hebb 学习规则并没有准确反映神经元在学习过程中突触变化的基本规律。

罗森布拉特(Rosenblatt)(1957)提出了描述信息在人脑中存储和记忆的数学模型——感知器模型(perceptron)[7]，第一次把神经网络研究从纯理论探讨推向工程实现，掀起了机器学习的第一次高潮。但由于感知器仅仅是线性分类，特别是著名人工智能学者明斯基(Minsky)等人(1969)编写的《感知器》一书中举了一个反例[8]：感知器学习不了数学上很简单的异或问题，批评了神经网络自身的局限性，直接导致神经网络研究陷入了低潮。

鲁梅尔哈特(Rumelhart)(1980)提出多层前向神经网络的 BP 学习算法[9]，神经网络研究取得突破性进展，掀起了机器学习的新高潮。但由于 BP 学习算法存在一些问题，只适合训练浅层神经网络，其应用虽然广泛，但也受到很多限制。

杰弗里希尔顿(Geoffrey Hinton)(2006)提出了深度学习[10]，特别是在计算机视觉、自然语言处理等多个领域取得了突破性进展，再次掀起了神经网络研究的浪潮。

## 6.2 BP神经网络

BP(Back Propagation)神经网络是 1986 年由 Rumelhart 和 McClelland 为首的科学家提出的概念，是一种按照误差逆向传播算法训练的多层前馈神经网络，是目前应用最广泛的神经网络。BP 神经网络的主要特点是信号前向传递，误差反向传播。在前向传递中，输入信号从输入层经隐层逐层处理，直至输出层。每一层的神经元状态只影响下一层的神经元状态。如果输出层得不到期望输出，则转入反向传播，通过最速下降算法，根据预测误差调整网络权值和阈值，从而使 BP 神经网络的预测输出不断逼近期望输出。

### 6.2.1　BP神经网络的结构

BP 神经网络是多层前向网络，其网络拓扑结构如图 6-3 所示。

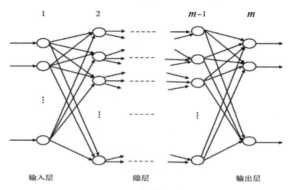

图6-3　BP神经网络的结构

假设 BP 神经网络有 $m$ 层。第一层称为输入层，最后一层称为输出层，中间各层称为隐层。输入层起缓冲存储器的作用，把数据源加到网络上，因此输入层的神经元的输入输出关系一般是线性函数。隐层中各神经元的输入输出关系一般为非线性函数。隐层 $k$ 与输出层中各神经元的非线性输入输出关系记为 $f_k(k=2,3,\dots,m)$，第 $k-1$ 层的第 $j$ 个神经元与第 $k$ 层的第 $i$ 个神经元的连接权值为 $W_{ij}^k$，假设第 $k$ 层的第 $i$ 个神经元输入的总和为 $u_i^k$、输出为 $y_i^k$，各变量之间的关系为：

$$y_i^k = f_k(u_i^k)$$
$$u_i^k = \sum_j w_{ij}^{k-1} y_j^{k-1}$$
$$k = 2,3,\dots,m \tag{6-14}$$

若 BP 神经网络的输入数据 $\boldsymbol{x}=[x_1,x_2,\dots,x_{p_1}]^T$（设输入层有 $p_1$ 个神经元），则从输入层依

次经过各隐层节点可得到输出数据 $\boldsymbol{y}=[y_1^m,y_2^m,\cdots,y_{p_m}^m]^T$（设输出层有 $p_m$ 个神经元）。因此，

可以把 BP 神经网络看成从输入到输出的非线性映射。

BP 神经网络是前馈网络，因此具有前馈网络的特性：相邻两层之间的全部神经元进行互相连接，而处于同一层的神经元不能进行连接。虽然，单一神经元的结构极其简单，功能也非常有限，但是由数量庞大的神经元构成的网络系统则可以实现极其丰富多彩的功能，更可以解决许多复杂问题。BP 神经网络具有很强的学习能力，根据 Kolmogorov 定理，一个三层的 BP 神经网络能够以任意精度逼近任意给定的连续函数 $f$。但对于多层 BP 神经网络，如何合理地选取 BP 神经网络的隐层数及隐层的节点数，目前尚无有效的理论和方法，都是由等待解决的问题本身决定的。

## 6.2.2　BP神经网络的基本原理

标准 BP 算法的运算过程主要分为工作信号通过正向传播得到网络误差和误差信号通过反向传播进而反馈调节网络两个步骤。

### 1. 工作信号正向传播过程

正向传播过程是指通过输入层输入的工作信号，经由隐层变换，最终向输出层传送，并在输出端得到输出信号。如果得到的输出信号满足给定的标准，则运算终止，否则将转而进行误差反向传播过程。

### 2. 误差信号反向传播过程

误差信号为 BP 神经网络通过正向运算得到的实际输出值与期望输出值之间的差值，在反向传播过程中，误差信号从输出端输入输出层开始经由隐层变换，最终传入输入层，在此过程中误差信号不断反馈调节网络权值，通过不断修正权值得到理想的输出值。BP 神经网络的训练就是由工作信号经由正向传播运算和误差信号通过反向传播反馈调节网络的两个过程交替迭代进行的。通过不断修正网络权值，使得最终的实际输出值无限向期望值接近，当满足指定精度时停止运算。

## 6.2.3　BP学习算法

给定 $N$ 组输入输出样本：$\{X_{si}, Y_{si}\}, i = 1, 2, \ldots, N$。如何调整 BP 神经网络的权值，使 BP 神经网络的输入为样本 $X_{si}$ 时，输出为样本 $Y_{si}$，就是 BP 神经网络的学习问题。可见，BP 学习算法是一种有监督学习。

BP 学习算法通过反向学习过程使误差最小，也就是选择 BP 神经网络的权值，使期望输出 $Y_{si}$ 与实际输出 $Y_j^m$ 之差的二次方和最小。这种学习算法实际上是求目标函数的极小值，可以利用非线性规划中的"最速下降法"使权值沿目标函数的负梯度方向改变。

神经元的激活函数一般取为 Sigmoid 函数，可以推导出下列 BP 学习算法：

$$\Delta w_{ij}^{k-1} = -\varepsilon d_i^k y_j^{k-1} \tag{6-15a}$$

$$d_i^m = y_i^m(1 - y_i^m)(y_i^m - y_{si}) \tag{6-15b}$$

$$d_i^k = y_i^k(1 - y_i^k)\sum_l d_l^{k+1}w_{li}^{k+1} \quad (k = m-1, m-2, \ldots, 2) \tag{6-15c}$$

式(6-15a)中的 $\varepsilon$ 为学习率。

从以上公式可以看出，求第 $k$ 层的误差信号 $d_i^k$ 需要上一层的 $d_l^{k+1}$。因此，误差函数的求取是一个始于输出层的反向传播递归过程，所以又称为反向传播(Back Propagation，BP)学习算法。

实现 BP 学习算法的具体步骤如下。

① 初始化：为所有连接权值 $w_{ij}^k(t)$ 和阈值 $\theta_i^k(t)(k = 1, \ldots, m; i = 1, \ldots, p_k; t = 0)$ 赋予随机任意小值。

② 从 $N$ 组输入输出样本中取一组样本：$\boldsymbol{x} = [x_1, x_2, \ldots, x_{p_1}]^T$，$\boldsymbol{d} = [d_1, d_2, \ldots, d_{p_m}]^T$，把输入信息 $\boldsymbol{x} = [x_1, x_2, \ldots, x_{p_1}]^T$ 输入 BP 神经网络。

③ 正向传播：计算各层节点的输出值 $y_j^k$。

④ 计算网络的实际输出与期望输出的误差 $e_i = y_i - y_i^m$。

⑤ 反向传播：从输出层方向计算第一个隐层，按连接权值修正公式分别向减小误差方向调整网络的各个连接权值 $\Delta w_{ij}^{k-1}$、$d_i^m$、$d_i^k$。

⑥ 让 $t+1 \to t$，取出另一组样本并重复步骤②~⑤，直到 $N$ 组输入输出样本的误差达到要求时为止。

BP 学习算法的执行流程如图 6-4 所示。

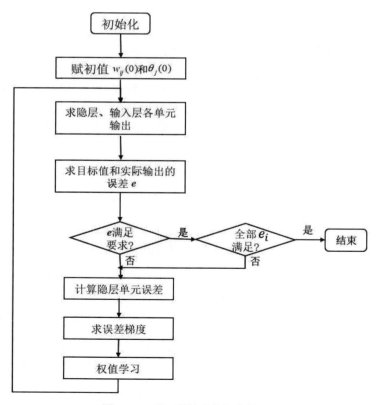

图6-4　BP学习算法的执行流程

在实现 BP 学习算法时，还要注意下列问题：

- 训练数据预处理。预处理过程包含将所有的特征变换到[0, 1]或[−1, 1]区间内，使每个训练集上每个特征的均值为0且具有相同的方差。
- 后处理。当应用神经网络进行分类操作时，通常将输出值编码成所谓的名义变量，具体的值对应类别标号。在二类分类问题中，可以仅使用一个输出，将它编码成一个二值变量(如[+1, −1])。当具有更多类别时，应当为每个类别分配一个代表类别决策的名义输出值。例如，对于三类分类问题，可以设置三个名义输出，每个名义输出取值为{+1, −1}，对应的各个类别决策为{+1, −1, −1}、{−1, +1, −1}、{−1, −1, +1}。利用阈值可以将神经网络的输出值变换为合适的名义输出值。
- 初始权值的设置。和所有梯度下降法一样，初始权值对BP神经网络的最终解有很大影响。虽然全部设置为0显得比较自然，但从式(6-15)可以看出这将导致很不理想的结果。如果输出层的权值全部为0，则反向传播误差也将为0，输出层前面的权值将不会改变。因此，一般以均值为0的随机分布设置BP神经网络的初始权值。

BP 学习算法虽然已得到广泛的应用，但也存在自身的限制与不足，主要表现在训练过程的不确定上。具体如下：

- 易形成局部极小(属贪婪算法，局部最优)而得不到全局最优。BP学习算法可以使网络权值收敛到一个解，但并不能保证所求为误差超平面的全局最小解，很可能是局部极小解。
- 训练次数多使得学习效率低下，收敛速度慢(需要做大量运算)。对于一些复杂的问题，BP学习算法可能要进行几小时甚至更长时间的训练，这主要是由于学习速率太小造成的。可采用变化的或自适应的学习速率来加以改进。
- 隐节点的选取缺乏理论支持。
- 训练时学习新样本有遗忘旧样本趋势。

## 6.2.4　BP神经网络在模式识别中的应用

模式识别主要研究用计算机模拟生物的感知，对模式信息(如图像、文字、语音等)进行识别和分类。传统人工智能研究部分地显示了人脑的归纳、推理等智能。但是，对于人类底层的智能，如视觉、听觉、触觉等方面，现代计算机系统的信息处理能力还不如幼儿园的孩子。

神经网络模型模拟了人脑神经系统的特点——处理单元的广泛连接，并行分布式信息存储、处理，自适应学习能力等。神经网络研究为模式识别开辟了新的研究途径。与模式识别的传统方法相比，神经网络方法具有较强的容错能力、自适应学习能力、并行信息处理能力。

**例 6.1**　设计一个三层 BP 网络来对数字 0~9 进行分类。训练数据如图 6-5 所示，测试数据如图 6-6 所示。

解：该分类问题有 10 类，且每个目标向量应该是 10 个向量中的一个。目标值由数字 1~9 代表的 9 个向量中的一个表示，0 由所有节点的输出全为 0 来表示。每个数字用 9×7 的网格表示，灰色像素代表 0，黑色像素代表 1。将网格表示为 0 或 1 的位串。位映射由左上角开始向下直到网格的整列，然后重复其他列。

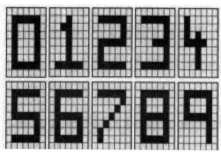

图6-5　数字分类训练数据

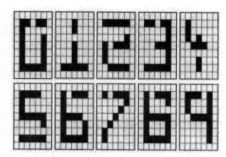

图6-6　数字分类测试数据

例如，数字 1 的网格数字串为 {0,0,0,0,0,0,0,0,0;0,0,0,0,0,0,1,0;0,0,1,0,0,0,1,0; 0,1,11,1,1,1,1,0;0,0,0,0,0,0,1,0;0,0,0,0,0,0,1,0;0,0,0,0,0,0,0,0}。

选择的网络结构为 63-6-9，9×7 个输入节点对应上述网格的映射，9 个输出节点对应 10 种分类。使用的学习步长为 0.3，训练 1000 个周期。在训练过程中，如果输出节点的值大于 0.9，则取为 1；如果输出节点的值小于 0.1，则取为 0。

当训练成功后，对图 6-5 所示的测试数据进行测试。图 6-5 所示的测试数据会有一个或多个位丢失。测试结果表明：除了 8 以外，所有被测数字都能够被正确识别。对于数字 8，第 8 个节点的输出值为 0.49，而第 6 个节点的输出值为 1，表明第 8 个样本网络是模糊的，可能是数字 6，也可能是数字 8，但也不完全确信是两者之一。实际上，普通人在识别这个数字时也会发生这种错误。

## 6.3　卷积神经网络

卷积神经网络(Convolutional Neural Network，CNN)是一种具有局部连接、权重共享等特性的深层前馈神经网络。卷积神经网络最早主要用来处理图像信息。在使用全连接前馈网络处理图像时，会存在以下两个问题。

(1) 参数太多：如果输入图像的大小为 100×100×3(图像的高度为 100 像素、宽度为 100 像素，有 3 个颜色通道——RGB)。在全连接前馈网络中，第一个隐层的每个神经元到输入层有 100×100×3=30 000 个相互独立的连接，每个连接都对应一个权重参数。随着隐层神经元数量的增多，参数的规模也会急剧增加。这会导致整个神经网络的训练效率非常低，也很容易出现过拟合。

(2) 局部不变特征：自然图像中的物体都具有局部不变特征，比如尺度缩放、平移、旋转等操作不影响语义信息。而全连接前馈网络很难提取这些局部不变特征，一般需要进行数据增强以提高性能。卷积神经网络受生物学上感受野的机制而提出。感受野(Receptive Field)主要是指听觉、视觉等神经系统中一些神经元的特性，神经元只接收所支配的刺激区域内的信号。在视觉神经系统中，视觉皮层中神经细胞的输出依赖于视网膜上的光感受器。视网膜上的光感受器受刺激兴奋时，将神经冲动信号传到视觉皮层，但不是所有视觉皮层中的神经元都会接收这些信号。神经元的感受野是指视网膜上的特定区域，只有这个区域内的刺激才能够激活神经元。

目前的卷积神经网络一般是由卷积层、汇聚层和全连接层交叉堆叠而成的前馈神经网络，使用反向传播算法进行训练。卷积神经网络有三个结构上的特性：局部连接、权重共享以及汇聚。这些特性使得卷积神经网络具有一定程度的平移、缩放和旋转不变性。和前馈神经网络相比，卷积神经网络的参数更少。卷积神经网络主要用于图像和视频分析任务，比如图像分类、人脸识别、物体识别、图像分割等，其准确率一般也远远超出其他的神经网络模型。近年来，卷积神经网络已广泛应用于自然语言处理、推荐系统等领域。

## 6.3.1　卷积神经网络的结构

卷积神经网络的结构按顺序依次为输入层-卷积层-池化层-卷积层-池化层-全连接层-输出层，如图 6-7 所示。

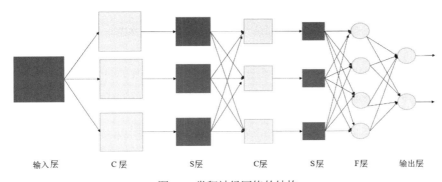

输入层　　　C 层　　　　S 层　　　C 层　　　S 层　　　F 层　　　输出层

图6-7　卷积神经网络的结构

CNN 是多层的神经网络，每层由多个二维平面组成，而每个二维平面由多个独立神经元组成。在图 6-7 中，C 层为特征提取层(卷积层)，S 层是特征映射层(池化层)，F 层为全连接层。CNN 中的每一个 C 层都紧跟着一个 S 层。

### 1. 卷积神经网络的输入层

卷积神经网络的输入层可以处理多维数据，常见的有二维卷积神经网络的输入层接收二维或三维数组，三维卷积神经网络的输入层接收四维数组。

由于使用梯度下降法进行学习，卷积神经网络的输入特征需要进行标准化(或称规范化)处理。具体地，在形成学习数据输入卷积神经网络前，需要对输入数据进行规范化，如输入数据为像素，可将分布于[0,255]的原始像素值规范化至[0,1]区间。

### 2. 卷积神经网络的隐层

卷积神经网络的隐层包含卷积层、池化层和全连接层三种常见结构。其中，卷积层和池化层是卷积神经网络特有的。

### 1) 卷积层(Convolutional Layer)

**卷积核(Convolutional Kernel)**

卷积层的功能是对输入数据进行特征提取，为此需要引入核函数并组成卷积核。核函数能将低维空间中无法直接线性分类的特征向量映射到高维特征空间，从而达到分类目的。核函数

是一些非线性变换，常用的有多项式核函数、高斯核函数、Sigmoid 核函数等。

卷积层内部包含多个卷积核(见图 6-8)，可由前一层特征图中的区域(称为感受野)通过核函数映射组成卷积核，其中的每个元素都对应一个权重系数和一个偏差量，是人工神经网络的神经元。

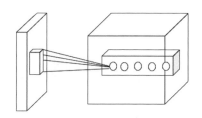

图6-8　卷积层有多个卷积核，卷积核从感受野通过核函数计算而成

**卷积计算**

根据卷积的定义，卷积层有两个很重要的性质。

- 稀疏连接。卷积层(假设是第 $l$ 层)中的每一个神经元都只和下一层(第 $l-1$ 层)中某个局部窗口内的神经元相连，构成局部连接网络。如图 6-9 所示，卷积层和下一层之间的连接数大大减少，由原来的 $n^l \times n^{l-1}$ 个连接变为 $n^l \times f$ 个连接，$f$ 为卷积核大小。
- 权值共享。作为参数的滤波 $w^{(l)}$ 对于第 $l$ 层的所有神经元都是相同的。在图 6-9 中，所有的同颜色连接上的权重是相同的。

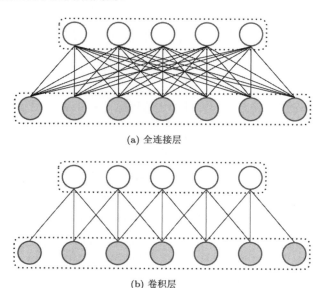

(a) 全连接层

(b) 卷积层

图6-9　全连接层和卷积层

卷积层内的每个神经元都与前一层特征图中多个区域内的神经元相连，区域的大小取决于卷积核的大小(即感受野)。卷积核在工作时规律地扫描输入特征图，在感受野内对输入特征图执行矩阵元素乘法求和并叠加偏差量。一般地，卷积层中神经元的计算方法如式(6-16)所示。

$$x_j^i = f\left(\sum_{i \in N_j} x_i^{l-1} k_{ij}^l + b_j^l\right) \tag{6-16}$$

其中，$l$ 为网络层数，$k$ 为卷积核，$N_j$ 为输入层的感受野，$b$ 为每个输出特征图的偏置值。

卷积操作的过程相当于矩阵中对应位置相乘再相加的过程，如图 6-10 所示，Input 为卷积层输入，Kernel 为卷积核，Output 为卷积层输出。

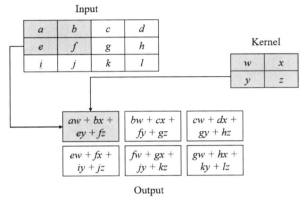

图6-10　卷积操作示意图

由于稀疏连接和权值共享，卷积层只有 $f$ 维的权重 $w^{(l)}$ 和一维的偏置 $b^{(l)}$，共 $f+1$ 个参数。参数个数和神经元的数量无关。此外，第 $l$ 层的神经元个数不是任意选择的，而是满足 $n^{(l)} = n^{(l-1)} - f + 1$。对于一张 $n \times m$ 的图像，如果用 $f \times f$ 的卷积核做卷积，那么输出的维度就是 $(n-f+1) \times (m-f+1)$。

**填充(padding)**

由卷积核的交叉相关计算可知，随着卷积层的堆叠，特征图的尺寸会逐步减小，图像边缘位置的许多信息容易丢失。比如，6×6 的图像在用 3×3 的卷积核卷积后，图像会缩小到 4×4。为了解决这些问题，需要在执行卷积操作之前进行填充。填充是在特征图通过卷积核之前人为增大其尺寸以抵消计算中尺寸收缩影响的方法。

对图像边缘进行填充时，通常有两个选择，分别叫做 Valid 卷积和 Same 卷积。

Valid 卷积意味着不填充，对于一张 $n \times n$ 的图像，如果用 $f \times f$ 的卷积核做卷积，那么最终输出维度是 $(n-f+1) \times (n-f+1)$。

Same 卷积在卷积层输入的外围边缘补充若干 0，填充后，输出大小和输入大小是一样的。图 6-11 是在卷积核中对图像按 0 填充的图例。根据公式 $n-f+1$，填充 $p$ 个像素点后，$n$ 就变成了 $n+2p$，最后公式变为 $n+2p-f+1$。因此，对于一张 $n \times n$ 的图像，如果用 $p$ 个像素填充边缘，输出的大小就是 $(n+2p-f+1) \times (n+2p-f+1)$。如果让 $n+2p-f+1=n$，使得输出大小和输入大小相等，那么 $p = \dfrac{f-1}{2}$。所以，当 $f$ 是奇数时，只要选择相应的填充尺寸，就能确保得到和输入大小相同的输出。比如，对 6×6 的图像用 3×3 的卷积核做卷积，使得输出大小等于输入大小，需要的填充是(3–1)/2，也就是 1 像素。

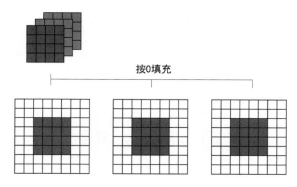

按0填充

图6-11　卷积核中图像按0填充

### 步长(stride)

步长是指卷积核每次卷积操作移动的距离，决定了卷积核移动多少次到达特征图边缘。卷积步长定义了卷积核相邻两次扫过特征图时位置的距离，卷积步长为 1 时，卷积核会逐个扫过特征图的元素，步长为 $n$ 时会在下一次扫描跳过 $n-1$ 个像素。

如果使用 $f\times f$ 的卷积核卷积一张 $n\times n$ 的图像，填充为 $p$，步长为 $s$，在这个例子中 $s=2$，则输出变为 $\dfrac{n+2p-f}{s}+1$。

### 激活函数(Activation Function)

卷积层中包含激活函数 $f$ 以表达复杂特征。卷积运算显然是线性操作，而神经网络拟合的是非线性函数，因此需要添加激活函数。常用的激活函数有 Sigmoid 函数、tanh 函数以及 ReLU 函数等。

前面介绍的是单通道图像的卷积，输入的是二维数组。实际应用时通常是多通道图像，如 RGB 彩色图像有三个通道，另外由于每一层可以有多个卷积核，因此产生的输出也是多通道的特征图像，此时对应的卷积核也是多通道的。具体做法是用卷积核的各个通道分别对输入图像的各个通道进行卷积，然后把对应位置的像素值按照各个通道累加。

由于每一层允许有多个卷积核，且执行卷积操作后输出多张特征图像，因此第 $L$ 个卷积层的卷积核通道数必须和输入的特征图像的通道数相同，即等于 $L-1$ 个卷积层的卷积核个数。所以，若有一张 $n\times n\times n_c$ 的输入图像，$n_c$ 是通道数目，然后卷积 $f\times f\times n_c$ 的卷积核，则输出维度为 $(n-f+1)\times(n-f+1)\times n_c'$，$n_c'$ 其实就是下一层的通道数，等于卷积核的个数。如果使用不同的步长或填充，那么 $n-f+1$ 的值会发生变化。

图 6-12 展示了一个多通道卷积的简单例子。

在图 6-12 中，卷积层的输入图像是 3 通道的，对应的卷积核也是 3 通道的。在执行卷积操作时，分别用每个通道的卷积核对相应通道的图像进行卷积，然后将同一位置的各个通道值累加，得到一张单通道图像。这里有 4 个卷积核，每个卷积核产生一张单通道的输出图像，因而 4 个卷积核共产生 4 张单通道的输出图像。

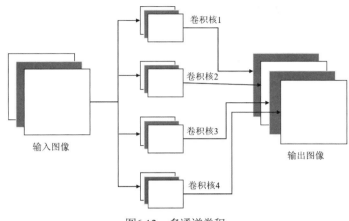

图6-12　多通道卷积

### 2) 池化层(Pooling Layer)

通过卷积操作可完成对输入图像的降维和特征抽取，但特征图像的维度还是很高。维度高不仅计算耗时，而且容易导致过拟合。人们为此引入了下采样技术，又称池化操作。具体做法是对图像的某个区域用一个值代替，除了降低图像尺寸之外，下采样带来的另外一个好处是平移和旋转不变性，因为输出值由图像的一片区域计算得到，对于平移和旋转并不敏感。典型的池化有以下两种。

- 最大池化：遍历某个区域的所有值，求出其中最大的值作为该区域的特征值。
- 均值池化：遍历并累加某个区域的所有值，用该区域所有值的和除以元素个数，也就是将该区域的均值作为特征值。

从池化层选取池化区域与使用卷积核扫描特征图的步骤相同。池化层中的常用表示形式如下：

$$x_j^l = f(\beta_j^l \mathrm{down}(x_j^{l-1}) + b_j^l) \tag{6-17}$$

其中，$\mathrm{down}()$ 为池化函数，$\beta$ 为权重系数，$b$ 为偏置。

池化层的目的是减小特征图，池化规模一般为 2×2，但也可根据网络需求改变。

池化层的具体实现是在进行卷积操作之后对得到的特征图像进行分块，图像被划分成不相交的块，计算这些块内的最大值或平均值，得到池化后的图像。

例如，图 6-13 展示了如何使用 2×2 的卷积核执行最大池化。需要对输入矩阵的 2×2 区域做最大值运算，类似于应用规模为 2 的过滤器，因为我们选用的是 2×2 区域，步长是 2，这些就是最大池化的超参数。之前讲的计算卷积层输出大小的公式同样适用于最大池化：$\dfrac{n+2p-f}{s}+1$，这个公式也可以计算最大池化的输出大小。

均值池化和最大池化都可以完成下采样操作，前者是线性函数，后者是非线性函数，一般情况下最大池化有更好的效果。

### 3) 全连接层(Fully-Connected Layer)

卷积神经网络中的全连接层相当于传统 BP 神经网络中的隐层。全连接层通常设置在卷积神经网络中隐层的最后部分。特征图在全连接层中被展开为向量，并通过激活函数传递至下一层。

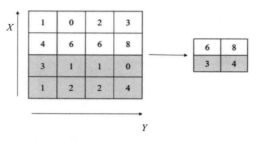

图6-13　使用2×2的卷积核执行最大池化

### 3. 卷积神经网络的输出层

卷积神经网络的输出层的前一层通常是全连接层，因此结构和工作原理与传统 BP 神经网络的输出层相同。对于图像分类问题，输出层使用规范化指数函数输出分类标签。

最后得到的 CNN 结构如图 6-14 所示。

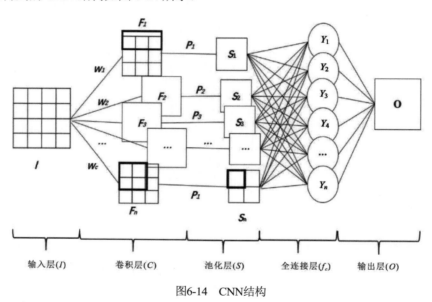

图6-14　CNN结构

图 6-14 中，$W_n$ 表示卷积核，$F_n$ 为卷积层得到的特征，$P_n$ 表示池化方式，$S_n$ 为池化后得到的特征，$Y_n$ 为全连接层输出的特征值。

## 6.3.2　卷积神经网络的模型实例

由于卷积神经网络的结构比较复杂，因此下面举例介绍卷积神经网络的具体结构。

图 6-15 显示了一个卷积神经网络的例子，由 1 个输出层、2 个卷积层、2 个池化层、1 个全连接层、1 个输出层组成。结构如下：

(1) 输入为 488×488 大小的图像。

(2) C1 层使用 3×3 的卷积核、1 像素的步长对输入图像进行卷积操作,然后使用 2×2 的卷积核对结果进行最大池化,得到 32 个 162×162 大小的特征图。

(3) S2 层使用 3×3 的卷积核、1 像素的步长对 C1 层的输出图像进行卷积操作,然后使用 2×2 的卷积核对结果进行最大池化,得到 64 个 81×81 大小的特征图。

(4) C3 和 S4 层使用同样的操作得到 512 个 10×10 大小的特征图。

(5) C5 和 F6 层分别对上一层进行全连接,得到 2048 维的向量。

(6) 输出高斯映射的特征图。

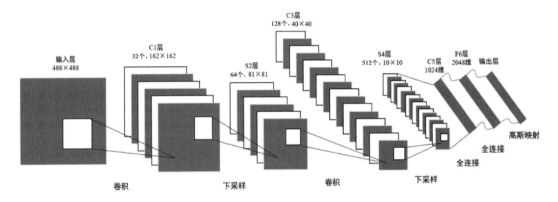

图6-15 卷积神经网络的例子

## 6.3.3 几种典型的卷积神经网络

下面是卷积神经网络领域中比较经典的几种结构。

### 1. LeNet

LeNet 是第一个成功的卷积神经网络应用,是在 20 世纪 90 年代实现的。当然,最著名的是被用于识别数字和邮政编码的 LeNet 结构。LeNet 包含 2 个卷积层、2 个全连接层,共计 6 万个学习参数,在结构上与现代的卷积神经网络十分接近。在 LeNet 的基础上,人们构建了更加完备的卷积神经网络 LeNet-5,并在手写数字的识别问题中取得成功。LeNet-5 在原有设计中加入了池化层,以对输入特征进行筛选。LeNet-5 以及后来产生的变体定义了现代卷积神经网络的基本结构,其中交替出现的卷积层-池化层被认为能够提取输入图像的平移不变特征。LeNet-5 的成功使卷积神经网络的应用得到关注,微软在 2003 年使用卷积神经网络开发了光学字符读取(Optical Character Recognition,OCR)系统。其他基于卷积神经网络的应用研究也得到开展,包括人像识别、手势识别等。

### 2. AlexNet

AlexNet 卷积神经网络在计算机视觉领域受到欢迎,它由 Alex Krizhevsky、Ilya Sutskever 和 Geoff Hinton 实现。AlexNet 的结构和 LeNet 非常类似,但是更深、更大,并且使用层叠的卷

积层来获取特征(之前通常只使用一个卷积层并在其后马上跟着一个汇聚层)。AlexNet 是第一个现代深度卷积网络模型,可以说是深度学习技术在图像分类上实现真正突破的开端。AlexNet 不用预训练和逐层训练,还首次使用了很多现代深度网络的一些技术,比如使用 GPU 进行并行训练,采用 ReLU 作为非线性激活函数,使用 dropout 防止过拟合,使用数据增强来提高模型准确率,等等。这些技术极大推动了端到端深度学习模型的发展。

### 3. ZFNet

Matthew Zeiler 和 Rob Fergus 发明的网络在 ILSVRC 2013 大赛中夺冠,该网络被称为 ZFNet(Zeiler & Fergus Net 的简称)。ZFNet 通过修改结构中的超参数来实现对 AlexNet 的改良,具体来说就是增加了中间卷积层的尺寸,让第一层的步长和滤波器尺寸更小。

### 4. GoogleNet

ILSVRC 2014 大赛的冠军是谷歌的 Szeged 等人实现的卷积神经网络,该网络被称为 GoogleNet。GoogleNet 最主要的贡献就是实现了奠基模块,能够显著减少网络中参数的数量。另外,GoogleNet 没有在卷积神经网络的顶部使用全连接层,而是使用了平均汇聚,把大量不是很重要的参数都去掉了。GoogleNet 还有几个改进版本,最新的一个是 Inception-v4。

### 5. VGGNet

ILSVRC 2014 大赛的亚军是 Karen Simonyan 和 Andrew Zisserman 实现的卷积神经网络,该网络现在被称为 VGGNet。VGGNet 最主要的贡献在于展示了网络的深度是算法性能优良的关键部分。网络的结构非常一致,从头到尾全部使用的是 3×3 的卷积和 2×2 的池化。预训练模型可以从网络上获得并在 Caffe 中使用。VGGNet 不好的地方在于耗费更多计算资源,并且使用更多的参数,导致更多的内存被占用(140 MB)。其中绝大多数参数都来自于第一个全连接层。后来发现这些全连接层即使被去除,对于性能也没有什么影响,于是显著减少了参数数量。

### 6. ResNet

残差网络(Residual Network, 简称 ResNet)是 ILSVRC 2015 大赛的冠军,由何恺明等人实现。ResNet 使用了特殊的跳跃链接,大量使用了批量归一化(batch normalization),但是在最后没有使用全连接层。ResNet 是目前比较好的一种卷积神经网络模型。

## 6.4  循环神经网络

在前馈神经网络中,信息的传递是单向的,这种限制虽然使得网络变得更容易学习,但在一定程度上也减弱了神经网络模型的能力。前馈神经网络的输出只依赖于当前的输入,但是在很多现实任务中,网络的输入不仅和当前时刻的输入相关,也和过去一段时间的输出相关。此外,前馈神经网络难以处理时序数据,比如视频、语音、文本等。时序数据的长度一般是不固定的,而前馈神经网络要求输入和输出的维数都是固定的,不能任意改变。因此,当处理这类和时序相关的问题时,需要一种能力更强的模型。

循环神经网络(Recurrent Neural Network，RNN)是一类具有短期记忆能力的神经网络。在循环神经网络中，神经元不但可以接收其他神经元的信息，也可以接收自身的信息，形成具有环路的网络结构。和前馈神经网络相比，循环神经网络更加符合生物神经网络的结构。循环神经网络已经被广泛应用于语音识别、语言模型以及自然语言生成等任务。循环神经网络的参数学习可以通过随时间反向传播算法来学习。当输入序列比较长时，会存在梯度爆炸和消失问题，也称为长期依赖问题。为了解决这个问题，人们对循环神经网络进行了很多改进，其中最有效的改进是引入门控机制。

## 6.4.1　循环神经网络的结构

### 1. 存在回路的循环神经网络

图 6-16 给出了循环神经网络的结构，通过隐层上的回路连接，使得前一时刻的网络状态能够传递给当前时刻，当前时刻的状态也可以传递给下个时刻。

循环神经网络通过使用带自反馈的神经元，能够处理任意长度的时序数据。给定输入序列 $X_1:T=(x_1,x_2,\cdots,x_T)$ ，循环神经网络可通过下列公式更新带反馈边的隐层的活性值 $h_t$ ：

$$h_t = f(h_{t-1};x_t) \tag{6-18}$$

其中， $h_0=0$ ， $f(\cdot)$ 为非线性函数，也可以是前馈神经网络。

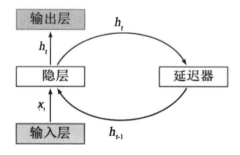

图6-16　存在回路的循环神经网络

### 2. 简单循环神经网络

简单循环网络(Simple Recurrent Neural Network，SRNN)是只有一个隐层的神经网络。在两层的前馈神经网络中，连接存在相邻的层与层之间，隐层的节点之间是无连接的。简单循环神经网络增加了从隐层到隐层的反馈连接。

假设在时刻 $t$ ，网络的输入为 $x_t$ ，隐层状态(即隐层神经元的活性值)为 $h_t$ ，它不仅和当前时刻的输入 $x_t$ 相关，也和上一个时刻的隐层状态 $h_{t-1}$ 相关。

$$z_t = Uh_{t-1} + Wx_t + b \qquad (6\text{-}19)$$

$$h_t = f(z_t) \qquad (6\text{-}20)$$

其中，$z_t$ 为隐层的净输入，$f(\cdot)$ 是非线性激活函数，通常为 logistic 函数或 tanh 函数，$U$ 为状态-状态权重矩阵，$W$ 为状态-输入权重矩阵，$b$ 为偏置。式(6-19)和式(6-20)也经常直接写为

$$h_t = f(Uh_{t-1} + Wx_t + b) \qquad (6\text{-}21)$$

如果把每个时刻的状态都看作前馈神经网络的一层，循环神经网络就可以看作时间维度上权值共享的神经网络。图 6-17 给出了按时间展开的循环神经网络。

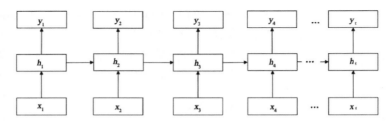

图6-17　按时间展开的循环神经网络

## 6.4.2　BPTT学习算法

RNN 的前向计算按照时间序列展开，然后使用随时间反向传播(Back Propagation Through Time，BPTT)学习算法对网络中的参数进行更新，BPTT 也是目前循环神经网络最常用的训练算法。

随时间反向传播(Back Propagation Through Time，BPTT)学习算法的主要思想是通过类似前馈神经网络的错误反向传播算法来计算梯度。BPTT 学习算法将循环神经网络看作展开的多层前馈网络，其中的"每一层"对应循环神经网络中的"每个时刻"。这样，循环神经网络就可以按照前馈神经网络中的反向传播算法计算梯度。在"展开"的前馈神经网络中，所有层的参数是共享的，因此参数的真实梯度是所有"展开层"的梯度之和。

循环神经网络中的每个训练样本是一个时间序列，同一个训练样本前后时刻的输入值之间有关联，每个样本的序列长度可能不相同。训练时先对这个时间序列中每个时刻的输入值进行正向传播，再通过反向传播计算出梯度并更新参数。

具体步骤如下：

① 正向计算每个神经元的输出值。

② 反向计算每个神经元的误差项 $\delta_j$，它是误差函数 $E$ 对神经元 $j$ 的加权输入的偏导数。

③ 计算每个权重的梯度。

④ 用随机梯度下降法更新权重。

### ◥ 6.4.3　梯度消失和梯度爆炸

随着模型深度不断增加，使得 RNN 并不能很好地处理长距离的依赖。循环神经网络在进行反向传播时面临梯度消失或梯度爆炸问题，这种问题主要表现在时间轴上。如果输入序列的长度很长，人们将很难进行有效的参数更新。通常来说，梯度爆炸更容易处理一些。因为梯度爆炸时，程序会收到 NaN 错误。我们也可以设置梯度阈值，当梯度超过这个阈值的时候可以直接截取。

梯度消失更难检测，而且也更难处理一些。总的来说，解决梯度消失问题有以下几种方法：

(1) 合理地初始化权重。通过初始化权重，使每个神经元尽可能不要取极大值或极小值，以避开梯度消失的区域。

(2) 使用 ReLU 代替 sigmoid 和 tanh 作为激活函数。

(3) 使用其他结构的 RNN，比如长短期记忆网络(LTSM)和门控循环单元(GRU)。

### ◥ 6.4.4　基于门控机制的循环神经网络

由于梯度消失问题，简单循环神经网络很难捕获长期依赖的特征，也很难得到有效训练。为了解决简单循环神经网络存在的长期依赖问题，人们对循环神经网络进行了很多改进，其中最有效的改进方式为引入门控机制，比如 LSTM(Long Short Term Memory，长短期记忆)网络和GRU(Gated Recurrent Unit)网络。当然还有一些其他方法，比如时钟循环神经网络(Clockwork RNN)、乘法 RNN 以及引入注意力机制等。

#### 1. LSTM

LSTM 网络是循环神经网络的变体，可以有效地解决简单循环神经网络的梯度爆炸或梯度消失问题。

LSTM 网络的主要改进表现在以下两个方面。

#### 1) 新的内部状态

LSTM 网络引入了新的内部状态 $c_t$ 以专门进行线性的循环信息传递，同时(非线性)输出信息给隐层的外部状态 $h_t$。

$$c_t = f_t e c_{t-1} + i_t e \dot{c}_t \tag{6-22}$$

$$h_t = o_t e \tanh(c_t) \tag{6-23}$$

其中，$f_t$、$i_t$ 和 $o_t$ 为三个门，它们用来控制信息传递的路径；$e$ 为向量元素的乘积；$c_{t-1}$ 为上一时刻的记忆单元；$\dot{c}_t$ 是通过非线性函数得到的候选状态，

$$\dot{c}_t = \tanh(W_c x_t + U_c h_{t-1} + b_c) \tag{6-24}$$

在每个时刻 $t$，LSTM 网络的内部状态 $c_t$ 记录了到当前时刻为止的历史信息。

**2) 门控机制**

LSTM 网络引入了门控机制来控制信息传递的路径。式(6-22)和式(6-23)中的三个"门"分别为输入门 $i_t$、遗忘门 $f_t$ 和输出门 $o_t$。LSTM 网络中的"门"是一种"软"门，取值区间为(0,1)，表示以一定的比例运行信息通过。LSTM 网络中三个门的作用为：

- 遗忘门 $f_t$ 控制上一时刻的内部状态 $c_{t-1}$ 需要遗忘多少信息。
- 输入门 $i_t$ 控制当前时刻的候选状态 $\tilde{c}_t$ 有多少信息需要保存。
- 输出门 $o_t$ 控制当前时刻的内部状态 $c_t$ 有多少信息需要输出给外部状态 $h_t$。

当 $f_t = 0$ 且 $i_t = 1$ 时，记忆单元将历史信息清空，并将候选状态 $\tilde{c}_t$ 写入，但此时记忆单元 $c_t$ 依然和上一时刻的历史信息相关。当 $f_t = 1$ 且 $i_t = 0$ 时，记忆单元将复制上一时刻的内容，不写入新的信息。

三个门的计算公式为：

$$i_t = \sigma(W_i x_t + U_i h_{t-1} + b_i) \tag{6-25}$$

$$f_t = \sigma(W_f x_t + U_f h_{t-1} + b_f) \tag{6-26}$$

$$o_t = \sigma(W_o x_t + U_o h_{t-1} + b_o) \tag{6-27}$$

其中 $\sigma()$ 为 logistic 函数，输出区间为(0,1)，$x_t$ 为当前时刻的输入，$h_{t-1}$ 为上一时刻的外部状态。

图 6-18 给出了 LSTM 网络的循环单元结构，计算步骤为：①首先利用上一时刻的外部状态 $h_{t-1}$ 和当前时刻的输入 $x_t$，计算出三个门以及候选状态 $c_t$；②结合遗忘门 $f_t$ 和输入门 $i_t$ 来更新记忆单元 $c_t$；③结合输出门 $o_t$，将内部状态的信息传递给外部状态 $h_t$。

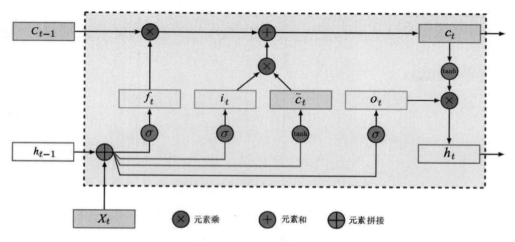

图6-18　LSTM网络的循环单元结构

　　LSTM 网络是到目前为止最成功的循环神经网络模型，已成功应用于很多领域，比如语音识别、机器翻译、语音模型以及文本生成。LSTM 网络通过引入线性连接来缓解长距离依赖问题。虽然 LSTM 网络取得了很大成功，但网络结构的合理性一直受到广泛质疑。人们不断尝试对其进行改进以寻找最优结构，比如减少门的数量、提高并行能力等。

　　LSTM 网络的线性连接以及门控机制是一种有效避免梯度消失问题的方法。这种机制也可以用在深层的前馈神经网络中，比如残差网络和高速网络都通过引入线性连接来训练非常深的卷积网络。对于循环神经网格，这种机制也可以用在深度方向上。

### 2. GRU

　　GRU(Gated Recurrent Unit，门控循环单元)网络是一种比 LSTM 网络更加简单的循环神经网络。

　　GRU 网络也通过引入门控机制来控制信息更新的方式。在 LSTM 网络中，输入门和遗忘门是互补关系，用两个门比较冗余。GRU 将输入门和遗忘门合并成一个门：更新门。同时，GRU 也不引入额外的记忆单元，直接在当前状态 $h_t$ 和历史状态 $h_{t-1}$ 之间引入线性依赖关系。

　　在 GRU 网络中，当前时刻的候选状态 $\tilde{h}_t$ 为

$$\tilde{h}_t = \tanh(W_h x_t + U_h(r_t e h_{t-1}) + b_h) \tag{6-28}$$

其中 $r_t \in [0,1]$ 为重置门，用来控制候选状态 $\tilde{h}_t$ 的计算是否依赖上一时刻的状态 $h_{t-1}$。

$$r_t = \sigma(W_r x_t + U_r h_{t-1} + b_r) \tag{6-29}$$

当 $r_t = 0$ 时，候选状态 $\tilde{h}_t = \tanh(W_c x_t + b)$ 只和当前输入 $x_t$ 相关，和历史状态无关。当 $r_t = 1$ 时，候选状态 $\tilde{h}_t = \tanh(W_h x_t + U_h h_{t-1} + b_h)$ 和当前输入 $x_t$ 和历史状态 $h_{t-1}$ 相关，和简单循环神经网络一致。

　　GRU 网络的当前状态 $h_t$ 的更新公式为

$$h_t = z_t e h_{t-1} + (1 - z_t)\tilde{h}_t \tag{6-30}$$

其中 $z \in [0,1]$ 为更新门，用来控制当前状态需要从历史状态中保留多少信息(不经过非线性变换)，以及需要从候选状态中接收多少新信息。

$$z_t = \sigma(W_z x_t + U_z h_{t-1} + b_z) \tag{6-31}$$

当 $z_t = 0$ 时，当前状态 $h_t$ 和历史状态 $h_{t-1}$ 之间为非线性函数。当 $z_t = 0$ 且 $r = 1$ 时，GRU 网络退化为简单循环神经网络；当 $z_t = 0$ 且 $r = 0$ 时，当前状态 $h_t$ 只和当前输入 $x_t$ 相关，和历史状态

$h_{t-1}$ 无关；当 $z_t = 1$ 时，当前状态等于上一时刻的状态 $h_t = h_{t-1}$，和当前输入 $x_t$ 无关。

图 6-19 给出了 GRU 网络的循环单元结构。

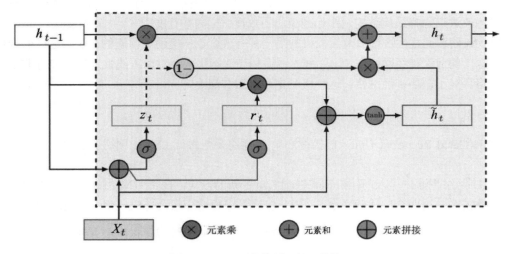

图6-19　GRU网络的循环单元结构

## 6.5　贝叶斯深度学习

近年来，以深度学习为代表的新一代人工智能技术在图像识别、语音识别等领域不断取得突破，极大地提高了当前机器学习算法的性能。但是，目前最好的深度学习系统也只能用于具有完全信息的受限环境。

随着应用场景变得越来越复杂，人工智能技术仍面临着众多挑战。首先，由于环境噪声、物理随机过程、数据缺失等因素的存在，大数据中存在普遍的不确定性，这就要求人工智能技术具有不确定性建模和推理的能力，而贝叶斯定理很好地满足了这一需求。其次，在关键应用领域，由于隐私保护、欺骗、伪装等技术的运用，信息有缺有盈、有真有假是普遍存在的现象，这就要求人工智能系统能够去伪存真，在不完全信息的条件下做出正确的决策，而贝叶斯定理正是不完全信息下的逆向概率计算。为此，目前急需发展能有效处理"不确定性、不完全信息、开放环境"的人工智能理论和方法。贝叶斯深度学习的改进主要来自三个部分：新的激活函数，比如使用 ReLU 函数替代历来使用的 Sigmoid 函数；采用 dropout 作为变量选择技术进行常规训练和模型评价的计算效率，由于图形处理单元(GPU)和张量处理单元(TPU)的使用而大大提升。

### 6.5.1　贝叶斯公式

人工智能的第一课都是从贝叶斯定理开始，因为大数据、人工智能和自然语言处理中要大量用到贝叶斯公式。

$$p(z \mid x) = \frac{p(x, z)}{p(x)} = \frac{p(x \mid z) p(z)}{p(x)} \tag{6-32}$$

其中，$p(z\,|\,x)$ 被称为后验概率，$p(x,z)$ 被称为联合概率，$p(x\,|\,z)$ 被称为似然概率，$p(z)$ 被称为先验概率，$p(x)$ 被称为 evidence(证据)。

引入全概率公式 $p(x) = \int p(x\,|\,z)p(z)\mathrm{d}z$ 后，式(6-32)变成如下形式：

$$p(z\,|\,x) = \frac{p(x\,|\,z)p(z)}{\int p(x\,|\,z)p(z)\mathrm{d}z} \tag{6-33}$$

如果 $z$ 是离散型变量，将式(6-33)中的分母积分符号 $\int$ 改成求和符号 $\sum$ 即可。

贝叶斯网络(Bayesian Network)是一种概率网络，是基于概率推理的图形化网络，而贝叶斯公式则是这种概率网络的基础。贝叶斯网络是基于概率推理的数学模型，所谓概率推理，就是通过一些变量的信息来获取其他概率信息的过程，基于概率推理的贝叶斯网络是为了解决不确定性和不完整性问题而提出的，对于解决因复杂设备不确定性和关联性引起的故障有很大的优势，在多个领域获得广泛应用。

## 6.5.2　贝叶斯深度学习

最简单的神经元网络结构如图 6-20 所示。

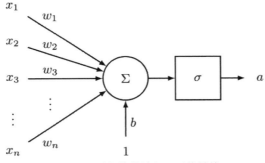

图6-20　最简单的神经元网络结构

在深度学习中，$w_i(i = 1,2,\dots,n)$ 和 $b$ 都是确定的值，例如 $w_i = 0.1$ 且 $b = 0.2$。即使通过梯度下降(gradient decent)更新 $w_i = w_i - \alpha\frac{\partial J}{\partial w_i}$，也仍未改变 $w_i$ 和 $b$ 都是确定的值这一事实。

那么，什么是贝叶斯深度学习？将 $w_i$ 和 $b$ 由确定的值变成分布(distribution)，这就是贝叶斯深度学习。

贝叶斯深度学习认为每个权重(weight)和偏置(bias)都应该是分布而不是确定的值。图 6-21 给出了一个直观的例子。

贝叶斯深度学习与深度学习有什么区别？通过上述介绍，我们可以发现，在深度学习的基础上把权重和偏置变为分布(distribution)就是贝叶斯深度学习。贝叶斯深度学习还具有以下优点：

- 贝叶斯深度学习比非贝叶斯深度学习更加健壮。因为我们可以一次又一次采样，所以细微改变权重对深度学习造成的影响在贝叶斯深度学习中可以得到解决。

- 叶斯深度学习可以提供不确定性(uncertainty)。

图6-21　贝叶斯深度学习示意图

另外，贝叶斯网络与贝叶斯神经网络是两个不同的概念。贝叶斯网络(Bayesian Network)又称信念网络(belief network)或有向无环图模型(directed acyclic graphical model)，是一种概率模型；而贝叶斯神经网络(Bayesian Neural Network)是贝叶斯和神经网络的结合，贝叶斯神经网络和贝叶斯深度学习这两个概念可以混着用。

### 6.5.3　基于贝叶斯深度学习的预测和训练

在贝叶斯神经网络中，由于网络的权重和偏置都是分布的，因此通过采样进行处理。要像非贝叶斯神经网络那样进行前向传播(feed-forward)，可以对贝叶斯神经网络的权重和偏置进行采样，得到一组参数，然后像非贝叶斯神经网络那样使用即可。

当然，也可以对权重和偏置的分布进行多次采样，得到多个参数组合，参数的细微改变对模型结果的影响在这里就可以体现出来。这也是贝叶斯深度学习的优势之一，多次采样后得到的结果更加稳健。

对于非贝叶斯神经网络，在各种超参数固定的情况下，训练神经网络时想要的就是各个层之间的权重和偏置。对于贝叶斯深度学习，训练的目的就是得到权重和偏置的分布。这时候就要用到贝叶斯公式了。

给定训练集 $D = \{(x_1, y_1), (x_2, y_2), \cdots, (x_m, y_m)\}$，使用 $D$ 训练贝叶斯神经网络，贝叶斯公式可以写为如下形式：

$$p(w \mid x, y) = \frac{p(y \mid x, w) p(w)}{\int p(y \mid x, w) p(w) \mathrm{d}w} \tag{6-34}$$

在式(6-34)中，我们想要得到的是 $w$ 的后验概率 $p(w \mid x, y)$，先验概率 $p(w)$ 根据经验可知(例如，初始时将 $p(w)$ 设成标准正态分布)，似然概率 $p(y \mid x, w)$ 是关于 $w$ 的函数。当 $w$ 等于某个值时，式(6-34)的分子很容易计算，但要想得到后验概率 $p(w \mid x, y)$，理应将分母计算出来。但事实是，分母中的积分要在 $w$ 的取值空间内进行，由于神经网络的单个权重的取值空间可以是实数集ℝ，而这些权重一起构成的空间将相当复杂，基本没法积分。所以，分母的取值存在一定难度。

贝叶斯深度学习的训练方法目前有三种。第一种最好理解,用 MCMC(Markov Chains Monte Carlo)采样去近似分母中的积分。第二种是直接用一个简单点的分布 $q$ 去近似后验概率分布 $p$,不管分母怎么积分,直接最小化分布 $q$ 和 $p$ 之间的差异,详情可以参考贝叶斯编程框架 Edward 中的介绍。第三种方法简单而强大,不改变神经网络结构,只是要求神经网络带 dropout 层,训练过程和一般神经网络一致,只是测试的时候也打开 dropout,并且测试时需要多次对同一输入进行前向传播,然后可以计算平均和统计方差。

## 6.5.4　贝叶斯深度学习框架

### 1. 珠算

珠算是用于贝叶斯深度学习的 Python 概率编程库,结合了贝叶斯方法和深度学习的互补优势。珠算基于 TensorFlow 构建。与现有的深度学习库(主要用于确定性神经网络和有监督的任务)不同,珠算提供深度学习风格的原语和算法,用于建立概率模型和应用贝叶斯推理。支持的推理算法包括如下几种。

- 具有可编程变体后验、各种目标和高级梯度估计器(SGVB、REINFORCE、VIMCO等)的变分推理(VI)。
- 重要性抽样(IS),用于学习和评估模型,并带有可编程建议。
- 带有平行链的汉密尔顿蒙特卡罗(HMC)算法以及可选的自动参数调整功能。
- 随机梯度马尔可夫链蒙特卡罗(SG-MCMC)算法: SGLD、PSGLD、SGHMC和SGNHT。

### 2. Edward

Edward 是用于概率建模、推理和评价的 Python 库,是使用概率模型进行快速实验和研究的测试平台,从小数据集的经典分层模型到大数据集的复杂的深度概率模型,不一而足。

Edward 融合了以下领域: 贝叶斯统计、机器学习、深度学习和概率编程。

Edward 支持的模拟有:

- 定向图形模型。
- 神经网络(通过库tf.layers和Keras等)。
- 隐式生成模型。
- 贝叶斯非参数和概率程序。

Edward 支持的推理有:

- 变异推理,如黑匣子变异推理、随机变分推论、生成对抗网络、最大后验估计。
- 蒙特卡罗,如吉布斯抽样、汉密尔顿蒙特卡罗、随机梯度Langevin动力学。
- 推论的组成,如期望最大化、伪边际和ABC方法、消息传递算法。

Edward 支持针对模型的如下评价和推论:

- 基于点的评估。
- 后验性检查。

Edward 建立在 TensorFlow 之上。Edward 使用 Tensor Board 启用诸如计算图、分布式训练、

CPU/GPU 集成、自动微分和可视化等功能。

### 3. TensorFlow Probability

TensorFlow Probability (TFP)是用于概率推理和统计分析的 Python 库，它基于 TensorFlow 构建而来，使我们能够通过该库在现代硬件(TPU、GPU)上轻松结合使用概率模型和深度学习。TFP 适合数据科学家、统计人员、机器学习研究人员，以及希望运用领域知识了解数据和做出预测的从业人员使用。TFP 包括：

- 大量可供选择的概率分布和 Bijector。
- 用于构建深度概率模型的工具。
- 变分推断和马尔可夫-链蒙特卡罗算法。
- 优化器，例如 Nelder-Mead 算法、BFGS 和 SGLD。

由于 TFP 继承了 TensorFlow 的优势，因此可以在模型探索和生产的整个生命周期内使用单一语言构建、拟合和部署模型。

## 6.6   本章小结

传统的机器学习属于浅层学习，虽然在很多应用上取得了成功，但也存在很大局限，模型的效果非常依赖于上游提供的特征。深度学习是一种深层的机器学习模型，其深度体现在对特征的多次变换上。深度学习将原始的数据特征通过多步的特征转换得到一种特征表示，并进一步输入预测函数中得到最终结果。和"浅层学习"不同，深度学习需要解决的关键问题是贡献度分配问题，也就是系统中不同的组件或参数对最终系统输出结果的贡献或影响。

目前，深度学习采用的模型主要是神经网络模型，主要原因是神经网络模型可以使用误差反向传播算法，从而可以比较好地解决贡献度分配问题。随着模型深度的不断增加，特征表示能力也越来越强，从而使后续的预测更加容易。本章主要介绍了三种神经网络模型：BP 神经网络、卷积神经网络和循环神经网络。然后分别介绍了相关的神经网络结构、学习算法及其应用。

深度学习是机器学习中一种高效的非线性高维数据处理方法，受限于完全信息环境。从贝叶斯视角解释和描述深度学习，能够有效应对"不确定性、不完全信息和开放环境"，使得深度学习具有不确定性建模和推理的能力，算法的优化和超参数调整更有效。从贝叶斯的角度将深度学习看作一种广义线性模型的堆叠，为深度学习算法提供了一些新的研究视角和应用方向。

## 6.7   习   题

1. 简述机器学习、深度学习和人工智能三者之间的关系。
2. 神经网络结构有哪几种类型？
3. 解释 mini-batch 随机梯度下降法的原理。
4. BP 学习算法的基本思想是什么，存在哪些不足之处？
5. BP 神经网络的结构如图 6-22 所示，初始权值已标在图中，激活函数为 Sigmod 函数。

网络的输入模式为 $X=(0.35,0.9)^T$，期望输出为 $d=0.5$。

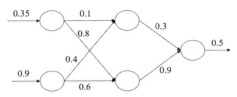

图6-22 BP神经网络的示例结构

试对单次训练过程进行分析，并求出：

(1) 隐层权值矩阵 $V$ 和输出层权值矩阵 $W$；

(2) 各层净输入输出；

(3) 误差信号 E；

(4) 调整后的权值矩阵 $W$。

6. 简述卷积神经网络的结构。

7. 假设输入图像为 $\begin{bmatrix} 1 & 2 & 3 & 4 \\ 5 & 6 & 7 & 8 \\ 0 & 1 & 1 & 1 \\ 2 & 3 & 4 & 5 \end{bmatrix}$，卷积核为 $\begin{bmatrix} 1 & 0 \\ 0 & 1 \end{bmatrix}$，卷积步长为 2，计算卷积结果。

8. 假设输入图像为 $\begin{bmatrix} 1 & 2 & 3 & 4 \\ 5 & 6 & 7 & 8 \\ 0 & 1 & 1 & 1 \\ 2 & 3 & 4 & 5 \end{bmatrix}$，池化核为 $2\times2$，步长为 1，分别计算均值池化和最大池化的结果。

9. 假设输入是一张 $300\times300$ 的彩色(RGB)图像，没有使用卷积神经网络。如果第一个隐层有 100 个神经元，每个神经元与输入层进行全连接，那么这个隐层有多少个参数(包括偏置参数)？

10. 假设输入是一张 $300\times300$ 的彩色(RGB)图像，使用卷积层和 100 个过滤器，每个过滤器的大小都是 $5\times5$，请问这个隐层有多少个参数(包括偏置参数)？

11. 假设输入是一张 $63\times63\times16$ 的图像，使用 32 个过滤器进行卷积，每个过滤器的大小为 $7\times7$，步长为 1，使用 Same 卷积方式，请问填充的值是多少？

12. 列出 AlexNet 的主要创新点。

13. 循环神经网络是如何具有记忆功能的？

14. 为什么 RNN 存在长期依赖问题？

15. 贝叶斯深度学习和深度学习有何区别？贝叶斯神经网络和神经网络有何区别？

## 参考文献

[1] 李德毅，于剑. 人工智能导论[M]. 北京：中国科学技术出版社，2018.08.

[2] 徐洁磐. 人工智能导论[M]. 北京：中国铁道出版社，2019.07.

[3] 邱锡鹏. 神经网络与深度学习[M]. 北京：电子工业出版社，2015.

[4] 王万良. 人工智能及其应用[M]. 3 版. 北京：高等教育出版社，2016.02.

[5] 吴岸城. 神经网络与深度学习[M]. 北京：电子工业出版社，2016.06.

[6] D.O. Hebb, The Organization of Behavior, John Wiley, New York, 1944.

[7] F. Rosenblatt, The Perceptron: A Probabilistic Model for Information Storage and Organization in the Brain[J]. Psychological Review, 1958, (65):386-408.

[8] M. Minsky and S. Papert, Perceptrons, MIT press, 1969.

[9] D.E. Rumelhart, and J.L. Mcclelland, Parallel Distributed Processing, MIT Press, 1986.

[10] G.E. Hinton, S. Osindero, Y. Teh. A fast learning algorithm for deep belief nets[J]. Neural Computation, 2006, (18):1527-1554.

[11] Amirhossein Tavanaei. Deep learning in spiking neural networks[J]. Neural Networks, 2019,111: 47-63.

[12] Ismail Fawaz, Weber, J. et al. Deep learning for time series classification: a review[J]. Data Min Knowl Disc, 2019, 33:917–963.

[13] Robert Kozma, Cesare Alippi. Artificial Intelligence in the Age of Neural Networks and Brain Computing[J]. Academic Press, 2019, 293-312.

[14] Hu Zhenlong, Zhao Qiang, Wang Jun. The Prediction Model of Cotton Yarn Intensity Based on the CNN-BP Neural Network[J]. Wireless personal communications: An Internaional Journal, 2018, 102(02): 1905-1916.

[15] Ian Goodfellow, Aaron Courville, and Yoshua Bengio. Deep learning. Book in preparation for MIT Press, 2015.

[16] Bengio, Yoshua; Courville, Aaron; Goodfellow, Ian J. Deep learning: adaptive computation and machine learning. The MIT Press, 2016.

[17] Nikhil Buduma. 深度学习基础(影印版)[M]. 南京：东南大学出版社，2018.

[18] 杨丽，吴雨茜，王俊丽，刘义理. 循环神经网络研究综述[J]. 计算机应用，2018,38(S2):1-6+26.

[19] 余昉恒. 循环神经网络门结构模型研究[D]. 浙江大学，2018.

[20] 孙艺喆，吕文华. 贝叶斯深度学习[J]. 中国新通信，2018, 20(09): 192.

# 第 7 章

# 深度学习(2)

深度学习是机器学习领域新兴的研究方向之一，它通过模仿人脑结构，实现对复杂输入数据的高效处理，不仅能够智能地学习不同的知识，而且能够有效地解决多类复杂的智能问题，已成为当今广义的人工智能领域核心技术之一。近年来，随着深度学习高效学习算法的出现，机器学习界掀起了研究深度学习理论及应用的热潮，多种深度神经网络在大量机器学习问题方面取得了令人瞩目的成果。实践表明，深度学习在不同应用领域都取得了明显的优势，但仍存在一些需要进一步探索的问题，如无标记数据的特征学习、网络模型规模与训练速度精度之间的权衡、与其他方法的融合等。

## 8003 **7.1 注意力与记忆机制** 8003

人脑在有限的资源下，并不能同时处理过载的输入信息。但大脑神经系统有两个重要机制可以解决信息过载问题：注意力和记忆机制。我们还可以借鉴人脑解决信息过载的机制，从两方面提高神经网络处理信息的能力。一方面是选择信息，通过自上而下的信息选择机制(即注意力)来过滤大量的无关信息；另一方面是优化神经网络的记忆结构，通过引入额外的外部记忆来提高神经网络的信息存储容量。

### ▼ 7.1.1 注意力

在计算能力有限的情况下，注意力作为一种将计算资源分配给更重要任务的资源分配方案，是解决信息超载问题的主要手段之一。在认知神经学中，注意力是一种人类不可或缺的复杂认知功能，是指人类可以在关注一些信息的同时忽略另一些信息的选择能力。在日常生活中，可通过视觉、听觉、触觉等方式接收大量的感觉输入。但是在这些外界信息的轰炸中，人脑还可以有条不紊地工作，是因为人脑可以有意或无意地从这些大量输入信息中选择小部分的有用信息来重点处理，并忽略其他信息。这种能力就叫做注意力。注意力可以体现于对外部环境的刺

激(听觉、视觉、味觉等)，也可以体现于内部的意识(思考、回忆等)。

注意力一般分为两种：一种是自上而下的有意识的注意力，称为聚焦式注意力，聚焦式注意力是指有预定目的、依赖于任务、主动且有意识地聚焦于某一对象的注意力；另一种是自下而上的无意识的注意力，称为基于显著性的注意力，基于显著性的注意力是由外界刺激驱动的注意，不需要主动干预，也和任务无关。如果一个对象的刺激信息不同于周围信息，门控机制就可以把注意力转向这个对象。不管这些注意力是有意还是无意的，大部分的人脑活动都需要依赖注意力，比如记忆信息、阅读或思考等。

一个和注意力有关的例子是鸡尾酒会效应。当一个人在吵闹的鸡尾酒会上和朋友聊天时，尽管周围噪声干扰很多，但他还是可以听到朋友的谈话内容，而忽略其他人的声音(聚焦式注意力)。同时，如果背景声音中有重要的信息(比如他的名字)，他会马上注意到(显著性注意力)。聚焦式注意力一般会随着环境、情景或任务的不同而选择不同的信息。比如，当要从人群中寻找某个人时，我们会专注于每个人的脸部；而当要统计人群的人数时，我们只需要专注于每个人的轮廓。

### 7.1.2 注意力机制

当使用神经网络处理大量的输入信息时，也可以借鉴人脑的注意力机制，只选择一些关键的输入信息进行处理，提高神经网络的效率。在目前的神经网络模型中，我们可以将最大汇聚、门控机制近似地看作自下而上的基于显著性的注意力机制。以阅读理解任务为例，给定一篇很长的文章，然后就文章的内容进行提问。提出的问题只和段落中的一两个句子相关，其余部分都是无关的。为了减小神经网络的计算负担，只需要把相关的片段挑选出来让后续的神经网络处理，而不需要把所有文章内容都输入给神经网络。

#### 1. 基本模式

用$x_{1:N} = \{x_1, x_2, \cdots, x_N\}$表示$N$个输入信息，为了节省计算资源，不需要将所有的$N$个输入信息都输入神经网络中进行计算，只需要从$m_1, m_2, \cdots, m_N$中选择一些和任务相关的信息输入给神经网络。给定和任务、情景相关的查询向量$\boldsymbol{q}$，我们用注意力变量$z \in [1, N]$表示被选择信息的索引位置，例如，$z = i$表示选择第$i$个输入信息。为了方便计算，我们采用一种"软"的信息选择机制，计算在给定$\boldsymbol{q}$和$x_{1:N}$时，选择第$i$个输入信息的概率$\alpha_i$。

$$\alpha_i = p(z = i | x_{1:N}, \boldsymbol{q}) = \text{Softmax}(s(x_i, \boldsymbol{q})) = \frac{\exp(s(x_i, \boldsymbol{q}))}{\sum_{j=1}^{N} \exp(s(x_i, \boldsymbol{q}))} \tag{7-1}$$

其中，$s(x_i, \boldsymbol{q})$为注意力打分函数，可以是加性模型：

$$s(x_i, \boldsymbol{q}) = v^{\text{T}} \tanh(W(x_i + U\boldsymbol{q})) \tag{7-2}$$

也可以是点积模型：

$$s(x_i, \boldsymbol{q}) = x_i^{\text{T}} \boldsymbol{q} \tag{7-3}$$

$$s(x_i, \boldsymbol{q}) = x_i^{\text{T}} W \boldsymbol{q} \tag{7-4}$$

其中：$W$、$U$和$v$为可学习的网络参数。

注意力分布$\alpha_i$可以解释为执行上下文查询向量$\boldsymbol{q}$时，第$i$个信息受关注的程度。我们采用一种"软"的信息选择机制，将输入信息编码为

$$\text{attention}(x_{1:N}, \boldsymbol{q}) = \sum_{i=1}^{N} \alpha_i x_i \tag{7-5}$$

这称为软性注意力机制。

### 2. 变化模式

除了上面介绍的基本模式外，注意力机制还存在一些变化模式。

#### 1) 多头注意力

多头注意力是指利用多个查询$\boldsymbol{q}_{1:M} = \{q_1, q_2, \cdots, q_M\}$来平行地从输入信息中选取多个信息。每个注意力关注输入信息的不同部分。

#### 2) 硬性注意力

之前提到的注意力是软性注意力，还有一种注意力只关注某个位置，叫作硬性注意力。

硬性注意力有两种实现方式，一种是选取最高概率的输入信息：

$$\text{attention}(x_{1:N}, \boldsymbol{q}) = x_j \tag{7-6}$$

其中，$j$为概率最大的输入信息的下标。

另一种硬性注意力可以通过在注意力分布上进行随机采样的方式实现。硬性注意力的缺点在于需要基于最大采样或随机采样的方式选择信息。因此，最终的损失函数与注意力分布之间的函数关系不可导，因此无法使用反向传播算法进行训练。为了使用反向传播算法，一般使用软性注意力代替硬性注意力。

#### 3) 键值注意力

一般地，可以使用键值对格式表示输入信息，其中"键"用来计算注意力分布$\alpha_i$，"值"用来生成选择的信息。用$(k, v)_{1:N} = [(k_1, v_1), (k_2, v_2), \cdots, (k_N, v_N)]$表示$N$个输入信息，给定任务相关的查询向量$\boldsymbol{q}$时，注意力函数为

$$\text{attention}((k, v)_{1:N}, \boldsymbol{q}) = \sum_{i=1}^{N} \alpha_i v_i = \sum_{i=1}^{N} \frac{\exp\left(s(k_j, \boldsymbol{q})\right)}{\sum_j \exp\left(s(k_j, \boldsymbol{q})\right)} v_i \tag{7-7}$$

其中，$s(k_j, \boldsymbol{q})$可以为加性模型或点积模型。

#### 4) 结构化注意力

从输入信息中选取和任务相关的信息，主动注意力是基于所有输入信息的多项分布，是一种扁平结构。如果输入信息本身具有层次结构，比如文本可以分为词、句子、段落、篇章等不同粒度的层次，就可以使用层次化的注意力来进行更好的信息选择。此外，还可以假设注意力上下文相关的二项分布，用一种图模型来构建更复杂的结构化注意力分布。

#### 5) 指针网络

上述几种注意力机制主要用来进行信息筛选，从输入信息中选取相关的信息。事实上，注意力机制可以分为两步：一是计算注意力分布$\alpha_i$，二是根据$\alpha_i$计算输入信息的加权平均。我们可以只利用注意力机制中的第一步，将注意力分布作为软性指针来指出相关信息的位置。

指针网络是一种序列到序列模型，输入是长度为$n$的向量序列$\boldsymbol{x}_{1:n} = \boldsymbol{x}_1, \boldsymbol{x}_2, \cdots, \boldsymbol{x}_n$，输出是下标序列$c_{1:m} = c_1, c_2, \cdots, c_m, c_i \in [1, n]$。

与一般的序列到序列任务不同，这里的输出序列是输入序列的下标(索引)。输入一组乱序的数字，输出为按大小排序的输入数字序列的下标。比如，输入为3、1、2，输出为1、2、3。

条件概率$p(c_{1:m}|x_{1:n})$可以写为

$$p(c_{1:m}|x_{1:n}) = \prod_{i=1}^{m} p(c_1|c_{1:i-1}, x_{1:n}) \approx \prod_{i=1}^{m} p(c_i|x_{c_i}, \cdots, x_{c_{i-1}}, x_{1:n}) \tag{7-8}$$

其中，条件概率$p(c_i|x_{c_i}, \cdots, x_{c_{i-1}}, x_{1:n})$可以通过注意力分布来计算。假设用循环神经网络对$x_{c_i}, \cdots, x_{c_{i-1}}, x_{1:n}$进行编码，得到$e_i$，于是

$$p(c_{1:m}|x_{1:n}) = \text{Softmax}(s_{i,j}) \tag{7-9}$$

其中，$s_{i,j}$为执行到解码过程的第$i$步时，每个输入向量的未归一化的注意力分布：

$$s_{i,j} = v^{\text{T}} \tanh(W x_j + U e_i), \forall j \in [1, n] \tag{7-10}$$

其中，$v$、$W$、$U$为可学习的参数。

## 7.1.3 常见的记忆方式

### 1. 人脑中的记忆

在生物神经网络中，记忆是外界信息在人脑中的存储机制。人脑记忆毫无疑问是通过生物神经网络实现的。虽然其机理目前还无法解释，但直观上记忆机制和神经网络的联结形态以及神经元的活动相关。生理学家发现信息是作为一种整体效应存储在大脑组织中的。当大脑皮层的不同部位损伤时，导致的不同行为表现似乎取决于损伤的程度而不是损伤的确切位置。大脑组织的每个部分似乎都携带一些导致相似行为的信息。也就是说，记忆在大脑皮层是分布式存储的，而不是存储于某个局部区域。

虽然人脑记忆的存储机制还不清楚，但是我们已经大概可以确定不同脑区参与了记忆形成的几个阶段。人脑记忆的一个特点是保存时间不一样，可以分为长期记忆和短期记忆。长期记忆也称为结构记忆或知识，体现为神经元之间的联结形态，更新速度比较慢。短期记忆体现为神经元的活动，更新较快，维持时间为几秒至几分钟。短期记忆是神经联结的暂时性强化，通过不断巩固、强化可形成长期记忆。短期记忆、长期记忆的动态更新过程称为演化过程。

此外，在执行某个认知行为(比如记下电话号码、执行算术运算)时，人脑中还会存在"缓存"，即工作记忆。工作记忆是记忆的临时存储和处理系统，维持时间通常为几秒。从时间上看，工作记忆也是一种短期记忆，但和短期记忆的内涵不同。短期记忆一般指外界的输入信息在人脑中的表示和短期存储，不关心这些记忆如何被使用；而工作记忆是和任务相关的"容器"，可以临时存放和某项任务相关的短期记忆以及其他相关的内在记忆。工作记忆的容量一般都比较小，一般可以容纳4组项目。

作为不严格的类比，现代计算机的存储也可以按照不同的周期分为不同的存储单元，比如寄存器、内存、外存(如硬盘等)。

人脑记忆的另一个主要特点是可以通过联想来进行检索，形成联想记忆。联想记忆是指一

种学习和记住不同对象之间关系的能力，比如看见一个人，然后想起他的名字，或记住某种食物的味道等。联想记忆是一种可以通过内容匹配进行寻址的信息存储方式，也称为基于内容寻址的存储。作为对比，现代计算机也是根据地址来进行存储的，称为随机访问存储。

### 2. 结构化的外部记忆

神经网络中可以存储的信息量称为网络容量。一般来说，利用一组神经元来存储信息的容量和神经元的数量以及网络的复杂度成正比。如果要存储更多的信息，神经元的数量就要越多或者网络就要越复杂，这导致神经网络的参数成倍增加。

为了增加网络容量，一种比较简单的方式是引入结构化的记忆模块，将和任务相关的短期记忆保存在辅助记忆中，需要时再进行读取。

引入的结构化辅助记忆一般称为外部记忆，以区别于循环神经网络的内部记忆(即隐状态)。以长短期记忆网络(Long Short-Term Memory，LSTM)模型为例，其内部记忆可以类比为计算机的寄存器，外部记忆可以类比为计算机的内存。装备外部记忆的神经网络也称为记忆增强神经网络。

外部记忆有两个特点：①结构性。记忆通过结构化的方法来存储，一般用一个向量来表示一个记忆片段，用一组向量来表示多个记忆片段。记忆的组织方式可以是数组、树、栈或队列等。②内容地位。为了按内容寻址并访问外部记忆中存储的信息，需要首先按内容寻址方式进行定位，然后执行读取或写入操作。通常使用注意力机制来执行按内容寻址。从这个角度看，外部记忆也是一种联想记忆，只是结构以及读写方式更像是受到了计算机架构的启发。

通过引入外部记忆，可以将神经网络的参数和记忆容量"分离"，在不增加网络参数的条件下增加网络容量。这些外部记忆被保存在数组、栈或队列等结构中。注意力机制可被看作接口，用于将信息的存储与计算分离。这样，神经网络可以分成两个部件：控制器和外部记忆。控制器是神经网络，也称为主网络，负责信息处理以及与外界的交互(接收外界的输入信息并产生输出到外界)。控制器还同时负责对外部记忆的读写操作。大部分信息存储于外部记忆中，不需要全时参与计算。控制器生成查询向量，并使用注意力机制从外部记忆中读取相关信息，参与控制器的计算。比较典型的结构化外部记忆模型有神经图灵机、记忆网络等。

### 3. 基于神经动力学的联想记忆

结构化的外部记忆更多是受现代计算机架构的启发，将计算和存储功能分离，这些外部记忆的结构也缺乏生物学解释性。为了具有更好的生物学解释性，还可以将基于神经动力学的联想记忆模型引入目前的神经网络以增加网络容量。

联想记忆模型主要通过神经网络的动态演化来进行联想，有两种应用场景：①输入的模式和输出的模式在同一空间，这种模型叫作自联想记忆模型。自联想记忆模型可以通过前馈神经网络或循环神经网络来实现，也经常称为自编码器。②输入的模式和输出的模式不在同一空间，这种模型叫作异联想记忆模型。从广义上讲，大部分模式识别问题都可被看作异联想，因此异联想记忆模型可以作为分类器使用。

联想记忆模型是 Hopfield 网络的重要应用范围。Hopfield 网络是一种循环神经网络模型，由一层相互连接的神经元组成。每个神经元既是输入单元，又是输出单元，没有隐藏神经元。神经元和自身没有反馈相连，不同神经元之间的连接权重是对称的。

假设一个 Hopfield 网络有 $m$ 个神经元，第 $i$ 个神经元的更新规则为

$$s_i = \begin{cases} +1 & \text{如果} \sum_{j=1}^{m} w_{ij} s_j + b_i \geqslant 0 \\ -1 & \text{其他} \end{cases} \tag{7-11}$$

其中，$w_{ij}$ 为神经元 $i$ 和 $j$ 之间的连接权重，$b_i$ 为偏置。连接权重 $w_{ij}$ 有以下性质：

$$w_{ii} = 0 \quad \forall i \in [1, m] \tag{7-12}$$

$$w_{ij} = w_{ji} \quad \forall i, j \in [1, m] \tag{7-13}$$

Hopfield 网络的更新可以分为异步和同步两种方式。异步更新是指每次更新一个神经元。神经元的更新顺序可以是随机的或事先约定的。同步更新是指一次更新所有的神经元，需要有时钟来进行同步。时刻 $t$ 的神经元状态为 $s_t = [s_{t,1}, s_{t,2}, \cdots, s_{t,m}]^{\mathrm{T}}$，更新规则为

$$s_t = f(s_{t-1} + b) \tag{7-14}$$

其中，$s_0 = x$，$W = [w_{ij}]_{m \times n}$ 为连接权重，$b = [b_i]_{m \times 1}$ 为偏置，$f(\cdot)$ 为非线性阶跃函数。

在 Hopfield 网络中，我们给每个不同的网络状态定义一个标量属性，称为"能量"。

$$E = -\frac{1}{2} \sum_{i,j} w_{ij} s_i s_j - \sum_i b_i s_i = -\frac{1}{2} s^{\mathrm{T}} W s - b^{\mathrm{T}} \tag{7-15}$$

能量函数 $E$ 是 Hopfield 网络的 Lyapunov 函数。根据 Lyapunov 定理，Hopfield 网络是稳定的。

权重对称是能量函数的一个重要特征，因为这保证了能量函数在神经元激活时单调递减，而不对称的权重可能导致周期性振荡或混乱。

作为按内容寻址的存储器，联想记忆的特点是基于内容寻址，可以分为两个阶段：存储和检索。

**1) 存储阶段**

存储阶段是将一组模式 $x_1, x_2, \cdots, x_N$ 存储在网络中的过程。存储过程主要是调整神经元之间的连接权重，因此可被看作一种学习过程。Hopfield 网络的学习规则有很多种，其中最主要的学习规则是 Hebbian 法则。神经元 $i$ 和 $j$ 之间的连接权重定义为

$$w_{ij} = \frac{1}{N} \sum_{n=1}^{N} x_i^{(n)} x_j^{(n)} \tag{7-16}$$

其中，$x_i^{(n)}$ 是第 $n$ 个输入模式的第 $i$ 维特征。

**2) 检索阶段**

当学习完之后，联想记忆可以根据不完整或带噪声的输入，通过网络迭代来回忆出正确的模式。

对于联想记忆模型来说，存储容量为能够可靠地存储和检索模式的最大数量。对于数量为 $m$ 的相互连接的二值神经元网络，总状态数 $2^m$，其中可以作为有效稳定点的状态数量就是存储容量。模型容量一般与网络结构和学习方式有关。Hopfield 网络的最大容量为 $0.14m$，玻尔兹

曼机的最大容量为 $0.6m$，但是学习效率比较低，需要非常长时间的演化才能达到均衡状态。通过改进学习算法，Hopfield 网络的最大容量可以达到 $O(m)$。如果允许高阶(阶数为$K$)连接，比如连接三个神经元，那么稳定存储的最大容量为 $O(m^{K-1})$。Plate 通过引入复数运算，有效提高了网络容量。总体上讲，通过改进网络结构、学习方式以及引入更复杂的运算(比如复数、量子操作)，联想记忆网络的容量可以得到有效改善。

在目前的循环神经网络中，网络容量问题也是限制其能力的主要因素。为了具有更好的生物学解释性，研究人员将联想记忆模型作为部件引入 LSTM 网络，从而在不引入额外参数的情况下增加网络容量。一些研究人员将循环神经网络中的部分连接权重作为短期记忆，并通过联想记忆模型进行更新，从而提高网络性能。部分学者进一步将模块化的深度网络(比如残差网络)也作为联想记忆，并引入更加有效的复数表示来提高网络性能。

在上述网络中，联想记忆都是作为更大网络的部件，用来增加短期记忆的容量。联想记忆部件的参数可作为整个网络参数的一部分进行学习。

## 7.1.4　典型的记忆网络

通过注意力机制，可以从大量的输入信息(或历史信息)中选出对当前决策有帮助的信息。注意力机制可以分为两个步骤：计算注意力分布和信息加权平均。如果类比计算机的存储器读取，将输入信息看作存储于计算机存储器中的数据，则计算注意力分布的过程相当于计算机的"寻址"过程，信息加权平均的过程相当于计算机的"内容读取"过程。

因此，和之前介绍的 LSTM 中的记忆单元相比，外部记忆可以存储更多的信息，并且不直接参与计算，而是通过读写接口进行操作。LSTM 模型中的记忆单元包含了信息存储和计算两种功能，不能存储太多的信息。因此，LSTM 中的记忆单元可以类比为计算机中的寄存器，而外部记忆可以类比为计算机中的存储器(内存、磁带或硬盘等)。

外部记忆从记忆结构、读写方式等方面可以演变出很多模型。本节介绍一些比较有代表性的模型。

### 1. 端到端记忆网络

我们用 $(k, v)_{1:N} = [(k_1, v_1), \cdots, (k_N, v_N)]$ 表示 $N$ 个输入信息。在特定的上下文查询向量 $\boldsymbol{q}$ 中，注意力函数为

$$\text{attention}((k, v)_{1:N}, \boldsymbol{q}) = \sum_{i=1}^{N} \alpha_i v_i = \sum_{i=1}^{N} \frac{\exp\left(s(k_j, \boldsymbol{q})\right)}{\sum_j \exp\left(s(k_j, \boldsymbol{q})\right)} v_i \tag{7-17}$$

端到端记忆网络采用一种循环网络结构，可以多次从外部记忆中读取信息，是一种只读的外部记忆。

### 2. 神经图灵机

神经图灵机主要由两个部件构成：控制器和外部记忆。外部记忆定义为矩阵 $\boldsymbol{M} \in \mathbb{R}^{d \times n}$，这里的 $n$ 是记忆片段的数量，$d$ 是每个记忆片段的大小。$n$ 和 $d$ 为超参数。

控制器为前馈或循环神经网络。以循环神经网络为例，在每个时刻 $t$，控制器接收当前时刻

的输入$x_t$、上一刻的输出$h_{t-1}$和上一时刻从外部记忆中读取的信息$r_{t-1}$，并产生输出$h_t$，同时生成和读写外部记忆相关的三个向量：查询向量$\boldsymbol{q}_t$，删除向量$\boldsymbol{e}_t$和增加向量$\boldsymbol{a}_t$。

神经图灵机中的外部记忆是可读写的。

### 1) 读操作

在时刻$t$，外部记忆的内容记为$\boldsymbol{\mathcal{M}}_t = m_{t,1}, \cdots, m_{t,n}$，读操作为从外部记忆$\boldsymbol{\mathcal{M}}_t$中读取信息$r_t \in \mathbb{R}^{d \times n}$。

首先通过注意力机制进行基于内容的寻找：

$$\boldsymbol{\alpha}_{t,i} = \text{Softmax}(s(m_{t,i}, \boldsymbol{q}_t)) \tag{7-18}$$

其中，$\boldsymbol{q}_t$为控制器产生的查询向量，用来进行基于内容的寻址。$s(\cdot, \cdot)$为加性或乘性的打分函数。注意力分布$\boldsymbol{\alpha}_t$是记忆片段$m_{t,i}$对应的权重，并满足$\sum_{i=1}^n \boldsymbol{\alpha}_{t,i} = 1$。

然后根据注意力分布$\boldsymbol{\alpha}_t$，可以计算读向量$\boldsymbol{r}_t$：

$$\boldsymbol{r}_t = \sum_{i=1}^n \boldsymbol{\alpha}_i m_{t,i} \tag{7-19}$$

将读向量$\boldsymbol{r}_t$作为下一个时刻控制器的输入。

### 2) 写操作

外部记忆的写操作可以分解为两个子操作：删除和增加。

首先，产生删除向量$\boldsymbol{e}_t$和增加向量$\boldsymbol{a}_t$，分别表示要从外部记忆中删除的信息和要增加的信息。然后执行子操作，删除操作根据注意力分布来按比例地在每个记忆片段中删除$\boldsymbol{e}_t$，增加操作根据注意力分布按比例给每个记忆片段加入$\boldsymbol{a}_t$。

$$m_{t+1,i} = m_{t,i}(1 - \boldsymbol{\alpha}_{t,i}\boldsymbol{e}_t, \forall i \in [1, n]) \tag{7-20}$$

通过写操作得到下一时刻的外部记忆$\boldsymbol{\mathcal{M}}_{t+1}$。

## ▼ 7.1.5 典型场景应用

### 1. 机器翻译

注意力机制最成功的应用是机器翻译。基于神经网络的机器翻译模型也叫做神经机器翻译。一般的神经机器翻译模型采用"编码-解码"的方式进行序列到序列转换。这种方式有两个问题：一是编码向量的容量瓶颈问题，即源语言所有的信息都需要保存在编码向量中，才能进行有效解码；二是长距离依赖问题，即编码和解码过程中进行长距离信息传递时的信息丢失问题。

通过引入注意力机制，可以将源语言中每个位置的信息都保存下来。在解码过程中生成每种目标语言的单词时，我们都通过注意力机制直接从源语言的信息中选择相关的信息作为辅助。这样的方式就可以有效地解决上面的两个问题。

### 2. 语音识别

语音识别的任务目标是将语音流信号转换成文字，语音识别中的经典模型(Connectionist Temporal Classification，CTC)在基于注意力机制的 Encoder-Decoder 框架中由于注意力机制建立了语音与单词之间的对应关系，因此取得了较好的结果。Encoder 部分的输入是语音流信号，

Decoder 部分输出语音对应的字符串流,注意力机制起到对输出字符和输入语音信号进行对齐的功能。

### 3. 图像描述生成

图像描述生成是指输入一幅图像,输出这幅图像对应的描述。图像描述生成也采用"编码-解码"的方式进行。编码器为卷积网络,提取图像的高层特征,表示为编码向量;解码器为循环神经网络语言模型,初始输入为编码向量,生成图像的描述文本。在图像描述生成任务中,同样存在编码容量瓶颈以及长距离依赖两个问题,因此也可以利用注意力机制来有效地选择信息。在生成描述的每个单词时,循环神经网络的输入除了前一个单词的信息外,还利用注意力机制来选择一些来自于图像的相关信息。

图像描述生成是一种典型的图文结合的深度学习应用,输入一张图片,人工智能系统输出一句描述,语义等价地描述图片内容。加入注意力机制能够明显改善系统输出效果,在输出某个实体单词的时候将注意力聚焦于图片中相应的区域。

## 7.2 自编码器

自编码器是深度学习中一种非常重要的无监督学习方法,能够从大量无标签的数据中自动学习,得到蕴含在数据中的有效特征。因此,自编码方法近年来受到广泛的关注,已成功应用于很多领域,例如数据分类、模式识别、异常检测、数据生成等。

传统自编码器(Auto-Encoder)的概念最早来自于 Rumelhart 等人(1986)在《自然》杂志上发表的论文[1]。随后,Bourlard 等人(1988)对其进行了详细阐述[2]。自编码器具有重建过程简单、可堆叠多层、以神经科学为支撑点的优点。自编码器在近几年得到高速发展,这是因为在自编码器发展早期,理论研究占主要地位,因此新型自编码器的提出比较缓慢,后期由于理论基础的成熟,各种针对研究领域的自编码器被相继提出,并取得令人满意的效果。目前,自编码器和玻尔兹曼机的用法非常类似。自编码器由于内部层数不能太深,因此单个自编码器通常被逐个训练,然后堆叠多个自编码器的编码层,以完成深度学习的训练过程。

### ▼ 7.2.1 传统自编码器

一般来说,传统自编码器主要包括编码阶段和解码阶段,并且结构是对称的——当有多个隐层时,编码阶段的隐层数量与解码阶段相同,网络结构如图 7-1 所示。传统自编码器的目的就是在输出层重建输入数据,最完美的情况就是输出信号$y$与输入信号$x$完全一样。按照图 7-1 所示结构,传统自编码器的编码、解码过程可描述如下。

编码过程:$h_1 = \sigma_e(W_1 x + b_1)$

解码过程:$y = \sigma_d(W_2 h_1 + b_2)$

其中$W_1$、$b_1$为编码权重和偏置,$W_2$、$b_2$为解码权重和偏置,$\sigma_e$为非线性变换,$\sigma_d$可以是与编码过程中相同的非线性变化或仿射变换。因此,传统自编码器的损失函数用于最小化$y$和$x$之间的误差:

$$J(W, b) = \sum(L(x, y)) = \sum ||y - x||_2^2 \qquad (7\text{-}21)$$

编码阶段可以看成通过一种确定性的映射将输入信号转换为隐层表达，而解码阶段则尽量将隐层表达重新映射为输入信号。传统自编码器中的参数(权重和偏置)可通过最小化目标函数来学习获得。除了给出的均方误差，损失函数还可以选择交叉熵，具体表示为

$$J(W, b) = \sum(L(x, y)) = -\sum_{i=1}^{n}(x_i \log(y_i) + (1 - x_i)\log(1 - y_i)) \qquad (7\text{-}22)$$

以上编解码过程没有涉及输入数据的标签信息。因此，传统自编码器被看作一种无监督学习方法。针对图 7-1 所示的结构，传统自编码器的隐层表达有三种不同的形式：压缩结构、稀疏结构和等维结构。当输入层的神经元数量大于隐层时，称为压缩结构。反之，当输入层的神经元数量小于隐层时，称为稀疏结构。当输入层与隐层的神经元数量相等时，称为等维结构。

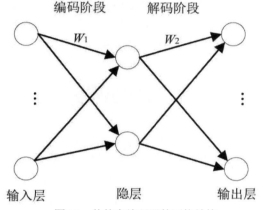

图7-1　传统自编码器的网络结构

在传统自编码器中，编码和解码阶段的权重是分别单独训练的，并没有什么实际的联系。但是如果令 $W_2 = W_1^{\mathrm{T}}$，让编码和解码阶段使用相同的权重，那么这种自编码器被称为绑定权重自编码器。

对于传统自编码器，还可以通过为损失函数增加权重衰减项来控制权重的减小程度，我们称之为传统正则自编码器，损失函数为

$$J_{\mathrm{CoAE}}(W, b) = \sum(L(x, y)) + \lambda ||W||_2^2 \qquad (7\text{-}23)$$

参数 $\lambda$ 用来控制正则化的强度，一般取 $0 \sim 1$ 的值。权重衰减项的增加能有效抑制静态噪声对目标和权重向量中不相关成分的影响，显著提升网络的泛化能力，并有效避免过拟合现象的产生。

## 7.2.2　改进的自编码器

传统自编码器的目的是使输出与输入尽量相同，这完全可以通过学习两个恒等函数来完成，但是这样的变换没有任何意义，因为真正关心的是隐层表达而不是实际输出。因此，针对自编码器的很多改进方法都是对隐层表达增加一定的约束，迫使隐层表达与输入不同。如果此时模型还可以重建输入信号，那么说明隐层表达足以表示输入信号，隐层表达就是通过模型自动学

习出来的有效特征。接下来将对几种比较典型的改进自编码器进行详细介绍。

### 1. 降噪自编码器

在自编码器中，真正处于核心地位的其实是隐层表达，Vincent(2008)等认为好的表达应该能够捕获输入信号的稳定结构，具有一定的鲁棒性，同时对重建信号是有用的[3]。因此，Vincent等人从鲁棒性着手，于 2008 年提出了降噪自编码器。降噪自编码器的提出是因为受到一种现象的启发，那就是对于部分被遮挡或损坏的图像，人类仍然可以进行准确的识别。因此，降噪自编码器的主要研究目标是：实现隐层表达对局部损坏的输入信号的鲁棒性。也就是说，如果一个模型具有足够的鲁棒性，那么局部损坏的输入在隐层上的表达应该与没有受到破坏的干净输入几乎相同，而利用隐层表达就完全可以重建干净的输入信号。

因此，降噪自编码器通过对干净输入信号人为加入一些噪声，使干净信号受到局部损坏，产生对应的损坏信号，然后将损坏信号送入传统自编码器，使其尽量重建与干净输入相同的输出。其中，损坏输入信号 $\tilde{x}$ 通过随机映射从干净输入 $x$ 获得：$\tilde{x} \sim q_D(\tilde{x}|x)$。降噪自编码器的网络结构如图 7-2 所示。

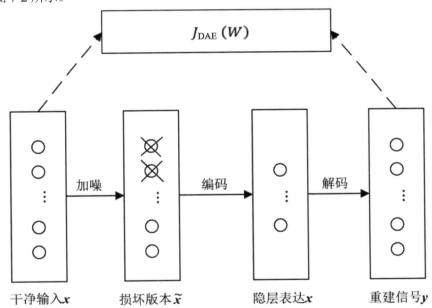

图7-2 降噪自编码器的网络结构

为了使重建信号与干净信号的误差尽可能小，降噪自编码器的目标就是最小化损失函数：

$$J_{DAE}(W) = \sum E_{\tilde{x} \sim q_{D(\tilde{x}|x)}} [L(x, y)] \tag{7-24}$$

Vincent(2010)等采用与深度信念网络中一样的方法，对降噪自编码器进行堆叠，构造堆叠降噪自编码器并用于图像分类[4]，基本结构如图 7-3 所示。

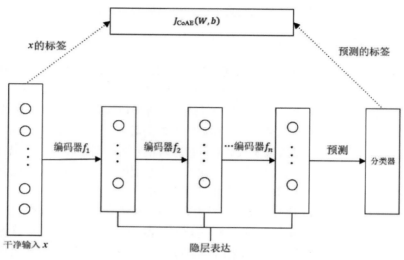

图7-3　堆叠降噪自编码器的网络结构

编码器$f_1 \sim f_n$分别对应的是预先训练好的降噪自编码器$D_1 \sim D_n$的编码函数。需要特别说明的是，该网络采用降噪自编码器$D_1$对应的编码$f_1$对干净输入$x$进行非线性变换，再把变换结果作为$D_2$的输入信号去训练$D_2$，以获得$D_2$的编码函数$f_2$，以此类推。最后利用$x$的真实标签和预测获得的标签进行有监督学习，对整个网络的参数进行进一步的微调。

综上所述，降噪自编码器对输入信号人为地进行损坏，是为了达到两个目的：①避免使隐层单元学习传统自编码器中没有实际意义的恒等函数；②使隐层单元可以学习到更具有鲁棒性的特征表达。因此，降噪自编码器最大的优点在于，重建信号对输入中的噪声具有一定的鲁棒性；而最大的缺陷在于每次进行网络训练之前，都需要对干净的输入信号人为地添加噪声，以获得损坏信号，这在无形中增加了模型的处理时间。

### 2. 边缘降噪自编码器

边缘降噪自编码器的主要思想是在降噪自编码器的基础上，对噪声干扰进行边缘化处理，因此取名为边缘降噪自编码器。

### 1）领域适应性边缘降噪自编码器

通过介绍，可以发现降噪自编码器存在两个关键缺陷：计算代价高，并且缺少对高维特征的可伸缩性。领域适应性边缘降噪自编码器的出发点就是解决以上两个缺陷。领域适应性降噪自编码器通过将噪声边缘化，使得在算法中不需要使用任何优化算法来学习模型中的参数。这一改进在很大程度上提升了网络的训练速度，一般来说，相比降噪自编码器，速度可以提升两个数量级。

领域适应性边缘降噪自编码器由一些单层降噪自编码器组合而成，因此，输入信号与降噪自编码器一样，是经过加噪处理的损坏信号。如果采用平方重建误差作为损失函数，那么领域适应性边缘降噪自编码器的目标就是将下式最小化：

$$J_{\text{DAE}}(W) = \frac{1}{n}\sum_{i=1}^{n}||x_i - W\tilde{x}_i||^2 \tag{7-25}$$

通常为了让模型更具有普遍性，会将实验过程重复多次，因此研究人员重复以上过程$m$次，每次通过添加不同的噪声，产生$m$个不同的损坏信号作为输入。因此，式(7-25)中的目标函数可改写为

$$J_{\mathrm{DAE'}}(W) = \frac{1}{mn}\sum_{j=1}^{m}\sum_{i=1}^{n}||x_i - W\tilde{x}_{i,j}||^2 \tag{7-26}$$

其中，$\tilde{x}_{i,j}$为原始输入$x_i$的第$j$个损坏版本。

根据范数与矩阵之间的关系，可进一步改写为

$$J_{\mathrm{DAE'}}(W) = \frac{1}{mn} tr[(\bar{X} - W\tilde{X})^T(\bar{X} - W\tilde{X})] \tag{7-27}$$

其中，$X = [x_1, x_2, \cdots, x_n]$，$\bar{X} = [X, \cdots, A]$，$\bar{X}$具有$m$个元素，$\tilde{X}$是与$\bar{X}$对应的损坏版本，$tr(\boldsymbol{A})$表示求矩阵$\boldsymbol{A}$的迹。然后根据普通最小二乘法，最终，最小化领域适应性边缘降噪自编码器的损失函数可转变为求解以下问题：

$$\boldsymbol{W} = \boldsymbol{P}\boldsymbol{Q}^{-1} \tag{7-28}$$

其中$\boldsymbol{P} = \bar{X}\tilde{X}^{\mathrm{T}}$，$\boldsymbol{Q} = \tilde{X}\tilde{X}^{\mathrm{T}}$。

根据弱大数定律，当实验次数$m$足够大时，式(7-28)中的$\boldsymbol{P}$、$\boldsymbol{Q}$最终会分别收敛于它们的期望值，因此令$m \to \infty$，得到

$$\boldsymbol{W} = E[\boldsymbol{P}]E[\boldsymbol{Q}]^{-1} \tag{7-29}$$

其中$E[\boldsymbol{P}]_{\alpha,\beta} = S_{\alpha,\beta}q_\alpha q_\beta$，$E[\boldsymbol{Q}]_{\alpha,\beta} = \begin{cases} S_{\alpha,\beta}q_\alpha q_\beta, \alpha \neq \beta \\ S_{\alpha,\beta}q_\alpha, \alpha = \beta \end{cases}$，$\boldsymbol{S} = \mathbf{X}\mathbf{X}^{\mathrm{T}}$，$q_\alpha$表示特征$\alpha$不被损坏的概率，$q_\beta$表示特征$\beta$不被损坏的概率。

最终，可以算出网络参数$W$。通过推导过程可以发现，在求解网络参数的过程中没有使用任何优化算法，仅需要遍历训练数据一次就可以求得$E[\boldsymbol{P}]$和$E[\boldsymbol{Q}]$的值。这就是领域适应性边缘降噪自编码器能够在训练时间上取得巨大提升的根本原因。

领域适应性边缘降噪自编码器的提出有效证明了线性降噪器可以作为学习特征表达的基本模块。将线性降噪器作为基本模块可以带来两方面的优势：首先，线性表示能够显著地简化参数估计；其次，在保证分类性能的基础上，极大缩短了训练时间。

综上所述，领域适应性边缘降噪自编码器具有以下优点：具有比较强的特征学习能力，训练速度快，更少的中间参数，更快的模型选择以及基于逐层训练的凸性；但缺点在于只能用于线性表示。

**2) 非线性表示边缘降噪自编码器**

领域适应性边缘降噪自编码能够克服降噪自编码器计算强度大、处理时间长的缺点，但是仅适用于线性表示。因此，为了使边缘降噪自编码能被用于非线性表示，有学者在此基础上进行了扩展，提出了非线性表示边缘降噪自编码器。与前者最大的区别在于，在进行边缘化处理时，改为利用降噪自编码器损失函数的泰勒展开式来近似表示期望损失函数。

降噪自编码器的目标函数还可以写成一种更加普遍的形式：

$$J_{\mathrm{DAE'}}(W) = \frac{1}{mn}\sum_{j=1}^{m}\sum_{i=1}^{n} L(x_i - f_\theta(\tilde{x}_{i,j})) \tag{7-30}$$

### 3. 稀疏自编码器

自编码器最初提出是基于降维的思想，但是当隐层节点比输入节点多时，自编码器就会失去自动学习样本特征的能力，此时就需要对隐层节点进行一定的约束。与降噪自编码器的出发点一样，吴恩达(2011)认为高维而稀疏的表达是好的，因此提出对隐层节点进行一些稀疏性的限制[5]。稀疏自编码器就是在传统自编码器的基础上通过增加一些稀疏性约束得到的。稀疏性是针对自编码器的隐层神经元而言的，通过对隐层神经元的大部分输出进行抑制使网络达到稀疏效果。根据所选激活函数的不同，神经元被抑制的概念有些许区别。如果激活函数为 *sigmoid*，输出接近 0 表示被抑制；如果激活函数为 tanh，那么神经元被抑制的表现是输出在 $-1$ 附近。

为了实现抑制效果，稀疏自编码器通过对隐层神经元输出的平均激活值进行约束，利用 *KL* 散度迫使其与给定的稀疏值相近，并将其作为惩罚项添加到损失函数中。因此，稀疏自编码器的损失函数可表示为

$$J_{\mathrm{SAE}}(W) = \sum(L(x,y)) + \beta\sum_{j=1}^{k} KL(\rho \parallel \hat{\rho}_j) \tag{7-31}$$

其中，$\hat{\rho}_j = \frac{1}{m}\sum_{i=1}^{m}(a_j(x_i))$ 代表所有训练样本在隐层神经元 $j$ 上的平均激活值，$a_j$ 为隐层神经元 $j$ 上的激活值。$\sum_{j=1}^{k} KL(\rho \parallel \hat{\rho}_j) = \sum_{j=1}^{k}\rho log\frac{\rho}{\hat{\rho}_j} + (1-\rho)\,log\frac{1-\rho}{1-\hat{\rho}_j}$，$\beta$ 用于控制稀疏惩罚项的权重，可取 0~1 的任意值。为了达到大部分神经元都被抑制的效果，$\rho$ 一般取接近于 0 的值。如果 $\rho$ 的取值为 0.02，那么通过这个约束，自编码器的每个隐层神经元 $j$ 的平均激活值都会接近于 0.02。

使用 *KL* 散度是因为它可以很好地度量两个不同分布之间的差异。当 $\hat{\rho}_j = \rho$ 时，$KL(\rho \parallel \hat{\rho}_j) = 0$；当 $\hat{\rho}_j$ 与 $\rho$ 差异较大时，*KL* 散度会呈现单调增加的趋势。因此，为了使 $\hat{\rho}_j$ 与给定的 $\rho$ 尽量相同，采用两者之间的 *KL* 散度作为惩罚项。

如果通过隐层神经元的稀疏表达可以完美重建输入信号，那么说明这些稀疏表达已经包含输入信号的大部分主要特征，可以看作对输入数据的一种简单表示，这样就在保证模型重建精度的基础上，极大降低了数据的维度，使模型的性能得到很大的提升。

稀疏自编码器可以使模型通过抑制隐层神经元达到很好的稀疏效果，但是无法指定哪些神经元处于激活状态，哪些神经元被抑制，使得无法获得准确的稀疏度。而 $k$ 稀疏自编码器针对这个问题，对稀疏自编码器进行了改进。两者之间最本质的区别在于：$k$ 稀疏自编码器仅使用线性激活函数，同时在隐层只保留 $k$ 个最大激活值。仅使用线性激活函数是为了有效提升模型的训练速度，而通过指定 $k$ 的取值，可以避免使用 *KL* 散度，同时使模型获得准确的稀疏度。通过以上两点改进，$k$ 稀疏自编码器能很好地处理大数据量问题，这是稀疏自编码器无法做到的。

$k$ 稀疏自编码器的基本思想为：①在神经网络的前馈阶段，首先对输入进行线性变化，计算激活值，然后利用排序算法或 ReLU 函数选取 $k$ 个最大的激活值，$k$ 的设置可以看成规则化，防止使用过多的隐层单元重建输入；②利用隐层的稀疏表达计算输出和误差，最后使用反向传播

算法对网络参数进行优化。

相比稀疏自编码器，$k$-稀疏自编码器更容易训练，编码速度更快，而且在隐层可以获取准确的稀疏度。但是对于如何选取特定值没有给出具体指导方法，而且对于不同数据集，$k$ 的不同取值对结果影响较大。

### 4. 收缩自编码器

模型的效果如何可以通过两个标准来评判：①模型是否可以很好地重建输入信号；②模型对输入数据一定程度下的扰动是否具有不变性。对于第一个标准，大部分自编码器都能很好地完成，但是第二个标准就无法达到很好的效果。然而，对于分类任务而言，第二个标准却更加重要，这就促使收缩自编码器的产生。收缩自编码器的主要目的是抑制训练样本在所有方向上的扰动，通过在传统自编码器的目标函数上增加一个惩罚项来达到局部空间收缩的效果。该惩罚项是关于输入的隐层表达的 Jacobian 矩阵的 $F$ 范数，目的是使特征空间在训练数据附近的映射达到收缩效果，具体表示为：

$$\| J_f(x) \|_F^2 = \sum_{ij}\left(\frac{\partial h_j(x)}{\partial x_i}\right)^2 \tag{7-32}$$

好的模型对输入的微小变化应该具有一定的鲁棒性。也就是说，当输入信号出现微小变化时，比如在输入信号中加入一点噪声，隐层表达应该和干净输入信号的隐层表达非常接近，不应该发生很大的变化。这其实和优化问题中的良态、病态系统非常类似。所谓病态系统，就是当输入出现非常微小的变化时，输出结果变化非常大，说明系统对输入太敏感，根本不具有任何实用性。所以，收缩自编码器的出发点就是为了使自身成为良态系统。

收缩自编码器通过将惩罚项添加到损失函数中，减少模型对输入微小变化的敏感程度，从而达到良态系统的目的。作为惩罚项是因为具有如下特性：当惩罚项具有比较小的一阶导数时，说明与输入信号对应的隐层表达比较平滑，那么当输入出现一定变化时，隐层表达不会发生很大的改变，这就达到了对输入变化不敏感的目的。因此，收缩自编码器的损失函数可表示为

$$J_{\mathrm{CAE}}(W) = \sum\big(L(x, y)\big) + \lambda \| J_f(x) \|_F^2 \tag{7-33}$$

其中，$\lambda$ 是用于控制惩罚项强度的超参数，可选 $0 \sim 1$ 的任意值。损失函数的第 1 项用于让重建误差尽可能小，使收缩自编码器可以尽可能捕获到输入信号的全部信息；第 2 项可以看作收缩自编码器在尽可能丢弃所有信息。因此，收缩自编码器最终只会捕获到训练数据上出现的扰动信息，使模型对扰动具有不变性。

在线性编码的情况下，收缩自编码器的损失函数与传统正则自编码器完全相同，两者都通过保持小的权重达到收缩的目的。而在非线性情况下，收缩自编码器的收缩性与稀疏自编码器的稀疏性非常类似，两者都鼓励稀疏表达。稀疏自编码器通过使大部分隐层神经元受到抑制，让隐层输出对应于激活函数的左饱和区域；而收缩自编码器通过将隐层神经元的输出推向饱和区域来达到收缩性。同样，收缩自编码器的鲁棒性与降噪自编码器也如出一辙，两者都对输入噪声具有鲁棒性，主要区别在于作用对象不同，降噪自编码器针对重建信号的鲁棒性，而收缩自编码器针对隐层表达的鲁棒性。

### 5. 饱和自编码器

在一定程度上，饱和自编码器和使用非线性变换的收缩自编码器具有非常类似的地方，两者都鼓励隐层神经元的输出落在激活函数的饱和区域。不同之处在于，饱和自编码器通过为传统自编码器的隐层神经元引入一个正则项，使隐层神经元的激活函数至少包含一个零梯度区域(即饱和区域)，而该正则项的目的就是尽量使激活值落在相应激活函数的饱和区域内。

为了使激活函数至少包含一个零梯度区域，有学者提出利用分段函数 $f$ 作为饱和自编码器的激活函数 $f_c$，被选择的每个分段函数都至少包含一个平坦区域，而每个激活函数都对应一个互补函数。

### 6. 卷积自编码器

近年来，卷积神经网络取得的各种优异表现，直接推动了卷积自编码器的产生。严格来说，卷积自编码器属于传统自编码器的特例，它使用卷积层和池化层替代原来的全连接层。传统自编码器一般使用的是全连接层，对于一维信号并没有什么影响，而对于二维图像或视频信号，全连接层会损失空间信息，通过采用卷积操作，卷积自编码器能很好地保留二维信号的空间信息。

卷积自编码器与传统自编码器非常类似，主要差别在于卷积自编码器采用卷积方式对输入信号进行线性变换，并且权重是共享的，这点与卷积神经网络一样。因此，重建过程就是基于隐藏编码的基本图像块的线性组合。

卷积自编码器的损失函数与传统正则自编码器一样，具体可表示为

$$J_{\text{CoAE}}(W) = \sum \big(L(x,y)\big) + \lambda \parallel W \parallel_2^2 \tag{7-34}$$

## ▼7.2.3 自编码器的应用

### 1. 数据分类

近年来，自编码器由于具有特征学习能力，已被广泛应用于数据分类领域。分类主要指的是根据数据内在的一些特征对数据进行归类。对于分类任务，无论是传统方法还是深度学习方法，基本原理十分相似，首先提取对象的有效特征，然后将特征送入分类器进行分类。当分类器相同时，提取特征的质量将直接影响最后分类结果的准确率。相比传统分类方法，深度学习得到快速发展的原因就在于能自动学习到对象比较好的特征，甚至不需要任何领域知识和相关技能。而自编码器作为深度学习中的一种无监督学习方法，已经被证明能够逐层自动学习到对象的有效特征，因此在分类任务中被广泛应用，并且取得了很好的效果。

根据对大量文献所做的研究，发现利用自编码器进行分类时有类似的通用模型，如图 7-4 所示。可首先采用无监督学习方法对多个自编码器进行学习，然后堆叠各种自编码器的编码部分用于特征提取，最后采用有监督学习方法对网络参数进行微调。

基于以上模型的研究方法的最大区别在于采用的自编码器、损失函数以及送入自编码器网络的数据不同。

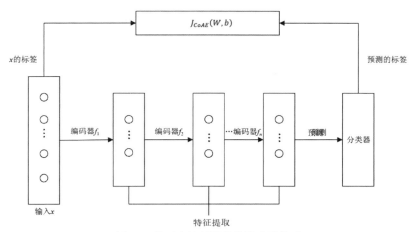

图7-4　基于自编码器的数据分类模型

分类效果最好的是对自编码器的损失函数能有所改进的方法,也就是根据研究领域的先验知识增加各种惩罚项;其次是将传统方法与未经改进的自编码器相结合的方法,也就是将比较优秀的传统特征提取方法与自编码器相结合共同用于特征提取,传统特征提取方法的优劣会对最终结果产生直接的影响。效果最差的是仅采用未改进的自编码器的方法,在这类方法中,堆叠自编码器的效果要优于单个自编码器,因为堆叠自编码器可以提取图像的更多深层特征,对分类效果有很大帮助。此外,在同等条件下,由于卷积自编码器考虑了图像的二维空间信息,对图像的特征提取效果普遍要优于其他自编码器。分类任务中最重要的就是特征提取部分,自编码器的特征提取效果优于传统的特征学习方法。因此,针对研究领域对自编码器进行改进,必定可以达到令人满意的效果,尽管传统方法与未经改进的自编码器相结合可以达到一定的补充效果,但在模型中起主导作用的仍然是自编码器。

除了研究比较多的数据分类,自编码器还被用于图像分类、3D 模型分类、无线信号分类、AMR 音频分类、软件分类等。

### 2. 异常检测

在很多研究领域中,相对于正常情况而言,人们关注的往往是异常情况的发生。所谓异常情况,是指不符合期望行为,而异常检测技术就是用于发现这些异常情况的。按照学习方法的不同,异常检测技术一般可分为有监督方法和无监督方法。有监督方法需要通过手动方式标记大量的行为序列以获取足够的训练样本,非常浪费人力和物力。因此,基于无监督方法的异常检测受到广泛关注。基于自编码器的异常检测由于具有良好的性能,被广泛应用于视频异常检测、故障检测、网上欺凌信息检测等,其中视频异常检测尤为突出。

基于自编码器的视频异常检测也都使用比较类似的框架:首先利用自编码器学习正常视频帧的各种特征,建立正常行为模型,然后在测试阶段,重建误差比较高的视频帧。因此,正常视频帧的特征学习成为其中非常关键的步骤。

### 3. 数据生成

在深度学习中,目前比较流行的数据生成基础模型有变分自编码器和生成式对抗网络。目

前，利用变分自编码器及其改进模型生成的数据类型有图像、音乐、自然语言等。

#### 4. 其他应用

除了以上几类研究比较多的应用领域，自编码器还被应用于图像重建、图像配准、人脸对齐、数据增强、目标检测、目标追踪、血管分割、数字水印、股票市场预测等。

通过研究，各种改进方法的提出及应用可归纳为以下几个方向：①将比较优秀的传统特征提取方法与各种自编码器相结合，共同用于特征的提取；②结合各研究领域的先验知识，对自编码器的损失函数进行修改，一般都是通过增加能反映先验知识的惩罚项来达成；③将各种自编码器与一些比较好的方法相结合，比如极限学习机、$k$最近邻、对抗学习等，以提升模型的整体效果；④将两个自编码器相组合，并通过一些方法建立两个自编码器之间的联系。

## 7.3 强化学习

强化学习是从动物学习理论发展而来的，不需要有先验知识，而是通过不断与环境交互来获得知识，自主地进行动作选择，具有自主学习能力，在自主机器人行为学习中受到广泛重视。强化学习技术有着相当长的历史，但直到20世纪80年代末90年代初，强化学习技术才在人工智能、机器学习中得到广泛应用，强化学习是一种从环境状态到行为映射的学习技术。强化学习的思想来自条件反射理论和动物学习理论，是受动物学习过程的启发而得到的一种仿生算法，而且是一种重要的机器学习方法。Agent(智能体)通过对感知到的环境状态采取各种试探动作，获得环境状态的适合度评价值(通常是奖励或惩罚信号)，从而修改自身的动作策略以获得较大的奖励或较小的惩罚，强化学习就是这样一种赋予Agent学习自适应性能力的方法。

### ▼ 7.3.1 强化学习的基本原理

#### 1. 强化学习的原理和结构

强化学习把学习看作试探过程，基本模型如图7-5所示。在强化学习中，Agent选择动作$a$作用于环境，环境接收动作$a$后发生变化，同时产生强化信号$r$反馈给Agent，Agent再根据强化信号和环境的当前状态$s$选择下一个动作，选择的原则是使受到奖励的概率增大。选择的动作不仅影响立即强化值，而且影响下一时刻的状态及最终强化值。强化学习的目的就是寻找最优策略，使得Agent在运行中获得的累计奖励最大。

图7-5 强化学习的基本模型

### 2. 马尔可夫决策过程

很多强化学习问题基于的关键假设就是 Agent 与环境之间的交互可以被看成马尔可夫决策过程(Markov Decision Process，MDP)，因此强化学习的研究主要集中于对马尔可夫问题的处理。

马尔可夫决策过程的模型可以用一个四元组$(S, A, T, R)$表示：$S$为可能的状态集合，$A$为可能的动作集合，$T: S \times A \to T$是状态转移函数；$R: S \times A \to R$是奖赏函数。在每一个时间步$k$，环境处于状态集合$S$中的某一状态$x_k$，Agent 选择动作集合$A$中的一个动作$a_k$，收到即时奖赏$r_k$，并转移至下一状态$y_k$。状态转移函数$T(x_k, a_k, r_k)$表示在状态$x_k$执行动作$a_k$转移到下一状态$y_k$的概率，可以用$P_{x_k, y_k}(a_k)$表示。状态转移函数和奖赏函数都是随机的。Agent 的目标就是寻求最优控制策略，使值函数最大。

### 3. 搜索策略

Agent 针对动作的搜索策略主要有贪婪策略和随机策略。贪婪策略总是选择估计报酬最大的动作，当报酬函数收敛到局部最优时，贪婪策略无法脱离局部最优点，为此可采用ε-贪婪策略；随机策略使用随机分布来根据各动作的评价值确定被选择的概率，原则是保证学习开始时动作选择的随机性较大，随着学习次数的增多，评价值最大的动作被选择的相对概率也随之增大。一种常用的分布是 Boltzmann 分布。

所有的强化学习算法的机制都基于值函数和策略之间的相互作用。利用值函数可以改善策略，而利用策略的评价又可以改进值函数。强化学习在这种交互过程中，逐渐得到最优的值函数和最优策略。

## ▼7.3.2　强化学习的分类及任务

在强化学习中，Agent 选择的动作策略将影响训练样例的分布，这就导致一个问题：哪种试验策略可以产生最有效的学习？因此，强化学习面临搜索和利用的两难问题：是选择搜索未知的状态和动作(搜索新的知识)，还是利用已获得的、可以产生高回报的状态和动作。由于前者能够带来长期的性能改善，因此搜索可以帮助收敛到最优策略；后者可以帮助系统改善短期性能，但却可能收敛到次优解上。因此，我们把强调获得最优策略的强化学习算法称为最优搜索型，而把强调获得策略性能改善的强化学习算法称为经验强化型。

通常强化学习面临两类任务：一类是非顺序型任务；另一类是顺序型任务。在非顺序型任务中，当 Agent 学习环境状态空间到 Agent 行为空间的映射时，Agent 的动作会瞬时得到环境奖赏值，而不影响后续的状态和动作。而在顺序型任务中，Agent 采用的动作可能影响未来的状态和奖赏。在这种情况下，Agent 需要在更长的时间周期内与环境交互，估计当前动作对未来状态的影响。因此，Agent 的学习涉及时间信度分配问题，也就是 Agent 在采用一个动作后得到的奖赏如何分配给过去的每个行为动作。人们当前的研究主要集中于顺序型任务。

## ▼7.3.3　强化学习算法

到目前为止，研究者们提出了很多强化学习算法，近年来对强化学习算法的研究已由算法

本身逐渐转向研究经典算法在各种复杂环境中的应用，本节将介绍较有影响的强化学习算法，包括 TD(瞬时差分)算法、$Q$ 学习算法、Sarsa 算法等。

### 1. TD算法

这是 Sutton(1988)提出的用于解决时间信度分配问题的著名算法[6]。TD 算法能够有效解决强化学习问题中的暂态信用分配问题，可用于评价值函数的预测。几乎所有强化学习算法中的评价值预测法均可看作 TD 算法的特例，以至于通常所指的强化学习实际上就是 TD 类强化学习。

一步 TD 算法[TD(0)算法]是一种自适应的策略迭代算法，又名自适应启发评价算法。所谓一步 TD 算法，是指 Agent 获得的瞬时奖赏值仅回退一步，也就是说，只是修改相邻状态的估计值。TD(0)算法如下：

$$V(s_t) = V(s_t) + \alpha[r_{t+1} + \gamma V(s_{t+1}) - V(s_t)] \tag{7-35}$$

其中：$\alpha$ 为学习率，$V(s_t)$ 指 Agent 在 $t$ 时刻访问环境状态 $s_t$ 时估计的状态值函数，$V(s_{t+1})$ 指 Agent 在 $t+1$ 时刻访问环境状态 $s_{t+1}$ 时估计的状态值函数，$r_{t+1}$ 指 Agent 从状态 $s_t$ 向状态 $s_{t+1}$ 转移时获得的瞬时奖赏值。学习开始时，首先初始化 $V$ 值；然后 Agent 在 $s_t$ 状态下根据当前策略确定动作 $\alpha$，得到经验知识和训练例 $(s_t, a_t, s_{t+1}, r_{t+1})$，根据经验知识依据式(7-35)修改状态值函数。当 Agent 访问到目标状态时，TD(0)算法终止一次迭代循环。TD(0)算法继续从初始状态开始新的迭代循环，直至学习结束。

在 $\alpha$ 绝对递减条件下，TD 算法必然收敛[6]。但 TD(0)算法存在收敛慢的问题，原因在于 TD(0)算法中 Agent 获得的瞬时奖赏值只修改相邻状态的值函数估计值。更有效的方法是 Agent 获得的瞬时奖赏值可以向后回退任意步，称为 TD($\lambda$)算法。TD($\lambda$)算法的收敛速度有很大程度上的提高，迭代公式如下：

$$V(s) = V(s) + \alpha(r_{t+1} + \gamma V(s_{t+1}) - V(s_t))e(s) \tag{7-36}$$

其中：$e(s)$ 为状态 $s$ 的选举度。在实际应用中，$e(s)$ 可以通过以下方法计算：

$$e(s) = \sum_{k=1}^{t} (\lambda \gamma)^{t-k} \delta_{s,s_k}, \quad \delta_{s,s_k} = \begin{cases} 1, & 如果 s = s_k \\ 0, & 其他 \end{cases} \tag{7-37}$$

$$e(s) = \begin{cases} \gamma \lambda e(s) + 1, & 如果 s 为当前状态 \\ \gamma \lambda e(s), & 其他 \end{cases} \tag{7-38}$$

其中：奖赏值向后传播 $t$ 步。在当前状态历史的 $t$ 步中，如果状态 $s$ 被多次访问，那么选举度 $e(s)$ 越大，表明对当前奖赏值的贡献越大，然后值函数可通过迭代公式进行修改。

### 2. Q学习算法

$Q$ 学习算法是由 Watkins(1989)提出的一种无模型强化学习算法[7]，又称为离策略 TD 学习算法。不同于 TD 算法，$Q$ 学习算法可以看作一种增量式动态规划，通过直接优化可迭代计算的动作值函数$Q(s, a)$来找到一个策略，使得期望折扣报酬总和最大。这样，Agent 在每一次的迭代中都需要考察每一个行为，可确保学习过程收敛。$Q$ 学习算法的基本形式如下：

$$Q^*(s, a) = \gamma \sum_{r \in S'} T(s, a, s')(r(s, a, s') + \max Q^*(s', a')) \tag{7-39}$$

$$Q(s_t, a_t) = Q(s_t, a_t) + \alpha(Q(r_{t+1} + \gamma \max Q(s_{t+1}, a) - Q(s_t, a_t)) \tag{7-40}$$

其中：$Q^*(s, a)$表示 Agent 在状态$s$下采用动作$a$获得的最优奖赏折扣。由此可知，最优策略为在$s$状态下选用 $Q$ 值最大的行为。类似于 TD 学习算法，$Q$ 学习算法首先初始化 $Q$ 值；然后 Agent 在$s_t$状态下根据ε-贪心策略确定动作$a_t$，得到经验知识和$[s_t, a_t, s_{t+1}, r_{t+1}]$，根据经验知识修改 $Q$ 值。当 Agent 访问到目标状态时，终止一次迭代循环。继续从初始状态开始新的迭代循环，直至学习结束。在这个过程中，$Q$ 学习算法不同于 TD 算法：①$Q$ 学习算法迭代的是状态动作对的值函数；②$Q$ 学习算法只需要采用贪心策略选择动作,无须依赖模型的最优策略。

由于在一定条件下 $Q$ 学习算法只需要采用贪心策略即可保证收敛，因此 $Q$ 学习算法是目前最有效的模型无关强化学习算法，Watikns 等人利用随机过程和不动点理论证明了当$a$满足一定条件时 MDP 模型 $Q$ 学习过程的收敛性，还给出了更加详细的泛化证明[7]。同样，$Q$ 学习算法也可通过 TD($\lambda$)算法的方式扩充到 $Q(\lambda)$算法。

$Q$ 函数的实现方法主要有两种方式：一种是采用查找表法，也就是利用表格来表示 $Q$ 函数；另一种是采用神经网络来实现。

### 3. Sarsa算法

Sarsa 算法是 Rummery 和 Niranjan(1994)提出的一种基于模型的算法[8]，最初被称为改进的 $Q$-学习算法，采用的仍然是 $Q$ 值迭代。一步 Sarsa 算法可用下式表示：

$$Q(s_t, a_t) = Q(s_t, a_t) + \alpha(r_{t+1} + \gamma Q(s_{t+1}, a_{t+1}) - Q(s_t, a_t)) \tag{7-41}$$

Agent 在每个学习步，首先根据ε-贪心策略确定动作$a_t$，得到经验知识和$[s_t, a_t, s_{t+1}, r_{t+1}]$。其次根据ε-贪心策略确定状态$s_{t+1}$时的动作$a_{t+1}$并对值函数进行修改；最后将确定的$a_{t+1}$作为 Agent 采取的下一个动作。显然，Sarsa 算法与 $Q$ 学习算法的差别在于 $Q$ 学习算法采用值函数的最大值进行迭代，而 Sarsa 算法采用实际的 $Q$ 值进行迭代。除此之外，Sarsa 算法在每个学习步依据当前 $Q$ 值确定下一状态时的动作；而 $Q$ 学习算法依据修改后的 $Q$ 值确定动作。

## ◥ 7.3.4　强化学习的主要应用

近年来，强化学习的理论与应用研究日益受到重视，但由于面临真实世界的复杂性，在实际应用中仍有许多问题有待解决，如环境的不完全感知等。尽管如此，强化学习已开始逐渐应用于机器人设计、游戏系统和任务调度等，具有广阔的应用前景。

### 1. 机器人设计

强化学习在机器人中的应用最为广泛。除了可以应用强化学习技术控制机器人的手臂外，还可以用来学习多个机器人的协商行为，典型的应用有 Christopher 提出的控制机器人手臂运动的学习算法以及 Peter Stone 等人研究的机器人足球学习算法[9]等。

### 2. 游戏系统

强化学习还被广泛应用在一些游戏中，其中典型的应用是 Smuel 的西洋跳棋系统[10]，通过设计目标函数和奖赏函数，经过上百万次自我学习，计算机系统能够击败人类棋手。还有 Gerry Tesauro 发明的 Backgammon 游戏 TD-Gammon，它采用 TD 误差来训练 BP 网络，已达到相当高的水平[11]。

### 3. 任务调度

强化学习由于在大空间、复杂非线性系统中具有良好的学习性能，使得在现实中获得越来越广泛的应用。强化学习也被应用到各种各样的调度任务中，典型的应用包括电梯调度、车间作业调度、交通信号控制以及网络路由选择。

## 7.4 对抗学习

目前的对抗学习主要是指生成对抗网络。生成式对抗网络(Generative Adversarial Network，GAN)是一种深度学习模型，这种模型的框架中(至少)有两个模块：生成模块(G)和判别模块(D)。在原始 GAN 理论中，并不要求 G 和 D 都是神经网络，只需要是能拟合相应生成和判别的函数即可。但在实践中一般使用深度神经网络作为 G 和 D。优秀的 GAN 应用需要有良好的训练方法，否则可能由于神经网络模型的自由特性而导致输出不理想。

GAN 目前已经成为人工智能领域一个热门的研究方向。GAN 的基本思想源自博弈论的二人零和博弈，由一个生成器和一个判别器构成，通过对抗学习的方式来训练，目的是估测数据样本的潜在分布并生成新的数据样本。在图像和视觉计算、语音和语言处理、信息安全、棋类比赛等领域，GAN 正被广泛研究，具有巨大的应用前景。

### 7.4.1 GAN的提出背景

#### 1. 人工智能的热潮

近年来，随着计算能力的提高和各行业数据量的剧增，人工智能取得快速发展，使得研究者对人工智能的关注度和社会大众对人工智能的憧憬空前提升。学术界普遍认为人工智能分为两个阶段：感知阶段和认知阶段。在感知阶段，机器能够接收来自外界的各种信号，例如视觉信号、听觉信号等，并对此做出判断，对应的研究领域有图像识别、语音识别等。在认知阶段，机器能够对世界的本质有一定的理解，不再是单纯、机械地做出判断。部分学者认为人工智能的表现层次包括判断、生成、理解、创造及应用，如图 7-6 所示。一方面，这些层次相互联系、相互促进；另一方面，各个层次之间又有很大的鸿沟，有待新的研究突破。无论是普遍认为的人工智能两阶段还是人工智能研究层次，其中都涉及理解这个环节。然而，理解无论对人类还是人工智能都是内在的表现，无法直接测量，只能间接从其他方面推测。如何衡量人工智能的理解程度，虽然没有定论，但是诺贝尔物理奖得主理查德·费曼有句名言"不可造者，未能知也"。这说明机器制造事物的能力从某种程度上取决于机器对事物的理解。GAN 作为典型的生成式模型，其生成器具有生成数据样本的能力。这种能力在一定程度上反映了 GAN 对事物的理解。因此，GAN 有望加深人工智能理解层面的研究。

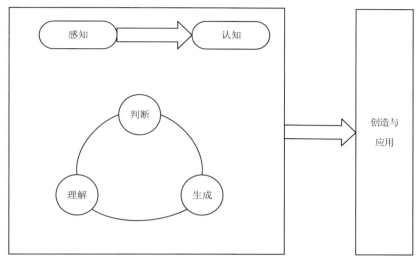

图7-6　人工智能的研究层次

### 2. 生成式模型的积累

生成式模型不仅在人工智能领域占有重要地位，生成方法本身也具有很大的研究价值。生成方法和判别方法是机器学习中有监督学习方法的两个分支。生成式模型是生成方法学习得到的模型。生成方法涉及对数据的分布假设和分布参数进行学习，并能够根据学习得来的模型采样出新的样本。生成式模型从研究出发点的角度可以分为两类：人类理解数据的角度和机器理解数据的角度。

从人类理解数据的角度出发，典型的做法是先对数据的显式变量或隐含变量进行分布假设，再利用真实数据对分布的参数或包含分布的模型进行拟合或训练，最后利用学习到的分布或模型生成新的样本。这类生成式模型涉及的主要方法有最大似然估计法、近似法、马尔可夫链等。从这个角度学习到的模型具有人类能够理解的分布，但是对机器学习来说具有不同的限制。

从机器理解数据的角度出发，建立的生成式模型一般不直接估计或拟合分布，而是从未明确假设的分布中获取采样的数据，通过这些数据对模型进行修正，这样得到的生成式模型对人类来说缺乏可解释性，但生成的样本却是人类可以理解的。以此推测，机器以人类无法显式理解的方式理解了数据并且生成了人类能够理解的新数据。在提出 GAN 之前，这种从机器理解数据的角度建立的生成式模型一般需要使用马尔可夫链进行模型训练，效率较低，一定程度上限制了其系统应用。

在提出 GAN 之前，生成式模型已经有一定研究积累，模型训练过程和数据生成过程中的局限无疑是生成式模型的障碍。要真正实现人工智能的四个层次，就需要设计新的生成式模型来突破已有的障碍。

### 3. 神经网络的深化

过去十年来，随着深度学习技术在各个领域取得巨大成功，神经网络研究再度崛起。神经网络作为深度学习的模型结构，得益于计算能力的提升和数据量的增大，一定程度上解决了自身参数多、训练难的问题，被广泛应用于解决各类问题。例如，深度学习技术在图像分类问题上取得了突破性进展，显著提高了语音识别的准确率，又被成功应用于自然语言理解领域。神经网络取得的成功和模型自身的特点是密不可分的。在训练方面，神经网络能够采用通用的反向传播算法，训练过程容易实现；在结构方面，神经网络的结构设计自由灵活，局限性小；在建模能力方面，神经网络理论上能够逼近任意函数，应用范围广。另外，计算能力的提升使得神经网络能够更快地训练更多的参数，这进一步推动了神经网络的流行。

### 4. 对抗思想的成功

从机器学习到人工智能，对抗思想被成功引入若干领域并发挥作用。博弈、竞争中均包含着对抗的思想。博弈机器学习将博弈论的思想与机器学习结合，对人的动态策略以博弈论的方法进行建模，优化广告竞价机制，并在实验中证明了有效性。围棋程序 AlphaGo 战胜人类选手引起大众对人工智能的兴趣，而 AlphaGo 的中级版本在训练策略网络的过程中就采取了两个网络左右互搏的方式，获得棋局状态、策略和对应回报，并以包含博弈回报的期望函数作为最大化目标。在神经网络的研究中，曾有研究者利用两个神经网络互相竞争的方式对网络进行训练，鼓励网络的隐层节点之间在统计上独立，以此作为训练过程中的正则因素。还有研究者采用对抗思想来训练领域适应的神经网络：特征生成器将源领域数据和目标领域数据变换为高层抽象特征，尽可能使特征的产生领域难以判别；领域判别器基于变换后的特征，尽可能准确地判别特征的领域。对抗样本也包含着对抗的思想，指的是那些和真实样本差别甚微却被误分类的样本或者差异很大却以很高置信度分为真实类别的样本，这反映了神经网络的一种诡异行为特性。对抗样本和对抗网络虽然都包含着对抗的思想，但是目的完全不同。将对抗思想应用于机器学习或人工智能后取得的诸多成果，也激发了更多的研究者对 GAN 进行不断挖掘。

## ▼ 7.4.2   GAN的核心原理

GAN 的核心思想来源于博弈论的纳什均衡。设定参与游戏的双方分别为一个生成器和一个判别器，生成器的目的是尽量学习真实的数据分布，而判别器的目的是尽量正确判别输入数据是来自真实数据还是来自生成器；为了取得游戏胜利，这两个游戏参与者需要不断优化，各自提高自己的生成能力和判别能力，这个学习优化的过程就是寻找二者之间的纳什均衡。GAN 的计算流程与结构如图7-7所示。任意可微分的函数都可以用来表示 GAN 的生成器和判别器。由此，我们用可微分函数 $D$ 和 $G$ 来分别表示判别器和生成器，它们的输入分别为真实数据$x$和随机变量$z$。$G(z)$则为由$G$生成的尽量服从真实数据分布$p_{data}$的样本。如果判别器的输入来自真实数据，标注为 1。如果输入样本为$G(z)$，则标注为 0。这里$D$的目标是实现对数据来源的二分类判别：真(来源于真实数据$x$的分布)或伪(来源于生成器的伪数据$G(z)$)，而$G$的目标是使自己生成的伪数据$G(z)$在$D$上的表现$D(G(z))$和真实数据$x$在$D$上的表现$D(x)$一致，这两个相互对抗并迭代优化的过程使得$D$和$G$的性能不断提升，当最终$D$的判别能力提升到一定程度，并且无法正确判别数据来源时，可以认为生成器$G$已经学到真实数据的分布。

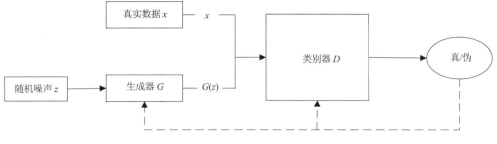

图7-7　GAN的计算流程与结构

### 7.4.3 GAN的学习方法

在给定生成器$G$的情况下，考虑最优化判别器$D$。与一般基于 sigmoid 的二分类模型训练一样，训练判别器$D$也是最小化交叉熵的过程，损失函数为：

$$\text{Obj}^D(\theta_D, \theta_G) = -\frac{1}{2}E_{x \sim p_{\text{date}}(x)}[\log D(x)] - \frac{1}{2}E_{z \sim p_z(z)}[\log(1 - D(g(z)))] \tag{7-42}$$

其中，$x$采样于真实数据分布$P_{\text{date}}(x)$，$z$采样于先验分布$P_z(z)$(例如高斯噪声分布)，$E(\cdot)$表示计算期望值。这里实际训练时和常规二值分类模型不同，判别器的训练数据集来源于真实数据集分布$P_{\text{date}}(x)$(标注为 1)和生成器的数据分布$P_g(x)$(标注为 0)两部分。给定生成器$G$，我们需要最小化以得到最优解，在连续空间上，可以写为如下形式：

$$\text{Obj}^D(\theta_D, \theta_G) = -\frac{1}{2}\int p_{\text{date}}(x) \log(D(x))\,\mathrm{d}x - \int p_z(z) \log(1 - D(g(z)))\,\mathrm{d}z$$

$$= -\frac{1}{2}\int [p_{\text{date}}(x) \log(D(x)) + p_{\text{date}}(x) \log(1 - D(x))]\,\mathrm{d}x \tag{7-43}$$

对于任意的非零实数$m$和$n$，实数值$y \in [0,1]$，表达式

$$-m \log(y) - n \log(1 - y) \tag{7-44}$$

在$\frac{m}{m+n}$处得到最小值。因此，在给定生成器 $G$ 的情况下，目标函数在

$$D_G^*(x) = \frac{p_{\text{date}}(x)}{p_{\text{date}}(x) + p_g(x)} \tag{7-45}$$

处得到最小值，此为判别器的最优解。由此可知，GAN 估计的是两个概率分布密度的比值，这也是和其他基于下界优化或马尔可夫链方法的关键不同之处。

此外，$D(x)$代表的是$x$来源于真实数据而非生成数据的概率。当输入数据采样自真实数据$x$时，$D$的目标是使得输出概率值$D(x)$趋近于 1；而当输入来自生成数据$G(z)$时，$D$的目标是正确判断数据来源，使得$D(G(z))$趋近于 0，同时，$G$的目标是使其趋近于 1。这实际上就是关于$G$和$D$的零和游戏，那么生成器$G$的损失函数为$Obj^G(\theta_D, \theta_G) = -Obj^D(\theta_D, \theta_G)$。所以，GAN 的

优化问题是极小-极大化问题，GAN 的目标函数可以描述如下：

$$\min_G \max_D \{f(D,G)\} = E_{x \sim p_{\text{date}}(x)}[\log D(x)] + [\log(1 - D(G(z)))] \quad (7\text{-}46)$$

总之，对于 GAN 的学习过程，我们需要训练 $D$ 来最大化判别数据来源于真实数据或伪数据分布 $G(z)$ 的准确率，同时，我们需要训练 $G$ 来最小化 $\log(1 - D(G(z)))$。这里可以采用交替优化的方法：先固定生成器 $G$，优化判别器 $D$，使得 $D$ 的判别准确率最大化；再固定判别器 $D$，优化生成器 $G$，使得 $D$ 的判别准确率最小化。当且仅当 $p_{\text{date}} = p_g$ 时达到全局最优解。训练 GAN 时，在同一轮参数更新中，一般对 $D$ 的参数更新 $k$ 次，再对 $G$ 的参数更新一次。

## 7.4.4　GAN的衍生模型

自 Goodfellow(2014)提出 GAN 以来[12]，各种基于 GAN 的衍生模型被提出，这些模型的创新点包括改进模型结构、扩展理论及应用等。GAN 在基于梯度下降训练时存在梯度消失的问题，因为当真实样本和生成样本之间具有极小重叠甚至没有重叠时，目标函数的 Jensen-Shannon 散度是常数，导致优化目标不连续。为了解决训练梯度消失问题，有学者提出了 Wasserstein GAN(W-GAN)。W-GAN 用 Earth-Mover 代替 Jensen-Shannon 散度来度量真实样本和生成样本分布之间的距离，用批评函数 $f$ 对应 GAN 的判别器，而且批评函数 $f$ 需要建立在 Lipschitz 连续性假设之上。另外，GAN 的判别器 $D$ 具有无限的建模能力，无论真实样本和生成的样本有多复杂，判别器 $D$ 都能把它们区分开，这容易导致过拟合问题。为了限制模型的建模能力，研究人员提出了 Losssensitive GAN(LS-GAN)，将最小化目标函数得到的损失函数限定为满足 Lipschitz 连续性函数，还给出了梯度消失时的定量分析结果。需要指出，W-GAN 和 LS-GAN 并没有改变 GAN 模型的结构，只是对优化方法进行了改进。

GAN 的训练只需要数据源的标注信息(真或伪)，并根据判别器的输出来进行优化。研究人员提出了 Semi-GAN，以将真实数据的标注信息加入判别器 $D$ 的训练。更进一步，Conditional GAN (CGAN)提出加入额外的信息 $y$ 到 $G$ 和真实数据来建模，这里的 $y$ 可以是标签或其他辅助信息。传统 GAN 都是通过学习生成式模型把隐变量分布映射到复杂的真实数据分布，研究者提出了 Bidirectional GANs(BiGANs)来把复杂数据映射到隐变量空间，从而实现特征学习。除了 GAN 的基本框架，BiGANs 额外加入了解码器 $Q$，用于将真实数据 $x$ 映射到隐变量空间，优化问题转换为 $\min_{G,Q} \max_D f(D,Q,G))$。

InfoGAN 是 GAN 的另一个重要扩展。GAN 能够学得有效的语义特征，但是输入噪声变量 $z$ 的特定变量维数和特定语义之间的关系不明确，而 InfoGAN 能够获取输入的隐层变量和具体语义之间的信息。具体实现就是把生成器 $G$ 的输入分为两部分 $z$ 和 $c$，这里 $z$ 和 GAN 的输入一致，而 $c$ 被称为隐码，隐码用于表征结构化隐层随机变量和具体特定语义之间的隐含关系。GAN 设定了 $p_G(x) = p_G(x|c)$，而实际上 $c$ 与 $G$ 的输出具有较强的相关性。

Auxiliary Classifier GAN (AC-GAN)可以实现多分类问题，判别器将输出相应的标签概率。在实际训练中，目标函数则包含真实数据来源的似然和正确分类标签的似然，不再单独由判别器的二分类损失反传调节参数，可以进一步调节损失函数使得分类正确率更高。AC-GAN 的关键是可以利用输入生成器的标注信息来生成对应的图像标签，同时还可以为判别器扩展调节损失函数，从而进一步提高对抗网络的生成和判别能力。考虑到 GAN 的输出为连续实数分布而无法产生离散空间的分布，研究人员提出了一种能够生成离散序列的生成式模型 Seq-GAN。他们用循环神经网络(Recurrent Neural Network，RNN)实现生成器 $G$，用卷积神经网络(Convolutional Neural Network，CNN)实现判别器 $D$，用 $D$ 的输出判别概率通过增强学习来更新 $G$。增强学习中的奖励可通过 $D$ 来计算，对于后面可能的行为采用蒙特卡罗搜索实现，计算 $D$ 的输出平均作为奖励反馈。

## 7.4.5　GAN的应用领域

作为具有"无限"生成能力的模型，GAN 的直接应用就是建模，生成与真实数据分布一致的数据样本，例如可以生成图像、视频等。GAN 可以用于解决标注数据不足时的学习问题，例如无监督学习、半监督学习等。GAN 还可以用于语音和语言处理，例如生成对话、由文本生成图像等。本节将从图像和视觉、语音和语言以及其他领域阐述 GAN 的应用。

### 1. 图像和视觉领域

典型应用来自 Twitter 公司，利用 GAN 可将低清模糊图像变换为具有丰富细节的高清图像。用 VGG 网络作为判别器，用参数化的残差网络表示生成器，借助 GAN 即可生成细节丰富的图像。

GAN 也开始用于生成自动驾驶场景。可利用 GAN 生成与实际交通场景分布一致的图像，再训练基于 RNN 的转移模型来实现预测目的。GAN 可以用于自动驾驶中的半监督学习或无监督学习任务，还可以利用实际场景不断更新的视频帧来实时优化 GAN 的生成器。可利用仿真图像和真实图像作为训练样本来实现人眼检测，但是这种仿真图像与真实图像存在一定的分布差距。研究人员提出一种基于 GAN 的方法(称为 SimGAN)，利用无标签的真实图像来丰富、细化仿真图像，使得合成图像更加真实。可引入自正则化项来实现最小化合成误差并最大程度保留仿真图像的类别，同时利用加入的局部对抗损失函数来对每个局部图像块进行判别，使得局部信息更加丰富。

### 2. 语音和语言领域

目前已经有一些关于 GAN 的语音和语言处理文章。基于 GAN 的文本生成用 CNN 作为判别器，判别器基于拟合 LSTM 的输出，用矩匹配法来解决优化问题；在训练时，和传统的更新多次判别器参数再更新一次生成器不同，需要多次更新生成器再更新 CNN 判别器。SeqGAN 基于策略梯度来训练生成器 $G$，策略梯度的反馈奖励信号由生成器经蒙特卡罗搜索得到，实验表明 SeqGAN 在语音、诗词和音乐生成方面可以超过传统方法。用 GAN 基于文本描述生成图像时，文本编码被作为生成器的条件输入，同时为了利用文本编码信息，也可作为判别器特定层的额外信息输入来改进判别器，判别是否满足文本描述的准确率，实验结果表明生成图像和文本描述具有较高相关性。

### 3. 其他领域

除了将 GAN 应用于图像和视觉、语音和语言等领域，GAN 还可以与强化学习相结合，例如 SeqGAN。还有研究者将 GAN 和模仿学习融合、将 GAN 和 Actor-Critic 方法结合等。研究

人员提出用 MalGAN 帮助检测恶意代码，用 GAN 生成具有对抗性的病毒代码样本，实验结果表明：基于 GAN 的方法可以比传统基于黑盒检测模型的方法性能更好。有学者基于风格转换提出扩展 GAN 的生成器，用判别器而不是损失函数正则化生成器，并使用国际象棋实验证明了所提方法的有效性。

## 7.4.6　GAN的思考与展望

### 1. GAN的意义和优点

GAN 对于生成式模型的发展具有重要的意义。GAN 作为一种生成式方法，有效解决了可建立自然性解释的数据的生成难题。尤其对于生成高维数据，所采用的神经网络结构不限制生成维度，大大拓宽了生成的数据样本的范围；所采用的神经网络结构还能够整合各类损失函数，增加设计的自由度。GAN 的训练过程创新性地将两个神经网络的对抗作为训练准则并且可以使用反向传播进行训练，训练过程不需要效率较低的马尔可夫链方法，也不需要做各种近似推理，没有复杂的变分下界，大大改善了生成式模型的训练难度和训练效率。GAN 的生成过程不需要烦琐的采样序列，可以直接进行新样本的采样和推断，提升了新样本的生成效率。对抗训练方法摒弃了直接对真实数据的复制或平均，增加了生成样本的多样性。在样本生成实践中，GAN 生成的样本易于人类理解。例如，能够生成十分锐利清晰的图像，为创造性地生成对人类有意义的数据提供了可能的解决方法。GAN 除了对生成式模型有贡献，对于半监督学习也有启发。GAN 在学习过程中不需要数据标签。虽然提出 GAN 的目的不是半监督学习，但是 GAN 的训练过程可以用来实施半监督学习中无标签数据对模型的预训练过程。具体来说，先利用无标签数据训练 GAN，基于训练好的 GAN 对数据的理解，再利用小部分有标签数据训练判别器，用于传统的分类和回归任务。

### 2. GAN的缺陷和发展趋势

GAN 虽然解决了生成式模型的一些问题，并且对其他方法的发展有一定的启发意义，但是 GAN 并不完美，在解决已有问题的同时也引入了一些新的问题。GAN 最突出的优点同时也是最大的问题根源。GAN 采用对抗学习的准则，理论上还不能判断模型的收敛性和均衡点的存在性。训练过程需要保证两个对抗网络的平衡和同步，否则难以得到很好的训练效果。而实际过程中两个对抗网络的同步不易把控，训练过程可能不稳定。另外，作为以神经网络为基础的生成式模型，GAN 存在神经网络类模型的一般性缺陷，即可解释性差。另外，GAN 生成的样本虽然具有多样性，但是存在崩溃模式现象，可能生成多样的但对于人类来说差异不大的样本。虽然 GAN 存在这些问题，但不可否认的是，GAN 的研究进展表明 GAN 具有广阔的发展前景。例如，Wasserstein GAN 彻底解决了训练不稳定问题，同时基本解决了崩溃模式现象。如何彻底解决崩溃模式现象并继续优化训练过程是 GAN 的一个研究方向。另外，关于 GAN 收敛性和均衡点存在性的理论推断也是未来的一个重要研究课题。以上研究方向是为了更好地解决 GAN 存在的缺陷。从发展应用 GAN 的角度看，如何根据简单随机的输入，生成多样的能够与人类交互的数据，是近期的应用发展方向。从 GAN 与其他方法交叉融合的角度看，如何将 GAN 与特征学习、模仿学习、强化学习等技术更好地融合，开发新的人工智能应用或者促进这些方法的发展，是很有意义的发展方向。从长远看，如何利用 GAN 推动人工智能的发展与应用，提升人工智能理解世界的能力，甚至激发人工智能的创造力是值得研究者思考的问题。

### 3. GAN与平行智能的关系

王飞跃(2004)提出了复杂系统建模与调控的 ACP 理论和平行系统方法[13 14]。平行系统强调虚实互动，构建人工系统来描述实际系统，利用计算实验来学习和评估各种计算模型，通过平行执行来提升实际系统的性能，使得人工系统和实际系统共同推进。ACP 理论和平行系统方法目前已经发展为更广义的平行智能理论。GAN 训练中真实的数据样本和生成的数据样本通过对抗网络互动，并且训练好的生成器能够生成比真实样本更多的虚拟样本。GAN 可以深化平行系统的虚实互动、交互一体的理念。GAN 作为一种有效的生成式模型，可以融入平行智能研究体系。

#### 1) GAN 与平行视觉

平行视觉是 ACP 理论和平行系统方法在视觉计算领域的推广，基本框架与体系结构如图 7-8 所示。平行视觉结合计算机图形学、虚拟现实、机器学习、知识自动化等技术，利用人工场景、计算实验、平行执行等理论和方法，建立复杂环境下视觉感知与理解的理论和方法体系。平行视觉利用人工场景来模拟和表示复杂挑战的实际场景，使采集和标注大规模的多样性数据集成为可能，通过计算实验进行视觉算法的设计与评估，最后借助平行执行来在线优化视觉系统。其中，产生的虚拟人工场景便可以采用 GAN 实现。GAN 能够生成大规模多样性的图像数据集，与真实数据集结合起来训练视觉模型，有助于提高视觉模型的泛化能力。

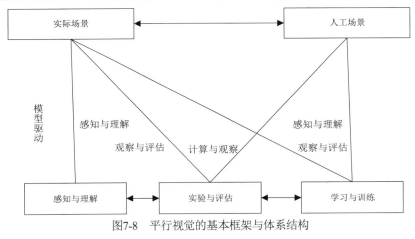

图7-8　平行视觉的基本框架与体系结构

#### 2) GAN 与平行控制

平行控制是一种反馈控制，是 ACP 理论和平行系统方法在复杂系统控制领域的具体应用，平行控制系统的结构如图 7-9 所示。平行控制的核心是利用人工系统进行建模和表示，通过计算实验进行分析和评估，最后以平行执行实现对复杂系统的控制。除了人工系统的生成和计算实验的分析，平行控制中的人工系统和实际系统平行执行的过程也利用 GAN 进行模拟，一方面可以进行人工系统的预测学习和实际系统的反馈学习，另一方面可以进行控制单元的模拟学习和强化学习。

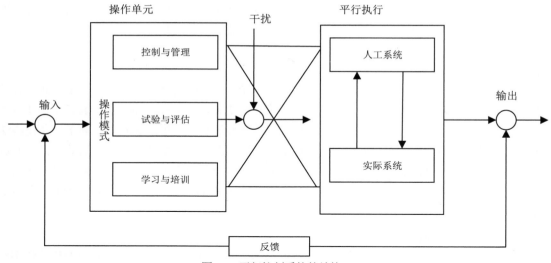

图7-9　平行控制系统的结构

### 3) GAN 与平行学习

平行学习是一种新的机器学习理论框架,是 ACP 理论和平行系统方法在学习领域的体现,理论框架如图 7-10 所示。平行学习的理论框架强调:使用预测学习解决如何随时间发展对数据进行探索的问题;使用集成学习解决如何在空间分布上对数据进行探索的问题;使用指示学习解决如何探索数据生成方向的问题。平行学习作为机器学习的新型理论框架,与平行视觉和平行控制关系密切。GAN 在大数据生成、基于计算实验的预测学习等方面可以和平行学习结合发展。

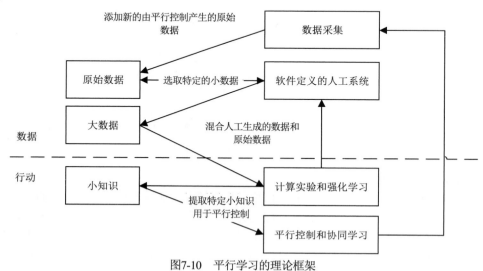

图7-10　平行学习的理论框架

## 7.5 联邦学习

### 7.5.1 联邦学习的提出背景

数据是机器学习的基础。在大多数行业中,由于行业竞争、隐私安全、行政手续复杂等问题,数据常常是以孤岛的形式存在的,甚至在同一家公司的不同部门之间实现数据集中整合也面临着重重阻力。在现实中想要对分散在各地、各个机构的数据进行整合几乎是不可能的,或者说所需的成本是巨大的。随着人工智能的进一步发展,重视数据隐私和安全已经成为世界性趋势。每一次公众数据的泄露都会引起媒体和公众的极大关注,例如 Facebook 的数据泄露事件就引起大范围的抗议行动。

同时各国都在加强对数据安全和隐私的保护,欧盟 2018 年出台的新法案《通用数据保护条例》表明,对用户数据隐私和安全管理的日趋严格将是世界性趋势。要解决大数据的困境,仅仅靠传统的方法已经出现瓶颈。两家公司简单地交换数据在很多法规下是不允许的。用户是原始数据的拥有者,在用户没有批准的情况下,公司间是不能交换数据的。

针对数据孤岛和数据隐私的两难问题,多家机构和学者提出了解决办法。针对手机终端和多方机构数据的隐私问题,谷歌公司和微众银行分别提出了不同的"联邦学习"算法框架。谷歌公司提出了基于个人终端设备的"联邦学习"算法框架,而美国人工智能协会院士杨强与微众银行随后提出了基于"联邦学习"的系统性通用解决方案[15],可以解决个人和公司间联合建模的问题。在满足数据隐私、安全和监管要求的前提下,设计机器学习框架,让人工智能系统能够更加高效、准确地共同使用各自的数据。

### 7.5.2 联邦学习的基本内涵

联邦学习又名联邦机器学习、联合学习、联盟学习等。联邦学习作为一种机器学习框架,能有效帮助多个机构在满足用户隐私保护、数据安全和政府法规的要求下,进行数据使用和机器学习建模。其核心就是解决数据孤岛和数据隐私保护的问题,通过建立数据"联邦",让参与各方都获益,推动技术整体持续进步。

具体的实现策略是:建立一个虚拟的共有模型,这个虚拟的共有模型类似于把数据聚合在一起建立的最优模型。但是,在建立虚拟的共有模型时数据本身不移动,因此不泄露隐私,符合数据合规要求,建好的模型也仅在各自的区域为本地的目标服务。在这样一种联邦机制下,各个参与者的身份和地位相同,实现"共同富裕"。

联邦学习有几大特征:①各方数据都保留在本地,不泄露隐私也不违反法规;②多个参与者联合数据建立虚拟的共有模型,实现各自的使用目的,共同获益;③在联邦学习体系下,各个参与者的身份和地位相同;④联邦学习的建模效果类似于传统深度学习;⑤"联邦"就是数据联盟,不同的联邦有着不同的运算框架,服务于不同的运算目的,如金融行业和医疗行业就会形成不同的联盟。在实际应用中,因为孤岛数据具有不同的分布特点,所以联邦学习也可分为横向联邦学习、纵向联邦学习、联邦迁移学习三种方案,如图 7-11 所示。

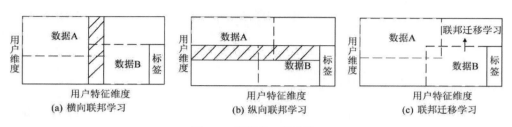

图7-11 联邦学习的分类

为了给用户行为建立预测模型，需要有一部分特征，也就是原始特征，叫做$X$，例如用户特征。还必须有标签数据，也就是期望获得的答案，叫做$Y$。比如：在金融领域，标签$Y$是需要预测的用户信用；在营销领域，标签$Y$是用户的购买愿望；在教育领域，标签$Y$则是学生掌握知识的程度；等等。用户特征$X$加标签$Y$构成了完整的训练数据$(X, Y)$。但是，在现实中，往往会遇到这种情况：各个数据集的用户不完全相同，或用户特征不完全相同。具体而言，以包含两个数据拥有方的联邦学习为例，数据分布可以分为三种情况：①两个数据集的用户特征重叠部分较大，而用户重叠部分较小；②两个数据集的用户重叠部分较大，而用户特征重叠部分较小；③两个数据集的用户与用户特征重叠部分都比较小。为了应对以上三种数据分布情况，于是我们把联邦学习分为横向联邦学习、纵向联邦学习与联邦迁移学习。

我们以包含两个数据拥有方(企业 A 和企业 B)的场景为例介绍联邦学习的系统架构，这种架构可扩展至包含多个数据拥有方的场景。

假设企业 A 和企业 B 想联合训练一个机器学习模型，它们的业务系统分别拥有各自用户的相关数据。此外，企业 B 还拥有模型需要预测的标签数据。出于数据隐私和安全考虑，企业 A 和企业 B 无法直接进行数据交换。此时，可使用联邦学习系统建立模型，系统架构由两部分构成，如图 7-12 所示。

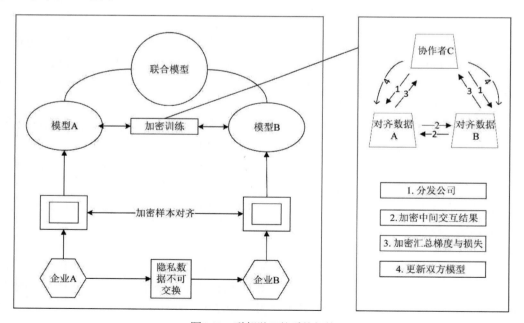

图7-12 联邦学习的系统架构

### 1. 加密样本对齐

由于两家企业的用户群体并非完全重合，系统利用基于加密的用户样本对齐技术，在企业 A 和企业 B 不公开各自数据的前提下确认双方的共有用户，并且不暴露不互相重叠的用户，以便联合这些用户的特征进行建模。

### 2. 加密模型训练

在确定共有用户群体后，就可以利用这些数据训练机器学习模型。为了保证训练过程中数据的保密性，需要借助第三方协作者 C 进行加密训练。以线性回归模型为例，训练过程可分为以下 4 步：①协作者 C 把公钥分发给模型 A 和模型 B，用以对训练过程中需要交换的数据进行加密；②对齐数据 A 和对齐数据 B 之间以加密形式交互用于计算梯度的中间结果；③对齐数据 A 和对齐数据 B 分别基于加密的梯度值进行计算，同时对齐数据 B 根据其标签数据计算损失，并把这些结果汇总给协作者 C，协作者 C 通过汇总结果计算总梯度并将其解密；④协作者 C 将解密后的梯度分别回传给模型 A 和模型 B，模型 A 和模型 B 根据梯度更新各自模型的参数。

迭代上述步骤直至损失函数收敛，这样就完成了整个训练过程。在样本对齐及模型训练过程中，企业 A 和企业 B 各自的数据均保留在本地，且训练中的数据交互也不会导致数据隐私泄露。因此，双方在联邦学习的帮助下得以实现合作训练模型。

### 3. 效果激励

联邦学习的一大特点就是解决了为什么不同机构要加入联邦共同建模的问题，建立模型以后，模型的效果会在实际应用中表现出来，并使用永久数据记录机制(如区块链)记录下来。提供数据多的机构会看到模型的效果更好，这体现在对自己机构的贡献和对他人的贡献。这些模型会向各个机构反馈效果，并继续激励更多机构加入这一数据联邦。

以上既考虑了在多个机构间共同建模的隐私保护和效果，又考虑了如何奖励贡献数据多的机构，以共识机制来实现。所以，联邦学习是一种"闭环"形式的学习机制。

## 7.5.3  联邦学习的应用探索

目前，联邦学习已经启动在行业领域的应用实践探索，在不同行业有多样化的应用场景和落地形态。

### 1. 金融领域

目前已有多家机构联合建模的风控模型能更准确地识别信贷风险，联合反欺诈。多家银行建立的联邦反洗钱模型，能解决金融领域样本少、数据质量低的问题。

### 2. 智慧零售领域

在智慧零售领域，联邦学习能有效提升信息和资源匹配的效率。例如，银行拥有用户购买能力特征，社交平台拥有用户个人偏好特征，电商平台则拥有产品特征，传统的机器学习模型

无法直接在异构数据上进行学习，联邦学习却能在保护三方数据隐私的基础上进行联合建模，为用户提供更精准的产品推荐等服务，从而打破数据壁垒，构建跨领域合作。

### 3. 医疗健康领域

联邦学习对于提升医疗行业协作水平具有突出意义。在推进智慧医疗的过程中，病症、病理报告、检测结果等病人隐私数据常常分散于多家医院、诊所等跨区域、不同类型的医疗机构，联邦学习使机构间可以跨地域协作而数据不出本地，多方合作建立的预测模型能够更准确地预测癌症、基因疾病等疑难病。如果所有的医疗机构能建立联邦学习联盟，或许可以使人类的医疗卫生事业迈上全新的台阶。

目前，为了快速推进各行业联邦生态的建设，在工具层面，微众银行 AI 团队开源了首个工业级的联邦学习技术框架(Federated AI Technology Enabler，FATE)，不仅提供一系列开箱即用的联邦学习算法，更重要的是给开发者提供了实现联邦学习算法和系统的范本，使大部分传统算法可以经过改造适配到联邦学习框架中，从而快速加入联邦生态。与此同时，相关的国际标准——IEEE 联邦学习标准的制定也在推进中。2019 年 2 月，IEEEP3652.1(联邦学习基础架构与应用)标准工作组第 1 次会议在深圳召开，目前国内外已经有三十多个主要的企业和研究机构参与。作为国际上首个针对人工智能协同技术框架制定的标准，不仅会对各方联邦学习系统加以规范，还将为立法机构在涉及隐私保护的问题上提供技术参考。

总之，联邦学习是破解数据隐私保护难题的新思路，也是让社会更加公平美好的强大推动力，应用前景十分广阔。

## 7.6　本章小结

大数据时代改变了基于数理统计的传统数据科学，促进了数据分析方法的创新，从机器学习和多层神经网络演化而来的深度学习是当前大数据处理与分析的研究前沿。作为机器学习领域新兴的研究方向，深度学习有效地解决了多类复杂的智能问题。注意力机制、自编码器、强化学习、对抗学习以及联邦学习等研究方向越来越受到广泛关注。

注意力与记忆机制借鉴人脑解决信息过载的机制，从多方面来提高神经网络处理信息的能力。注意力机制扩展了神经网络的能力，可以专注于输入的特定部分，使自然语言基准测试的性能得到改进，以及赋予图像字幕、记忆网络和神经程序全新的能力。结合注意力机制的深度神经网络在部分领域呈现出全面超越传统神经网络的趋势。

自编码器能够自动提取特征，有效降低了传统手动提取特征的不足，并且对于大数据训练问题，自编码器能有效地避免过拟合情况的发生。目前，自编码器在数据分类、异常检测等多个方面都有广泛的应用，并且取得了不错的成果。

GAN 作为一种生成式模型，不直接估计数据样本的分布，而是通过模型学习来估测潜在分布并生成同分布的新样本。这种从潜在分布生成"无限"新样本的能力，在图像和视觉计算、语音和语言处理、信息安全等领域具有重大的应用价值，受到人工智能研究者的重视。

联邦学习作为新方法正在不断得到研究，相关新标准也在逐渐制定与落地。相应地，联邦学习也需要顺应发展，根据不同行业的不同需求进行探索。

## 7.7 习　题

1. 驾驶问题。请根据油门、方向盘、刹车，也就是身体能接触到的机械部件来定义动作。也可以进一步定义它们，当汽车在路上行驶时，将动作考虑为轮胎的扭矩。还可以退一步定义它们，用头脑控制身体，将动作定义为通过肌肉抖动来控制四肢。甚至可以定义高层次的动作，比如动作就是目的地的选择。上述哪一个定义能够正确描述环境与 Agent 之间的界限？哪一个动作的定义比较恰当？请阐述原因。

2. 离散 Hopfield 神经网络的连接权值矩阵为

$$W = \begin{bmatrix} 0 & -\dfrac{2}{3} & \dfrac{2}{3} \\ -\dfrac{2}{3} & 0 & -\dfrac{2}{3} \\ \dfrac{2}{3} & -\dfrac{2}{3} & 0 \end{bmatrix}$$

各神经元的阈值取为 0。任意给定初始状态 $V(0) = \{-1, -1, 1\}$，请确定对应的稳定状态。

3. 有监督学习和无监督学习的区别有哪些？

4. GAN 的优势及劣势有哪些？

5. 已知如下非线性函数：

$$f(x_1, x_2) = 10(x_1{}^2 - x_2)^2 + (1 - x_1)^2, 0 \leqslant x_i \leqslant 2.5, i = 1, 2$$

(1) 使用连续 Hopfield 神经网络(CHNN)求解最小值，要求画出 CHNN 的网络结构图(图中需要标注各神经元的输入连接权值和阈值)，给出神经元的输出变换函数，以及求解上述问题的能量计算函数。

(2) 使用遗传算法(GA)求解最小值，若采用二进制编码，试确定染色体的长度，设计 GA 的适应度函数，并说明适应度函数在 GA 中的作用。

(3) 分别给出使用 CHNN 和 GA 求解上述问题的主要步骤。

## 参考文献

[1] Rumelhart D E，Hinton G E，Ronald J. Williams. Learning Representations by Back Propagating Errors[J]. Nature，1986，323(6088)：533-536.

[2] Bourlard H，Kamp Y. Auto-association by multilayer perceptrons and singular value decomposition[J]. Biological Cybernetics，1988，59(4-5)：291-294.

[3] Vincent P，Larochelle H，Bengio Y，et al. Extracting and composing robust features with denoising autoencoders[C]//Machine Learning，Proceedings of the Twenty-Fifth International Conference(ICML 2008)，Helsinki，Finland，June 5-9，2008. ACM，2008.

[4] Vincent P，Larochelle H，Lajoie I，et al. Stacked Denoising Autoencoders：Learning Useful Representations in a Deep Network with a Local Denoising Criterion[J]. Journal of Machine Learning

Research，2010，11(12)：3371-3408.

[5] Bilmes Jeff，Ng Andrew. Proceedings of the Twenty-Fifth Conference on Uncertainty in Artificial Intelligence[J]. Computer Science，2012，135(1)：105-129.

[6] Sutton R S. Learning to Predict by the Methods of Temporal Differences[J]. Machine Learning，1988，3(1)：9-44.

[7] Watkins，Christopher J C H，Dayan，Peter. Q-learning[J]. Machine Learning，1992，8(3-4)：279-292.

[8] 战忠丽，王强，陈显亭. 强化学习的模型、算法及应用[J]. 电子科技，2011，24(1)：47-49.

[9] Peter Stone. Layered Learning in Multi-Agent Systems：A Winning Approach to Robotic Soccer. Cambridge，MA：MIT Press，2000.

[10] Smuel A L，Some studies in machine learning using the game of checkers. IBM Journal of Research and Development，1959，3：211-229.

[11] Tesauro J. Temporal difference learning and TD-gammon [J]. Communications of the ACM，1995，38(3)：58-68.

[12] Goodfellow I，Pouget-Abadie J，Mirza M，et al. Generative adversarial nets. In：Proceedings of the 2014 Conference on Advances in Neural Information Processing Systems 27. Montreal，Canada：Curran Associates，Inc.，2014. 2672−2680.

[13] 王飞跃. 平行系统方法与复杂系统的管理和控制[J]. 控制与决策，2004(5)：485-489.

[14] 王飞跃. 平行控制：数据驱动的计算控制方法[J]. 自动化学报，2011，39(4)：293-302.

[15] 杨强. AI 与数据隐私保护：联邦学习的破解之道[J]. 信息安全研究，2019(11).

[16] 邱锡鹏. 神经网络与深度学习[M]. 北京：机械工业出版社，2020.

[17] 贾文娟，张煜东. 自编码器理论与方法综述[J]. 计算机系统应用，2018，27(05)：1-9.

[18] 袁非牛，章琳，史劲亭，等. 自编码神经网络理论及应用综述[J]. 计算机学报，2019，42(1)：203-230.

[19] 王坤峰，苟超，段艳杰，等. 生成式对抗网络 GAN 的研究进展与展望[J]. 自动化学报，2017，43(3)：321-332.

# 第 8 章

# 计算机视觉

计算机视觉是一门研究如何对数字图像或视频进行高层理解的交叉学科。从人工智能的视角看，计算机视觉要赋予机器"看"的智能，与语音识别赋予机器"听"的智能类似，都属于感知智能范畴。从工程视角看，所谓理解图像或视频，就是用机器自动实现人类视觉系统的功能，包括图像或视频的获取、处理、分析和理解等诸多任务。类比人的视觉系统，摄像机等成像设备是机器的眼睛，而计算机视觉就是要实现人的大脑(主要是视觉皮层区)的视觉能力。计算机视觉(Computer Vision)是人工智能的一个重要学科分支，是用人工智能的方法模拟人类视觉的能力。本章主要介绍计算机视觉的相关内涵、图像分析与理解及其典型应用。

## 8.1　计算机视觉概述

在人工智能中，语音识别模拟了人类"听"的能力，自然语言处理模拟了人类"说"的能力，而计算机视觉则模拟了人类"看"的能力。据统计，人类获取的外界信息中有 80%以上是通过"看"获得的，由此可见计算机视觉的重要性。

计算机视觉模拟了人类"看"的能力，这种能力是对外界图像、视频的获取、处理、分析、理解和应用等一系列能力的综合。计算机视觉模拟包含多种学科技术，如脑视觉结构理论、图像处理技术、人工智能技术以及与领域相结合的多种应用学科技术。其中，图像、视频的获取、处理属于图像处理技术；图像、视频的分析、理解属于人工智能技术；而图像、视频的应用则属于与领域相结合的多种应用学科技术。这些技术都是以人工智能技术为核心与其他一些学科有机组合而成的。

除此之外，计算机视觉还包括基于脑科学、认知科学以及心理学的基础性支撑学科。这些学科一方面极大受益于数字图像处理、计算机摄影学、计算机视觉等学科带来的图像处理和分析工具，另一方面它们所揭示的视觉认知规律、视觉皮层神经机制等对于计算机视觉领域的发展也起到积极的推动作用。例如，多层神经网络(即深度学习)就是受到认知神经科学的启发而发展起来的，2012 年以来为计算机视觉中的众多任务带来跨越式的发展。与脑科学进行交叉学

科研究，是非常有前途的研究方向。

在计算机视觉的整个模拟过程中，一般可分为下面几个层次，它们形成了视觉处理的整体。

### 1. 数字化图像的获取

外部世界中存在动态、静态等多种景物，它们可以借助摄像设备为代表的图像传感器转换成计算机内的数字化图像，这是一种 $n \times m$ 的点阵结构，可用矩阵 $A_{n \times m}$ 表示。点阵中的每个点称为像素，可用数字表示，它反映图像的灰度。这种图像是一种最基本的 2D 黑白图像。如果点阵中的每个点用矢量表示，那么矢量中的分量可分别表示颜色，颜色由三个分量表示，分别反映红、绿、蓝三色，分量的值则反映了对应颜色的浓度。这就组成了 3D 彩色的 4D 点阵图像。

外界景物的数字化就是将外界景物转换成计算机内的用数字表示的图像，称为数字化图像，转换是由摄像设备为代表的图像传感器完成的，这种设备可以获取外界图像(而视频则是一组有序的图像序列，基础是图像，因此仅介绍图像)，一般可以起到人类"眼睛"的作用。

除了摄像设备外，目前还有很多相应的图像传感器用以实现外界景物的数字化，如热成像相机、高光谱成像仪雷达设备、激光设备、X 射线仪、红外线仪器、磁共振仪器、超声仪器等多种接口设备与仪器，它们不仅具有人类"眼睛"的功能，还具有很多人类"眼睛"所无法观察到的能力。从这个观点看，计算机视觉可以部分超过人类视觉的能力。

### 2. 数字化图像的处理

进行数字化之后的图像可在计算机内用数字计算完成图像处理。常用的图像处理如下。

#### 1) 图像增强和复原
图像增强和复原可改善图像的视觉效果和提高图像的品质。

#### 2) 图像数据的变换和压缩
为了便于图像的存储和传输，可对图像数据进行变换和编码压缩。由于图像阵列很大，图像处理时的计算量会很大；因此，往往通过各种图像变换方法，将空间域的处理转换为变换域的处理，如傅里叶变换、沃尔什变换、离散余弦变换、小波变换等，以减少计算量或者获得在空间域中很难甚至无法获取的特性。图像编码压缩技术可减少图像数据量，节省图像的传输、处理时间，以及减少占用的存储容量。压缩可以在不失真的前提下进行，也可以在允许失真的条件下进行。

#### 3) 图像分割
图像分割是指根据几何特性或图像灰度选定的特征，将图像中有意义的特征部分提取出来，包括图像中的边缘、区域等，这是进一步进行图像识别、分析和理解的基础。

#### 4) 图像分解与拼接
图像分解指的是将图像中的一部分从整体中抽取出来。图像拼接指的是将若干幅图像组合成一幅图像。

#### 5) 图像重建
通过从物体外部测量的数据，主要是摄像设备与物体间的距离，经数字处理后将 2D 平面物体转换成 3D 立体物体的技术称为图像重建。

**6) 图像管理**

图像管理也属于图像处理，包括图像的有组织存储，称为图像库，同时也包括对图像库的操作管理，如图像的调用、图像的增/删/改操作以及图像库的安全性保护和故障恢复等功能。

### 3. 图像的分析和理解

图像的分析和理解是指从现实世界中的景物提取高维数据以便产生数字或符号信息，它们可以转换为与其他思维过程交互且可引出适当行动的描述。图像的分析和理解包括图像描述、目标检测、特征提取、目标跟踪、物体识别与分类等，此外还包括高层次的信息分析，如动作分析、行为分析、场景语义分析等。

图像处理是指通过计算机对图像进行去除噪声、增强、复原、分割、提取特征等处理的方法和技术。图像的分析和理解是对人类大脑视觉的一种模拟，一般需要人工智能参与操作，因此又称智能图像处理，是计算机视觉的关键技术。

**1) 图像特征提取**

图像特征提取指的是提取图像中包含的某些特征或特殊信息，为分析图像提供便利。图像提取的特征包括很多方面，如频域特征、灰度或颜色特征、边界特征、区域特征、纹理特征、形状特征、拓扑特征和关系结构等。

**2) 图像描述**

图像描述是进行图像分析和理解的必要前提。最简单的图像描述可采用几何特性描述物体，可分为边界描述和区域描述两类。图像描述主要针对图像中感兴趣的目标进行检测和测量以获得它们的客观信息，为图像分析提供基础。

**3) 图像的分类、识别**

图像的分类、识别属于机器学习范畴，主要是对图像进行分类判别以识别图像。图像的分类经常采用浅层机器学习和深层机器学习等方法。

图像分析中的数据可以是对目标特征测量的结果，或是基于测量的符号表示。图像分析涉及图像表达、特征提取、目标检测、目标跟踪和目标识别等多项技术内容。具体过程是将原来以像素描述的数字化图像通过多个步骤最终转换成简单的非图像的符号描述，如得到图像中目标的类型。然而，图像处理中更高级的图像分析是图像理解，包括图像目标动作分析、图像目标行为分析和图像场景语义分析。图像理解阶段的目标是使计算机具有通过二维图像认知三维环境信息的能力，这种能力将使计算机感知三维环境中物体的几何信息，包括它们的形状、位置、姿态、运动等。图像理解也属人工智能范畴，并大量使用机器学习方法。

### 4. 计算机视觉的应用

目前，计算机视觉的主要应用领域范围包括模式识别、机器视觉以及动态行为分析等。

## 8.2　图像的分析和理解

图像的分析和理解是计算机视觉的核心内容，主要使用的是人工智能中的机器学习方法。由于其中涉及的讨论问题很多，在此仅选择讨论图像分析中的图像识别作为代表。

尽管计算机视觉任务繁多,但大多数任务在本质上可以建模为广义的函数拟合问题,如图 8-1 所示。对于任意输入图像 $x$,需要学习以 $\theta$ 为参数的函数 $F$,使得 $y = F_\theta(x)$,其中 $y$ 可能有两大类。

(1) $y$ 为类别标签,对应模式识别或机器学习中的"分类"问题,如场景分类、图像分类、物体识别、人脸识别等视觉任务。这类任务的特点是:输出 $y$ 为有限种类的离散型变量。

(2) $y$ 为连续变量、向量或矩阵,对应模式识别或机器学习中的"回归"问题,如距离估计、目标检测、语义分割等视觉任务。在这些任务中,$y$ 或是连续的变量(如距离、年龄、角度等),或是向量(如物体的横纵坐标位置和长宽),或是每个像素所属物体类别的编号(如分割结果)。

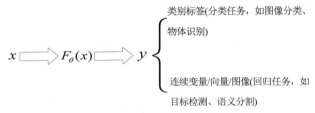

图8-1    常见视觉任务的实现方法

实现上述函数的具体方法有很多,但过去几十年,多数视觉模型和方法可以分成两大类:一类是基于浅层模型的方法,另一类是 2012 年以来应用最广泛的基于深度模型的方法。

## 8.2.1    基于浅层模型的方法

实现上述视觉任务的函数 $F$ 通常都是非常复杂的。为此,一种可能的解法是遵循"分而治之"的思想,进行分步、分阶段求解,如图 8-2 所示,典型的视觉任务实现流程包括以下四个步骤。

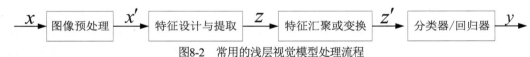

图8-2    常用的浅层视觉模型处理流程

步骤 1:图像预处理过程 $p$。这个过程用于实现目标对齐、几何归一化、亮度或颜色矫正等处理,从而提高数据的一致性,该过程一般人为设定。

步骤 2:特征设计与提取过程 $q$。这个过程从预处理后的图像 $x'$ 中提取描述图像内容的特征,这些特征可能反映图像的低层(如边缘)、中层(如部件)或高层(如场景)特性,一般依据专家知识进行人工设计。

步骤 3:特征汇聚或特征变换过程 $h$。这个过程对前一步提取的局部特征 $z$ 进行统计汇聚或降维处理,从而得到维度更低、更利于后续分类或回归过程的特征 $z'$。该过程一般通过专家设计的统计建模方法实现。例如,一种常用的模型是线性模型,$z' = Wz$,其中 $W$ 为使用矩阵形式表达的线性变换,一般需要在训练集合中学习得到。

步骤 4:分类器或回归器函数 $g$ 的设计与训练过程。这个过程采用机器学习或模式识别的方法,基于训练集 $\{(x_i, y_i): i = 1, 2, \cdots, N\}$(其中 $x_i$ 是训练图像,$y_i$ 是类别标签)学习得到,通过有监督的机器学习方法实现。例如,假设我们采用线性模型,$y = Wz'$,可以通过优化 $W^* =$

$\arg\min_{\boldsymbol{W}} \sum_{i=1}^{N} \| y_i - \boldsymbol{W}z_i' \|_2$ 得到，其中$z'$为通过步骤 3 得到的$x_i$的特征。

上述流程可以理解为通过执行 $p$、$q$、$h$、$g$ 四个函数实现需要的$y = F_{\theta}(x)$，也就是$y = g(h(q(p(x))))$。不难发现，上述流程带有强烈的"人工设计"色彩，不仅依赖专家知识进行步骤划分，更依赖专家知识选择和设计各步骤的函数，这与后来出现的深度学习方法依赖大量数据进行端到端自动学习(即直接学习$F_{\theta}$函数)形成了鲜明对比。为了对深度学习在概念上进行区分，通常称这些模型为浅层视觉模型。考虑到图像预处理往往依赖于图像类型和任务，接下来仅对后面三个步骤进行简单介绍。

### 1. 特征设计与提取过程

人工设计特征在本质是一种专家知识驱动的方法，研究者自己或通过咨询特定领域专家，根据对所研究问题或目标的理解，设计某种流程来提取专家觉得"好"的特征。例如，在人脸识别研究早期，研究人员普遍认为应用面部关键特征点的相对距离、角度或器官面积等就可以区分不同的人脸，但后来的实践很快证明了这些特征并不好。目前，多数人工设计的特征有两大类：全局特征和局部特征。前者通常建模图像中全部像素或多个不同区域中像素蕴含的信息，后者则通常只从局部区域的少量像素中提取信息。

典型的全局特征对颜色、全图结构或形状等进行建模，例如在全图上计算颜色直方图，傅里叶频谱也可以看作全局特征。另一种典型的全局特征是 2001 年 Aude Oliva 和 Antonio Torralba 提出的 GIST 特征[1]，主要用于对图像场景的空间形状属性进行建模，如自然度、开放度、粗糙度、扩张度和崎岖度等。与局部特征相比，全局特征往往粒度比较粗，适合于需要高效而无须做精细分类的任务，比如场景分类或大规模图像检索等。

相对而言，局部特征可以提取更为精细的特征，应用更为广泛，因此在 2000 年之后的十年内得到了充分发展，研究人员设计出了数以百计的局部特征，这些局部特征大多以建模边缘、梯度、纹理等为目标，采用的手段包括滤波器设计、局部统计量计算、直方图等。最典型的局部特征有 SIFT、SURF、HOG、LBP、Gabor 滤波器、DAISY、BRIEF、ORB、BRISK 等数十种，下面以 LBP 为例介绍提取方法。

LBP (Local Binary Pattern，局部二值模式)是一种能够简单有效地编码图像局部区域内变化模式的局部描述子。与其他对图像梯度强度和方向进行精细统计的特征不同，LBP 只关注梯度的符号，换句话说，只关注中心像素与邻域像素的明暗关系。如图 8-3 所示，以 $3 \times 3$ 邻域组成的 9 像素关系为例，LBP 比较中心像素与 8 个邻域像素的亮度值大小：某邻域的像素值大于或等于中心像素值，则赋 1，否则赋 0，从而得到 8 个 0/1 位，串接成字节便得到一个 $[0, 255]$ 区间内的十进制数。不难理解，这相当于把 $3 \times 3$ 共 9 个像素组成的局部邻域编码成了 256 种不同的模式类型。

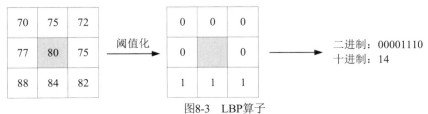

图8-3  LBP算子

上述 256 种二值模式出现的概率是有差异的，为了获得鲁棒性并减少模式类别数，LBP 的设计者定义了均衡模式(uniform pattern)和非均衡模式的概念。所谓均衡模式，是指 0/1 串中最多包含两次 1-0 或 0-1 跳变，例如 00000000、00001111、01111000 都是均衡模式，它们分别包含 0 次、1 次、2 次跳变，这样可以得到 58 种不同的均衡模式。而 01010000、00110011、01001101 则分别包含 4 次、3 次、5 次跳变，是非均衡模式。鉴于非均衡模式在自然图像中出现非常少，它们被强制归为一类模式，从而共得到 59 种不同的二值模式。二值模式实际上建模了一些局部微纹理基元。值得说明的是，上述 LBP 定义在 $3 \times 3$ 的邻域上，但可以很方便地扩展到更大的邻域，比如 $5 \times 5$、$7 \times 7$ 甚至更大，只是可能出现的模式会增加很多。

上述 59 种二值模式定义在每个像素及邻域上，但还不能直接作为图像描述子，需要进行直方图统计才能形成图像描述特征。直方图统计可以在全图上进行，但通常在局部子图像上进行。例如，用于人脸识别时，通常可以进行如下操作：给定一幅人脸图像(假设为 $128 \times 160$ 大小)，首先将其划分为 $m$ 个子图像(如 $m = 4 \times 5 = 20$)，则每个子图像的大小为 $32 \times 32$。对于每个子图像 $B_i (i = 1,2,\cdots,m)$，各有 900 像素可以作为 $3 \times 3$ 邻域的中心像素计算 IBP 模式值(上、下、左、右各有一行或一列像素无法计算 LBP)，从而可以得到 900 个模式值。统计它们中出现 59 种模式的各自频数，便得到了 59 维的直方图 $H_i = (h_{i,1}, h_{i,2}, \cdots, h_{i,59})$，其中 $h_{i,j}$ 表示第 $j$ 种二值模式在子图像 $B_i$ 中出现的次数。最后，将 $m$ 个直方图串接即可得到整个人脸图像的描述特征：

$$H = [H_1 H_2 \cdots H_{20}] = (h_{1,1}, h_{1,2}, \cdots, h_{1,p}; h_{2,1}, h_{2,2}, \cdots, h_{2,p}; \cdots; h_{m,1}, h_{m,2}, \cdots, h_{m,p})$$

其中，$m=20$，$p=59$，因此这里 LBP 直方图描述子的特征维数是 $1180(m*p)$。需要注意的是，这里给出的只是例子，实际应用时输入的图像大小不同，$m$ 的取值可以根据经验设定，而且不同的子图像 $B_i$ 可以有一定程度的重叠。

### 2. 特征汇聚与特征变换过程

视觉任务实现流程中的步骤 2 提取的人工设计特征往往非常多，从而给后续计算带来困难。更重要的是，这些特征在设计之初并未充分考虑随后的任务或目标。例如，用于分类时未必具有非常好的判别能力。因此，在进行图像分类、检索或识别等任务时，并且在将它们输入给分类器或回归器之前，一般还需要对这些特征进行进一步处理。

视觉任务实现流程中的步骤 3 是为了把高维特征进一步编码到某个维度更低或者具有更好判别能力的新空间。实现上述目的的方法有以下两大类。

一类是特征汇聚，典型的方法包括词袋模型、Fisher 向量和局部聚合向量(VLAD)。其中，词袋模型(Bag of Word，BOW)最早出现在自然语言处理(NLP)和信息检索(IR)领域。词袋模型忽略文本的语法和语序，用一组无序的单词来表达一段文字或文档。受此启发，研究人员将词袋模型扩展到计算机视觉中，并称之为视觉词袋模型(Bag of Visual Word，BOVW)。简而言之，图像可以看作文档，而图像中的局部视觉特征(visual feature)可以看作单词的实例，从而可以直接应用 BOW 方法实现大规模图像检索等任务。

另一类是特征变换，又称子空间分析。这类方法特别多，典型的方法包括主成分分析(PCA)、核方法、流形学习等。其中，主成分分析是一种在最小均方误差意义下最优的线性变换降维方法，在计算机视觉中应用极为广泛。例如，1990 年发表的人脸识别领域里最具里程碑意义的

Eigenface 本质上就是 PCA，其后二十余年，PCA 都是人脸识别系统中几乎不可或缺的模块。PCA 在寻求降维变换时的目标是让重构误差最小化，与样本所属类别无关，因而是一种无监督的降维方法。但在众多计算机视觉应用中，分类才是最重要的目标，以最大化类别可分性为优化目标寻求特征变换成为一种最自然的选择，这其中最著名的就是费舍尔线性判别分析方法 (FLDA)。FLDA 也是一种非常简单而优美的线性变换方法，基本思想是寻求线性变换，使得变换后的空间中同一类别的样本散度尽可能小，而让不同类别样本的散度尽可能大，实现所谓的"类内散度小，类间散度大"。

核方法曾经是实现非线性变换的重要手段之一。核方法并不试图直接构造或学习非线性映射函数本身，而是在原始特征空间内通过核函数(kernel function)来定义"高维隐特征空间"中的内积。换句话说，核函数实现了一种隐式的非线性映射，将原始特征映射到新的高维空间，从而可以在无须显式得到映射函数和目标空间的情况下，计算该空间内模式向量的距离或相似度，完成模式分类或回归任务。

实现非线性映射的另一种方法是流形学习(manifold learning)。所谓流形，可以简单理解为高维空间中的低维嵌入，维度通常称为本征维度(intrinsic dimension)。流形学习的主要思想是寻求将高维的数据映射到低维本征空间的低维嵌入，要求低维空间中的数据能够保持原高维数据的某些本质结构特征。根据要保持的结构特征的不同，2000 年之后出现了很多流形学习方法，最著名的是 2000 年发表在《科学》杂志上的等距映射(ISOMAP)和局部线性嵌入(LLE)。其中，ISOMAP 保持的是测地距离，基本策略是首先通过最短路径方法计算数据点之间的测地距离，然后通过 MDS 得到满足数据点之间测地距离的低维空间。LLE 则假设每个数据点可以由近邻点重构，通过优化方法寻求低维嵌入，使所有数据仍能保持原空间邻域关系和重构系数。略显不足的是，多数流形学习方法都不易得到显式的非线性映射，因而往往难以将没有出现在训练集中的样本变换到低维空间，只能采取一些近似策略，但效果并不理想。

### 3. 分类器或回归器函数的设计与训练过程

前面介绍了面向浅层模型的人工设计特征以及进一步汇聚或变换的方法。一旦得到这些特征，剩下的步骤就是进行分类器或回归器函数的设计与训练。事实上，计算机视觉中的分类器基本都借鉴了模式识别或机器学习领域，最近邻分类器、线性感知机、决策树、随机森林、支持向量机、AdaBoost、神经网络等都是适用的。

需要特别注意的是，根据上述特征属性的不同，分类器或回归器中涉及的距离度量方法也有所差异。例如，对于直方图类特征，一些面向分布的距离(如 KLD、卡方距离等)可能更实用；对于 PCA、FLDA 变换后的特征，欧氏距离或 Cosine 相似度可能更佳；对于一些二值化特征，海明距离有可能带来更优的性能。

## 8.2.2　基于深度模型的方法

浅层学习适用于识别相对简单的图像，对复杂与细腻图像的识别效果不佳，因此近年来深度学习方法已逐渐成为主要的识别方法。深度学习在计算机视觉领域应用的爆发发生在 2012 年。这一年，Hinton 教授领导的研究小组设计了深度卷积神经网络(DCNN)模型 AlexNet，利用 ImageNet 提供的大规模训练数据并采用两块 GPU 进行训练，将 IamgeNet 大规模视觉识别竞赛

(ILSVRC)之"图像分类"任务的 Top 5 错误率降低到 15.3%，而传统方法的错误率高达 26.2%(且仅比 2011 年降低两个百分点)。这一结果让研究者看到了深度学习的巨大威力，因此在 2013 年 ILSVRC 竞赛再次举行时，成绩靠前的队伍几乎全部采用了深度学习方法，其中图像分类任务的冠军来自纽约大学的 Fergus 研究小组，他们将 Top 5 错误率降到了 11.7%，采用的模型也是进一步优化的深度 CNN。2014 年，在同一竞赛中，Google 依靠 22 层的深度卷积网络 GoogLeNet 将 Top 5 错误率降到了 6.6%。到 2015 年，微软亚洲研究院的何凯明等人设计出深达 152 层的 ResNet 模型，并将这一错误率刷新到 3.6%。四年内，ImageNet 图像分类任务的 Top 5 错误率从 26.2%降到 3.6%，这显然是一次跨越式进步。

实际上，深度学习是多层神经网络的复兴而非革命。20 世纪 90 年代之后，神经网络研究陷入低潮，但实际上神经网络研究并未完全中断。LeCun 等人在 1989 年提出了卷积神经网络 (CNN)，并在此基础上于 1998 年设计了 LeNet-5 卷积神经网络，通过训练大量数据，这一模型已成功应用于美国邮政手写数字识别系统中。引爆深度学习在计算机视觉领域应用热潮的 AlexNet 是对 LeNet-5 的扩展和改进，而后来的 GoogLeNet、VGG、ResNet、DenseNet 等深度模型在基本结构上都是 CNN，只是在网络层数、卷积层结构、非线性激活函数、连接方式、Loss 函数、优化方法等方面有了新的发展。其中，ResNet 通过跨层跳连(shortcut 结构)，使得优化非常深的模型成为可能。

需要说明的是，LeNet-5 等 CNN 结构的设计在一定程度上受到 Fukushima 于 1975 年提出的 Cognitron 模型和 1980 年提出的 Neocognitron 模型的启发。它们与 CNN 在网络学习方法上有较大差异：Neocognitron 采用的是无导师信号、自组织的学习，而 CNN 则依赖于有导师信号的大量数据进行参数学习。二者都试图模拟诺贝尔奖获得者 Hubel 和 Wiesel 于 20 世纪 60 年代提出的视觉神经系统的层级感受野模型——从提取简单特征的神经元(简单细胞)到提取渐进复杂特征的神经元(复杂细胞、超复杂细胞等)的层级连接结构。从这个意义上讲，深度学习的种子在 20 世纪 80 年代已经生根发芽。

事实上，深度学习中的深度卷积神经网络(DCNN)也是通过滤波器提取局部特征，然后通过逐层卷积和汇聚，逐渐将"小局部"特征扩大为"越来越大的局部"特征，甚至最终通过全连接形成"全局特征"。但与浅层模型相比，深度模型的滤波器参数(权重)不是人为设定的，而是通过神经网络的 BP 算法等训练学习而来，且 DCNN 模型以统一的卷积作为手段，实现了从小局部特征到大局部(所谓的层级感受野)特征的提取。

### 1. 基于深度模型的目标检测技术

目标检测是计算机视觉中的基础性问题，作用是定义某些感兴趣的特定类别组成前景，用其他类别组成背景。设计一个目标检测器，它可以在输入图像中找到所有前景物体的位置及其所属的具体类别。物体的位置用长方形边框描述。实际上，目标检测问题可以简化为图像区域的分类问题，如果在一张图像中提取足够多可能物体的候选位置，那么只需要对所有候选位置进行分类，即可找到含有物体的位置。在实际操作中，常常再引入边框回归器来修正候选框的位置，并在检测器后接入后处理操作以去除属于同一物体的重复检测框。自深度学习引入目标检测问题后，目标检测的正确率得到大大提升。

区域卷积神经网络(R-CNN)最早将深度学习应用在目标检测中，一般包括以下步骤。

步骤 1：输入一张图像，使用无监督算法提取约 2000 个物体的可能位置。

步骤 2：将所有候选区域取出并缩放为相同的大小，输入从卷积神经网络中提取的特征。

步骤 3：使用 SVM 对每个区域的特征进行分类。

不难看出，R-CNN 的最大缺点是所有候选区域中存在大量的重叠和冗余，并且都要分别经过卷积神经网络进行计算，这使得计算代价非常大。

为了提高计算效率，Fast R-CNN 对同一张图像只提取一次卷积特征，此后接入 ROI 池化层，将特征图上不同尺寸的感兴趣区域取出并池化为固定尺寸的特征，再将这些特征用 Softmax 进行分类。此外，Fast R-CNN 还利用多任务学习，将 ROI 池化层后的特征输入边框回归器来学习更准确的位置。后来，为了降低提取候选位置时消耗的运算时间，Faster R-CNN 进一步简化流程，在特征提取器后设计了 RPN(Region Proposal Network)结构，用于修正和筛选预定义在固定位置的候选框，并将上述所有步骤集成于整体框架中，从而进一步加快目标检测速度。

### 2. 基于全卷积网络的图像分割

通常，CNN 网络在卷积层之后会接上若干全连接层，将卷积层产生的特征图(Feature Map)映射成固定长度的特征向量。以 AlexNet 为代表的经典 CNN 结构适合于图像级的分类和回归任务，因为它们最后都期望得到整个输入图像的数值描述(概率)，比如 AlexNet 的 ImageNet 模型会输出 1000 维的向量以表示输入图像属于每一类的概率(Softmax 归一化)。

对于像素级的分类和回归任务(如图像分割或边缘检测)，代表性的深度网络模型是全卷积网络(Fully Convolutional Network，FCN)。FCN 对图像进行像素级的分类，从而解决了语义级别的图像分割(Semantic Segmentation)问题。与经典的 CNN 在卷积层之后对使用全连接层得到的固定长度的特征向量进行分类(全连接层＋Softmax 输出)不同，FCN 可以接收任意尺寸的输入图像，采用反卷积层对最后一个卷积层的特征图进行上采样，使其恢复为与输入图像相同的尺寸，从而可以对每个像素产生预测，同时保留原始输入图像中的空间信息，最后在上采样的特征图上进行逐像素分类。简单来说，FCN 与 CNN 的区别在于把 CNN 的全连接层换成卷积层，输出的是一张已经打好标签的图片。

与传统使用 CNN 进行图像分割的方法相比，FCN 有两大明显优点：一是可以接收任意大小的输入图像，而不要求所有的训练图像和测试图像具有同样的尺寸；二是更加高效，避免了由于使用像素块而带来的重复存储和计算卷积的问题。同时 FCN 的缺点也比较明显：一是得到的结果还不够精细，利用 8 倍上采样虽然比 32 倍的效果好了很多，但是上采样的结果还是比较模糊和平滑，对图像中的细节不敏感；二是对各像素进行分类，没有充分考虑像素之间的关系，忽略了通常的基于像素分类的分割方法中使用的空间规整(Spatial Regularization)步骤，缺乏空间一致性。

### 3. 融合图像和语言模型的自动图题生成

自动图题生成的目标是生成输入图像的文字描述，也就是人们常说的"看图说话"，这也是深度学习取得重要进展的研究方向之一。将深度学习方法应用于此类问题的代表性思路是使用 CNN 学习图像表示，然后采用循环神经网络(RNN)或长短期记忆模型(LSTM)学习语言模型，并以 CNN 特征输入初始化 RNN/LSRM 的隐层节点，组成混合网络进行端到端训练。通过使用这种方法，有些系统在 MS COCO 数据集上的部分结果甚至优于人类给出的语言描述。

综上所述，在目前的应用中，浅层学习适用于简单图像的识别，所采用的训练数据必须是大量的有标签数据，在实施时需要大量专家型人才的广泛参与。而深度学习则适用于复杂图像的识别，所采用的训练数据可以是部分有标签与部分无标签的数据，且实施时专家型人才参与的环节不多。

## 8.3 计算机视觉的典型应用

计算机视觉的应用范围与规模在目前的人工智能应用中最为广泛与普遍，且早已深入日常生活与工作的各个方面，以至于人们并未感觉到现代人工智能时刻存在着，如二维码识别、联机手写输入等。以下介绍目前计算机视觉的大致应用领域。

### 8.3.1 模式识别

模式识别(Pattern Recognition)是指通过计算机数字技术方法研究模式的自动处理和判别。客观世界中的客体统称为"模式"，随着计算机技术及人工智能的发展，有可能对客体做出识别，主要是视觉和听觉的识别，这是模式识别的两个重要方面。其中，与视觉有关的模式识别如下。

#### 1. 二维码识别与联机手写输入

二维码识别与联机手写输入是目前使用最为普遍的模式识别应用。可以通过三种方法获取二维码：第一种是通过摄像头可以轻松扫描二维码，第二种是扫描存储于设备上的二维码图片，第三种是扫描网络上带 URL 链接的二维码。

微信、支付宝、淘宝等手机软件可以识别二维码，是二维码技术在手机上的应用。二维码是用特定的几何图形按一定规律在平面(二维方向)上分布的黑白相间的矩形方阵，是记录数据符号信息的新一代条码技术，由二维码矩阵图形、二维码号以及下方的说明文字组成，具有信息量大、纠错能力强、识读速度快、全方位识读等特点。将手机需要访问、使用的信息编码到二维码中，利用手机的摄像头识读，这就是手机二维码。手机二维码可以印刷在报纸、杂志、广告、图书、包装以及个人名片等多种载体上，用户通过手机摄像头扫描二维码或输入二维码下面的号码、关键字即可实现快速手机上网，便捷地浏览网页、下载图文、音乐、视频、获取优惠券、参与抽奖、了解企业产品信息，省去了在手机上输入 URL 的烦琐过程，实现一键上网。同时，还可以方便地用手机识别和存储名片、自动输入短信、获取公共服务(如天气预报)、实现电子地图查询定位和手机阅读等多种功能。此外，二维码可以为网络浏览、下载、在线视频、网上购物、网上支付等提供方便的入口。

联机手写汉字识别有时也叫做"笔(式)输入"。顾名思义，用笔把汉字"写"入计算机，而不是用键盘"敲"入计算机。改敲为写，不需要死记每个字的编码，而是像通常写字那样，用笔把字直接写入计算机，更符合中国人的书写习惯，实现了汉字的实时输入。此外，这种输入方法既可以用于办公室内，也可以用于室外或其他特殊场合，是一种易学易用的汉字输入方法。

在笔输入系统中，由书写笔传送给计算机的信号是一维的笔画串，而不是方块汉字的二维图形。以汉字"女"为例，在书写板上写这个字时，笔画(包括笔画类型及位置)就按书写顺序依次输入计算机，形成具有一定结构关系的笔画串：く、丿、一。从原理上讲，把汉字集合中每个汉字的笔画串存储在计算机中，就组成了笔输入系统的"字典"(标准笔画串库)。在识别某个待识汉字时，也利用书写板把汉字的笔画串输入计算机，然后与字典中所有的笔画串逐个加以比较，求得最相似的笔画串，得到识别结果。

### 2. 生物特征识别

所谓生物特征识别，就是通过计算机与光学、声学、生物传感器和生物统计学原理等高科技手段密切结合，利用人体固有的生理特性(如指纹、脸像、虹膜等)和行为特征(如笔迹、声音、步态等)来进行个人身份的鉴定。在全球生物识别市场上，指纹识别份额为58%，人脸识别份额为18%，随后是新兴的虹膜识别，份额为7%，此外还有与指纹识别类似的掌纹识别以及静脉识别等。

人脸识别作为一种生物特征识别技术，是计算机视觉领域的典型研究课题。人脸识别不仅可以作为计算机视觉、模式识别、机器学习等学科领域理论和方法的验证案例，还在金融、交通、公共安全等行业有非常广泛的应用价值。特别是近年来，人脸识别技术逐渐成熟，基于人脸识别的身份认证、门禁、考勤等系统开始大量部署。

一套典型的人脸识别系统包括 6 个步骤：人脸检测、特征点定位、面部子图预处理、特征提取、特征比对、决策，如图 8-4 所示。

图8-4　人脸识别的典型流程

步骤 1：人脸检测。从输入图像中判断是否有人脸，如果有的话，给出人脸的位置和大小。作为一类特殊目标，人脸检测可以通过基于深度学习的目标检测技术实现。但在此之前，实现该功能的经典算法是 Viola 和 Jones 于 2000 年左右提出的基于 AdaBoost 的人脸检测方法。

步骤 2：特征点定位。在人脸检测给出的矩形框内进一步找到眼睛中心、鼻尖和嘴角等关键特征点，以便进行后续的预处理操作。理论上，也可以采用通用的目标检测技术实现对眼睛、鼻尖和嘴角等目标的检测。此外，可以采用回归方法，直接用深度学习方法实现从检测到的人脸子图到这些关键特征点坐标位置的回归。

步骤 3：面部子图预处理。实现对人脸子图的归一化，主要包括两部分：一是对关键点进行对齐，把所有人脸的关键点放到差不多接近的位置，以消除人脸大小、旋转等影响；二是对人脸核心区域子图进行光亮度方面的处理，以消除光的强弱、偏光等影响。处理结果是标准大小(比如 $100 \times 100$ 大小)的人脸核心区子图像。

步骤 4：特征提取。这是人脸识别的核心，也就是从输出的人脸子图中提取可以区分不同人的特征。在采用深度学习之前，典型做法是采用"特征设计与提取"及"特征汇聚与特征变换"两个步骤来实现。例如，采用 LBP 特征，最终可以形成由若干区域的局部二值模式直方图串接而成的特征。

步骤 5：特征比对。对从两幅图像中提取的特征进行距离或相似度计算，如欧氏距离、余

弦相似度等。如果采用的是 LBP 直方图特征，那么直方图交叉是常用的相似度度量。

步骤 6：决策。对上述相似度或距离进行阈值化。最简单的做法是采用阈值法，相似程度超过设定阈值则判断为相同的人，否则判断为不同的人。

人脸识别在具备较高便利性的同时，安全性也相对较弱一些。识别准确率会受到环境的光线、识别距离等多方面因素的影响。另外，当用户通过化妆、整容对面部进行一些改变时，也会影响人脸识别的准确性。这些都是当前亟待突破的技术难题。

此外，基于计算机视觉的生物特征识别技术还有很多，如指纹识别、虹膜识别、掌纹识别、指静脉识别等。其中指纹识别大家最熟悉，也相对最成熟。人类的手掌及手指、脚、脚趾内侧表面的皮肤凹凸不平产生的纹路会形成各种各样的图像。这些图像各不相同，并且是唯一的。依靠这种唯一性，就可以将一个人同自身的掌纹、指纹对应起来，通过比较输入的掌纹、指纹和预先保存的掌纹、指纹便可以验证个人的真实身份。图 8-5 展示了掌纹、指纹的识别。

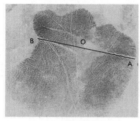

(a) 掌纹的识别　　　　　(b) 指纹的识别

图8-5　掌纹、指纹的识别

人的眼睛由巩膜、虹膜、瞳孔晶状体、视网膜等部分组成。虹膜在胎儿发育阶段形成后，在整个生命历程中将是保持不变的。这些决定了虹膜特征的唯一性，同时也决定了身份识别的唯一性。因此，可以将眼睛的虹膜特征作为个人的身份识别对象。从理论上讲，虹膜识别的精度较高，但虹膜识别需要分辨率比较高的摄像头以及合适的光学条件，成本也比较高。因此，应用主要集中在高端市场，市场应用面较窄。图 8-6 展示了虹膜识别。

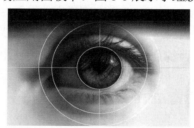

图8-6　虹膜识别

### 3. 光学字符识别

光学字符识别(Optical Character Recognition，OCR)也是目前应用最为普遍的模式识别。光学字符识别是指使用电子设备(例如扫描仪或数码相机)检查纸上打印的字符，通过检测暗/亮模式确定形状，然后使用字符识别方法将形状翻译成计算机文字，是一种针对印刷体字符，采用光学的方式将纸质文档中的文字转换成为黑白点阵的图像文件，并通过识别软件将图像中的文字转换成文本格式，供文字处理软件进一步编辑加工的技术。从影像到结果输出，必须经历影像输入、影像前处理、文字特征抽取、比对识别，最后经人工校正并输出结果。目前常用于对多场景、多语种、高精度的整图文字进行检测识别，对身份证、银行卡、营业执照等常用卡证的文字内容进行结构化识别，对各类票据进行结构化识别，以及在教育领域对作业、试卷中的题目、公式及答题区手写内容进行识别等。

### 4. 遥感

遥感是一种利用从远距离感知目标反射或自身辐射的电磁波、可见光、红外线，对目标进行探测和识别的技术。人造地球卫星发射成功，大大推动了遥感技术的发展。现代遥感技术主要包括信息的获取、传输、存储和处理等环节。遥感系统是完成上述功能的全套系统，核心组成部分是获取信息的遥感器。遥感器的种类很多，主要有照相机、电视摄像机、多光谱扫描仪、成像光谱仪、微波辐射计、合成孔径雷达等。传输设备用于将遥感信息从远距离平台(如卫星)传回地面站。信息处理设备包括彩色合成仪、图像判读仪和数字图像处理机等。

通过遥感技术获取的图像识别，已广泛用于军事侦察、导弹预警、军事测绘、海洋监视、气象观测和互剂侦检等。在民用方面，遥感技术已广泛用于地球资源普查、植被分类、土地利用规划、农作物病虫害和作物产量调查、环境污染监测、海洋研制、地震监测等方面。

### 5. 医学诊断

模式识别已在癌细胞检测、X 射线照片分析、血液化验、染色体分析、心电图诊断和脑电图诊断等方面取得成效。机器视觉相较于人工检视，更稳定、效率更高，成本也得到控制。随着机器视觉技术的成熟和发展，必将在现代和未来制造企业中得到越来越广泛的应用。

## 8.3.2　动态行为分析

### 1. 运动目标跟踪

运动目标跟踪是计算机视觉中的一个重要问题。在由图像组成的视频中跟踪一个或多个特定的感兴趣对象，可以获得目标图像的参数信息及运动轨迹等。跟踪的主要任务是从当前帧中匹配上一帧出现的感兴趣目标的位置、形状等信息，在连续的视频序列中通过建立合适的运动模型确定跟踪对象的位置、尺度和角度等状态，并根据实际应用需求画出并保存目标运动轨迹。

运动目标跟踪在军事制导、视觉导航、机器人、智能交通、公告安全等领域有着广泛的应用。例如，在车辆违章抓拍系统中，车辆的跟踪就是必不可少的。在入侵检测中，人、动物、车辆等大型运动目标的检测与跟踪也是整个系统的关键所在。计算机视觉领域的运动目标跟踪是一个重要的分支，同时运动目标跟踪为行为分析提供了基础。

### 2. 运动目标分析

运动目标分析是指在对视频中的运动物体进行跟踪后，获得相应的数据，通过机器学习分析，判断出物体的行为轨迹、目标形态变化，最终获得行为的语义信息。比如人的点头行为在设定环境中表示认同对方的意见，而人的摇头行为在设定环境中表示不认同对方的意见。又如人体手势、人体脸部表情等人体行为分析最终都可得到相应的语义信息。同时，可通过设置一

定的条件和规则，判定物体的异常行为，如车辆逆行分析、人体翻越围墙分析、人体异常行为分析(如行人违规穿越马路分析、行人跌跤分析等)、军事禁区遭受入侵分析等。

运动目标分析的典型应用领域如下。

**1) 智能视频监控领域**

智能视频监控是指利用计算机视觉技术对视频信号进行处理、分析和理解，并对视频监控系统进行控制，从而使视频监控系统具有像人一样的智能。智能视频监控在民用和军事上都有着广泛的应用，可用于银行、机场、政府机构等公共场所的无人值守。

**2) 人机交互领域**

传统的人机交互是通过计算机键盘和鼠标进行的，然而人们期望通过人类的动作，如人类的姿态、表情、手势等行为，计算机能"理解"人类意图，从而达到人机交互目的。

**3) 机器人视觉导航**

为了能够自主运动，智能机器人需要能够认识和跟踪环境中的物体。在机器人手眼应用中，通过跟踪技术使用安装在机器人身上的摄像机跟踪拍摄的物体，计算运动轨迹并进行分析，选择最佳姿态，最终抓取物体。

**4) 医学诊断**

超声波和核磁共振技术已被广泛应用于病情诊断。例如，跟踪超声波序列图像中心脏的跳动，分析得到心脏病变的规律，从而诊断得出正确的医学结论；跟踪核磁共振视频序列中每一帧扫描图像的脑半球，可将跟踪结果用于脑半球的重建，再通过分析获得脑部病变的结果。

**5) 自动驾驶领域**

在道路交通视频图像序列中对车辆、行人图像进行跟踪与分析，可以预测车辆、行人的活动规律，为汽车无人驾驶提供基本保证。无人驾驶又称自动驾驶，是目前人工智能领域比较重要的研究方向之一，让汽车可以进行自主驾驶，或者辅助驾驶员驾驶，提升驾驶操作的安全性。目前已有一些公司研发出自动泊车等辅助驾驶功能并得以应用，如谷歌的 Waymo 无人驾驶汽车，百度的无人驾驶车已经在一些园区得以应用，图森未来的货运车也已完成多次路测，并投入市场使用。

## ▼ 8.3.3 机器视觉

机器视觉(Machine Vision)是人工智能领域里正在快速发展的一个分支。简单来说，机器视觉就是用机器代替人眼来做测量和判断。机器视觉系统通过机器视觉产品(图像摄取装置，分 CMOS 和 CCD 两种)将被摄取目标转换成图像信号，传送给专用的图像处理系统，得到被摄目标的形态信息，根据像素分布和亮度、颜色等信息，转换成数字化信号。图像系统对这些信号进行各种运算来抽取目标的特征，进而根据判别结果来控制现场的设备动作。典型的机器视觉应用系统包括图像捕捉、光源系统、图像数字化模块、数字图像处理模块、智能判断决策模块和机械控制执行模块。

机器视觉系统的最基本特点就是提高生产的灵活性和自动化程度。在一些不适合人工作业的危险工作环境或者人类视觉难以满足要求的场合中，常用机器视觉替代人类视觉。同时，在大批量、重复性工业生产过程中，用机器视觉检测方法可以大大提高生产的效率和自动化程度。

由于机器视觉可以快速获取大量信息，而且易于自动处理，人们逐渐将机器视觉系统广泛应用于天文行业、医药行业、交通航海行业以及军事行业等。在国外，机器视觉的应用相当普及，主要集中在电子、汽车、冶金、食品饮料、零配件装配及制造等行业。机器视觉系统在质量检测的各个方向已经得到广泛应用。在中国，机器视觉技术的应用开始于 20 世纪 90 年代，机器视觉产品刚刚起步，目前主要集中在制药、印刷、包装、食品饮料等行业。

此外，由于机器视觉技术比较复杂，最大的困难在于人的视觉机制尚不清楚。人可以用内省法描述对某一问题的解题过程，从而用计算机加以模拟。但是，尽管每一个正常人都是"视觉专家"，却不可能用内省法描述自己的视觉过程。因此，建立机器视觉系统是十分困难的任务。可以预计，随着机器视觉技术的成熟和发展，必将在现在和未来的制造企业中得到越来越广泛的应用。

## 8.4 本章小结

自 20 世纪 60 年代开始，计算机视觉取得了长足进步，特别是 2012 年以来，随着深度学习的复兴，配合强监督大数据和高性能计算装置，众多计算机视觉算法的性能出现质的飞跃。特别是在图像分类、人脸识别、目标检测、医疗读图等任务上逼近甚至超越普通人类的视觉能力。计算机视觉(Computer Vision)是用人工智能的方法模拟人类视觉能力的学科。计算机视觉模拟人类"看"的能力，这种能力是对外界图像、视频的获取、处理、分析、理解和应用等一系列能力的综合。

在计算机视觉的整个模拟过程中，一般分为以下几个层次。

(1) 图像的获取——外界景物的数字化。外界景物的数字化就是将外界景物转换成计算机内用数字表示的图像，称为数字化图像，这是由摄像设备为代表的图像传感器完成的，这种设备可以获取外界图像。除了摄像设备外，还有很多相应的图像传感器用以实现外界景物的数字化，如热成像相机、高光谱成像仪、雷达设备、激光设备、X 射线仪、红外线仪器、超声仪器等多种接口设备与仪器，不仅具有人类"眼睛"的功能，还具有很多人类"眼睛"无法观察到的能力。

(2) 数字化图像的处理。数字化图像的处理包括图像增强和复原、图像数据的交换和压缩、图像分割、图像分解与拼接、图像重建和图像管理。

(3) 图像的分析和理解。图像的分析和理解是指从现实世界的景物中提取高维数据以便产生数字或符号信息，并转换为与其他思维过程交互且可引出适当行动的描述。图像的分析和理解包括图像描述、目标检测、特征提取、目标跟踪、物体识别与分类等。此外，还包括高层次的信息分析，如动作分析、行为分析、场景语义分析等。

此外，计算机视觉的应用范围与规模在目前的人工智能应用中最为广泛与普遍，且早已深入日常生活与工作的各个方面，主要的应用领域有模式识别、机器视觉、动态行为分析等。

## 8.5 习 题

1. 什么是计算机视觉？请简要说明。
2. 请说明计算机视觉的整个模拟过程中的四个层次。
3. 请说明在计算机视觉中进行图像识别时使用的浅层学习与深度学习方法。
4. 请设计3×3邻域上的 LBP 特征。
5. 什么是机器视觉？请简要说明。
6. 请介绍计算机视觉的应用。

## 参考文献

[1] Oliva A，Torralba A. Modeling the Shape of the Scene：A Holistic Representation of the Spatial Envelope[J]. International Journal of Computer Vision，2001，42(3)：145-175.

[2] Ojala T，Pietikäinen M，Harwood D. A comparative study of texture measures with classification based on featured distributions[J]. Pattern Recognition the Journal of the Pattern Recognition Society，1996，29(1)：51-59.

[3] 李德毅，于剑. 人工智能导论[M]. 北京：中国科学技术出版社，2018.

[4] 刘衍琦. 计算机视觉与深度学习实战[M]. 北京：电子工业出版社，2019. .

[5] 邵明东，李伟，张艺耀. 人工智能基础[M]. 北京：电子工业出版社，2019

[6] David A，Forsyth，Jean Ponce. 计算机视觉：一种现代方法(第 2 版)[M]. 北京：电子工业出版社，2017.

[7] Peter Corke. 机器人学、机器视觉与控制——MATLAB 算法基础[M]. 北京：电子工业出版社，2016.

[8] 周昌乐. 智能科学技术导论[M]. 北京：机械工业出版社，2015.

[9] 霍恩. 机器视觉[M]. 北京：中国青年出版社，2014.

[10] Zhou B，Khosla A，Lapedriza A，et al. Learning Deep Features for Discriminative Localization[J]//2016 IEEE Conference on Computer Vision and Pattern Recognition (CVPR).IEEE，2015.

[11] Qin H，Yan J，Li X，Hu X. Joint Training of Cascaded CNN for Face Detection[C] //2016 IEEE Conference on Computer Vision and Pattern Recognition (CVPR). IEEE，2016.

[12] Zhu W，Hu J，Sun G，et al. A Key Volume Mining Deep Framework for Action Recognition[C]//2016 IEEE Conference on Computer Vision and Pattern Recognition (CVPR). IEEE，2016.

[13] Zhang K，Zhang Z，Li Z，et al. Joint Face Detection and Alignment Using Multitask Cascaded Convolutional Networks[J]. IEEE Signal Processing Letters，2016，23(10)：1499-1503.

# 第9章

# 自然语言处理与语音处理

自然语言处理(Natural Language Processing，NLP)是人工智能的子领域，是指用计算机对自然语言的形、音、义等信息进行处理，是对字、词、句、篇章的输入、输出、识别、分析、理解、生成的操作和加工，对计算机和人类的交互方式有许多重要的影响。

语音信号是人类进行交流的主要途径之一。语音处理涉及许多学科，它以心理、语言和声学等为基础，以信息论、控制论和系统论等理论为指导，通过应用信号处理、统计分析和模式识别等现代技术手段，发展成为新的学科。语音处理不仅在通信、工业、国防和金融等领域有着广阔的应用前景，而且正在逐渐改变人机交互方式。

本章首先介绍自然语言处理的历史和现状，然后介绍情感分类的相关知识，同时介绍自然语言处理中的两种典型任务——机器翻译和自然语言人机交互，最后介绍语音处理中的语音识别、语音合成和语音转换三部分内容。

## 9.1 自然语言处理

### 9.1.1 自然语言处理概述

概括而言，人工智能包括运算智能、感知智能、认知智能和创造智能。其中，运算智能是记忆和计算能力，这一点计算机已经远超人类。感知智能是计算机感知环境的能力，包括听觉、视觉和触觉等。近年来，随着深度学习的成功应用，语音识别和图像识别获得了很大进步。在某些测试集合下，甚至达到或超过人类水平，并且在很多场景下已经具备实用能力。认知智能包括语言理解、知识和推理，其中，语言理解包括词汇、句法、语义层面的理解，也包括篇章级别和上下文理解；知识是人们对客观事物认识的体现以及运用知识解决问题的能力；推理则是根据语言理解和知识，在已知的条件下根据一定规则或规律推演出某种可能结果的思维过程。创造智能体现了对未见过、未发生的事物，运用经验，通过想象力设计、实验、验证并予以实

现的智力过程。

目前随着感知智能的大幅进步，人们的焦点逐渐转向认知智能。比尔·盖茨曾说过，"语言理解是人工智能皇冠上的明珠"。自然语言理解处在认知智能最核心的地位，它的进步会引导知识图谱的进步，引导用户理解能力的增强，也会进一步推动整个推理能力。自然语言处理技术会推动人工智能的整体发展，从而使得人工智能技术可以落地实用化。

自然语言处理通过对词、句子、篇章进行分析，对内容里面的人物、时间、地点等进行理解，并在此基础上支持一系列核心技术(如跨语言的翻译、问答系统、阅读理解、知识图谱等)。基于这些技术，又可以应用到其他领域，如搜索引擎、客服、金融、新闻等。总之，就是通过对语言的理解实现人与计算机的直接交流。自然语言处理不是独立的技术，受云计算、大数据、机器学习、知识图谱等各方面的支撑，如图9-1所示。

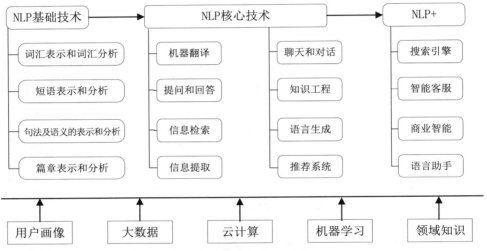

图9-1　自然语言处理框架

这里通过一个例子介绍自然语言处理中四个最基本的任务：分词、词性标注、依存句法分析和命名实体识别。以图9-2中给定的中文句子"我爱自然语言处理"为例：①分词模块负责将输入的汉字序列切分成单词序列，在该例中对应的输出是"我/爱/自然语言处理"。分词模块在自然语言处理中执行最底层、最基础的任务，其输出直接影响后续的自然语言处理模块。②词性标注模块负责为分词结果中的每个单词标注词性，如名词、动词和形容词等，在该例中对应的输出是 PN/VV/NR。这里，PN 表示第一个单词"我"，对应的词性是代词；VV 表示第二个单词"爱"，对应的词性是动词；NR 表示第三个单词"自然语言处理"，对应的词性是专有名词。③依存句法分析模块负责预测句子中单词间的依存关系，并用树状结构表示整句的句法结构。在这里，root 表示单词"爱"是整个句子对应的依存句法树的根节点，依存关系 nsubj 表示单词"我"是单词"爱"对应的主语，依存关系 dobj 表示单词"自然语言处理"是单词"爱"对应的宾语。④命名实体识别模块负责从文本中识别出具有特定意义的实体，如人名、地名、机构名、专有名词等，在该例中对应的输出是 O/O/B。其中，字母 O 表示前两个单词"我"和"爱"并不代表任何命名实体，字母 B 表示第三个单词"自然语言处理"是命名实体。

句子输入：　　　　　　　　　　　我爱自然语言处理

分词输出：　　　　　　　　　　　我/爱/自然语言处理

词性标注输出：　　　　　　　　　PN/VV/NR

依存句法分析输出：

命名实体识别输出：　　　　　　　O/O/B

图9-2　自然语言处理示例

　　自 2008 年开始，深度学习开始在语音和图像处理方面发挥威力，NLP 研究者把目光转向深度学习。首先把深度学习用于特征计算或建立新的特征，然后在原有的统计学习框架下体验效果。比如，为搜索引擎加入深度学习的检索词和文档的相似度计算，以提升搜索的相关度。自 2014 年以来，人们尝试直接通过深度学习建模，进行端对端训练。目前，人们已在机器翻译、问答、阅读理解等领域取得进展，出现深度学习的应用热潮。

　　深度学习技术从根本上改变了自然语言处理技术，使之进入崭新的发展阶段，主要体现在以下几个方面：①神经网络的端对端训练使自然语言处理技术不需要人工进行特征抽取，只要准备好足够的标注数据(如机器翻译的双语对照语料)，利用神经网络就可以得到现阶段最好的模型；②词嵌入(word embedding)的思想使得词汇、短语、句子乃至篇章的表达可以在大规模语料上进行训练，得到多维语义空间中的表达，使得词汇之间、短语之间、句子之间乃至篇章之间的语义距离可以计算；③基于神经网络训练的语言模型可以更加精准地预测下一个词或句子的出现概率；④循环神经网络(RNN、LSTM、GRU)可以对不定长的句子进行编码，描述句子的信息；⑤编码-解码(encoder-decoder)技术可以实现从一个句子到另一个句子的变换，这是神经机器翻译、对话生成、问答、转述的核心技术；⑥强化学习技术使得自然语言系统可以通过用户或环境的反馈调整神经网络的各级参数，从而改进系统性能。

　　"语言理解是人工智能皇冠上的明珠"，如果语言理解实现突破，与之同属认知智能的知识和推理就会得到长足发展，推动整个人工智能体系发展，使更多的场景可以落地。自然语言处理的进展主要包括四个层面：神经机器翻译、智能人机交互、阅读理解及机器创作。

### 1. 神经机器翻译

　　神经机器翻译用以模拟人脑的翻译过程。人在翻译的时候，首先是理解这句话，然后在脑海里形成这句话的语义表示，最后再把语义表示转换为另一种语言。神经机器翻译有两个模块：一是编码模块，把输入的源语言句子变成中间的语义表示，用一系列的机器内部状态来代表；二是解码模块，根据语义分析的结果逐词生成目标语言。神经机器翻译近几年发展得非常迅速，

研究热度更是居高不下，现在神经机器翻译已经取代统计机器翻译成为机器翻译的主流技术。统计数据表明，对于一些传统的统计机器翻译难以完成的任务，神经机器翻译的性能远远超过统计机器翻译，而且跟人的标准答案非常接近甚至水平相仿。研究者围绕神经机器翻译做了很多工作，比如提升训练效率、提升编码和解码能力。还有就是数据问题，神经机器翻译依赖于双语对照的大规模数据集来端到端地训练神经网络参数，这涉及很多语言对和很多的垂直领域。而在某些领域并没有那么多的数据，只有少量的双语数据和大量的单语数据，所以如何进行半监督或无监督训练以提升神经机器翻译的性能成为研究焦点。

### 2. 智能人机交互

智能人机交互是指利用自然语言实现人与机器的自然交流。其中一个重要的概念是"对话即平台"(Conversation as a Platform，CaaP)。2016 年，微软首席执行官萨提亚提出了 CaaP 的概念，他认为图形界面的下一代就是对话，对话会对整个人工智能、计算机设备带来一场新的革命。这一概念的提出主要有以下两方面原因：一方面，大家都已经习惯用社交手段(如微信、Facebook)与他人聊天，这种通过自然语言交流的过程已呈现在当今的人机交互中，而语音交流的背后就是对话平台；另一方面，现在大家面对的设备中有的屏幕很小，甚至没有屏幕，所以通过语音进行交互更为自然和直观。因此，对话式的自然语言交流需要借助语音助手来完成，可通过语音助手调用很多对话机器人来完成一些具体功能，比如买咖啡、买车票等。已有公司设计出面向任务的对话系统，如微软的小娜，通过让手机和智能设备介入，让人与计算机进行交流：人发布命令，小娜理解并完成任务。同时，小娜根据不同人的性格特点、喜好、习惯，提供个性化服务。此外还有聊天机器人，比如微软的小冰，主要负责闲聊。

无论是小冰这种闲聊，还是小娜这种注重任务执行的技术，其实背后的单元处理引擎无外乎三层技术。第一层，通用聊天，需要掌握沟通技巧、通用聊天数据、主题聊天数据，还要知道用户画像，投其所好。第二层，信息服务和问答，需要搜索、问答的能力，还需要对常见问题进行收集、整理和搜索，从知识图表、文档中找出相应信息并回答问题，可以统称为 Info Bot。第三层，面向特定任务的对话能力，如买咖啡、定花、买火车票这些任务是固定的，状态也是固定的，状态转移也是清晰的，可以逐个实现，用到的是对用户意图的理解、对话的管理、领域知识、对话图谱等。

聊天机器人需要理解人的意图，产生比较符合人的想法且符合当前上下文的回复，再根据人与机器各自的回复将话题进行下去。基于当前的输入信息，再加上对话的情感以及用户的画像，经过类似于神经机器翻译的解码模型生成回复，可以达到上下文相关、领域相关、话题有关且针对用户特点的个性化回复。

### 3. 阅读理解

自然语言处理的一个重要研究课题是阅读理解。阅读理解就是让计算机看一篇文章，并针对文章问一些问题，看计算机能不能回答出来。斯坦福大学曾做过一项比较有名的实验，就是使用维基百科上的文章提出 5 个问题，由人把答案做出来，然后把数据分成训练集和测试集。训练集是公开的，用来训练阅读理解系统，而测试集不公开，个人把训练结果上传给斯坦福大学，斯坦福大学在云端运行后，再把结果发布到网站上。阅读理解技术自 2016 年 9 月前后发布，就引起很多研究单位的关注，大概有二三十家单位都在做这样的研究。一开始水平都不是很高，以 100 分为例，人的水平是 82.3 分，机器的水平只有 74 分，相差甚远，后来通过类似于开源社区模式的不断改进，性能得以逐步提高。2018 年，阅读理解领域出现一个备受关注的问题，就是如何才能做到超越人工的标注水平。当时微软、阿里巴巴、科大讯飞和哈尔滨工业大学的系统都超越了人工的标注水平，也体现了中国在自然语言处理领域的不断进步。

阅读理解框架首先要得到每个词的语义表示，再得到每个句子的语义表示，这可以用循环神经网络(RNN)来实现，然后用特定路径找出潜在答案，基于这些答案再筛选出最优答案，最后确定答案的边界。机器在做阅读理解时用到了外部知识，可以用大规模的语料来训练外部知识，通过将外部知识训练的 RNN 模型加入原来端到端的训练结果中，可以大幅提高机器的阅读理解能力。

### 4. 机器创作

除了可以做理性的东西，也可以做一些创造性的东西。大约在 2005 年，微软研究院研发成功了微软对联系统。用户出上联，计算机对出下联和横批，语句非常工整。在此基础上，人们进一步开发了字谜游戏。在字谜游戏里，用户给出谜面，让系统猜字；或系统给出谜面，让用户猜字。此后，关于创作绝句、律诗、唐诗宋词的研究随之兴起。2017 年，微软研究院开发了计算机写诗、作词、谱曲系统。

随着大数据、深度学习、计算能力、应用场景的不断推动，预计未来 5~10 年，NLP 会进入爆发式的发展阶段，从 NLP 基础技术到核心技术，再到 NLP+应用都会取得巨大进步。比如：口语翻译会完全普及，拿起手机→口语识别→翻译和语音合成，实现一气呵成般体验；自然语言会话(包括聊天、问答、对话)在典型场景下完全达到实用；自动写诗，自动撰写新闻、小说、流行歌曲。自然语言尤其是会话的发展会大大推动语音助手、物联网、智能硬件和智能家居的实用化，这些基本能力的提升一定会带动各行各业(如教育、医疗、法律等垂直领域)的生产流程。人类的生活发生重大变化，NLP 也会惠及更多的人。

然而，还有很多需要解决的问题。比如个性化服务，无论是翻译、对话还是语音助手，都要避免千人一面的结果，要实现内容个性化、风格个性化、操作个性化，要记忆用户的习惯，避免重复提问。目前，基于深度学习的机制都是端对端训练，不能解释、无法分析机理，需要进一步发展深度学习的可理解和可视化，可跟踪错误并分析原因。很多领域都有人类知识(如翻译的语言学知识、客服的专家知识)，如何把数据驱动的深度学习与知识相互结合以提高学习效率和学习质量，是一个值得重视的课题。此外，在一个领域学习的自然语言处理模型(如翻译系统)如何通过迁移学习来很好地处理另一个领域？还有，如何巧妙运用无标注数据来有效缓解标注压力？以上这些工作都是研究者需要持续努力的方向。后面的章节会介绍自然语言处理中一些重要的技术，如机器翻译、自然语言的人机交互。希望通过这些典型技术的介绍，读者能对自然语言处理的基本理论、方法和实现等有较为清晰的理解。

## 9.1.2　情感分类

情感分类与文本分类关系密切，本节首先介绍文本分类的相关知识，然后介绍情感分类的两种类型——基于监督的情感分类和基于无监督的情感分类。

### 1. 文本分类概述

文本分类是在预定义的分类体系下，根据文本的特征(内容或属性)，将给定文本与一个或多个类别相关联的过程。因此，对文本分类的研究涉及文本内容理解和模式分类等若干自然语言理解和模式识别问题。文本分类系统不仅是自然语言处理系统，也是典型的模式识别系统，系统的输入是需要进行分类处理的文本，系统的输出则是与文本关联的类别。开展文本分类技术的研究，不仅可以推动自然语言理解相关技术的研究，而且可以丰富模式识别和人工智能理论研究的内容，具有重要的理论意义和实用价值。

文本分类系统可以简略地用图 9-3 表示。

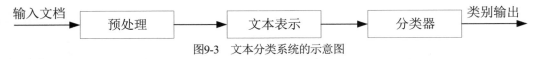

图9-3 文本分类系统的示意图

国外关于文本自动分类的研究起步较早，始于 20 世纪 50 年代末。1957 年，美国 IBM 公司的 H.P.Luhn 在自动分类领域进行了开创性研究，标志着自动分类作为研究课题的开始。近年来，文本自动分类研究取得若干引人关注的成果，并开发出一些实用的分类系统。

概括而言，文本自动分类研究在国外经历了如下几个发展阶段。

第一阶段(1958—1964 年)：主要进行自动分类的可行性研究。

第二阶段(1965—1974 年)：进行自动分类的实验研究。

第三阶段(1975—1989 年)：进入实用化阶段。

第四阶段(1990 年至今)：面向互联网的文本自动分类研究。

国内在文本分类方面的研究起步较晚，国内较早的关于自动文本分类技术方面的文献是 1981 年候汉清学者撰写的概述性报告，此后，对文本自动分类技术的研究在国内逐渐兴起。20 世纪 90 年代，国内一些学者也曾把专家系统的实现技术引入文本自动分类领域，并建立一些图书自动分类系统，如东北大学图书馆的图书分类系统、长春地质学院图书馆的图书分类系统等。

根据分类知识获取方法的不同，文本自动分类系统大致可分为两种类型：基于知识工程(Knowledge Engineering，KE)的分类系统和基于机器学习(Machine Learning，ML)的分类系统。在 20 世纪 80 年代，文本分类系统以前者为主，根据领域专家对给定文本集合的分类经验，人工提取出一组逻辑规则，作为计算机文本分类的依据，然后分析这些系统的技术特点和性能。20 世纪 90 年代以后，基于统计机器学习的文本分类方法日益受到重视，这种方法在准确率和稳定性方面具有明显优势。系统使用训练样本进行特征选择和分类器参数训练，根据选择的特征对待分类的输入样本进行形式化，然后输入分类器进行类别判定，最终得到输入样本的类别。

### 2. 文本表示

文本表现为文字和标点符号组成的字符串，由字或字符组成词，由词组成短语，进而形成句、段、节、章、篇的结构。要使计算机能够高效地处理真实文本，就必须找到一种理想的形式化表示方法，这种表示一方面要能够真实地反映文档的内容(主题、领域或结构等)，另一方面要有针对不同文档的区分能力。

目前文本表示通常采用向量空间模型(Vector Space Model，VSM)。VSM 是 20 世纪 60 年代末期由 G. Salton 等提出的，最早用在 SMART 信息检索系统中，目前已经成为自然语言处理中的常用模型。下面给出 VSM 涉及的一些基本概念。

- 文档(document)：通常是文章中具有一定规模的片段，如句子、句群、段落、段落组直至整篇文章。
- 项/特征项(term/feature term)：项/特征项是VSM中最小的不可分的语言单元，可以是字、词、词组或短语等。文档的内容被看成文档里面含有的特征项组成的集合，表示为 Document $= D(t_1, t_2, \cdots, t_n)$，其中$t_k$是特征项，$1 \leqslant k \leqslant n$。
- 项的权重(term weight)：对于含有$n$个特征项的文档$D(t_1, t_2, \cdots, t_n)$，每一特征项$t_k$都依据一定的原则被赋予权重$\omega_k$，表示在文档中的重要程度。这样，文档$D$就可使用含有的特征项以及与特征项对应的权重来表示：$\boldsymbol{D} = D(t_1, \omega_1; t_2, \omega_2; \cdots; t_n, \omega_n)$，简记为$\boldsymbol{D} = D(\omega_1, \omega_2, \cdots, \omega_n)$，其中$\omega_k$就是特征项$t_k$的权重，$1 \leqslant k \leqslant n$。

文档在上述约定下可被看成$n$维空间中的向量，这就是向量空间模型的由来。下面给出定义。

**定义 9-1**(向量空间模型(VSM)) 给定文档$D(t_1, \omega_1; t_2, \omega_2; \cdots; t_n, \omega_n)$，$D$符合以下两条约定：

- 各个特征项$t_k (1 \leqslant k \leqslant n)$互异(即没有重复)。
- 各个特征项$t_k$无先后顺序关系(即不考虑文档的内部结构)。

在以上两条约定下，可以把特征项$t_1, t_2, \cdots, t_n$看成$n$维坐标系，而权重$\omega_1, \omega_2, \cdots, \omega_n$为相应的坐标值。因此，文档就可表示为$n$维空间中的向量。我们称$\boldsymbol{D} = D(\omega_1, \omega_2, \cdots, \omega_n)$为文档$D$的向量表示或向量空间模型，如图 9-4 所示。

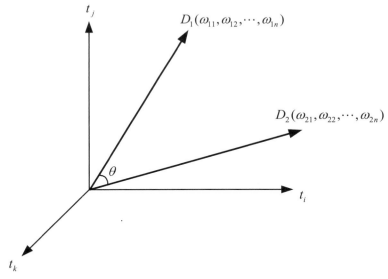

图9-4 文档的向量空间模型

**定义 9-2**(向量的相似性度量) 任意两个文档$D_1$和$D_2$之间的相似系数$Sim(D_1, D_2)$是指两个文档内容的相关程度(degree of relevance)。设文档$D_1$和$D_2$可表示为

$$D_1 = D_1(\omega_{11}, \omega_{12}, \cdots, \omega_{1n})$$
$$D_2 = D_2(\omega_{21}, \omega_{22}, \cdots, \omega_{2n})$$

那么，可以借助$n$维空间中两个向量之间的某种距离来表示文档间的相似系数，常用的方

法是使用向量之间的内积来计算:

$$\text{Sim}(D_1, D_2) = \sum_{k=1}^{n} \omega_{1k} \times \omega_{2k} \tag{9-1}$$

如果考虑向量的归一化,那么可使用两个向量夹角的余弦值来表示相似系数:

$$\text{Sim}(D_1, D_2) = \cos\theta = \frac{\sum_{k=1}^{n} \omega_{1k} \times \omega_{2k}}{\sqrt{\sum_{k=1}^{n} \omega_{1k}^2 \times \sum_{k=1}^{n} \omega_{2k}^2}} \tag{9-2}$$

采用向量空间模型进行文本表示时,需要经过以下两个主要步骤:①根据训练样本集生成文本表示所需的特征项序列 $D = \{t_1, t_2, \cdots, t_n\}$;②依据文本特征项序列,对训练文本集和测试样本集中的各个文档进行权重赋值、规范化等处理,将其转换为机器学习算法所需的特征向量。

另外,在使用向量空间模型表示文档时,首先要对各个文档进行词汇化处理,在英文、法文等西方语言中这项工作相对简单,但在中文中主要取决于汉语自动分词技术。由于 $n$ 元语法具有语言无关性的显著优点,而且对于汉语来说可以简化分词处理,因此,有些学者提出将 $n$ 元语法用于文本分类的实现方法,利用 $n$ 元语法表示文本单元("词")。

需要指出的是,除了 VSM 文本表示方法以外,研究比较多的还有另外一些表示方法,例如词组表示法、概念表示法等,但这些方法对文本分类效果的提高并不十分显著。词组表示法的表示能力与普通的向量空间模型相比并无明显优势,原因可能在于,词组虽然提高了特征向量的语义含量,但却降低了特征向量的统计质量,使得特征向量变得更加稀疏,让机器学习算法难以从中提取用于分类的统计特性。

概念表示法与词组表示法类似,不同之处在于前者用概念(Concept)作为特征向量的特征表示,而后者用词组作为特征向量的特征表示。在使用概念表示法时需要额外的语言资源,主要是一些语义词典,例如英文的 WordNet、中文的 HowNet 等。相关研究表明,用概念代替单个词汇可以在一定程度上解决因自然语言的歧义性和多样性给特征向量带来的噪声问题,有利于提高文本分类的效果。

### 3. 基于监督的情感分类

情感分类经常被当作二类分类问题,可将给定文本分为正面情感和负面情感,所使用的训练和测试数据就是普通的产品评论。因为在线评论都包含评论者的评分,比如 1 星~5 星,所以依据这些评分,很容易得到正负例样本。4 星或 5 星一般就是正面(褒义)评论,而 1 星或 2 星就是负面(贬义)评论。大多数研究为了简便起见,并不使用中性分类(3 星)。

情感分类在本质上仍是文本分类问题。但是,传统的文本分类主要是把文档分为不同主题,比如科技或体育。在这种分类中,主题词是重要的特征。然而在情感分类任务中,指示正面或负面情感倾向的观点词或情感词更为重要,比如 great、excellent、amazing、horrible、bad、worst 等。下面介绍两种分类方法:基于机器学习算法的情感分类和使用自定义打分函数的情感分类。

### 1) 基于机器学习算法的情感分类

因为情感分类是文本分类问题,所以任何监督学习方法都可以直接使用,比如朴素贝叶斯分类或支持向量机(SVM)。Pang 等人(2002)[8]就使用这种方法分类影评。她们尝试了多种特征,但发现当使用词袋作为特征进行分类时,无论选取朴素贝叶斯分类还是 SVM,效果都非常好。

**朴素贝叶斯分类**

朴素贝叶斯分类的基本思想是利用特征项和类别的联合概率来估计给定文档的类别概率。假设文本是基于词的一元模型，文本中当前词的出现依赖于文本类别，但不依赖于其他词及文本的长度，也就是说，词与词之间是独立的。根据贝叶斯公式，文档 Doc 属于$C_i$类的概率为

$$P(C_i|\text{Doc}) = \frac{P(\text{Doc}|C_i) \times P(C_i)}{P(\text{Doc})} \tag{9-3}$$

在具体实现时，通常又分为两种情况：

(1) 文档 Doc 采用 DF 向量表示法，换言之，文档向量的分量为布尔值，0 表示相应的特征在文档中未出现，1 表示出现。由于

$$P(\text{Doc}|C_i) = \prod_{t_j \in V} P(\text{Doc}(t_j)|C_i) \tag{9-4}$$

$$P(\text{Doc}) = \sum_i [P(C) \prod_{t_i \in V} P(\text{Doc}(t_i)|C_i)] \tag{9-5}$$

因此

$$P(C_i|\text{Doc}) = \frac{P(C_i) \prod_{t_j \in V} P(\text{Doc}(t_j)|C_i)}{\sum_i [P(C_i) \prod_{t_j \in V} P(\text{Doc}(t_j)|C_i)]} \tag{9-6}$$

其中，$P(C_i)$为$C_i$类文档的概率，$P(\text{Doc}(t_j)|C_i)$是对$C_i$类文档中特征$t_i$出现的条件概率的拉普拉斯估计：

$$P(\text{Doc}(t_j)|C_i) = \frac{1 + N(\text{Doc}(t_i)|C_i)}{2 + |D_{c_i}|} \tag{9-7}$$

其中，$N(\text{Doc}(t_j)|C_i)$是$C_i$类文档中特征$t_i$出现的文档数，$|D_{c_i}|$为$C_i$类文档中包含的文档个数。

(2) 若文档 Doc 采用 TF 向量表示法，换言之，文档向量的分量为相应特征在文档中出现的频度，则文档 Doc 属于$C_i$类文档的概率为

$$P(C_i|\text{Doc}) = \frac{P(C) \prod_{t_i \in V} P(t_j|C_i)^{\text{TF}(t_i, \text{Doc})}}{\sum_j [P(C_j) \prod_{t_i \in V} P(t_i|C_j)^{\text{TF}(t_i, \text{Doc})}]} \tag{9-8}$$

其中，$\text{TF}(t_i, \text{Doc})$是文档 Doc 中特征$t_i$出现的频度，$P(t_i|C_i)$是对$C_i$类文档中特征$t_i$出现的条件概率的拉普拉斯概率估计：

$$P(t_i|C_i) = \frac{1 + \text{TF}(t_i, C_i)}{|V| + \sum_j \text{TF}(t_j, C_i)} \tag{9-9}$$

这里，$\text{TF}(t_i, C_i)$是$C_i$类文档中特征$t_i$出现的频度，$|V|$为特征集的大小，也就是文档中包含的不同特征的总数。

**支持向量机分类**

基于支持向量机(SVM)的分类方法主要用于解决二元模式分类问题。根据第 5 章的介绍，SVM 的基本思想是在向量空间中找到一个决策平面(decision surface)，这个平面能"最好"地分割两个分类中的数据点。基于支持向量机的分类方法就是要在训练集中找到具有最大类间界限(margin)的决策平面。

由于支持向量机是基于两类模式识别问题的，因此对于多类模式识别问题通常需要建立多个两类分类器。与线性判别函数一样，结果强烈地依赖于已知模式样本集的构造，当样本容量不大时，这种依赖性尤其明显。此外，将分界超平面定在最大类间隔的中间，对于许多情况来说也不是最优的。对于线性不可分问题，也可以采用类似于广义线性判别函数的方法，通过事先选择好的非线性映射将输入模式向量映射到一个高维空间，然后在这个高维空间中构造最优分界超平面。

根据 Yang 和 Liu(1999)[9]的实验结果，SVM 的分类效果要好于 NNet、贝叶斯分类、Rocchio 和 LLSF(Linear Least-Square Fit)分类的效果，与 KNN 分类的效果相当。在后来的研究中，众多研究者尝试了非常多的特征和学习算法。和大多数有监督学习应用一样，情感分类的关键还是抽取有效的特征。下面列出一些特征示例。

(1) 词和词频。这些特征是带有词频信息的单独的词袋以及与之相关的 $n$-gram。这类特征在传统的基于主题的文本分类中也经常使用。信息检索领域的 TFIDF 权重也可以应用在特征权重的计算上。和传统文本分类一样，这些特征在情感分类中也非常有效。

(2) 词性。每个词的词性(Part Of Speech，POS)是另一类特征。研究表明，形容词是观点和情感的主要承载词。因此，一些研究者把形容词当作专门的特征进行特别处理。但是，可以把词性标签和 $n$-gram 作为特征混合起来使用。本书使用宾州树库(Penn Treebank)词性标签来表示不同的词性，如表 9-1 所示。

表9-1　宾州树库(Penn Treebank)词性标签

| 标签 | 描述 | 标签 | 描述 |
|------|------|------|------|
| CC | Coordinating conjunction | PRP$ | Possessive pronoun |
| CD | Cardinal number | RB | Adverb |
| DT | Determiner | RBR | Adverb，comparative |
| EX | Existential there | RBS | Adverb，superlative |
| FW | Foreign word | RP | Particle |
| IN | Preposition or subordinating conjunction | SYM | Symbol |
| JJ | Adjective | TO | To |
| JJR | Adjective，comparative | UH | Interjection |
| JJS | Adjective，superlative | VB | Verb，base form |
| LS | List item marker | VBD | Verb，past tense |
| MD | Modal | VBG | Verb，gerund or present participle |
| NN | Noun，singular or mass | VBN | Verb，past participle |
| NNS | Noun，plural | VBP | Verb，non-3rd person singular present |
| NNP | Proper noun，singular | VBZ | Verb，3rd person singular present |
| NNPS | Proper noun，plural | WDT | Wh-determiner |
| PDT | Predeterminer | WP | Wh-pronoun |
| POS | Possessive ending | WP$ | Possessive wh-pronoun |
| PRP | Personal pronoun | WRB | Wh-adverb |

(3) 情感词和情感短语。情感词自然应该作为特征，毕竟它们就是日常用语中表达正面或负面情感的词语。例如，good、wonderful 和 amazing 是褒义词，而 bad、poor 和 terrible 是贬义词。大多数情感词都是形容词或副词，但名词(如 rubbish、junk 和 crap)或动词(如 hate 和 love)也可以表达情感信息。除了单个词，也有一些情感短语或习语可作为特征，比如 cost someone an arm and a leg。

(4) 观点的规则。除了情感词和情感短语之外，还有很多文本结构或语言成分可以表示或隐含情感和观点。

(5) 情感转置词。有的表达可以反转文本中的情感倾向，比如把正面的情感倾向改变为负面的情感倾向。否定词是最重要的情感转置词。比如句子 I don't like this camera 中的 like 是正面词，但情感倾向是负面的。情感转置词需要小心处理，因为并不是有了这类词，句子的情感倾向就一定发生变化，比如 not only…but also 中的 not 就并没有改变情感倾向。

(6) 句法依存关系。通过分析语言单位内成分之间的依存关系可揭示句法结构。使用语义依存刻画句子语义，好处在于不需要明白词汇本身的意思，而是通过词汇承受的语义框架来描述词汇，而数目相对词汇来说少很多。这样，大部分的句子都可以用这种框架来表示，同时我们又能总结出这句话的大概意思。

**2) 使用自定义打分函数的情感分类**

除了使用标准的机器学习方法之外，研究者还提出了专门用于评论的情感分析技术。Dave 等人(2003)[10]提出的打分函数就是其中之一。基于正面和负面评论词，主要包含如下两步。

第一步，使用下面的等式训练集中的每个词进行打分：

$$\text{score}(t_i) = \frac{\Pr(t_i|C) - \Pr(t_i|C')}{\Pr(t_i|C) + \Pr(t_i|C')} \tag{9-10}$$

其中，$t_i$ 是词，$C$ 是类别，$C'$ 是 $C$ 的补集，$\Pr(t_i|C)$ 是词 $t_i$ 属于类别 $C$ 的条件概率，可通过将出现 $t_i$ 的 $C$ 类别文档数除以 $C$ 类别文档的总评论数计算得到。一个词的得分就是这个词对某个倾向类别相关度的度量，取值范围为–1~1。

第二步，将一个新文档 $d_i = t_1 \cdots t_n$ 中所有词的情感倾向性得分加起来，根据得分求得这个文档的类别：

$$\text{class}(d_i) = \begin{cases} C & \text{eval}(d_i) > 0 \\ C' & \text{其他} \end{cases} \tag{9-11}$$

这里

$$\text{eval}(d_i) = \sum_j \text{score}(t_j) \tag{9-12}$$

我们的实验使用了包括 7 种产品且超过 13 000 条评论的数据集。结果显示选用 bigram(两个连续词)和 trigram(三个连续词)特征能够达到最高的准确率(84.6%~88.3%)。实验中也没有使用词干归一化或移除停用词等操作。Dave 等人还尝试了一些其他分类方法，比如朴素贝叶斯、SVM 以及其他不同的打分函数和词替换策略以提升泛化能力，比如：

- 产品名称用_productname符号替换。
- 罕见词用_unique符号替换。

- 类别专有的词用_producttypeword符号替换。
- 数字符号用NUMBER替换。

**4. 基于无监督的情感分类**

情感词常常主导情感分类的结果，因此常常可以以无监督的方式进行情感分类。这里主要讨论两种方法：一种方法基于 Turney(2002)[11]的做法，用那些可能表示观点的固定句法模板来分类；另一种方法基于包含了褒义词和贬义词的情感词典。

**1) 使用固定句法模板的情感分类**

Turney(2002)将每个句法模板看作带约束的词性标签序列，如表 9-2 所示。具体包括以下三步。

表9-2　用以抽取两个词的基于词性标签的模板

| 序号 | 第一个词 | 第二个词 | 第三个词 |
| --- | --- | --- | --- |
| 1 | JJ | NN 或 NNS | 任意 |
| 2 | RB、RBR 或 RBS | JJ | 非 NN 或 NNS |
| 3 | JJ | JJ | 非 NN 或 NNS |
| 4 | NN 或 NNS | JJ | 非 NN 或 NNS |
| 5 | RB、RBR 或 RBS | VB、VBD、VBN 或 VBG | 任意 |

第一步，按照表 9-2 中所给的基于词性标签的模板在评论文本中抽取符合模板的两个连续词。比如，序号为 2 的模板表示要抽取的两个连续词中第一个是副词，第二个是形容词，且后面跟着的词(不抽取)不能是名词。例如，This piano produces beautiful sounds 中的 beautiful sounds 就是要抽取的词。具有 JJ、RB、RBR、RBS 词性标签的词经常用于表达观点和情感。名词或副词作为上下文是因为在不同的语境中，JJ、RB、RBR、RBS 等词表达的情感可能不同。比如形容词 JJ 在汽车评论中可能暗含负面情感，例如 unpredictable steering；但在影评中又可能表示正面情感，比如 unpredictable plot。

第二步，使用互信息(Point-wise Mutual Information，PMI)来估计所抽取短语的情感倾向性(SO)：

$$\text{PMI}(\text{term}_1, \text{term}_2) = \log_2\left(\frac{\Pr(\text{term}_1 \wedge \text{term}_2)}{\Pr(\text{term}_1)\Pr(\text{term}_2)}\right) \tag{9-13}$$

PMI 衡量的是两词之间统计上的依存程度。此处 $\Pr(\text{term}_1 \wedge \text{term}_2)$ 是词 $\text{term}_1$ 和 $\text{term}_2$ 的真实共现概率。如果这两个词之间相互独立，则 $\Pr(\text{term}_1)\Pr(\text{term}_2)$ 是这两个词的共现概率。短语的情感倾向 SO 可由它们与正面情感词 excellent 和负面情感词 poor 间的关联度计算得到：

$$\text{SO}(\text{phrase}) = \text{PMI}(\text{phrase}, \text{"excellent"}) - \text{PMI}(\text{phrase}, \text{"poor"}) \tag{9-14}$$

概率值可以通过将这两个词作为查询提交给搜索引擎，并统计返回文档数的方法进行计算。对于每个查询，搜索引擎会给出相关文档的数目，称为命中数。因此，通过合起来搜索两个词，以及分别搜索每个词，就可统计式(9-13)表示的概率。Turney 使用了 AltaVista 搜索引擎，因为 NEAR 操作符可以限制两个词在文档中间隔的距离不超过 10 个词。将命中数记为 *hits*，则式(9-14)可以写为：

$$SO(phrase) = \log_2\left(\frac{\text{hits}(phrase\ \text{NEAR}\ \text{“excellent”})\text{hits}(\text{“poor”})}{\text{hits}(phrase\ \text{NEAR}\ \text{“poor”})\text{hits}(\text{“excellent”})}\right) \tag{9-15}$$

第三步，给定评论，计算所有短语的 SO 值。如果平均 SO 值为正，则评论的情感为褒义，反之为贬义。最终，对于在不同领域内分类的准确率，最高值出现在汽车评论领域内，为 84%；最低值出现在电影评论领域内，为 66%。

Feng 等人(2013)[12]使用不同语料比较了 PMI 和其他三种相关度计算方法。这三种指标分别为 Jaccard、Dice 和归一化的谷歌距离。所用语料为谷歌的索引页面、谷歌 Web 1T 5-gram 数据集、维基百科和推特。他们的实验结果表明在推特语料上计算 PMI 的最终效果最好。

**2) 使用情感词典的情感分类**

另一种无监督方法是基于词典的情感分类。主要特点是，分类基于一个包含已标注的情感词和短语的词典。这个词典称为情感词典或观点词典，其中包括情感词和情感短语的情感倾向性和情感强度。每篇文档的情感得分还需要结合情感加强词和否定词来进行计算。这种方法之前用于基于属性和句子级的情感分类，为表达了正面情感的文本表达(词或短语)赋予正的 SO 值，而为表达了负面情感的文本表达赋予负的 SO 值。

这种方法的基本形式是对文档中所有情感表达的 SO 值求和。若值为正，则文档被判定为包含正面情感；若值为负，则文档被判定为包含负面情感；若值为 0，则文档被判定为包含中性情感。该方法有很多变种，主要的不同在于每个情感的表达被赋予什么样的值，否定词如何处理，是否考虑新增信息，等等。此外，Polanyi 与 Zaenen(2004)[13]证明了除否定词外的其他因素也会影响特定情感表达倾向性的正负性。这些因素又叫情感转置词(Sentiment Shifter)或价转移(Valence Shifter)。情感转置词是可以改变另一个表达的 SO 值的词。

Taboada(2011)[14]对此进行了细致研究。每个情感表达的 SO 值的范围是–5(极度否定)~+5(极度肯定)，0 值除外。每个加强词和减弱词都有或正或负的权重百分比。例如，slightly 是–50，somewhat 是–30，pretty 是–10，really 是+15，very 是+25，extraordinarily 是+50，而(the)most 是+100。如果 excellent 的 SO 值为 5，那么 most excellent 的 SO 值就为 5 × (100% + 100%) = 10。加强词和减弱词从最靠近情感表示开始，顺序地逐步加入 SO 值的计算：如果 good 的 SO 值为 3，则 really very good 的 SO 值就为[3 × (100% + 25%)] × (100% + 15%) = 4.3。情感加强和减弱的形式主要有两种：一种是有 SO 值的形容词带副词修饰(如 very good)；另一种是有 SO 值的名词带形容词修饰(如 total failure)。除了副词和形容词之外，还用到其他词性的加强词和减弱词：数量词(a great deal of)、全部字母大写、感叹号标记以及语篇连接词 but(给出更多显著信息)。

在很多情况下，当遇到否定词时，简单反转 SO 值会有问题。比如 excellent 是 SO 值为+5 的形容词；如果将其与否定词搭配就变成 not excellent，SO 值变为–5，这与 atrocious 大相径庭。实际上，not excellent 看起来比 not good 还要偏向正面的情感倾向，赋予–3 之类的值就可以。为了捕获这样的实际感觉，SO 值会向着相反极性方向移动固定值(如 4)。因此，情感倾向值为+2 的形容词当遇到否定词时，情感倾向会被否定到–2；但是，SO 值为–3 的形容词(如 sleazy)当遇到否定词时，SO 值只会变得稍微正面一点(变为+1)。下面给出一些例子：

- 它并不极好(5 − 4 = 1)，但也并不太差(−5 + 4 = −1)。

- 我必须承认这并不差($-3 + 4 = 1$)。
- 这张CD不那么难听($-5 + 4 = 1$)。

背后的基本思想是：在某种程度上，如果我们没有暗示说得到弱正面情感的表达，那么的确很难确定否定词是否对强正面词的情感倾向进行了反转。因此，否定词从某种意义上说也变成了情感减弱词。此外，基于词典的情感分类通常会偏向正的情感倾向。为了抹平这种误差，Taboada 为所有负面的最终 SO 值(计算过其他修饰词之后)增加了 50%，从而为相对少见的负面词赋予更多的权重。

另外，还有很多标记词不适合做情感分析。这类词一般暗示上下文是不真实的，包括情态动词、条件标记词(if)、负面词(any 和 anything)、确定性(主要是强度)动词(expect 和 doubt)、疑问句、引号中的词(可能是主观性的词，但不一定反映作者的观点)。在分析过程中，在这些虚拟词的作用范围外(如同一从句)的词的 SO 值将不会被考虑。这种策略称为虚拟阻断。这并不是说这些句子或从句不带情感。实际上，很多这类句子确实含有情感，例如 Anyone know how to repair this lousy car? 然而，要可靠地区分这类句子是否表达了情感十分困难，因此只能忽略。

除了上面提到的方法之外，针对一些特定应用也有一些人工方法。比如 Tong(2001)[15]开发了一个生成情感时间轴的系统。这个系统追踪在线电影讨论，展示正面和负面评论($y$ 轴)随时间($x$ 轴)变化的图。评论的消息可根据特定短语进行匹配，从而对这些消息进行分类，之后可以获得作者对某部电影的观点倾向性，比如 great acting、wonderful visuals、uneven editing、highly recommend it 等。这些短语通常是人工编纂的。因此，所得词典只针对这个领域，当面对新领域时，又需要人工编纂新词典。

如果一个领域有大量的标注数据，那么有监督学习通常会有更好的分类准确性，因为自动学到了特定领域的情感表达。使用基于词典的情感分类方法识别特定领域表达则没那么容易，除非有可以发现这些表达并自动确定倾向性的算法。但这方面的研究还并不成熟。有监督学习也有自身的弱点，最主要的就是从一个领域数据训练得到的分类器不能用于另一个领域。因此，每个应用领域都需要训练数据才能获得精准的分类。这时，基于词典的方法不需要训练数据，因而相对于有监督学习方法更具优势。

### 5. 情感分类评估方法

针对不同的目的，人们提出了多种评估文本分类性能的方法，包括召回率、正确率、*F*-测度值、微平均和宏平均、平衡点(break-even point)、11 点平均正确率(11-point average precision)等，以下介绍其中的几种。

#### 1) 正确率、召回率和 *F*-测度值

假设文本分类器输出结果的各种统计情况如表 9-3 所示。

表9-3 文本分类器的输出结果

| 分类器对二者关系的判断＼文本与类别的实际关系 | 属于 | 不属于 |
| --- | --- | --- |
| 标记为 YES | $a$ | $b$ |
| 标记为 NO | $c$ | $d$ |

在表 9-3 中，$a$ 表示文本分类器将输入文本正确地分类到某个类别的个数；$b$ 表示文本分类器将输入文本错误地分类到某个类别的个数；$c$ 表示文本分类器将输入文本错误地排除在某个类别之外的个数；$d$ 表示文本分类器将输入文本正确地排除在某个类别之外的个数。

文本分类器的召回率、正确率和 $F$-测度值分别采用以下公式计算：

$$召回率 r = \frac{a}{a+c} \times 100\% \tag{9-16}$$

$$正确率 p = \frac{a}{a+b} \times 100\% \tag{9-17}$$

$$F\text{-测度值} F_\beta = \frac{(\beta^2+1) \times p \times r}{\beta^2 \times p + r} \tag{9-18}$$

其中，$\beta$ 是用于调整正确率和召回率在评价函数中所占比重的参数，通常取 $\beta = 1$，这时的评价指标变为 $F_1 = \frac{2 \times p \times r}{p+r}$。

**2) 微平均和宏平均**

在分类结果中，由于对应于每个类别都会有召回率和正确率，因此可以根据每个类别的分类结果评价分类器的整体性能。通常使用的方法有两种：微平均和宏平均。所谓微平均，是指根据正确率和召回率计算公式直接计算出总的正确率和召回率，也就是利用被正确分类的总文本个数 $a_{\text{all}}$，被错误分类的总文本个数 $b_{\text{all}}$，以及应当被正确分类而实际上却没有被正确分类的总文本个数 $c_{\text{all}}$，分别替代上述召回率和正确率计算公式中的 $a$、$b$、$c$，得到总的正确率和召回率。所谓宏平均，是指首先计算出每个类别的正确率和召回率，然后对正确率和召回率分别取平均，得到总的正确率和召回率。

微平均更多地受分类器对一些常见类(这些类的语料通常比较多)的分类效果的影响，而宏平均则可以更多地反映对一些特殊类的分类效果。在对多种算法进行对比时，通常采用微平均算法。除了上述评测方法以外，常用的方法还有两种：平衡点(break-even point)和 11 点平均正确率。

一般来讲，正确率和召回率是一对相互矛盾的物理量，提高正确率往往要牺牲一定的召回率，反之亦然。在很多情况下，单独考虑正确率或召回率对分类器进行评价都是不全面的。因此，Aas K 与 Eikvil L(1999)[16]提出了一种通过调整分类器的阈值，并调整正确率和召回率，使之达到平衡点的评测方法。

另外，为了能更加全面地评价分类器在不同召回率情况下的分类效果，Taghva 等(2003)[17]通过调整阈值使得分类器的召回率分别为 0、0.1、0.2、0.3、0.4、0.5、0.6、0.7、0.8、0.9、1。然后计算出对应的 11 个正确率，取平均值，平均值即为 11 点平均正确率，用 11 点平均正确率衡量分类器的性能。

### ▼ 9.1.3 机器翻译

#### 1. 机器翻译概述

人类对机器翻译(Machine Translation，MT)系统的研究开发已经持续五十多年。起初，机器翻译系统主要基于双语字典进行直接翻译，几乎没有句法结构分析。直到20世纪80年代，一些机器翻译系统采用了间接方法。在这些方法中，源语言文本被分析转换成抽象表达形式，随后利用一些程序，通过识别词结构(词法分析)和句子结构(句法分析)解决歧义问题。其中，有一种间接方法将抽象表达设计为一种与具体语种无关的"中间语言"，可以作为许多自然语言的中介。这样翻译就分成两个阶段：从源语言到中间语言，再从中间语言到目标语言。另一种更常用的间接方法是将源语言表达转换成目标语言的等价表达形式。这样，翻译便分成三个阶段：分析输入文本并将它们表达为抽象的源语言；将源语言转换成抽象的目标语言；生成目标语言。

机器翻译系统分成下列几种类型。

#### 1) 直译式机器翻译系统

直译式机器翻译系统(Direct Translation MT System)通过快速地分析和双语词典，将原文译出，并且重新排列译文中的词汇，以符合译文的句法。直译式机器翻译系统如图9-5所示。

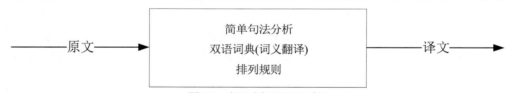

图9-5　直译式机器翻译系统

大多数著名的大型机器翻译系统本质上都是直译式系统，如Systran、Loges和Fujitsu Atlas。这些都是高度模块化的系统，很容易被修改和扩展。例如，著名的Systran系统在开始设计时只能完成从俄文到英文的翻译，但现在已经可以完成很多语种之间的互译。Logos系统刚开始只针对德语到英语的翻译，而现在可以将英语翻译成法语、德语、意大利语，还可以将德语翻译成法语和意大利语。只有Fujitsu Atlas系统至今仍把自己局限于英语和日语的互译。

#### 2) 规则式机器翻译系统

规则式机器翻译系统(Rule-Based MT System)先分析原文内容，产生原文的句法结构，再转换成译文的句法结构，最后生成译文。规则式机器翻译系统如图9-6所示。

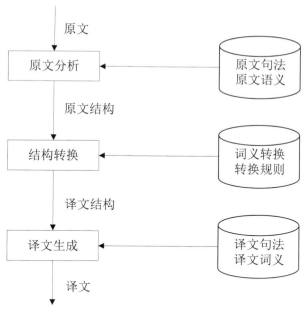

图9-6　规则式机器翻译系统

### 3) 中介语式机器翻译系统

中介语式机器翻译系统(Inter-Lingual MT System)先生成一种中介的表达方式而非特定语言的结构，再由中介的表达式转换成译文。程序语言的编译常采取这种系统。中介语式机器翻译系统如图 9-7 所示。

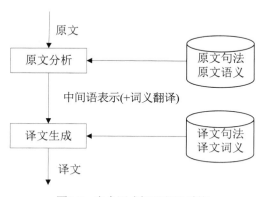

图9-7　中介语式机器翻译系统

最重要的大型中介语式机器翻译系统是 METAL。20 世纪 80 年代初期，德国西门子公司提供了大部分资金支持开发 METAL，直到 20 世纪 80 年代末才面市。目前最有名的两个中介语式机器翻译系统是 Grenoble 的 Ariane 和欧盟资助的 Eurotra。Ariane 有望成为法国国家机器翻译系统，而 Eurotra 是非常复杂的机器翻译系统之一。20 世纪 80 年代末，日本政府出资支持开发用于亚洲语言之间互译的中间语言系统，中国、泰国、马来西亚和印度尼西亚等国的研究人员均参加了这一研究。

### 4) 知识库式机器翻译系统

知识库式机器翻译系统(Knowledge-Based MT System)则建立了翻译需要的知识库，构成翻译专家系统。由于知识库的建立十分困难，因此目前此类研究多半有限定范围，并且使用知识获取工具，自动或半自动地大量收集相关知识充实知识库。

### 5) 统计式机器翻译系统

1994 年，IBM 公司的 A. Berger、P. Brown 等人使用统计方法和各种不同的对齐技术，给出了统计式机器翻译系统(Statistics-Based MT System) Candide。源语言中的任何一条句子都可能与目标语言中的某些句子相似，这些句子的相似程度可能都不相同，统计式机器翻译系统能找到最相似的句子。给定源语言，统计式机器翻译系统对目标语言句子的条件概率进行建模，通常拆分为语言模型和翻译模型，翻译模型刻画目标语言句子跟源语言句子在意义上的一致性，而语言模型刻画目标语言句子的流畅程度。语言模型使用大规模的单语数据进行训练，翻译模型使用大规模的双语数据进行训练。统计式机器翻译系统通常使用某种解码算法生成翻译候选，然后使用语言模型和翻译模型对翻译候选进行打分和排序，最后选择最好的翻译候选作为译文输出。

### 6) 范例式机器翻译系统

范例式机器翻译系统(Example-Based MT System)将过去的翻译结果当成范例，产生范例库。在翻译一段文字时，参考范例库中近似的例子，并处理差异。实际的机器翻译系统往往是混合式机器翻译系统(Hybrid MT System)，会同时采用多种翻译策略，以达到正确翻译的目的。

### 2. 翻译记忆

由于目前尚没有一种机器翻译产品的效果能让人满意，因此目前广泛采用翻译记忆(Translation Memory，TM)技术辅助专业翻译。以欧盟为例，每天都有大量的文件需要翻译成各成员国的文字，翻译工作量极大，自 1997 年采用德国塔多思(Trados)公司的翻译记忆软件以来，欧盟的翻译工作效率大大提高。如今，欧盟、国际货币基金组织等国际组织，微软、SAP、Oracle 和德国大众等跨国企业以及许多世界级翻译公司都以翻译记忆软件作为信息处理的基本工具。

翻译记忆是一种通过计算机软件来实现的专业翻译解决方案。与期望完全替代人工翻译的机器翻译技术不同，翻译记忆实际只是起辅助翻译的作用，也就是计算机辅助翻译(Computer Aided Translation，CAT)。因此，翻译记忆与机器翻译有着本质区别。

翻译记忆的基本原理是：用户利用已有的原文和译文，建立起一个或多个翻译记忆库，在翻译过程中，系统将自动搜索翻译记忆库中相同或相似的翻译资源(如句子、段落等)，给出参考译文，使用户避免重复劳动，只需要专注于新内容的翻译。同时翻译记忆库在后台不断学习和自动存储新的译文，变得越来越"聪明"。

由于翻译记忆实现的是原文和译文的比较及匹配，因此能够支持多语种之间的双向互译。以德国塔多思公司为例，该公司的产品基于 Unicode(统一字符编码)，支持六十多种语言，覆盖几乎所有语言版本的 Windows 操作系统。

## ▼ 9.1.4 自然语言人机交互

本节将介绍两类基于自然语言的人机交互系统：对话系统和聊天机器人。它们二者之间既有共性又有区别，共性在于都支持基于自然语言的多轮人机对话；区别在于对话系统侧重完成具体的任务(如预订机票酒店、查询天气、制定日程等)，而聊天机器人侧重闲聊。接下来，我们将简要说明这两类人机交互系统中涉及的一些具体模块和关键技术。

### 1. 对话系统

对话系统(dialogue system)是指以完成特定任务(task completion)为主要目的的人机交互系统。早期的对话系统大多以完成单一任务为主。例如，机票预订对话系统、天气预报对话系统、银行服务对话系统和医疗诊断对话系统等。近年来，随着数字化进程的日趋完善以及自然语言处理和深度学习技术的高速发展，面向多任务的对话系统不断涌现并且越来越贴近人们的日常生活。典型代表包括智能个人助手(如 Apple Siri、Google Assistant、Microsoft Cortana 和 Facebook M 等)和智能音箱(如 Amazon Alexa、Google Home 和 Apple Home Pod 等)。

大多数对话系统由三个模块构成：对话理解、对话管理和回复生成。对话理解模块首先根据历史对话记录对用户当前输入的对话内容进行语义分析，识别出对话任务的领域(如航空领域)和用户意图(如机票预订)，并抽取出完成当前任务所必需的若干必要信息(如起飞时间、起飞城市、到达城市、航空公司等)。然后，对话系统根据用户当前输入的自然语言理解结果，对整个对话状态进行更新，并根据更新后的对话状态决定接下来系统需要采取的行动指令。最后，回复生成模块基于对话管理输出的系统行动指令，生成自然语言回复，并返回给用户。上述过程迭代进行，直到对话系统获取足够的信息并完成任务为止。语音识别(Automatic Speech Recognition，ASR)和文本生成语音(Text To Speech，TTS)也是对话系统的重要组成部分，前者负责将用户输入的语音信号转换成自然语言文本，后者负责将对话系统生成的自然语言回复转换成语音。图 9-8 给出了对话系统的流程图。

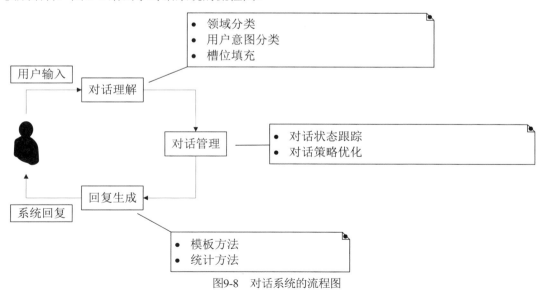

图9-8 对话系统的流程图

接下来，我们将进一步介绍这三个模块的具体任务定义以及典型方法。

### 1) 对话理解模块

对话理解模块负责对用户输入的对话内容进行包括领域分类、用户意图分类和槽位填充在

内的语义分析任务。

- 领域分类(domain classification)：根据用户对话内容确定任务所属的领域。例如，常见的任务领域包括餐饮、航空和天气等。
- 用户意图分类(user intent classification)：根据领域分类的结果进一步确定用户的具体意图，不同的用户意图对应不同的具体任务。例如，餐饮领域中常见的用户意图包括餐厅推荐、餐厅预订和餐厅比较等。
- 槽位填充(slot filling)：针对某个具体任务，从用户对话中抽取出完成任务所需的槽位信息。例如，餐厅预订任务所需的槽位包括就餐时间、就餐地点、餐厅名称和就餐人数等。

如图 9-9 所示，对于用户当前的输入"我想预订明天下午 3 点在王府井附近的全聚德烤鸭店"，领域分类判断该输入属于"餐饮"领域，用户意图分类判断该输入对应的用户意图是"餐厅预订"，槽位填充从该输入中抽取出"就餐时间""就餐地点"和"餐厅名称"三个槽位对应的槽位值分别是"明天下午 3 点""王府井"和"全聚德烤鸭店"。注意，为了完成餐厅预订任务，对话系统还需要获得"就餐人数"这个槽位对应的槽位值。由于当前输入并未包含该信息，因此对应的槽位值为空(用-表示)。

用户：你好

系统：你好

用户：我想预订明天下午3点在王府井附近的全聚德烤鸭店

对话理解

任务领域：餐饮
用户意图：餐厅预订
槽位填充：

- 就餐时间——明天下午 3 点
- 就餐地点——王府井
- 餐厅名称——全聚德
- 就餐人数—— -

图9-9  对话理解示例

领域分类和用户意图分类同属分类任务，因此二者可以采用同一套方法完成。早期的分类方法主要基于统计学习模型，如最大熵(maximum entropy)和支持向量机等。近年来，基于深度学习的分类模型被广泛用于领域分类和用户意图识别任务，如基于深度信念网络(deep belief network)的分类方法、基于深度凸网络(deep convex network)的分类方法、基于循环神经网络和卷积神经网络的分类方法等。这类方法无须人工指定特征，能够针对分类任务直接进行端到端的模型优化，并且在大多数分类任务上已经取得最好的效果。

槽位填充属于序列标注任务，每个任务对应的槽位信息由一系列键-值对构成。每个键(key)对应一个具体的槽位，例如餐厅预订任务中的就餐时间、就餐地点、餐厅名称和就餐人数等；

每个值(value)对应当前槽位的具体赋值,如图 9-9 所示。条件随机场(Conditional Random Field,CRF)模型是最常见的早期序列标注方法,与其他统计学习模型类似,CRF 模型同样需要人工指定特征用于完成序列标注任务。近年来,基于深度学习的序列标注方法在槽位填充任务上取得了主导地位,如基于递归循环网络(recurrent neural network)的槽位填充方法、基于编码器-解码器(encoder-decoder)的槽位填充方法、基于多任务学习(multi-task learning)的槽位填充方法等。

**2) 对话管理模块**

对话管理模块主要由对话状态跟踪(dialogue state tracking)和对话策略优化(dialogue policy optimization)两部分组成。前者负责在每轮对话结束时对整个对话状态进行动态更新,后者负责根据更新后的对话状态决定接下来系统将采取的行动。

如图 9-10 所示。其中,对话状态跟踪部分维护的对话状态负责为每个槽位对应的槽值维护概率分布,这样做的好处是能够缓解前期发生的槽位填充错误在后期无法被修正的问题。对话策略优化部分负责根据整个对话状态决定接下来系统需要采取的指令,例如,根据更新后的对话状态,对话策略优化部分认为应该在接下来的对话中询问就餐人数,对应的行动是"询问就餐人数"。

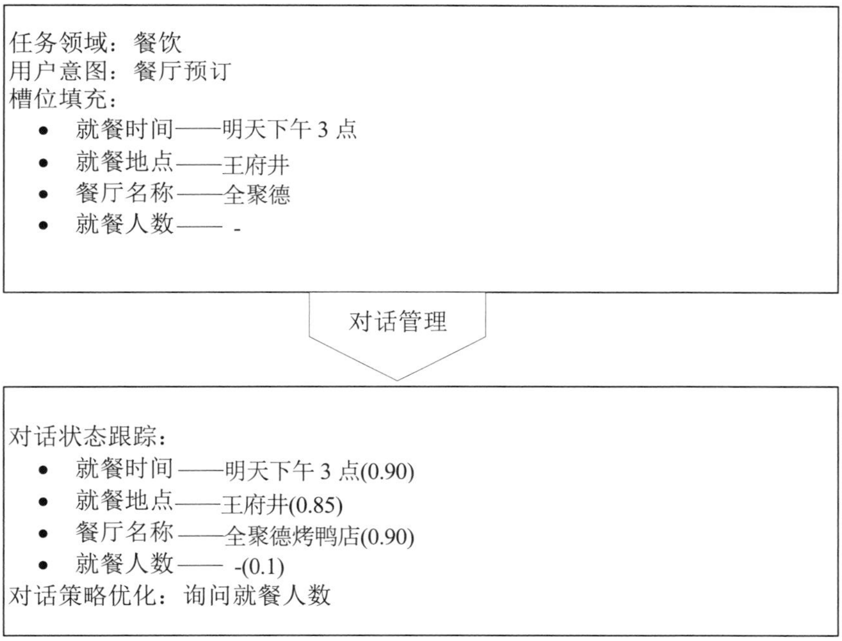

图9-10 对话管理示例

典型的对话管理方法可以分为基于有限状态机的方法、基于部分可观测马尔可夫过程的方法和基于深度学习的方法三类。

(1) 基于有限状态机(Finite State Machine,FSM)的方法将对话过程看成有限状态转移图。此类方法通过使用槽位填充输出的键-值对更新对话状态(包括对某个槽位加入对应的值,以及更新或删除某个槽位对应的历史值),并根据当前状态转移图的状态决定接下来将要采取的行动。此类方法的优点是可以通过对目标任务的理解制定明确清晰的状态转移图,并采用基于规则的方法控制对话过程;缺点是真实对话中往往会出现诸如反复询问或插入题外话的异常情况,

基于有限状态机的方法缺乏对此类异常情况的有效应对机制。

(2) 基于部分可观测马尔可夫决策过程(Partially Observable Markov Decision Process,POMDP)的方法属于数据驱动方法。此类方法基于真实对话数据,将语音识别和自然语言理解模块的不确定性引入模型。相比于基于显式的人工规则,此类方法的鲁棒性更好。具体而言,POMDP方法将对话过程看作马尔可夫决策过程,并用转移概率$P(s_t|s_{t-1}, a_{t-1})$表示从对话状态$s_{t-1}$到对话状态$s_t$的转移。这里的每个对话状态$s_t$对应一个变量,该变量无法直接观察到。POMDP将自然语言理解模块的输出$o_t$看作一个带有噪声的、基于用户输入的观察值,这个观察值的概率为$P(s_t|o_t)$。上述提到的状态转移概率和观察值生成概率采用基于随机统计的对话模型$M$表示。每轮对话中系统采取的具体行动指令则由策略模型$P$决定。在对话过程中,每步通过使用回报函数$R$来衡量已经进行的对话的质量。对话模型$M$和策略模型$P$的优化则通过最大化回报函数的期望来实现。

(3) 基于深度学习的方法将神经网络用于对话状态跟踪任务。在此类方法中,对话状态跟踪部分负责对整个对话历史和系统目前对话状态进行编码,并基于编码对整个对话状态进行更新;对话策略优化部分采用增强学习技术决定接下来系统需要采取的行动指令。此类方法通过最大化未来回报的方式进行上述两个模型的参数优化,并根据训练好的模型生成最优的行动指令。

### 3) 回复生成

回复生成模块负责根据对话管理模块输出的系统行动指令,生成对应的自然语言回复并返回给用户。如图9-11所示,根据对话管理模块的输出指令"询问就餐人数",对话系统生成的自然语言回复为"请问有多少人前来就餐?"典型的回复生成方法包括基于模板的方法和基于统计的方法两类。

对话状态跟踪:
- 就餐时间——明天下午3点(0.90)
- 就餐地点——王府井(0.85)
- 餐厅名称——全聚德烤鸭店(0.90)
- 就餐人数—— -(0.1)

对话策略优化: 询问就餐人数

对话管理

用户: 你好

　　　　　　　　　　系统: 你好

用户: 我想预订明天下午3点　王府井附近的全聚德烤鸭店

　　　　　　　　　　系统: 请问有多少人前来就餐?

图9-11　回复生成示例

(1) 基于模板的方法使用规则模板完成从系统行动指令到自然语言回复的转换,规则模板通常由人工总结获得。此类方法能够生成高质量的回复,但模板扩展性和句子多样性明显不足。

(2) 基于统计的方法使用统计模型完成从系统行动指令到自然语言回复的转换。基于规划的(plan-based)方法通过句子规划(sentence planning)和表层实现(surface realization)完成上述转换任务。句子规划负责将系统行动指令转换为某种预定义的中间结构，表层实现负责将中间结构进一步转换为自然语言回复并输出给用户。此类方法的缺点在于句子规划阶段依然需要使用预先设计好的规则。

目前，以完成特定任务为目的的对话系统研究受到研究者的广泛关注，但不同工作往往需要针对对话系统中某个特定模块进行改进，对外发布的代码无法完成端到端的对话任务，这增大了初学者想要通过基准系统了解对话系统全貌的难度。针对这一问题，剑桥大学对话系统研究组对外发布了 PyDial 基准系统，这是使用 Python 实现的针对多领域的统计对话系统工具包，涵盖包括自然语义理解、对话管理和自然语言生成在内的对话系统主要模块。感兴趣的读者可以通过下载这个工具包(http://www.camdial.org/pydial/)做进一步了解和尝试。

### 2. 聊天机器人

随着人工智能从感知智能向认知智能升级，自然语言处理的重要性日益凸显。作为人类思维的载体，自然语言是人们交流观念、意见、思想、情感的媒介和工具，对话是最常见的语言使用场合。因此，聊天机器人是自然语言处理技术最为典型的应用之一。聊天机器人是一种人工智能交互系统，工作方式是通过语音或文字实现人机关于任意开放话题的交流。目前，人们建立聊天机器人的目的在于模拟人类的对话行为，从而检测人工智能程序是否能够理解人类语言并且和人类进行长时间的自然交流，使用户沉浸于对话环境。

从国家层面看，聊天机器人系统是推动国家产业升级的基础研究，符合国家的科研及产业化发展方向。在 2017 年国务院发布的《新一代人工智能发展规划》的通知中，人机对话系统被列为八项关键共性技术之一的自然语言处理技术中的关键技术。因此，研究聊天机器人对于构建基于自然语言的人机交互服务具有重要的应用价值，对促进人工智能的发展具有积极作用，是国家人工智能发展战略中的重要一环。

对话系统经过数十年的研究与开发，从 20 世纪 60 年代的 Eliza 和 Parry，到 ATIS 项目中的自动任务完成系统，再到 Siri 这样的智能个人助理和微软"小冰"这样的聊天机器人，各式各样的聊天机器人层出不穷。社交聊天机器人的吸引力不仅在于回应用户不同请求的能力，还在于能与用户建立起情感联系。由于智能手机的普及、宽带无线技术的发展，社交聊天机器人日益被大众接受。社交聊天机器人的目的是满足用户交流、情感和社交归属感的需求，还可以在闲聊中帮助用户执行多种任务。

近年来，对话系统的相关产品层出不穷。智能语音助手包括苹果 Siri、微软 Cortana、谷歌 Now、亚马逊 Echo 等；智能客服系统包括京东 JIMI、阿里巴巴"阿里小蜜"、支付宝"安娜"等；精神陪伴类应用包括微软"小冰"、微信"小微"等，其中微软"小冰"引发了新一轮的聊天机器人热潮。此类陪伴型聊天机器人的目标是着力培育聊天机器人的情商，让用户沉浸于与机器人的对话，而不是帮助人完成特定的任务。目前，可定制聊天机器人也是应用领域的热点，成功案例包括 Kik 公司为服装企业 H&M 定制的服装导购机器人，微软"小冰"与敦煌研究院合作推出的"敦煌小冰"机器人，小 i 机器人为电信、金融等领域定制的自动客服机器人等。同时，各大企业纷纷研发或收购 AI 平台，如微软研发的语言理解智能服务 Luis.ai，三星、Facebook 和谷歌分别收购了 Viv.ai、Wit.ai 和 api.ai，百度研发了 DuerOS 并收购了 Kitt.ai。从各大企业对人机对话技术的重视程度看，基于自然语言理解技术的聊天机器人竞争十分激烈。

聊天机器人技术大致可分为三类：基于规则的聊天机器人、基于检索的聊天机器人和基于生成的聊天机器人。

### 1) 基于规则的聊天机器人

最早的聊天机器人都是基于规则的聊天机器人。设计者会预先定义好一系列规则，例如关键词回复词典、条件终止判断以及一些更复杂的输入分类器。给定对话输入，首先规则系统对输入进行自然语言解析，在解析过程中抽出预定义的关键词等信息；之后根据抽取的关键信息，通过定义好的模板进行回复。如果输入不在规则体系之内，就用万能回复对用户进行回复，具体例子如表9-4所示。

表9-4　与基于规则的聊天机器人的对话

| 角色 | 对话内容 |
| --- | --- |
| 人 | 你好。 |
| 基于规则的聊天机器人 | 你好，你怎么样？ |
| 人 | 我挺好的。 |
| 基于规则的聊天机器人 | 很高兴听到。 |
| 人 | 我正在吃水果。 |
| 基于规则的聊天机器人 | 还不错哦。 |

最早的基于规则的聊天机器人可以追溯到20世纪60年代，麻省理工学院的人工智能实验室利用大量规则建立了名为 ELIZA 的聊天机器人并取得阶段性成功，让人分辨不清后台回答的是人还是机器。然而由于 ELIZA 由大量规则构成，规则系统并不能很好地解决开放领域对话问题，很多输入语句无法得到良好的回答，因此 ELIZA 并没有获得广泛应用，最终只停留在实验室中。此后，仍然有基于规则的聊天机器人被研发出来，如 1972 年的 PARRY。1995 年，Alicebot 问世，Alicebot 使用了 AIML(一种用来表示语义的 XML 语料库)，通过问答对定义聊天的知识库，并通过 JavaScript 命令完成检索计算功能。这种聊天机器人为之后的基于检索的聊天机器人打下了坚实基础。1997 年，一款名为 Jabberwacky 的聊天机器人出现在互联网上，目的仍然是想通过图灵测试，但其设计原理却是通过与人的交流来让机器学习对话。相比于ELIZA，这是很大的进步。如今，人们仍然可以和这个聊天机器人的升级版本 Cleverbot 在网上交流。

基于规则的聊天机器人的优点是回复可控，每条回复均由设计者撰写，并且回复触发的逻辑也被精心设计。例如，表 9-4 中的"你好，你怎么样？"就由模板触发。然而，由于人类语言的复杂性，聊天的规则是无穷无尽的，很难通过人工撰写模板的方式穷举，也导致基于规则的聊天机器人难以覆盖所有开放领域的聊天话题，很多话题没有合适的回复，系统的可扩展性较弱。综上所述，基于规则的聊天机器人是人类在该领域的初步尝试，但由于规则的不可枚举性，基于规则的聊天机器人很难在开放领域长时间和人类对话。

### 2) 基于检索的聊天机器人

基于检索的聊天机器人是利用成熟的搜索引擎技术和人类对话语料构建的聊天机器人系统。基于检索的聊天机器人首先从互联网上抓取大量的人与人之间的聊天记录，如表9-5所示。

表9-5　互联网上人与人之间的聊天记录

| 角色 | 对话内容 |
| --- | --- |
| A | 我从 53 kg 瘦到 43 kg 用了七个半月。 |
| B | 我没吃米饭，半斤都没瘦，我都哭了。 |
| A | 是不是其他的吃太多了，油分大的也不能多吃。 |
| B | 比以前少吃很多了。 |
| A | 我是通过做瑜伽减肥的。 |

在表 9-5 中，A 与 B 在探讨如何减肥，A 在向 B 传授减肥经验。之后，基于检索的聊天机器人会将 A 与 B 的聊天记录存入索引，一旦用户输入的聊天语句可以用存储的一条聊天记录进行回复，系统就会自动输出之前存储的记录。例如，用户输入"我这几天一点儿都没瘦，也没吃什么主食"，聊天机器人会通过上下文语义分析以及语义相似度计算输出"是不是其他的吃太多了，油分大的也不能多吃"这句话。图 9-12 给出了基于检索的聊天机器人的系统架构。

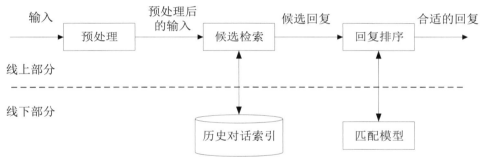

图9-12　基于检索的聊天机器人的系统架构

基于检索的聊天机器人的本质是对已有的人类回复进行筛选重用以回复新的信息。表 9-6 展示了人与此类聊天机器人的对话历史。一方面，重用人类对话历史进行回复是优势，因为人类的回复不仅通顺流畅，而且往往包含网友的"智慧"，所以只要能够找到与输入信息语义相关并且和上下文逻辑一致的回复，就可以和用户顺畅地进行对话，而且还可以时不时爆出"金句"，这也是基于检索的聊天机器人被广泛应用于工业界的原因。

然而，这也是基于检索的聊天机器人的局限所在，回复的好坏很大程度上依赖于索引的质量以及是否能够检索到合适的候选，并且没有显式地将人类常识建模到系统中。因此，有时聊天机器人会给出一些并不恰当或违反人类常识的回答，例如在表 9-6 中，对于问题"番茄炒西红柿是什么"的回答"胡萝卜"就让人摸不着头脑。更为严重的是，在多轮聊天中要考虑上下文信息，如何检索到能和上下文逻辑一致的回复候选以及如何精准分析上下文，是当前基于检索的聊天机器人面临的挑战。

表9-6　与基于检索的聊天机器人的对话

| 角色 | 对话内容 |
| --- | --- |
| 人 | 你最近怎么样？ |
| 基于检索的聊天机器人 | 挺好的，好久不见啊。 |
| 人 | 你吃午饭了吗？ |
| 基于检索的聊天机器人 | 我吃了番茄炒西红柿、马铃薯炒土豆丝，味道有点怪。 |
| 人 | 番茄炒西红柿是什么？ |
| 基于检索的聊天机器人 | 胡萝卜。 |

如何准确地衡量聊天历史和候选的匹配程度是关键。通常情况下，基于检索的聊天机器人将聊天历史和候选回复编码成向量，然后计算这两个向量的相似程度。假设 $x$ 是聊天历史的向量表示，$y$ 是候选回复的向量表示，$x$ 和 $y$ 可以简单表示成双线性匹配：

$$\text{match}(x, y) = x^{\mathrm{T}} A \tag{9-19}$$

其中，$A$ 是参数矩阵或者更加复杂的结构。目前，基于检索的聊天机器人的研究工作往往在于如何将对话上下文和回复编码成向量以及如何设计向量的相似度度量函数。例如，我们可以通过卷积神经网络(CNN)、循环神经网络(RNN)或层次循环神经网络(HRNN)对对话内容进行相应的编码，相似度度量函数可以使用双线性匹配模型、多层感知机模型(MIP)，也可以使用简单的点积计算或余弦相似度来判断相似程度。

在聊天机器人的算法设计中，不能只考虑当前这一轮的对话内容，这样会导致聊天机器人存在"短视"这一问题。最近，基于检索的多轮对话引起越来越多的关注。一些人利用循环神经网络将整个上下文(包括当前消息和历史对话)和回复编码成上下文向量和回复向量，然后基于这两个向量计算匹配分数。还有一些人通过卷积神经网络将候选回复和上下文中的每个句子在不同粒度上进行匹配，然后利用循环神经网络对句子间的关系建模，这进一步提升了聊天机器人对聊天上下文的理解力。

### 3) 基于生成的聊天机器人

基于生成的聊天机器人可以利用自然语言生成技术对给定的对话上下文直接生成一句完整的话语进行回复。此类算法可以基于已有模型，产生训练集中没有出现过的回复。基于生成的聊天机器人目前普遍基于神经网络的 Seq2Seq 模型来实现，如图 9-13 所示。

图9-13　基于生成的聊天机器人的对话示例

与机器翻译类似，基于生成的聊天机器人中的 Seq2Seq 模型仍然需要海量聊天数据进行训练才能产生良好的回复。然而尽管如此，很多回复缺乏信息或者过于普适(如"是啊""我也这么觉得")。产生这种回复的主要原因是人类对话十分复杂，没有明显的对应关系，而且很多回复需要额外的人类知识才能生成。在机器翻译中，一条源语句一般只有有限的几种翻译；而在对话中，特别是在聊天机器人的开放域对话中，一条输入信息可以有上千种合适的回复。这种过于倾斜的"一对多"对应关系使得在机器翻译中表现良好的编码-解码模型只能捕捉到对话中的少数高频模板，从而产生普适回复。普适回复一方面会降低回复的相关性，另一方面也会使人和机器的聊天很难进行下去。另外，如何自动衡量生成模型的好坏仍然是一个值得探索的问题，目前的自动评价指标均难以很好地判别生成模型的性能，这也在一定程度上阻碍了基于生成的聊天机器人的发展。

表 9-7 展示了基于生成的聊天机器人的对话记录。我们可以看到，虽然聊天机器人对于不同输入可以给出相关的回复，例如对"你最近怎么样"可以给出"最近忙着呢"的回复，但是有些问题答得比较枯燥无趣，例如回复"午饭吃完了"和"我不知道"并不包含很大的信息量，与机器的聊天没有显现出什么乐趣。即便如此，基于生成的聊天机器人仍然被学术界认为是未来聊天机器人的发展方向，因为对语料库的依赖并不严重，可以生成语料库中没有出现过的相关回复；并且生成模型由于数据驱动的特点，可以极大程度地减少开发中的人力投入，使系统拥有很强的可扩展性。

表9-7　与基于生成的聊天机器人的对话

| 角色 | 对话内容 |
| --- | --- |
| 人 | 你最近怎么样？ |
| 基于生成的聊天机器人 | 最近忙着呢。 |
| 人 | 你吃午饭了吗？ |
| 基于生成的聊天机器人 | 午饭吃完了。 |
| 人 | 午饭吃的什么？ |
| 基于生成的聊天机器人 | 我不知道。 |

为了解决生成式聊天系统目前的安全回复问题，最通用的策略是通过优化目标函数对安全回复进行有效惩罚，以减少安全回复生成的概率。一般的生成式对话系统都使用 Seq2Seq 模型作为基本模型。典型的 Seq2Seq 模型由编码器和解码器组成，先利用编码器将输入的语句编码成向量，再通过解码器用编码的向量生成回复。

随着开源代码和互联网上真实对话数据的增多，动手开发属于自己的聊天机器人变得可行起来。目前需要上百万的聊天数据进行训练，才可以得到回复质量较高的聊天机器人。英文的真实对话数据往往从推特和 Reddit 的对话数据进行采集，而中文的对话数据会从百度贴吧、豆瓣群组以及微博等社区采集得到。有了大规模的训练数据后，基于检索的聊天机器人首先依靠 Lucene、Elastic-Search 等框架对人类对话进行索引，与此同时训练高精度匹配模型，用来筛选哪些语句适合回复当前的输入。基于生成的聊天机器人则从大规模训练语料中学习词语搭配关系以及对话相关知识，并将学到的东西存储在设计的生成模型中。

## 9.2　语音处理

### 9.2.1　语音识别

语音识别是将语音自动转换为文字的过程。在实际应用中，语音识别通常与自然语言理解、自然语言生成及语音合成等技术相结合，提供基于语音的自然流畅的人机交互系统。语音识别技术的研究始于 20 世纪 50 年代初期，迄今为止已有近 70 年的历史。1952 年，贝尔实验室研制出世界上第一个能识别十个英文数字的识别系统。20 世纪 60 年代最具代表性的研究成果是基于动态时间规整的模板匹配方法，这种方法有效地解决了特定说话人孤立词语音识别中语速不均和不等长匹配的问题。

20 世纪 80 年代以后，基于隐马尔可夫模型的统计建模方法逐渐取代了基于模板匹配的方法，基于高斯混合模型-隐马尔可夫模型的混合声学建模技术推动了语音识别技术的蓬勃发展。在美国国防部高级研究计划署的赞助下，大词汇量的连续语音识别取得出色成绩，许多机构研发出各自的语音识别系统，甚至开源了相应的语音识别代码，最具代表性的是英国剑桥大学的隐马尔可夫工具包(HTK)。2010 年之后，深度神经网络的兴起和分布式计算技术的进步使语音识别技术获得重大突破。2011 年，微软的俞栋等人将深度神经网络成功应用于语音识别任务中，在公共数据上词错误率相对降低了 30%。其中，基于深度神经网络的开源工具包中使用最为广泛的是霍普斯金大学发布的 Kaldi。

语音识别系统主要包括四部分：特征提取、声学模型、语言模型和解码搜索。语音识别系统的典型框架如图 9-14 所示。

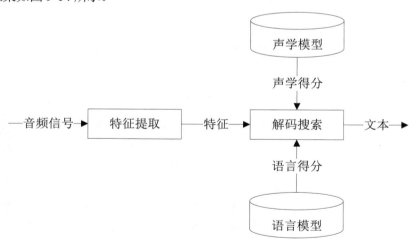

图9-14　语音识别系统的典型框架

#### 1. 语音识别的特征提取

语音识别的难点之一在于语音信号的复杂性和多变性。一段看似简单的语音信号，其中包含了说话人、发音内容、信道特征、方言口音等大量信息；此外，这些信息互相组合在一起又表达了情绪变化、语法语义、暗示内涵等更为丰富的信息。在如此众多的信息中，仅有少量的信息与语音识别相关，这些信息被淹没在大量信息中，因此充满了变化。语音特征的抽取就是在原始语音信号中提取出与语音识别最相关的信息，滤除其他无关信息。比较常用的声学特征有三种：梅尔频率倒谱系数特征、梅尔标度滤波器组特征和感知线性预测倒谱系数特征。梅尔频率倒谱系数特征是指根据人耳听觉特性计算梅尔频谱倒谱系数获得的参数。梅尔标度滤波器组特征与梅尔频率倒谱系数特征不同，前者保留了特征维度间的相关性。感知线性预测倒谱系数特征在提取过程中利用人的听觉机理对人声建模。

### 2. 语音识别的声学模型

声学模型承载着声学特征与建模单元之间的映射关系。在训练声学模型之前需要选取建模单元，建模单元可以是音素、音节、词语等，单元粒度依次增加。若采用词语作为建模单元，则因每个词语的长度不等，导致声学建模缺少灵活性；此外，由于词语的粒度较大，很难充分训练基于词语的模型，因此一般不采用词语作为建模单元。相比之下，词语中包含的音素是确定且有限的，利用大量的训练数据可以充分训练基于音素的模型，因此目前大多数声学模型一般采用音素作为建模单元。语音中存在协同发音的现象，音素是上下文相关的，因此一般采用三音素进行声学建模。由于三音素的数量庞大，若训练数据有限，则部分音素可能会存在训练不充分的问题，为了解决此问题，既往研究提出采用决策树对三音素进行聚类以减少三音素的数量。

比较经典的声学模型是混合声学模型，大致可以概括为两种：基于高斯混合模型-隐马尔可夫模型的模型和基于深度神经网络-隐马尔可夫模型的模型。

#### 1) 基于高斯混合模型-隐马尔可夫模型的模型

隐马尔可夫模型的参数主要包括状态间的转移概率以及每个状态的概率密度函数，也叫出现概率，一般用高斯混合模型表示。在图 9-15 中，先输入语音的语谱图，将语音的第一帧代入一个状态进行计算，得到出现概率；用同样方法计算每帧的出现概率，用白色圆圈表示。白色圆圈间有转移概率，据此可计算最优路径(加粗箭头)，最优路径对应的概率值总和即为输入语音经隐马尔可夫模型得到的概率值。如果为每一个音节训练一个隐马尔可夫模型，语音只需要代入每个音节的模型中算一遍，哪个音节得到的概率最高就判定为相应音节，这也是传统语音识别使用的方法。出现概率采用高斯混合模型，具有训练速度快、模型小、易于移植到嵌入式平台等优点，缺点是没有利用帧的上下文信息，缺乏深层非线性特征变化的内容。高斯混合模型代表的是一种概率密度，局限在于不能完整模拟出或记住相同音的不同人之间的音色差异变化或发音习惯变化。

基于高斯混合模型-隐马尔可夫模型的声学模型，对于小词汇量的自动语音识别任务，通常使用上下文无关的音素状态作为建模单元；对于中等和大词汇量的自动语音识别任务，则使用上下文相关的音素状态进行建模。这种声学模型的框架如图 9-16 所示，高斯混合模型用来估计观察特征(语音特征)的观测概率，而隐马尔可夫模型则被用于描述语音信号的动态变化(状态间的转移概率)。在图 9-16 中，$S_k$ 代表音素状态；$a_{s_1 s_2}$ 代表转移概率，也就是状态 $S_1$ 转为状态 $S_2$ 的概率。

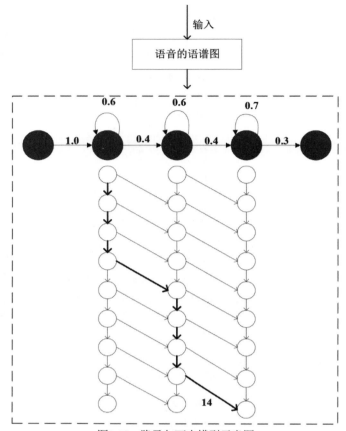

图9-15 隐马尔可夫模型示意图

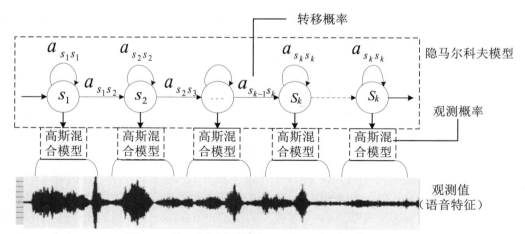

图9-16 基于高斯混合模型-隐马尔可夫模型的声学模型

### 2) 基于深度神经网络-隐马尔可夫模型的模型

基于深度神经网络-隐马尔可夫模型的声学模型是指用深度神经网络模型替换上述模型的高斯混合模型,深度神经网络模型可以是深度循环神经网络和深度卷积网络等。这种声学模型的建模单元为聚类后的三音素状态,如图 9-17 所示。其中,神经网络用来估计观察特征(语音特征)的观测概率，而隐马尔可夫模型则被用于描述语音信号的动态变化(状态间的转移概率)。$S_k$ 代表音素状态；$a_{s_1s_2}$ 代表转移概率，也就是状态 $S_1$ 转为状态 $S_2$ 的概率；$v$ 代表输入特征；$h^{(M)}$ 代表第 $M$ 个隐层；$W_M$ 代表神经网络第 $M$ 个隐层的权重。

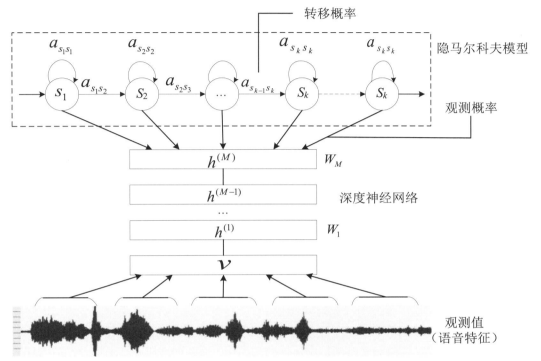

图9-17　基于深度神经网络-隐马尔可夫模型的声学模型

与基于高斯混合模型-隐马尔可夫模型的声学模型相比，这种基于深度神经网络-隐马尔可夫模型的声学模型具有两方面的优势：一是深度神经网络能利用语音特征的上下文信息；二是深度神经网络能学习非线性的更高层次特征表达。因此，基于深度神经网络-隐马尔可夫模型的声学模型的性能显著超越基于高斯混合模型-隐马尔可夫模型的声学模型，已成为目前主流的声学建模技术。

### 3. 语音识别的语言模型

语言模型是根据语言客观事实进行的语言抽象数学建模。语言模型还是概率分布模型 $P$，用于计算任何句子 $S$ 的概率。例如：令句子 $S=$ "今天天气怎么样"，该句子很常见，通过语言模型可计算出发生的概率 $P$(今天天气怎么样)=0.80000。又如：令句子 $S=$ "材教智能人工"，该句子是病句，不常见，通过语言模型可计算出发生的概率 $P$(材教智能人工)=0.00001。

在语音识别系统中，语言模型所起的作用是在解码过程中从语言层面限制搜索路径。常用的语言模型有 $N$ 元文法语言模型和循环神经网络语言模型。尽管循环神经网络语言模型的性能优于 $N$ 元文法语言模型，但是训练比较耗时，且解码时识别速度较慢，因此目前工业界仍然采用 $N$ 元文法语言模型。语言模型的评价指标是语言模型在测试集上的困惑度，该值反映了句子

的不确定性程度。如果对某件事情知道得越多，那么困惑度越小，因此构建语言模型时，目标就是寻找困惑度较小的模型，使其尽量逼近真实语言的分布。

### 4. 语音识别的解码搜索

解码搜索的主要任务是在由声学模型、发音词典和语言模型构成的搜索空间中寻找最佳路径。解码时需要用到声学得分和语言得分，声学得分由声学模型计算得到，语言得分由语言模型计算得到。其中，每处理一帧特征都会用到声学得分，但是语言得分只有在解码到词级别时才会涉及，一个词一般覆盖多帧语音特征。因此，解码时声学得分和语言得分存在较大的数值差异。

为了避免这种差异，解码时将引入参数对语言得分进行平滑，从而使两种得分具有相同的尺度。构建解码空间的方法可以概括为两类——静态的解码和动态的解码。静态的解码需要预先将整个静态网络加载到内存中，因此需要占用较大的内存。动态的解码是指在解码过程中动态地构建和销毁解码网络，这种构建搜索空间的方式能减小网络所占的内存，但是动态的解码速度比静态慢，通常在实际应用中，需要权衡解码速度和解码空间来选择构建解码空间的方法。解码所用的搜索算法大概分成两类，一类是采用时间同步的方法，如维特比算法等；另一类是采用时间异步的方法，如 $A*$ 算法等。

### 5. 端到端的语音识别方法

上述混合声学模型存在两点不足：一是神经网络模型的性能受限于高斯混合模型-隐马尔可夫模型的精度；二是训练过程过于繁复。为了解决这些不足，研究人员提出了两类端到端的语音识别方法：一类是基于连接时序分类的端到端声学建模方法；另一类是基于注意力机制的端到端语音识别方法。前者只是实现声学建模的端到端，后者则实现了真正意义上的端到端语音识别。

基于连接时序分类的端到端声学建模方法的声学模型结构如图 9-18 所示。在声学模型训练过程中，这种方法的核心思想是引入一种新的训练准则连接时序分类，这种损失函数的优化目标是让输入输出在句子级别对齐，而不是帧级别对齐，因此不需要高斯混合模型-隐马尔可夫模型生成强制对齐信息，而是直接对输入特征序列到输出单元序列的映射关系建模，从而极大地简化了声学模型训练过程。但是语言模型还需要单独训练，从而构建解码的搜索空间；而循环神经网络具有强大的序列建模能力，所以连接时序分类损失函数一般与长短时记忆模型结合使用，当然也可与卷积神经网络模型一起训练。混合声学模型的建模单元一般是三音素的状态，而基于连接时序分类的端到端模型的建模单元是音素甚至是字。这种建模单元粒度的变化带来的优点包括两方面：一是增加语音数据的冗余度，提高音素的区分度；二是在不影响识别准确率的情况下加快解码速度。因此，这种方法颇受工业界青睐，例如谷歌、微软和百度等都将这种模型应用于自己的语音识别系统中。

基于注意力机制的端到端语音识别方法实现了真正的端到端。在传统的语音识别系统中，声学模型和语言模型是独立训练的，但是基于注意力机制的端到端语音识别方法将声学模型、发音词典和语言模型联合为一个模型进行训练，并且需要基于循环神经网络的编码-解码结构，如图 9-19 所示。

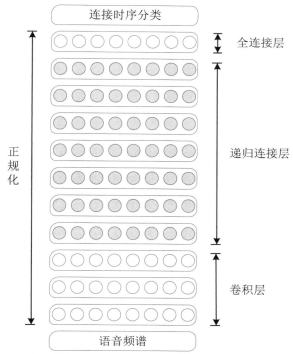

图9-18　基于连接时序分类的端到端声学建模方法的声学模型结构

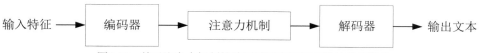

图9-19　基于注意力机制的端到端语音识别方法的系统结构

在图 9-19 中，编码器用于将不定长的输入序列映射成定长的特征序列，注意力机制用于提取编码器的编码特征序列中的有用信息，而解码器则将定长序列扩展成输出单元序列。尽管这种模型取得了不错的性能，但远不如混合声学模型。近年来，谷歌发布了最新研究成果，提出了一种新的多头注意力机制的端到端模型。当训练时间达到数十万小时时，性能可接近混合声学模型。

## ◤◤ 9.2.2　语音合成

语音合成也称文语转换，主要功能是将任意输入文本转换成自然流畅的语音输出。语音合成技术在银行、医院的信息播报系统和汽车导航系统、自动应答呼叫中心方面应用广泛。

图 9-20 给出了基本的语音合成系统框图。语音合成系统可以任意文本作为输入，并相应地合成语音作为输出。语音合成系统主要可以分为文本分析模块、韵律处理模块和声学处理模块，其中文本分析模块可以视为系统的前端，而韵律处理模块和声学处理模块则可视为系统的后端。

图9-20　语音合成系统框图

文本分析模块是语音合成系统的前端，主要任务是对输入的任意文本进行分析，输出尽可能多的语言学信息(如拼音、节奏等)，为后端的语音合成器提供必要的信息。对于简单系统而言，文本分析只提供拼音信息就足够了；而对于高自然度的合成系统，文本分析需要给出更详尽的语言学和语音学信息。因此，文本分析实际上是人工智能系统，属于自然语言理解的范畴。

对于汉语语音合成系统，文本分析的处理流程通常包括文本预处理、文本规范化、自动分词、词性标注、多音字消歧、节奏预测等，如图9-21所示。文本预处理包括删除无效符号、断句等。文本规范化的任务是将文本中的这些特殊字符识别出来，并转为一种规范化的表达。自动分词是将待合成的整句以词为单位划分为单元序列，以便后续考虑词性标注、韵律边界标注等。词性标注也很重要，因为词性可能影响字或词的发音方式。字音转换的任务是将待合成的文字序列转换为对应的拼音序列，告诉后端合成器应该读什么音。由于汉语中存在多音字问题，因此字音转换的关键就是处理多音字的消歧问题。

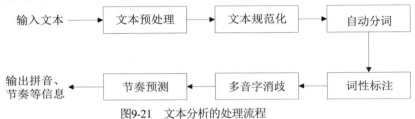

图9-21　文本分析的处理流程

韵律处理是文本分析模块的目的所在，节奏、时长的预测都基于文本分析的结果。从直观上讲，韵律就是实际语流中的抑扬顿挫和轻重缓急，如重音的位置分布及等级差异，韵律边界的位置分布及等级差异，语调的基本骨架及其与声调、节奏和重音的关系等。韵律表现是一种复杂现象，对韵律的研究涉及语音学、语言学、声学、心理学、物理学等多个领域。但是，作为语音合成系统中承上启下的模块，韵律处理模块实际上是语音合成系统的核心部分，极大地影响着最终合成语音的自然度。从听者的角度看，与韵律相关的语音参数包括基频、时长、停顿和能量，韵律处理模块的作用就是利用文本分析的结果来预测这四个参数。

声学处理模块根据文本分析模块和韵律处理模块提供的信息来生成自然语音波形。在语音合成系统的合成阶段可以简单使用两种方法：一种是基于拼接的语音合成方法，声学处理模块根据韵律处理模块提供的基频、时长、能量和节奏等信息从大规模语料库中挑选最合适的语音单元，然后通过拼接算法生成自然语音波形；另一种是基于参数的语音合成方法，声学处理模块的主要任务是根据韵律和文本信息的指导得到语音参数，然后通过语音参数合成器来生成自然语音波形。

### 1. 基于拼接的语音合成方法

基于拼接的语音合成方法的基本原理是根据文本分析的结果，从预先录制并标注好的语音库中挑选合适基元进行适度调整，最终拼接得到合成语音波形。基元是指用于语音拼接时的基本单元，可以是音节或音素等。受限于计算机存储能力与计算能力，早期的基元库都很小，同时为了提高存储效率，往往需要将基元参数化；此外，由于受拼接算法本身性能的限制，经常导致合成语音不连续、自然度很低。

随着计算机运算和存储能力的提升，实现基于大语料库的基元拼接合成系统成为可能。在这种方法中，基元库由以前的几兆字节扩大到几百兆字节甚至是几吉字节。由于大语料库具有较高的上下文覆盖率，使挑选出来的基元几乎不需要做任何调整就可用于拼接合成；因此，相比于传统的参数合成方法，合成语音在音质和自然度上都有了极大提高，而基于大语料库的单元拼接系统也得到十分广泛的应用。但值得注意的是，基于拼接的语音合成方法依旧存在一些不足：稳定性仍然不够，拼接点不连续的情况还是可能发生；难以改变发音特征，只能合成说话人的语音。

### 2. 基于参数的语音合成方法

基于拼接的语音合成方法由于存在一些固有的缺陷，限制了其在多样化语音合成方面的应用，于是，基于参数的语音合成方法被提出。这种方法的基本思想是基于统计建模和机器学习的方法，根据一定的语音数据进行训练并快速构建合成系统。由于可以在不需要人工干预的情况下自动快速地构建合成系统，而且对于不同发音人、不同发音风格甚至不同语种的依赖性非常小，非常符合多样化语音合成方面的需求，因此逐渐得到研究人员的认可和重视，并在实际应用中发挥出重要作用。其中，最成功的是基于隐马尔可夫模型的可训练语音合成方法，相应的语音合成系统被称为基于隐马尔可夫模型的语音合成系统。

基于隐马尔可夫模型的语音合成方法主要分为训练阶段和合成阶段两个阶段。图 9-22 显示了基于隐马尔可夫模型的语音合成方法的系统框图。

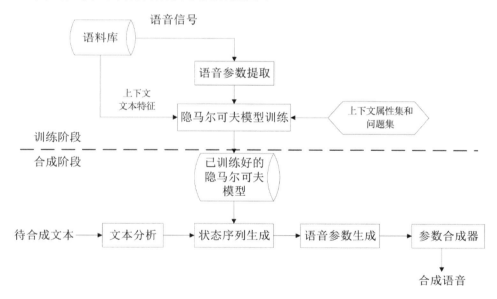

图9-22　基于隐马尔可夫模型的语音合成方法的系统框图

在训练隐马尔可夫模型前，首先要对一些建模参数进行配置，包括建模单元的尺度、模型拓扑结构、状态数目等，还需要进行数据准备。一般而言，训练数据包括语音数据和标注数据两部分。其中，标注数据主要包括音段切分和韵律标注(现在采用的都是人工标注)。

除了定义一些隐马尔可夫模型参数以及准备训练数据以外，训练模型前还有一项重要的工作就是对上下文属性集和用于决策树聚类的问题集进行设计，根据先验知识选择一些对语音参

数有一定影响的上下文属性并设计相应的问题集，如前后调、前后声韵母等。需要注意的是，这部分工作与语种有关。除此之外，整个基于隐马尔可夫模型的建模训练和合成流程基本上与语言种类无关。

随着深度学习不断取得进展，深度神经网络也被引入语音合成，以代替基于隐马尔可夫模型的语音合成系统中的隐马尔可夫模型，可直接通过深层神经网络来预测声学参数，克服了隐马尔可夫模型训练中决策树聚类环节中模型精度降低的缺陷，进一步增强了合成语音的质量。由于基于深度神经网络的语音合成方法体现出比较高的性能，目前已成为主流的基于参数的语音合成方法。

### 3. 基于端到端的语音合成方法

传统的语音合成流程十分复杂。比如，语音合成系统中通常会包含文本分析前端、时长模型、声学模型和基于复杂信号处理的声码器等模块，这些部分的设计需要不同领域的知识，需要耗费大量精力来设计；此外还需要分别训练，这意味着来自每个模块的错误都可能会叠加到一起。

2016 年，谷歌的 Deepmind 研究团队提出了基于深度学习的 WaveNet 语音生成模型。该模型可以直接对原始语音数据进行建模，避免了对语音进行参数化时导致的音质损失，在语音合成和语音生成任务中效果非常好。但由于仍然需要对来自现有语音合成文本分析前端的语言特征进行调节，因此不是真正意义上的端到端语音合成方法。谷歌科学家王雨轩等人提出了基于 Tacotron 的端到端语音合成方法，可以从字符或音素直接合成语音，如图 9-23 所示，这种框架主要基于带有注意力机制的编码器-解码器模型。其中，编码器是以字符或音素为输入的神经网络模型；而解码器则是带有注意力机制的循环神经网络，会输出对应文本序列或音素序列的频谱图，进而生成语音。使用这种端到端语音合成方法合成的语音的自然度和表现力已经能够媲美人类说话水平，并且不需要多阶段建模过程，已经成为当下热点和未来发展趋势。

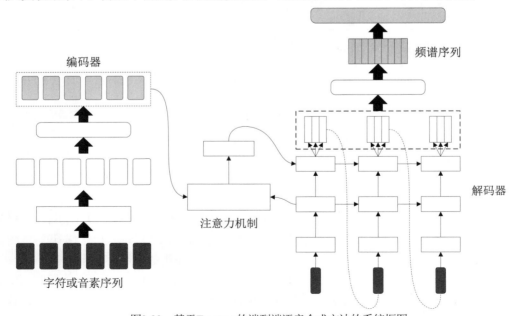

图9-23　基于Tacotron的端到端语音合成方法的系统框图

## 9.2.3　语音转换

语音信号包含很多信息，除了语义信息外，还有说话人的个性信息、说话场景信息等。语音中说话人的个性信息在现代信息领域中的作用非常重要。语音转换是指通过语音处理手段改变语音中说话人的个性信息，使改变后的语音听起来像是由另一个说话人发出的。语音转换是语音信号处理领域的新兴分支，研究语音转换可以进一步加强对语音参数的理解、探索人类的发音机理、掌握语音信号的个性特征参数由哪些因素决定；还可以推动语音信号其他领域的发展，如语音识别、语音合成、说话人识别等，具有非常广泛的应用前景。

语音转换首先提取与说话人身份相关的声学特征参数，然后用改变后的声学特征参数合成出接近目标说话人的语音。例如，可以利用语音转换技术将我们的声音变换成一些明星的声音。实现完整的语音转换系统一般包括离线训练和在线转换两个阶段，在离线训练阶段，首先提取源说话人和目标说话人的个性特征参数，然后根据某种匹配规则建立源说话人和目标说话人之间的匹配函数；在在线转换阶段，利用离线训练阶段获得的匹配函数对源说话人的个性特征参数进行转换，最后利用转换后的特征参数合成出接近目标说话人的语音。语音转换的基本系统框图可以用图 9-24 表示。

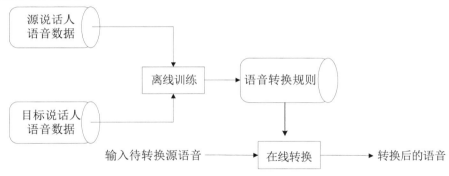

图9-24　语音转换的基本系统框图

下面介绍三种常见的语音转换方法：码本映射法、高斯混合模型法和深度神经网络法。

### 1. 码本映射法

码本映射法是最早应用于语音转换的方法。这是一种比较有效的频谱转换算法，直到现在仍有很多研究人员使用这种转换算法。在这种语音转换方法中，源码本和目标码本的单元一一对应，通过从原始语音片段中抽取关键的语音帧作为码本，建立起源说话人和目标说话人参数空间的关系。码本映射法的优点在于，由于码本从原始语音片段中抽取，生成语音的单帧语音保真度较高。但码本映射法建立的转换函数是不连续的，容易导致语音内部频谱不连续，研究人员针对这个问题相继提出了模糊矢量量化技术以及分段矢量量化技术等解决方案。

### 2. 高斯混合模型法

针对码本映射法带来的离散性问题，在说话人识别领域常用高斯混合模型来表征声学特征空间。这种方法使用最小均方误差准则来确定转换函数，通过统计参数模型建立源说话人和目

标说话人的映射关系,将源说话人的声音映射成目标说话人的声音。与码本映射法相比,高斯混合模型法有软聚类、增量学习和连续概率转换的特点。在高斯混合模型法中,源声学特征和目标声学特征被看作联合高斯分布的观点被引入,通过使用概率论的条件期望思想获得转换函数,转换函数的参数皆可由联合高斯混合模型的参数估计算法得到,此时高斯混合模型法成为频谱转换研究的主流映射算法。高斯混合模型法的缺点是会给转换特征带来过平滑问题,导致转换语音的音质下降。

### 3. 深度神经网络法

近年来,深度学习方法在智能语音领域得到广泛应用,一些学者开始尝试通过深层神经网络模型解决语音转换问题;通过深层神经网络模型的非线性建模能力建立源说话人和目标说话人的映射关系,实现说话人个性信息的转换,解决高斯混合模型法中的过平滑问题。比较典型的深层神经网络结构包括受限玻尔兹曼机-深层置信神经网络、长短时记忆递归神经网络、深层卷积神经网络等。由于深层神经网络具有较强的处理高维数据的能力,因此通常直接使用原始高维的谱包络特征训练模型,从而有助于提高转换语音的音质。与此同时,基于深度学习的自适应方法也被广泛应用于说话人转换,利用少量新的发音人数据对已有语音合成模型进行快速自适应,通过迭代优化生成目标发音人的声音。因此,可以利用这种技术合成出自己的声音。此外,还可以通过语音转换技术去除说话人的个性信息,将说话人语音变成机器声或沙哑声,保护说话人的隐私。

## ❧ 9.3 本章小结 ❧

本章首先概述了自然语言处理的历史和现状,介绍了情感分类的相关知识,包括文本分类概述、文本表示、基于监督的和基于无监督的情感分类以及情感分类评估方法。此外还介绍了自然语言处理中的两种典型任务:机器翻译和自然语言人机交互。机器翻译是指用户利用已有的原文和译文,建立起一个或多个翻译记忆库,在翻译过程中,系统将自动搜索翻译记忆库中相同或相似的翻译资源(如句子、段落等),给出参考译文,使用户避免重复劳动,而只需要专注于新内容的翻译。关于自然语言人机交互,主要介绍了对话系统和聊天机器人这两类人机交互系统中涉及的一些具体模块和关键技术,使大家对自然语言处理有一定的了解。

本章接下来介绍了语音处理中的语音识别、语音合成和语音转换三部分。语音识别技术已经逐渐走向成熟,基于深度学习的端到端语音识别体现出很好的性能,达到较强的实用化程度。然而,在自由发音、强噪声、多人说话、远声场等环境下,机器识别的性能还远不能让人满意。语音合成在新闻风格下的语音合成效果已经接近于人类水平,但在多表现力及多风格语音合成方面仍有较大差距。另外,融入发音机理和听觉感知的语音合成可能成为未来的发展方向之一。语音转换当前面临的主要挑战包括:转换后的语音音质下降明显,如何在说话人转换过程中弱化对音质的损伤;目前的语音转换处理更多地面向干净语音,当采集的原始语音质量下降时,算法性能下降明显;针对基频、时长等超声段韵律信息的转换效果不理想,如何利用长时信息提高韵律转换的性能；在语音转换过程中如何有效利用发音机理特征。上述问题的解决将有助于语音转换系统的实际应用。

## 9.4 习　　题

1. 什么是自然语言理解？自然语言理解过程有哪些层次？
2. 基于监督和无监督的情感分类分别有哪些？
3. 什么是机器翻译？有几种主要类型？
4. 请说出实现聊天机器人的主流方法有哪几种，并简述原理和优缺点。
5. 语音合成方法主要有哪几种？它们的优缺点是什么？
6. 简述语音转换在语音合成中的应用。

## 参考文献

[1] 李德毅，于剑. 人工智能导论[M]. 北京：中国科学技术出版社，2018.

[2] 王万良. 人工智能导论(第 4 版)[M]. 北京：高等教育出版社，2017.

[3] 宗成庆. 统计自然语言处理(第 2 版)[M]. 北京：清华大学出版社，2013.

[4] 刘兵. 情感分析：挖掘观点、情感和情绪[M]. 北京：机械工业出版社，2017.

[5] 俞栋，邓力. 解析深度学习：语音识别实践[M]. 北京：电子工业出版社，2016.

[6] 张毅，刘想德，罗元. 语音处理及人机交互技术[M]. 北京：科学出版社，2016.

[7] Sebastiani，Fabrizio. Machine learning in automated text categorization[J]. ACM Computing Surveys，2002，34(1)：1-47.

[8] Pang B，Lee L，Vaithyanathan S. Thumbs up？Sentiment Classification using Machine Learning Techniques[J]. Empirical Methods in Natural Language Processing，2002：79-86.

[9] Yiming Yang，Xin Liu. A Re-Examination of Text Categorization Methods[C]. In Proceedings of the 22nd annual international ACM International Conference on Research and Development in Information Retrieval. New York，USA，1999.

[10] Kushal Dave，Steve Lawrence，David M. Pennock. Mining the Peanut Gallery：Opinion Extraction and Semantic Classification of Product Reviews[C]. In Proceedings of the 12th International Conference on World Wide Web. New York，USA，2003.

[11] Turney P D. Thumbs Up or Thumbs Down？Semantic Orientation Applied to Unsupervised Classification of Reviews[J]. In Proceedings of the 40th Annual Meeting of the Association for Computational Linguistic. Philadelphia，USA，2002.

[12] Shi Feng，Le Zhang，Binyang Li，Daling Wang，Ge Yu，Kam-Fai Wong. Is Twitter A Better Corpus for Measuring Sentiment Similarity？[C] Empirical Methods in Natural Language Processing. Seattle，USA，2013：897-902.

[13] Polanyi L，Zaenen A. Contextual Valence Shifters[M]. Computing Attitude and Affect in Text：

Theory and Applications. Springer Netherlands，2006.

[14] Taboada M，Brooke J，Tofiloski M，et al. Lexicon-Based Methods for Sentiment Analysis[J]. Computational Linguistics，2011，37(2)：267-307.

[15] Tong，Richard M. An Operational System for Detecting and Tracking Opinions in on-Line Discussion[C]. In Proceedings of SIGIR Workshop on Operational Text Classification. USA，2001：1-6.

[16] Aas K，Eikvil L. Text Categorisation：A Survey[R]. Norwegian Computing Center，1999

[17] Taghva K，Borsack J，Lumos S，et al. A comparison of automatic and manual zoning[J]. Document Analysis and Recognition，2003，6(4)：230-235.

[18] Shelhamer E，Long J，Darrell T. Fully Convolutional Networks for Semantic Segmentation[J]. Computer Science，2016.

[19] Bahdanau D，Chorowski J，Serdyuk D，et al. End-to-End Attention-based Large Vocabulary Speech Recognition[C]. IEEE International Conference on Acoustics，Speech and Signal Processing (ICASSP). Shanghai，2016.

# 第 10 章

# 机器人

机器人是集机械、电子、控制、计算机、传感器、人工智能等多学科及前沿技术于一体的高端装备，是制造技术的制高点。目前，在工业机器人方面，其机械结构更加趋于标准化、模块化，功能越来越强大，从汽车制造、电子制造和食品包装等传统应用领域转向新兴应用领域，如新能源电池、高端装备和环保设备，在工业领域得到越来越广泛的应用。与此同时，机器人正在从传统的工业领域逐渐走向更为广泛的应用场景，如以家用服务、医疗服务、餐饮服务以及其他专业服务为代表的服务机器人，用于应急救援、极限作业和军事的特种机器人。面向非结构化环境的服务机器人正呈现出欣欣向荣的发展态势。总的来说，机器人系统正向智能化系统的方向不断发展。

## 10.1 机器人概述

### 10.1.1 机器人的定义

机器人是人工智能的一种应用，是一种机电设备，它综合应用了人工智能中的多种技术，并与现代机械化手段相结合。那么机器人的定义是什么呢？从浅显的角度讲，机器人是一种在一定环境中具有独立自主行为的个体，虽有类人的功能，但不一定有类人的外貌。

从抽象意义上讲，机器人有以下特点。

- 机器人是具有独立自主行为的个体。首先，机器人是独立个体，不是外界个体的附属物，也不是外界个体的一部分。其次，机器人具有自主行为，在受到外部刺激后能独立自主地做出反应。
- 机器人与环境有关。机器人是处于一定环境中的，并与环境有关。机器人接受环境并做出反应，从而对环境产生影响。

从以上两点看，机器人是 Agent 的具体表现，因此可以用 Agent 技术指导机器人的研究与

应用。

从功能上讲，机器人具有以下特点。

- 类人的功能。类人的功能表示机器人具有类似于人的功能，主要有以下三种。
  - ➢ 人的智能功能：能控制、管理、协调整个机器人的工作，并能从事演绎推理与归纳推理等思维活动，这是人工智能的主要能力。
  - ➢ 人的感知功能：具有人对外部环境的感知能力，包括人的视觉能力、听觉能力、触觉能力、嗅觉能力、味觉能力等，此外还有人虽无法直接感知，但可通过仪器、设备间接感知的能力，如血压、血糖、血脂、紫外线、红外线等感知能力。
  - ➢ 人的行动功能：具有人的自主动作能力，以实现预定目标，包括人的行走能力、人的操作能力、人与外部物件交互的能力等，以实现手和脚的动态活动功能。
- 不一定有类人的外貌。目前人们见到的机器人，有时会有类人的外貌，但是在很多情况下，它们不一定具有人的外貌，这与它们本身承担的功能有关，如消防灭火机器人的主要功能是灭火，因此与灭火有关的外部形式均须加强，而与灭火无关的外部形式均可取消。为方便在高低不平的火场自由行动，采用履带式滚动装置替代人的双脚更为方便，而直接使用可控的喷水装置取代人的双手也更为合适。机器人的一条原则就是：功能决定外貌。
- 机电相结合。机器人是一种机械与电子设备相结合的机器，其中机械设备占比较大。这主要由机器人的行动功能所致。行动功能是需要机械装置配合的，大多是精密机械装置，如机械手能灵活自由转动上、下、左、右、前、后的机械腕，能感觉所取物件重量与几何外形，并能精确定位将物件取走或放下的机械手指。它们均属精密机械装置，同时在操作时均受相应电子设备控制，并相互协调从而完成目标动作。因此，这种能做动作的设备是一种机电结合的设备。此外，感知功能与外貌配置也需要机电结合的装置，如感知功能中的传感器、感知设备以及机器人人脸动态表情的表示都需要精密机械装置并配有电子设备控制协调。

综上所述，机器人具有人类的一定智能，能感知外部世界的动态变化，并且通过这种感知做出反应，以一定动作行为对外部世界产生作用。机器人是一种具有独立行为能力的个体，有类人的功能，根据功能可以决定外貌，可具有类人外貌，也可不具有类人外貌。从机器结构角度看，机器人是机械与电子相结合的机器。从学科研究的角度看，机器人的研究方向与环境有关，因此属于行为主义或控制论主义研究领域，理论上属于 Agent 范畴，可用 Agent 理论指导相关研究。

## ◤ 10.1.2　机器人的分类

从发展历史看，在计算机出现以前就有了机器人的原型，而在计算机出现以后、人工智能出现之前，以及在人工智能发展的若干年内，机器人有一定的计算处理能力，能管理、控制与协调机器人各部件协同工作，但仅限于固定程式的处理能力，有时还会依赖于人工协助，同时没有以推理与归纳为核心的智能处理能力，这种机器人被大量应用于工业应用领域，因此称为工业机器人。工业机器人应用普遍，到目前为止在工业领域占有量达 90%以上。由于此类机器人的智能处理能力差，称为弱智能机器人；具有完整智能处理能力的机器人称为强智能机器人，简称智能机器人。

因此，按照智能能力可以将机器人分为两类。

- 弱智能机器人：智能处理能力差的机器人，如工业机器人。
- 智能机器人：具有完整智能处理能力的机器人，又称强智能机器人。

人们一般所说的机器人是上面两类机器人的总称。因此，若不作特别说明，本书提到的机器人均指这两类机器人。

## ▼ 10.1.3　机器人的特性

由机器人的定义可知，机器人具有以下特性：

- 从机器角度看，一般机器能取代人类的部分体力劳动，而机器人能取代人类做更多的工作，特别是脑/体结合性工作，可提高生产效率、产品质量。
- 从人类角度看，机器人可不受工作环境影响，可在危险恶劣环境下工作；不受内在心理因素影响，能始终如一保持工作的正确性、精确度。
- 从机器人自身角度看，机器人在某些能力方面可以超过人类，主要是感知能力与行动能力中的某些方面，如人类无法在夜间黑暗环境下像白天一样正常工作，而机器人可借助红外线感如能力，在夜间就像白天一样工作。又如在行动能力中，机器人的手可比正常人小，手腕能360°自由转动，因此可以替代外科医生做人体手术，具有比人更纤巧、更灵活、更方便的优点。目前，在国内外普遍应用于腹腔手术的"达·芬奇机器人"就是典型实例。

## ▼ 10.1.4　机器人三原则

由于机器人具有人类的某些特性，因此，20 世纪 40 年代，美国人阿西莫夫为机器人制定了三条基本原则，为机器人的制作与开发划定了三条基本红线：

- 机器人不可伤害人类，或眼看人将受伤害而袖手旁观。
- 机器人应遵守人类的命令，但违背上述第一条原则时除外。
- 机器人应能保护自己，但与上述第一条、第二条原则相抵触者除外。

以上三条基本原则直至目前仍为机器人研究者、规划者及开发者所遵守。

## ▼ 10.1.5　智能机器人的发展历程

随着人工智能与互联网、物联网、大数据及云平台等深度融合，在超强计算能力的支撑下，智能机器人正逐步获得更多的感知与决策认知能力，变得更加灵活、灵巧与通用，开始具有更强的环境适应能力和自主能力，以便适配于更加复杂多变的应用场景。与此同时，智能机器人的应用范围从制造业不断扩展到外星探测、天空、陆地、水面、海洋、极地、核化和微纳操作等特定与极限领域，并开始渗透到人们的日常生活。总之，智能机器人与人工智能之间的关系变得密不可分。以环境适应性与自主性为显著标志的人工智能技术，高度体现了新一轮产业变革的主要特征。由此进化出的智能机器人，集感知、认知与行动能力为一体，呈现出类似于人

类的各种外在功能表现，极有可能推动第四次工业革命。

第一代智能机器人是以传统工业机器人和无人机为代表的机电一体化设备，关注的是操作与移动/飞行功能的实现，使用了一些简单的感知设备，如工业机械臂的关节编码器、AGV 的磁条/磁标传感器等，智能程度较低。第一代智能机器人的研发重点是机构设计，以及驱动、运动控制与状态感知等。代表性产品是六自由度多关节机械臂、并联机器人、SCARA 平面关节式机器人和磁条导引式 AGC 或 AGV。非制造领域的成功案例为各种循线跟踪式的无人机。这类机器人通过编程示教或循线跟踪，仅能在工厂或沿固定路线的结构化环境中，替换某些工位或特定工种设定的简单及重复性作业任务。"机器换人"的替代率只有 5%。

第二代智能机器人也称新一代机器人或机器人 2.0，特点是具有部分环境感知、自主决策、自主规划与自主导航能力，特别是具有人类的视觉、语音、文本、触觉、力觉等模式识别能力，因而具有较强的环境适应性和一定的自主性。在机构设计方面，还需要进一步发展安全、灵巧、灵活、通用、低耗以及具有自然交互能力的仿生机械臂与机械腿(足)等。第二代智能机器人的核心基于新一代人工智能技术的感知能力的提升。在工业机器人领域，已有瑞士 ABB YuMi 的双臂协作机器人、美国 Rethink 机器人公司的 Baxer 和 Sawyer 机械臂以及丹麦 Universal 公司的 UR10 等。非制造领域的成功案例是自动驾驶汽车(具有部分环境感知能力与一定的自主决策能力)、达·芬奇微创外科手术机器人以及波士顿动力公司的大狗、猎豹、阿特拉斯、Handle(轮腿式)等系列仿生机器人，还有日本本田公司著名的 ASIMO 人形机器人等。

利用具有环境适应能力的第二代智能机器人，"机器换人"的可替换工序高达 60%以上。生产线形成全机器人闭环后，甚至可实现 100%无人的全自动化智能生产车间。随着以深度学习为主要标志的弱人工智能的迅猛发展，特别是开放环境中接近人类水平的视觉与语音识别技术的应用落地及实用化，面向特定制造业应用场景的大规模"机器换人"，或将在未来 5 年之内出现，对制造业的经济贡献将是传统工业机器人的数十倍。

第三代智能机器人除具有第二代智能机器人的全部能力外，还具有更强的环境感知、认知与情感交互功能，以及自学习、自繁殖乃至自进化能力。第三代智能机器人的核心在于开始逐步具有认知智能的能力。这方面目前仅有一些十分初期的典型产品，如 2014 年日本软银公司发布的第一款消费类智能人形机器人 Pepper，已具有基于人工智能的语音交互、人脸追踪与识别以及初步的情感交互能力。另外就是目前颇具争议的、首位被授予沙特公民身份的"机器人索菲亚"，也表现出第三代智能机器人研究工作中的一些特征，更加重视理解判决与情感交互等认知功能的模拟和探索。

总之，随着深度学习的局限性日益突现、原创性人工智能理论出现某种停滞，特别是由于人工智能产业落地速度不断加快，智能机器人挤掉部分泡沫，似乎又开始重新回到炽热的主赛道。

## 10.2　机器人的基本构成

从机器人的定义可以看出，机器人由三部分装置组成，分别是中央处理装置、感知装置以及行动装置。

### 1. 中央处理装置

中央处理装置是安装于机器人中的计算机，能对机器人中的所有部件进行统一控制与协调，以完成机器人的行动目标，同时能完成机器人中的智能活动。

### 2. 感知装置

机器人可以有多个感知器，用以接收外部环境信息，相当于人的眼、耳、鼻等器官。所有这些感知器通过相应的控制器组成机器人感知装置。感知装置与中央处理装置相连接，由感知器收集到的外部信息经相应控制器连接进入中央处理装置进行处理。感知装置中的感知器负责捕获环境中的特定信息，相应的控制器负责对它们进行模/数转换，最后传送至中央处理装置。

目前常用的感知器有摄像机(机器人眼)、麦克风(机器人耳)、嗅敏仪(机器人鼻)，还有多种传感器，如温度传感器、压力传感器、湿度传感器、光敏传感器等，它们都表示机器人对外部环境的多种感知能力，并能将信息传递至中央处理装置。

### 3. 行动装置

机器人可以有多个执行器，用以完成机器人对外部环境的执行动作，相当于人的手、脚、嘴等器官。所有这些执行器，可通过相应的控制器组成机器人行动装置。行动装置与中央处理装置相连接，由中央处理装置发布动作命令后，经相应控制器连接进入执行器进行处理。行动装置中的执行器负责执行机器人中央处理装置的命令，相应的控制器解释、控制协调执行器的执行。目前常用的执行器有机械手(机器人手)、行走机构(机器人脚)、扬声器(机器人嘴)以及救援机器人中的报警器、消防灭火机器人中的自动喷水器等。

## 10.3　机器人的工作原理

机器人的工作原理遵从行为主义的感知-动作模型，根据这种模型，机器人按以下规则活动：

(1) 机器人是独立活动个体，生活在外部世界环境中，机器人的活动是与外部环境不断交互的过程。

(2) 机器人的工作步骤是：

① 机器人通过感知装置从外部获取信息，触发机器人进入正式处理工作状态。

② 机器人的中央处理装置负责获取信息处理，在处理后向行动装置不断发布命令，以控制、协调行动装置的工作。

③ 行动装置在获取命令后，通过控制器的解释并分解成若干执行命令到执行器，最终由执行器负责执行，以达到改变外部环境的目标。这种目标应与中央处理装置下达命令的目标一致。

(3) 机器人的工作步骤经常是反复不断循环的，直到最终目标完成为止。

下面以消防灭火机器人为例说明机器人的工作原理。消防灭火机器人是机电结合的机器人，能代替消防员及相关消防设备完成火场灭火任务。消防灭火机器人的外部环境是火灾现场。消防灭火机器人由以下几部分组成。

● 机器人的中央处理装置：这是内嵌于机器人的电脑板，能对机器人火场灭火起到现场指

挥、控制、调度灭火的作用，还具有一定的智能作用。

● 机器人的感知装置：有多种感知器可供选择，如光敏传感器、热敏传感器、红外摄像机以及短距离雷达设备等。所有这些设备可根据需要搭配使用。

● 机器人的行动装置：行动装置中可以有多种执行器供选择，主要有履带式滚动行走设备、自动喷水设备等。

消防灭火机器人的工作原理是：

首先，在火灾现场通过感知装置寻找起火点，这是一个不断反复的过程(感知装置与中央处理装置不断交互的过程)。

其次，一旦找到起火点后，中央处理装置即启动滚动设备并接近火源，然后开启自动喷水设备，动态调整方位、喷水的水压与水量等。

最后，滚动设备、喷水设备的不断调整也是一个不断反复的过程(行动装置与中央处理装置不断交互的过程)，直至达到灭火目标为止。

在整个灭火工作中，中央处理装置起到整体控制与协调的作用，同时使用了智能性活动，动态调整滚动设备、喷水设备就是一个不断实施智能推理的过程。因此，消防灭火机器人是智能机器人。

## 10.4　人工智能技术在机器人中的应用

人工智能技术的应用提高了机器人的智能化程度，同时智能机器人的研究又促进了人工智能理论和技术的发展。智能机器人是人工智能技术的综合试验场，可以全面地检验考察人工智能各个研究领域的技术发展状况。图 10-1 描述了人工智能技术在机器人关键技术中的应用，其中包括智能感知、智能导航与规划、智能控制与操作以及智能交互。

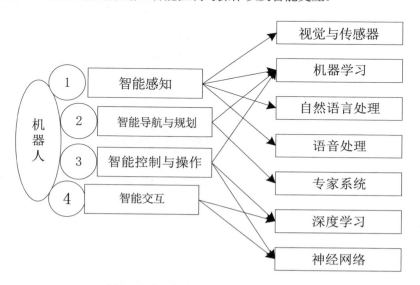

图10-1　人工智能技术在机器人中的应用

## ◥ 10.4.1　智能感知

随着机器人技术的不断发展，任务的复杂性与日俱增。传感器技术为机器人提供了感觉，提升了机器人的智能，并为机器人的高精度、智能化作业提供了基础。传感器是指能够感受被测量并按照一定规律变换成可用输出信号的器件或装置，是机器人获取信息的主要源头，类似人的"五官"。从仿生学观点看，如果把计算机看成处理和识别信息的"大脑"，把通信系统看成传递信息的"神经系统"，那么传感器就是"感觉器官"。

传感器技术是从环境中获取信息并对它们进行处理、变换和识别的多学科交叉的现代科学与工程技术，涉及传感器的规划设计、开发、制造/建造、测试、应用、评价以及相关的信息处理和识别技术等。传感器的功能与品质决定了传感系统获取的环境信息的信息量和信息质量，是构造高品质传感系统的关键。信息处理包括信号的预处理、后置处理、特征提取与选择等。识别的主要任务是对经过处理的信息进行辨识与分类，可利用被识别对象与特征信息间的关联关系模型对输入的特征信息集进行辨识、比较、分类和判断。

以下重点介绍人工智能技术在"视觉""触觉""听觉"三类最基本的感知模态中的应用。

### 1. 视觉在机器人中的应用

人类所获取信息的 90%以上来自于视觉，因此，为机器人配备视觉系统是非常自然的想法。机器人可以通过视觉传感器获取环境图像，并通过视觉处理器进行分析和解释，进而转换为符号，让机器人能够辨识物体并确定位置。目的是使机器人拥有一双类似于人类的眼睛，从而获得丰富的环境信息，以此辅助机器人完成作业。

在机器人视觉系统中，客观世界中的三维物体经由摄像机转变为二维的平面图像，再经图像处理输出物体的图像。通常机器人判断物体的位置和形状需要两类信息：距离信息和明暗信息。毋庸置疑，作为物体视觉信息来说，还有色彩信息，但机器人对物体的位置和形状识别不如前两类信息重要。机器人视觉系统对光线的依赖性很大，往往需要好的照明条件，以便为物体形成的图像最为清晰、检测信息增强，克服阴影、低反差、镜反射等问题。

机器人视觉系统的应用包括为机器人的动作控制提供视觉反馈、移动式机器人的视觉导航以及代替或帮助人工进行质量控制、安全检查所需的视觉检验。

### 2. 触觉在机器人中的应用

人类皮肤接触机械刺激产生的感觉称为触觉。皮肤表面散布着触点，触点的大小不尽相同且分布不规则，一般情况下指腹最多，其次是头部，背部和小腿最少，所以指腹的触觉最灵敏，而小腿和背部的触觉则比较迟钝。用纤细的毛轻触皮肤表面，只有当某些特殊的点被触及时，人才能感受到。触觉是人与外界环境直接接触时的重要感觉功能。

触觉传感器是机器人中用于模仿触觉功能的传感器。触觉传感器对于灵巧手的精细操作意义重大。在过去三十年间，人们一直尝试用触觉感应器取代人体器官。然而，触觉感应器发送的信息非常复杂、高维，而且在机械手中加入感应器并不会直接提高它们的抓物能力。我们需要的是能够把未处理的低级数据转变成高级信息从而提高抓物和控物能力的方法。

近年来，随着现代传感技术、控制技术和人工智能技术的发展，科研人员对灵巧手触觉传

感器、使用采集的触觉信息结合不同机器学习算法实现对抓取物体的检测与识别，以及灵巧手抓取稳定性的分析等方面开展了研究。目前，人们主要通过机器学习中的聚类、分类等有监督或无监督学习算法来完成触觉建模。

### 3. 听觉在机器人中的应用

人的耳朵同眼睛一样是重要的感觉器官，声波叩击耳膜，刺激听觉神经，之后传给大脑的听觉区形成人的听觉。听觉传感器用来接收声波，显示声音的振动图像，但不能对噪声的强度进行测量，是一种可以检测、测量并显示声音波形的传感器，被广泛用于日常生活、军事、医疗、工业、领海、航天等领域，并且成为机器人发展中不可或缺的部分。在某些环境中，要求机器人能够测知声音的音调和响度、区分左右声源及判断声源的大致方位，甚至要求与机器进行语音交流，使之具备人机对话功能，自然语言与语音处理技术在其中起到重要作用。听觉传感器的存在，使机器人能更好地完成交互任务。

### 4. 机器学习在机器人多模态信息融合中的应用

随着传感器技术的迅速发展，各种不同模态(如视、听、触)的动态数据正在以前所未有的发展速度涌现。对于待描述的目标或场景，通过不同的方法或视角收集到的、耦合的数据样本是多模态数据。通常把收集此类数据的方法或视角称为模态。狭义的多模态信息通常关注感知特性的不同模态，而广义的多模态融合通常还需要研究不同模态的联合内在结构、不同模态之间的相容与互斥以及人机融合的意图理解，还有多个同类型传感器的数据融合等。因此，多模态感知与学习与信号处理领域的"多源融合""多传感器融合"以及机器学习领域的"多视学习"或"多视融合"等关系密切。机器人多模态信息感知与融合在智能机器人的应用中起着重要作用。

机器人系统中配置的传感器复杂多样，从摄像机到激光雷达，从听觉到触觉，从味觉到嗅觉，几乎所有传感器在机器人中都有应用。但限于任务的复杂性、成本和使用效率等因素，目前市场上的机器人采用最多的仍是视觉和语音传感器，这两类模态一般独立处理(如视觉用于目标检测、听觉用于语音交互)。但对于操作任务，由于大多数机器人缺乏操作能力和物理人机交互能力，触觉传感器基本还没有应用。

对于机器人系统而言，采集到的多模态数据各自具有一些明显的特点，这些问题包括：

- "污染"的多模态数据。机器人的操作环境非常复杂，采集的数据通常具有很多噪声和野点。
- "动态"的多模态数据。机器人总是在动态环境下工作，采集到的多模态数据必然具有复杂的动态特性。
- "失配"的多模态数据。机器人携带的传感器工作频带、使用周期具有很大差异。此外，这些传感器的观测视角、尺度也不同，从而导致各模态之间的数据难以"配对"。

这些问题给机器人多模态信息的融合感知带来巨大挑战。为了实现多种不同模态信息的有机融合，需要为它们建立统一的特征表示和关联匹配关系。

举例来说，当前对于操作任务，很多机器人都配备了视觉传感器。而在实际操作应用中，常规的视觉感知技术受到很多限制(如光照、遮挡等)，物体的很多内在属性(如"软""硬"等)难以通过视觉传感器感知获取。对机器人而言，触觉也是获取环境信息的一种重要感知方式。

与视觉不同，触觉传感器可直接测量对象和环境的多种性质特征。同时，触觉也是人类感知外部环境的一种基本模态。早在 20 世纪 80 年代，就有神经科学领域的学者在实验中麻醉志愿者的皮肤，验证触觉感知在稳定抓取操作过程中的重要性。因此，为机器人增加触觉感知，不仅能在一定程度上模拟人类的感知与认知机制，而且符合实际操作应用的需求。

视觉信息与触觉信息采集的可能是物体不同部位的信息，前者是非接触式信息，后者是接触式信息，因此反映的物体特性具有明显差异，使视觉信息与触觉信息具有非常复杂的内在关联关系。现阶段很难通过人工机理分析的方法得到完整的关联信息表示，因此数据驱动的方法将是目前解决这类问题的一种有效途径。

如果说识别视觉目标是在确定物体的名词属性(如"石头""木头")，那么触觉模态则特别适用于确定物体的形容词属性(如"坚硬""柔软")。"触觉形容词"已经成为触觉情感计算模型的有力工具。值得注意的是，对于特定目标而言，通常具有多个不同的触觉形容词属性，而不同的"触觉形容词"之间往往具有一定的关联关系，如"硬"和"软"一般不能同时出现，但"硬"和"坚实"却具有很强的关联性。

视觉与触觉模态信息具有显著的差异性。一方面，它们的获取难度不同。通常视觉模态较容易获取，而获取触觉模态更加困难，这往往造成两种模态的数据量相差较大。另一方面，由于"所见非所摸"，在采集过程中采集到的视觉信息和触觉信息往往不是针对同一部位的，具有很弱的"配对特性"。因此，视觉与触觉信息的融合感知具有极大的挑战性。

机器人是十分复杂的工程系统，开展机器人多模态融合感知需要综合考虑任务特性、环境特性和传感器特性，但目前触觉感知方面的进展远远落后于视觉感知与听觉感知。如何融合视觉模态、触觉模态与听觉模态的研究工作尽管在 20 世纪 80 年代就已开始，但进展一直缓慢。研究人员未来需要在视、听、触融合的认知机理、计算模型、数据集和应用系统方面开展突破，综合解决信息表示、融合感知与学习的计算问题。

## 10.4.2　智能导航与规划

随着信息科学、计算机技术、人工智能及现代控制等技术的发展，人们尝试采用智能导航与规划的方式来解决机器人运行的安全问题，这既是作为机器人相关研究和开发的一项核心技术，同时也是机器人能够顺利完成各种服务和操作(如安保巡逻、物体抓取)的必要条件。

以专家系统与机器学习的应用为例。机器人导航与规划的安全问题一直是智能机器人面临的重大课题，针对受限条件下因人为干预因素导致机器人自动化程度低的问题，在导航与规划方面减少人的参与并逐步实现机器人避碰自动化是解决人为因素的根本方法。自 20 世纪 80 年代以来，国内外在智能导航与规划技术方面取得了重大发展。实现智能导航的核心是实现自动避碰。为此，许多专家、学者从各个领域，尤其结合人工智能技术的进步和发展，致力于解决机器人的智能避碰问题。机器人自动避碰系统由数据库、知识库、机器学习和推理机等构成。其中，位于机器人本体的各类导航传感器收集本体及障碍物的运动信息，并将收集的信息输入数据库。数据库主要存放来自机器人本体传感器和环境地图的信息以及推理过程中的中间结果等数据，供机器学习与推理机随时调用。

知识库主要包括：机器人避碰规则、专家对避碰规则的理解和认识模块、根据机器人避碰行为和专家经验推导的研究成果；机器人运动规划的基础知识和规则；实现避碰推理所需的算

法及结果；由各种产生式规则形成的若干基本避碰知识模块等。避碰知识库是机器人自动避碰决策的核心部分，可通过知识工程的处理转换成可用形式。所谓知识工程，就是从专家和文献中选取有关特定领域的信息，并将模型表示成选定的知识形式。描述知识可以有很多种不同的形式。在避碰局面的划分中，根据不同的会遇情况又有不同的避碰操纵划分。对每一划分的每一避碰规划划分，可根据专家意见及机器人实际避碰规划规定具体的避碰规划方式，根本目的是为推理机的推理提供充分且必需的知识。

机器学习的目的是使计算机能够自动获取知识。对于避碰这样的动态、时变过程，要求系统具有实时掌握目标动态变化的能力，这样依据知识而编制的避碰规划才会具有类似人的应变能力。所建造的智能导航与规划系统性能的好坏，关键取决于机器学习的质量，机器学习的质量是通过学习的真实性、有效性和抽象层次三个标准来衡量的。

为提高智能导航与规划系统的性能，可在系统设计中采用算法作为学习的表示形式，采用归纳学习作为学习策略。在推理机的控制下，决定从知识库中调用哪类算法进行计算、分析和判断。这样可以避免学习的盲目性、提高学习的有效性，而学习的真实性取决于算法对现实的反映程度。学习的抽象层次取决于知识表示方式的选择。

推理机的重要作用是确定如何对知识进行有效的使用并控制和协调各环节工作。在系统中采取知识库与推理机成一体的方式，能保证推理机控制机器学习环节，使机器学习具有针对性，而更重要的作用在于决定系统如何使用知识。可以说，模仿人的思维过程是由推理机在控制机器获取现场知识与使用知识的推理过程中实现的。为推理过程应用启发式搜索法，以保证推理结果的正确性、可行性以及搜索结果的唯一性。在这种启发式搜索控制下，避碰规划将在系统学习与推理的过程中产生并优化。

自动避碰的基本过程包括：

(1) 确定机器人的静态和动态参数。机器人的静态参数包括机器人本体的长、宽以及负载等；动态参数包括机器人的速度及方向、在全速情况下至停止所需时间及前进距离、在全速情况下至全速倒车所需时间及前进距离、机器人第一次避碰时机等。

(2) 确定机器人本体与障碍之间的相对位置参数。根据机器人本体的静态、动态参数及障碍物可靠信息(位置、速度、方位、距离等)，确定机器人本体与障碍物之间的相对位置参数。这些相对位置参数包括相对速度、相对速度方向、相对方位等。

(3) 根据障碍物参数分析机器人本体的运动态势。判断哪些障碍物与机器人本体存在碰撞危险，并对危险目标进行识别，这种识别主要包括确定机器人与障碍物的会遇态势、根据机器人与障碍物会遇局面分析结果、调用相应的知识模块求解机器人避碰规划方式及目标避碰参数，并对避碰规划进行验证。此外，在自动避碰的整个过程中，要求系统不断监测所有环境的动态信息，不断核实障碍物的运动状态。

未来的机器人智能导航与规划系统将成为集导航(定位、避碰)、控制、监视、通信于一体的机器人综合管理系统，更加重视信息的集成。利用专家系统和来自雷达、GPS、计程仪等设备的导航信息与来自其他传感器测量的环境信息和机器人本体状态信息以及知识库中的其他静态信息，实现机器人运动规划的自动化(包括运行规划管理、运行轨迹的自动导航和自动避碰等)，最终实现机器人从任务起点到任务终点的全自动化运行。

### ▼ 10.4.3　智能控制与操作

机器人的控制与操作包括运动控制和操作过程中的自主操作与遥控操作。随着传感技术以及人工智能技术的发展，智能控制与操作已成为机器人控制与操作的主流。

#### 1. 神经网络在智能控制中的应用

在机器人运动控制方法中，比例-积分-微分控制(PID)、计算力矩控制(CTM)、鲁棒控制(RCM)、自适应控制(ACM)是几种比较典型的控制方法。

然而，这几种控制方法都存在一些不足：PID 控制虽然实现简单，但系统的动态性能不好；而 CTM、RCM 和 ACM 三种设计方法虽然能给出很好的动态性能，但都需要机器人数学模型方面的知识。CTM 方法要求机械手的数学模型精确已知，RCM 要求已知系统不确定性，而 ACM 则要求知道机械手的动力学结构形式。这些基于模型的机器人控制方法对缺少传感器信息、未规划的事件和机器人作业环境中的不熟悉位置非常敏感。

传统的基于模型的机器人控制方法不能保证系统在复杂环境下的稳定性、鲁棒性和整个系统的动态性能。此外，这些控制方法不能积累经验和学习人类的操作技能。近二十年来，以神经网络、模糊逻辑和进化计算为代表的人工智能理论与方法开始应用于机器人控制。目前，机器人的智能控制方法包括定性反馈控制、模糊控制以及基于模型学习的稳定自适应控制等方法，采用的神经模糊系统包括线性参数化网络、多层网络和动态网络。机器人的智能学习因采用逼近系统，降低了对系统结构的需求，在未知动力学与控制设计之间架起了桥梁。

神经网络控制是基于人工神经网络的控制方法，具有学习能力和非线性映射能力，能够解决机器人复杂的系统控制问题。机器人控制系统中应用的神经网络有直接控制、神经网络自校正控制、神经网络并联控制这几种结构。

(1) 神经网络直接控制利用神经网络的学习能力，通过离线训练得到机器人的动力学抽象方程。当存在偏差时，网络就产生一个大小正好满足实际机器人动力特性的输出，以实现对机器人的控制。

(2) 神经网络自校正控制结构是以神经网络作为自校正控制系统的参数估计器，当系统模型参数发生变化时，神经网络对机器人动力学参数进行在线估计，再将估计参数送到控制器以实现对机器人的控制。由于该结构不必对系统模型简化为解耦的线性模型，且对系统参数的估计较为精确，因此控制性能明显提升。

(3) 神经网络并联控制结构可分为前馈型和反馈型两种。前馈型神经网络学习机器人的运动力特性，并给出控制驱动力矩与一个常规控制器前馈并行，实现对机器人的控制。当这一驱动力矩合适时，系统误差很小，常规控制器的控制作用较低；反之，常规控制器起主要控制作用。反馈型并联控制是在控制器的基础上，由神经网络根据要求的和实际的动态差异产生校正力矩，使机器人达到期望的动态。

#### 2. 机器学习在机器人灵巧操作中的应用

随着先进机械制造、人工智能等技术的日益成熟，机器人的研究关注点也从传统的工业机器人逐渐转向应用更为广泛、智能化程度更高的服务机器人。对于服务机器人，机械手臂系统

完成各种灵巧操作是机器人操作中最重要的基本任务之一，近年来一直受到国内外学术界和工业界的广泛关注。其研究重点包括让机器人能够在实际环境中自主智能地完成对目标物的抓取以及拿到物体后完成灵巧操作任务。这需要机器人能够智能地对形状、姿态多样的目标物体提取抓取特征、决策灵巧手抓取姿态以及规划多自由度机械臂的运动轨迹以完成操作任务。

利用多指机械手完成抓取规划的解决方法大致可以分为"分析法"与"经验法"两类思路。"分析法"需要建立手指与物体的接触模型，根据抓取稳定性判据以及各手指关节的逆运动学，优化求解手腕的抓取姿态。由于抓取点搜索的盲目性以及逆运动学求解优化较为困难，最近二十年来，"经验法"在机器人操作规划中受到广泛关注并取得了巨大进展。"经验法"也称数据驱动法，是指通过支持向量机(SVM)等有监督或无监督机器学习方法，对大量抓取目标物的形状参数和灵巧手抓取姿态参数进行学习训练，得到抓取规划模型并泛化到对新物体的操作。

在实际操作中，机器人利用学习到的抓取特征，通过分类或回归抓取规划模型得到物体上合适的抓取部位与抓取姿态；然后，机械手通过视觉伺服等技术被引导到抓取点位置，完成目标物的抓取操作。近年来，深度学习在计算机视觉等方面取得了较大突破，深度卷积神经网络(CNN)被用于从图像中学习抓取特征且不依赖专家知识，可以最大限度地利用图像信息，使计算效率得到提高，满足机器人抓取操作的实时性要求。

与此同时，由于传统的多自由度机械臂运动轨迹规划方法(如五次多项式法、RRT 法等)较难满足服务机器人灵巧操作任务的多样性与复杂性要求，模仿学习与强化学习方法得到研究者的青睐。模仿学习是指机器人通过观察模仿来实现学习，从示教者提供的范例中学习，一般提供人类专家的决策数据。每个决策包含状态和动作序列，将所有状态-动作对抽取出来构造新的集合之后，可以把状态作为特征、把动作作为标记进行分类(对于离散动作)或回归(对于连续动作)学习，从而得到最优策略模型。训练目标是使模型生成的状态-动作轨迹分布和输入的轨迹分布相匹配。我们通常需要深度神经网络来训练基于模仿学习的运动轨迹规划模型，而强化学习方法通过引入回报机制来学习机械臂运动轨迹。总之，机器学习及深度神经网络的快速发展，使智能服务机器人应对复杂变化环境的操作能力大大提升。

## ▼ 10.4.4　智能交互

人机交互的目的在于实现人与机器之间的沟通，消融两者之间的交流界限，使人们可以通过语言、表情、动作或一些可穿戴设备实现人与机器自由地交流与理解信息。随着机器人技术的发展，人机交互的方式也在不断革新与发展。一方面，机器人技术的革新发展大大促进了人类生产生活方式的进步，在给人类提供极大便利的基础上极大提高了工作效率；另一方面，人机交互的实现将人工智能与机器人技术有机结合，很好地促进了人工智能技术的发展，使越来越多的机器人更合理高效地服务于人类。

### 1. 基于可穿戴设备的人机交互

基于可穿戴设备的人机交互技术是普适计算的一部分。作为信息采集工具，可穿戴设备是一类超微型、高精度、可穿戴的人机最佳融合的移动信息系统，直接穿戴于用户身上，可以与用户紧密地联系在一起，为人机交互带来更好的体验。基于可穿戴设备的人机交互由部署在可穿戴设备上的计算机系统实现，在用户佩戴好设备后，系统会一直处于工作状态。基于设备自身的属性,可主动感知用户当前状态、需求以及完结环境,并且使用户对外界环境的感知能力得到增强。由于基于可穿戴设备的人机交互具有良好的体验,经过几十年的发展,基于可穿戴设备的人机交互已逐渐扩展到各个领域。

在民用娱乐领域,基于全息影像技术,通过可穿戴设备实现虚拟的人机交互。其中,用户可以通过佩戴穿戴式的头盔 Oculus Rift 实现身处虚拟世界中的感觉,并可以在其中任意穿梭。2015 年,微软推出的 Hololens 眼镜使人们可以通过眼镜感受到其中的画面投射到现实中的效果。

在医疗领域,可通过使用认知技术或脑信号来认知大脑的意图,实现观点挖掘与情感分析。如基于脑电信号信息交互的 Emotiv,可以通过对用户脑电信号的信息采集,实现对用户的情感识别,进而实现用意念进行实际环境下的人机交互,以此帮助残障人士表达自己的情感。

在科研领域,人们实现了面向可穿戴设备的视觉交互技术。在佩戴具有视觉功能的交互设备后,通过视觉感知技术来捕捉外界交互场景的信息,并结合上下文信息理解用户的交互意图,使用户在整个视觉处理过程中担当决策者,以此面向可穿戴设备的视觉交互。

### 2. 基于深度网络的人机交互学习

人作为智能体,基于对外界的感知认知,表现出人类运动、感知、认知能力的多样性与不确定性,因此需要建立以人为中心的人机交互模式,通过多种模态的融合感知来实现对人类活动的认识。为此,可以借助多种传感设备将多种模态下传递的信息整理后融合感知认知,以理解人类的行为动作,包括一些习惯和爱好等,用以解决机器人操作的高效性、精确性与人类动作的模糊性、不稳定性的不一致问题,实现人机交互对人类行为动作认识的自然、高效和无障碍。

在人机智能交互中,对人类运动行为的识别和长期预测称为意图理解。机器人通过对动态情境充分理解,完成动态态势感知,理解并预测协作任务,实现人机互适应自主协作功能。在人机协作中,作为服务对象,人处于整个协作过程的中心地位,其意图决定了机器人的响应行为。除了语言之外,行为是人表达意图的重要手段。因此,机器人需要对人的行为姿态进行理解和预测,继而理解人的意图。

行为识别是指检测和分类给定数据流的人类动作,并估计人体关节点的位置,通过识别和预测的迭代修正得到具有语义的长期运动行为预测,从而达到理解意图的目的,为人机交互与协作提供充分的信息。早期,行为识别的研究对象是跑步、行走等简单行为,背景相对固定,行为识别的研究重点集中于设计表征人体运动的特征和描述符。

随着深度学习技术的快速发展,现阶段行为识别研究的行为种类已近上千种。近年来,利用 Kinect 视觉深度传感器获取人体三维骨架信息的技术日渐成熟,根据三维骨骼点的时空变化,利用长短时记忆的递归深度神经网络分类识别行为是解决该问题的有效方法之一。但是,目前在人机交互场景中,行为识别还主要是对整段输入数据进行处理,不能实时处理片段数据,能够直接应用于实时人机交互的算法还有待进一步研究。

当机器人意识到人需要它执行某一任务时,如接住水杯放到桌子上等,机器人将采取相应的动作完成任务需求。由于人机交互中安全问题的重要性,需要机器人实时规划出无碰撞的机械臂运动轨迹。比较有代表性的方法如下:利用图搜索的快速随机树(RRT)算法、设置概率学碰撞模型的随机轨迹优化(STOMP)算法以及面向操作任务的动态运动基元表征等。

近年来，利用强化学习的"试错"训练来学习运动规划的方法也得到关注，强化学习方法在学习复杂操作技能方面具有优越性，在交互式机器人智能轨迹规划中具有良好的应用前景。随着人工智能技术的迅猛发展，基于可穿戴设备的人机交互也正在逐渐改变人类的生产生活，实现人机和谐统一将是未来的发展趋势。

## 10.5 机器人的应用

### 10.5.1 机器人的典型应用场景

在人工智能的应用中，机器人的应用是较为普遍的一种，其效果也被广泛认同。目前人工智能整体还处于高投入低产出时期，只有少数几个领域能产生经济效益，其中机器人产业占了主要部分。中国电子学会在 2019 世界机器人大会的闭幕式上发布了《中国机器人产业发展报告 2019》。该报告显示，全球机器人产业发展整体规模持续增长，服务机器人迎来发展黄金时代，并预计全球机器人市场规模将达到 294.1 亿美元，2014—2019 年的平均增长率约为 12.3%。其中，工业机器人 159.2 亿美元，服务机器人 94.6 亿美元，特种机器人 40.3 亿美元。机器人在以下几个领域应用较为广泛。

**1. 机器人工业领域应用——工业机器人及智能工业机器人**

"工业机器人"一词由《美国金属市场报》于 1960 年提出，经美国机器人协会定义为："用来搬运机械部件或工件的、可编程的多功能操作器，或通过改变程序可以完成各种工作的特殊机械装置。"这一定义现已被国际标准化组织采纳。

**1) 工业机器人的特点**

工业机器人的控制方式与数控机床有些相似，但也具备一定的特征，包括拟人化、可编程、适用性广等。

- 拟人化。拟人化是工业机器人最为显著的特点之一。机械臂具备类似人类小臂、大臂、手腕的结构，通过计算机控制，能够实现生物仿生，可模拟人类手臂的各种操作。另外，为工业机器人加入各种传感器(如视觉传感器、声音传感器、力传感器等)能够进一步强化工业机器人对外部环境的感知能力，有利于提升工业机器人对周围环境的适应能力。
- 可编程。在实际工业生产过程中，可根据生产目标、生产环境，随时对工业机器人进行编程，实现柔性启动化。也就是说，在工业机器人硬件设备变动不大的情况下，通过软件编程能够实现多样化的任务，既保证了工业生产作业的灵活性，也有效节约了工业生产成本。
- 适用性广。除了少数专业领域外，普通工业机器人在不同工业生产任务中均能够适用，具有良好的通用性。配合各类传感器，能够让工业机器人具备图像识别能力、语言理解能力，甚至是记忆能力，可以进一步拓展工业机器人的应用范围。

**2) 工业机器人的应用及未来展望**

机器人在工业领域的应用主要是普通的工业机器人和智能工业机器人，主要用在自动化流水线作业及危险行业中，如有辐射威胁作业、水下作业、管道作业以及严寒、酷热环境下的露天作业。

工业机器人在 20 世纪 40 年代就已有应用，而在 20 世纪 50 年代已开始广泛应用，特别是在日本，应用尤为普遍。从 20 世纪 80 年代开始，具有专家性质的智能工业机器人逐渐流行，它们可以替代工业领域中高级技工及部分工程师的工作。目前，普通的工业机器人及全面的智能工业机器人均已有普遍应用，它们在提高劳动生产率、工业产品质量以及替代人类危险性工作方面起到极为重要的作用。

在工业机器人的未来发展过程中，会逐渐朝着民生方向发展。工业机器人会逐渐蔓延到民用生产行业，这对于提升社会整体生产力而言具有重要的意义。一方面，需要加强工业机器人模拟人类智能行为的程度；另一方面，需要不断提升工业机器人的逻辑推理能力。除了智能化以外，多机协调及标准化也是工业机器人发展的重要方向。多机协调意味着不同的工业机器人能够相互协调，共同完成生产作业，有利于提升整体工作效率；标准化则有利于工业机器人扩大生产规模，便于维护。综合来看，工业机器人技术水平已经达到相当不错的高度，但在部分环节依然具备改善空间，具有极大的发展潜力。

**2. 机器人服务领域应用——服务机器人**

服务机器人是指能半自主或全自主完成服务人类工作的机器人，但它们不从事生产。服务机器人一般分为两种：一种是专业领域的服务机器人，如清洁机器人、医用机器人、水下机器人等；另一种是专门从事家庭及个人服务的机器人，在救援、监护、保安等领域都有广泛的应用。

"机器人之父"恩格尔伯格从 1985 年开始研制，到 1990 年投入市场，目前已在世界各地的几十家医院使用的"护士助手"机器人，被认为是世界上第一个服务机器人。经过技术的不断发展，服务机器人技术飞速发展，在性能、外观上都有很大改善。现在的服务机器人具有可移动性强、机械结构实用便利、人机交互能力强、智能化程度高、拥有云服务能力等特点。可移动性强是指机器人为了完成各种服务工作，会改变自身的机械结构和各电动机的参数型号，让动作更灵活。机械结构实用便利是指机器人的机械结构有柔性设计，使它们既能完成工作，又能使非技术人员在操作机器人时避免伤害。人机交互能力强是指机器人有很多的传感器和人机交互界面，不仅能收集信息，还能提高自身的人机交互能力，更好地为大众服务，如智能轮椅，就是一种具有视觉和口令导航功能，并能与人进行语音交互的机器人轮椅。智能化程度高是指人工智能算法的快速发展以及在机器人中的应用，使得机器人能处理复杂问题、情况，不断提高智能化水平。拥有云服务能力使机器人作为一种信息传输载体，能发送和接收信息，不仅可以根据指令完成工作，还避免了芯片的复杂性，实现了"瘦身"的目的。服务机器人的发展与人工智能、互联网联系密切，其智能化水平和人机交互能力会不断提高，能给用户带来更好的体验。

**1) 服务机器人的应用范围**

**保姆型机器人**

当今世界人口老龄化问题日益严重，未来的中/青年人不仅要工作，还要照顾老年人并处理

繁杂的家务劳动，这会耗费他们很多的时间和精力，给他们带来很大的负担。因此，未来会有保姆型机器人，帮助人们照顾老人、料理家务。

保姆型机器人是覆盖面最广、最常见、人们最熟悉的一类机器人。据资料显示：在英国，老年人的医护费用占全国医疗总预算的70%，老年人实现居家养老，护理是最大的障碍。由英国20所大学联合推动的一个服务机器人项目，就是要帮助人穿衣服和脱衣服，也就是智能穿戴机器人，可以帮助解决这个问题。

当前的保姆型机器人还处于初级阶段，它的外形和举动并不是模仿真人的，功能也比较单一。未来保姆型机器人发展到高级阶段，就会有多种功能，可以打扫、洗衣服甚至做饭，在生活上照顾老人、孩子和家中的宠物，监护家人的身体健康，甚至对儿童进行早教等。

### 治安型机器人

治安型机器人相当于保安，具有维护治安的功能。人的精力是有限的，一旦精神出现松懈，就会降低维护治安的效果。如果这时遇到危险情况，不仅不能保护周边环境和人，还会危害到自身安全。治安型机器人只要有足够的动力供应，设定好工作程序，就会高度集中、永不松懈地工作，始终保持高质量的治安效果。治安型机器人与人相比，不仅能提高安保效果，还能提高工作效率，在动力、技术等当面的花费也远低于人力成本，可以节约成本。如针对火车站安保的机器人，可以配合安保人员随时巡逻，随机安检。

### 应用型机器人

应用型机器人依靠固定的程序完成工作任务，在很多行业中得到广泛应用，如工厂、餐饮、医疗等行业。工厂中的机器人与人工相比失误少，工作效率高。

餐饮行业中的机器人可以分为厨房和送餐机器人，厨房机器人依靠视觉分析和智能处理技术，能进行简单的烹饪。送餐机器人通过既定的轨迹、视觉分析技术和避障功能，能顺利完成送餐工作。

医疗行业的机器人有手术机器人、护理机器人、康复机器人和辅助机器人。手术机器人能帮助医生实现精确、微创的手术目的，并且利用机器人进行外科手术的技术已经日臻完善和成熟。护理机器人可以取药、帮病人翻身，减少护士的工作负担。

康复机器人能协助有肢体运动功能障碍的患者和脑部受伤的患者进行锻炼，加快康复进程。辅助机器人能帮助截肢患者恢复肢体功能。此外，应用型机器人还可应用于高危行业，比如消防、化学、海底等高危行业，工作环境中可能有有毒气体、高温，会危害工作人员的健康安全，而应用型机器人可以有效避免这些伤害。如针对消防需求设计的防水淋、防腐蚀，能够进行火场监测、搬移易燃易爆物品的消防机器人等；又如环卫垃圾分拣机器人，分拣率可高达93%，并可最大限度地代替人类在恶劣环境下工作。

### 2) 服务机器人的发展前景

### 服务机器人的全面化

服务机器人的产生发展与机械、医学、材料、生物等学科有着紧密的关系。因此，服务机器人技术要想进一步发展，涉及的相关学科和相关技术也要快速发展。服务机器人整体技术水平提高，就会促进整个机器人产业的发展和全面升级。服务机器人的发展会促进相关学科、技术、整个产业、行业标准等各方面的发展，这就是服务机器人的全面化。

**服务机器人的智能化**

服务机器人的技术发展方向是智能化，未来服务机器人会广泛应用传感器技术、智能认知与感知技术、新材料、复杂动力控制技术等。智能算法是智能化的核心，传感器技术不断发展，精度不断提高，不仅能高速处理传感信息，而且还能提高智能机器人的智能化水平。同时，传感器技术的研究范围也在不断扩大，包括多智能、网络、虚拟、临场等传感技术。因此，只有突破智能认知和感知技术，才能实现机器与人、环境的交互。机器视觉、超声、激光雷达等技术的应用，会使机器人在复杂的环境中也能获得大量数据，结合高效能计算能力进行分类和归纳，获得可靠有效的信息。

新材料与传统材料相比有更优异的性能，如 SMA 这种新材料，电阻和形状会随着温度变化而变化，应用到机器人中就可以完成传感和驱动功能，使机器人的活动更灵活。而未来服务机器人的应用范围会日益扩大，任务需求会越来越多样化，工作环境会日益复杂多变，要求服务机器人的动态性、适应性、负载能力都要不断提高。传统动力学难以有效、大幅度地提高机器人的负载能力，因此要深入研究复杂动力控制技术，并使其在机器人中得到广泛应用。

**服务机器人的市场化**

服务机器人只有实现全面化和智能化，才能推动市场化。要实现市场化，服务机器人产业不仅要制定行业规范和准则，还要获得大众的认可和接受，这是一个长期的过程。智慧住宅中央控制服务机器人的诞生，实现了服务机器人市场化与服务性、实用性、全面性的有机结合，将城市、生活、智能科技无缝链接。

**服务机器人的人性化**

未来服务机器人会与人融合得更加紧密，如使用独特的机械控制假手臂不仅能帮助患者获得触觉，还能完成各种复杂动作。只要患者在大脑中想自己要做什么，就会发出信号并转变成对控制机械手臂的指令，完成相应工作。随着技术的发展，以及人机交互功能与人脸识别等功能的逐渐完善，人与机器人的融合程度不断加深。同时，机器人的技术和功能日益强大，也会方便人与机器人的交流，实现服务机器人的人性化。

### 3. 机器人娱乐领域应用——娱乐机器人

娱乐机器人的应用前景也很好，它们能为人们表演各种节目，进行比赛，还能作为宠物供人娱乐。例如，机器人"演奏家"是一个表演机器人，它能演唱与演奏多种歌曲。又如，"帕瓦罗蒂"机器人的歌声能与帕瓦罗蒂本人相媲美。机器人比赛包括机器人足球赛、机器人相扑赛等，目前已成为世界潮流，吸引了大量的年轻人参与。这里需要特别介绍的是机器人足球赛。由于足球比赛是世界上很受欢迎的赛事之一，这也直接影响了机器人领域。自 20 世纪末开始机器人足球赛就开始走红，并吸引了众多年轻人，此项比赛目前已得到规范化与标准化，当前世界上有两大正规赛事，分别是国际机器人足球联合会(FIRA)组织的比赛 FIRACup(分为多种类型的赛事)和国际人工智能协会组织的机器人足球队世界杯比赛 RoboCup。它们都有自己的比赛规则与分组方法，如 RoboCup 比赛分为四组：小型组、中型组、四脚组及类人组。其中类人组最受欢迎，它的比赛规则基本上与人类足球赛一致，其奋斗目标是到 2050 年战胜人类足球队。我国的机器人足球队正式组建于 1989 年，并在近年国际比赛中屡屡获得好成绩。机器人足球赛的发展不但起到娱乐作用，同时有力推动了人工智能从理论到应用的发展，促进了机器人的发展。

### 4. 机器人军事领域应用——军用机器人

军用机器人是一种用于军事领域的具有某种仿人功能的自动机器。在中国也称军事机器人，不过，中国多半还是以军用机器人称呼为主。从物资运输到搜寻勘探以及实战进攻，军用机器人的使用范围非常广泛。在未来战争中，自动机器人士兵将来可能会成为对敌作战的军事行动的绝对主力。

**1) 军用机器人的应用**

军用机器人已受到各国军方的关注，并有充足经费的投入。近年来军用机器人发展很快，多领域有突破性发展。军用机器人大多具有人形，具有一定的作战智能，有多种传感器作为耳目，有机械脚用以行走，有机械手用以执行战斗任务。军用机器人可以用于作战、侦察、排雷、后勤保障等方面。

例如，美国研制的军用机器人"哨兵"是作战机器人，它能辨别战场上的各种声音、烟、火、雾和风等外部环境，还能识别敌人，并根据情况做出判断，及时并准确地开枪射击。它的改进版"激战哨兵"还具有反坦克能力，当发现敌方装甲目标时，能自动占领有利地形，利用反坦克武器进行射击。

**2) 军用机器人的未来展望**

未来军用机器人的发展，要突破模式识别关卡，利用计算机或其他装置对战场上的物体、环境、语言、字符等信息模式进行自动识别，不仅能一目了然地认清目标的性质、目标之间的相互关系、目标地理上的精确位置，还能使人和机器人之间进行语言交流。

人们未来将采用先进人工智能，发展更高级的智能机器人，也将采用更先进的传感器，提高机器人对环境的感测能力和灵活反应能力。以柔性结构逐步替代刚性结构的工作系统，以提高机器人的战场灵活度。我们还要使一种机器人具有多种功能、多种用途，以减少专用机器人数量，提高基础机器人的质量，并使各构成部分标准化、通用化、模块化。比如，步兵基础机器人就是外形仿人的机器人，拿起武器能打仗，扛起工具能干活。再如，火炮基础机器人就是一部带计算机的火炮战斗平台，可装任何火炮或导弹，同时，还能担负后勤保障任务。

在未来武器及高科技武器发展方面，军用机器人也会与很多武器结合，未来战场上将出现大批智能型武器，它们集光电传感、高速处理、人工智能于一体，具有与人类相似的记忆、分析、综合能力，能适应战场环境和目标变化情况，并迅速做出反应。智能武器包括智能导弹、智能炮弹、智能飞机以及智能地雷。军用机器人在海洋上还会与浮岛式航母及水下航母(潜水航母)结合，配合这些航母提高战斗力。军用机器人将来着眼于未来战场上的航天武器，如航天母舰、空天母舰等。特别是"空天母舰"同时具备大气层飞行和外空作战能力，其机动性远远超过航天母舰。机器人不会疲劳、不会窒息，而且隐蔽性好，它们在战场上具有天然优势。从目前各国军用机器人的研发与使用现状来看，机器人"参军"已是大势所趋。

### 5. 机器人医疗手术领域应用——医疗机器人及手术机器人

机器人在医疗、手术领域的应用具有诱人的发展前景，在方便病人就诊、提高诊治效率、减少病人痛苦及缩短手术时间等方面具有重要的应用价值。目前此领域的机器人主要是手术机器人及医疗机器人。

在手术领域，手术机器人的应用已成常态，如达·芬奇机器人已普遍应用于国内各大医院的腹腔镜手术中，目前致力于更为小型化与提高灵活性。在 2018 年的世界机器人大会展览中展出的骨科手术机器人的手术切口仅一厘米，而传统切口有数十厘米至数百厘米不等，切口缩小数百倍之多。

美国 McKesson 公司开发的 Robot RX 是一种医疗机器人，可帮助药房每天分发数千种药物，几乎没有错误发生。机器人有机械手可以抓取病人处方中的药物，药物通过传送带输送到患者的特定药箱中，从而自动完成药品的分发。

### 6. 群体机器人

群体机器人是最近兴起的一种机器人，最著名的是 2017 年韩国平昌冬奥会开幕式上的多机器人表演。在表演中，多个机器人配合默契、姿态优美，赢得了一致好评。另外，群体机器人在军事领域也有良好的应用。任何一种军事行动都是由多个个体组成的集体行动，这种行动需要相互配合、协同一致。因此，在机器人的军事行动中大都采用群体机器人技术，使用此种技术可以达到最好的集体协作效果。

在无人机的军事行动中，每个无人机是空中机器人，为达到统一的军事目标，它们必须相互合作、各司其职。基于此，也需要采用群体机器人技术，使用此种技术可以达到无人机群的最好行动效果。

## 10.5.2　智能机器人的发展展望

当今机器人的发展可概括为三方面：一是，在横向上，机器人应用面越来越宽，由 95% 的工业应用扩展到更多领域的非工业应用，比如做手术、采摘水果、剪枝、巷道掘进、侦查、排雷，还有空间机器人、潜海机器人。机器人应用无限制，只要能想到的，就可以去创造实现。二是，在纵向上，机器人的种类越来越多，进入人体的微型机器人已成为新方向。三是，机器人的智能化得到加强，机器人更加聪明。机器人的发展史犹如人类的文明和进化史，在不断地向前发展。从原则上讲，意识化的机器人已是机器人的高级形态，不过意识又可划分为简单意识和复杂意识。人类具有非常完美的复杂意识，而现代所谓的意识机器人最多只有简单意识，未来意识化的智能机器人很可能是发展趋势。

人类的运动技能经验可以从学习生活中不断获取，学习并逐渐内化为自身掌握的技能。人类可以通过不断学习来增加自己掌握的技能，并将所学技能存储于自己的记忆中。在面向任务执行时，可以基于已掌握经验自主选择技能动作用以完成任务，比如人类打球时会选择运球动作和投篮动作来实现最终的得分进球。在机器人研究领域，越来越多的关注投向机器人学习领域，如何将人类的学习方法与过程应用于机器人学习成为关注的焦点。

当前，我国已经进入机器人产业化加速发展阶段。无论是助老助残、医疗服务领域以及面向空间、深海、地下等危险作业环境，还是精密装配等高端制造领域，都迫切需要提高机器人的工作环境感知和灵巧操作能力。随着云计算与物联网的发展，伴之而生的技术、理念和服务模式正在改变人们的生活。作为全新的计算手段，也正在改变机器人的工作方式，机器人产业作为高新技术产业，应该充分利用云计算与物联网带来的变革，提高自身的智能与服务水平，从而增强我国在机器人行业领域的创新与发展。

无线网络和移动终端的普及使得机器人可以连接网络而不用考虑由于自身运动和复杂任

务而带来的网络布线困难，同时将多机器人网络互联，这给机器人协作提供了方便。云机器人系统充分利用网络，采用开源、开放和众包的开发策略，极大地扩展了早期的在线机器人和网络化机器人概念，提升了机器人的能力，扩展了机器人的应用领域，加速和简化了机器人系统的开发过程，降低了机器人的构造和使用成本。虽然现阶段研究工作才刚刚起步，但随着机器人无线传感、网络通信技术和云计算理论的进一步综合发展，云机器人的研究会逐步成熟化，并推动机器人应用向更廉价、更易用、更实用方向发展，同时云机器人的研究成果还可以应用于更广泛的普适网络智能系统、智能物联网系统等领域。

尽管物联网技术发展迅速，但现有研究相对独立。在物联网领域，现有研究主要集中于智能化识别、定位、跟踪、实时监控和管理等方面，但在很大程度上无法实现智能移动和自主操作。在服务机器人领域，大多数研究工作集中于机器人自身能力的提升，但受硬件、软件及成本方面的限制，机器人本体的感知和智能发展到一定水平后，进步提升的技术难度将会呈指数增长。

事实上，作为信息物理融合系统的具体实例，通过将物联网技术与服务机器人技术有效结合构建物联网机器人系统，能够突破物联网和服务机器人的各自研究瓶颈并实现两者的优势互补：一方面，由感知层、网络层、应用层构成的物联网能够为机器人提供全局感知与整体规划，弥补机器人感知范围和计算能力方面的缺陷；另一方面，机器人具有移动和操作能力，可作为物联网的执行机构使机器人具备主动服务能力。

总而言之，物联网机器人系统是物联网技术扩展自身功能的一条重要途径，同时也是机器人进入日常服务环境、提供高效智能服务的可行发展方向，尤其是在环境监控、突发事件应急处理、日常生活辅助等面积较大、动态性较强的复杂服务环境中具有重要应用前景。

目前，国内外研究机构和学者对物联网机器人系统的研究刚刚起步。正因为物联网机器人系统所需研究的内容及应用范围更加广泛，所以研究过程中面临的问题和挑战也更大。目前，物联网和服务机器人各自的研究均处于初级阶段，两者结合构建物联网机器人系统的研究更是刚刚起步，存在诸多亟待解决的问题，包括物联网机器人系统的体系架构、感知认知问题、复杂任务调度与规划以及系统标准的制定。

云计算、物联网环境下的机器人在开展认知学习的过程中必然面临大数据的机遇与挑战。大数据在通过对海量数据的存取和统计、智能化的分析和推理，并经过机器的深度学习后，可以有效推动机器人认知技术的发展；而云计算让机器人可以在云端随时处理海量数据。可见，云计算和大数据为智能机器人的发展提供了基础和动力。

在云计算、物联网和大数据的浪潮下，应该大力发展认知机器人技术。认知机器人是一种具有类似人类的高层认知能力，并能适应复杂环境、完成复杂任务的新一代机器人。基于认知的思想，一方面机器人能有效克服上述多种缺点，智能水平进一步提高；另一方面机器人也具有同人类一样的脑-手功能，将人类从琐碎和危险环境的劳作中解放出来，而这一直是人类追求的梦想。脑-手运动感知系统具有明确的功能映射关系，从神经、行为、计算等多种角度深刻理解大脑神经运动系统的认知功能，揭示脑与手动作行为的协同关系，理解人类脑-手运动控制的本质，是当前探索大脑奥秘且有望取得突破的重要窗口，这些突破将为理解脑-手运动感知系统的信息感知、编码以及脑区协同提供支撑。

目前，国内基于认知机理的仿生手实验验证平台还很少，大多数仿生手的研究并未充分借鉴脑科学的研究成果。实际上，人手能够在动态不确定环境下完成各种高度复杂的灵巧操作任务，正是基于人类的脑-手运动感知系统对视、触、力等多模态信息的感知、交互、融合以及在此基础上形成的学习与记忆。因此，将人类的脑-手运动感知系统的协同认知机理应用于仿生手研究是新一代高智能机器人发展的必然趋势。

## 10.6　本章小结

本章介绍了机器人的基本概念、基本结构、基本技术及应用。机器人的组织机构主要包括中央处理装置、感知装置和行动装置三部分。机器人的工作原理则是遵从行为主义-感知动作模型表示，按一定的规则活动，工作步骤经常是反复不断循环的，直到最终目标完成为止。另外，本章还介绍了人工智能技术在智能机器人关键技术中的应用，其中包括智能感知技术、智能导航与规划技术、智能控制与操作以及智能交互。最后，智能机器人在多个领域都有广泛的应用，如工业、服务业、娱乐业、军事等领域。未来，智能机器人将具有广阔的发展前景。

目前机器人产业发展迅猛，相关技术也日新月异。因可适应能力强，智能化程度不断提升，预计未来机器人会被应用于人类生活的方方面面，大到宇宙探索，小到衣食住行。届时，人类需要思考机器人大面积普及后的伦理、人文等社会问题。比如人工智能会不会造成人员大面积失业？智能化的最终结局会不会是人类逐渐退化？机器人最终有无可能成为人类的克星？这一系列问题值得进一步研究与探索。

## 10.7　习　　题

1. 什么是智能机器人？如何理解机器人、人工智能、智能机器人三者的关系？
2. 简述机器人的基本构成。
3. "视觉""听觉""触觉"在机器人中的应用有哪些？
4. 在机器人的灵巧操作中，深度学习用于解决哪些问题？强化学习与模仿学习又用于解决灵巧操作中的哪些问题？
5. 请举例说明一种智能机器人应用并简要说明工作原理。

## 参考文献

[1] 李磊，叶涛，谭民，陈细军. 移动机器人技术研究现状与未来[J]. 机器人，2002(05)：475-480.

[2] 朱大奇，颜明重. 移动机器人路径规划技术综述[J]. 控制与决策，2010，25(07)：961-967.

[3] 管皓，薛向阳，安志勇. 深度学习在视频目标跟踪中的应用进展与展望. 自动化学报[J]. 自动化学报，2016，42(06)：834-847.

[4] 谭民，王硕，曹志强. 多机器人系统[M]. 北京：清华大学出版社，2005.

[5] 易靖国，程江华，库锡树. 视觉手势识别综述[J]. 计算机科学，2016，43(S1)：103-108.

[6] 原魁，李园房，立新. 多移动机器人系统研究发展近况[J]. 自动化学报，2007(08)：785-794.

[7] 齐静，徐坤，丁希仑. 机器人视觉手势交互技术研究进展[J]. 机器人，2017，39(04)：565-584.

[8] 赵雅婷，赵韩，梁昌勇，孙浩，吴其林. 养老服务机器人现状及其发展建议[J]. 机械工程学报，2019，55(23)：13-24.

[9] 马少平，朱小燕. 人工智能[M]. 北京：清华大学出版社，2014.

[10] 张小俊，刘欢欢，赵少魁，丁国帅. 机器人智能化研究的关键技术与发展展望[J]. 2019，55(23)：13-24.

[11] 黄殿. 面向可穿戴设备的视觉交互技术研究[D]. 成都：电子科技大学，2016.

[12] 龙慧，朱定局，田娟. 深度学习在智能机器人中的应用研究综述[J]. 计算机科学，2018，45(S2)：43-47.

[13] 邓志东. 智能机器人发展简史[J]. 人工智能，2018(03)：6-11.

[14] 史忠植. 人工智能[M]. 北京：机械工业出版社，2018.

[15] 蓝胜，郑卫刚. 漫谈军用机器人起源及发展趋势[J]. 智能机器人，2018(03)：43-47.

[16] 徐洁磐. 人工智能导论[M]. 北京：中国铁道出版社有限公司，2019.

[17] 万里鹏，兰旭光，张翰博，郑南宁. 深度强化学习理论及其应用综述[J]. 模式识别与人工智能，2019，32(01)：67-81.

# 第 11 章

# 大数据与区块链

大数据由巨型数据集组成，这些数据集经常超出人类在可接受时间下的收集、使用、管理和处理能力。大数据并非简单指数据量大，最重要的是对大数据进行分析，只有通过分析才能获取很多智能的、深入的、有价值的信息。区块链技术被认为是互联网发明以来最具颠覆性的技术创新，是人类历史上首次构建的可信系统。这种技术依靠密码学和巧妙的分布式算法，不依赖第三方，通过自身分布式节点进行网络数据的存储、验证、传递和交流。区块链的发展趋势是全球性的，在金融、物联网等多个领域都具有广阔的应用前景。本章重点介绍大数据与区块链的基本概念及特征，分别阐述它们的技术基础与应用领域，并与人工智能技术相结合，探讨它们未来融合发展的潜力。

## 11.1 大 数 据

大数据是指无法在一定时间内使用常规软件工具对内容进行抓取、管理和处理的数据集。大数据技术是指从各种类型的数据中，快速获得有价值信息的能力。适用于大数据的技术包括大规模并行处理(Massively Parallel Processing，MPP)数据库、数据挖掘、分布式文件系统、分布式数据库、云计算平台、互联网以及可扩展的存储系统。

### 11.1.1 大数据的基本概念与特征

#### 1. 大数据的基本概念

大数据本身是一个比较抽象的概念，单从字面看，它表示数据规模十分庞大。但是仅仅数据规模庞大显然无法看出大数据这一概念和以往的"海量数据"(Massive Data)、"超大规模数据"(Very Large Data)等概念之间有何区别。针对大数据，目前存在多种不同的理解和定义。

维基百科对"大数据"的解读是："大数据"，或称巨量数据、海量数据、大资料，指的是

涉及的数据规模大到无法通过人工在合理时间内获取、管理、处理并整理成人类所能解读的信息。百度百科对"大数据"的定义是:"大数据",或称巨量资料,指的是涉及的资料规模大到无法通过目前的主流软件工具,在合理时间内获取、管理、处理并整理成能帮助企业做出经营决策的资讯。按照美国国家标准与技术研究院发布的研究报告的定义,大数据是用来描述在网络的、数字的、遍布传感器的、信息驱动的世界中呈现出的数据泛滥现象的常用词语。大量数据资源为解决以前不可能解决的问题带来了可能性。

大数据是一个十分宽泛的概念,每个人的见解都不一样。本书在综合各家观点的基础上,给出自己的定义:"大数据"是指在体量和类别特别大的杂乱数据集中,深度挖掘分析并取得有价值信息的能力。大数据不仅仅在于数据量大,"大"只不过是信息技术不断发展后产生的海量数据的表象而已。我们更加关注"数据"的深度分析和应用,对有价值数据的深度挖掘分析以及新形势下的数据应用是本章需要探讨的重点。

大数据代表着数据从量到质的变化过程,从技术角度看,这种数据规模质变后带来了新的问题,数据从静态变为动态,从简单的多维度变成巨量维度,而且种类日益丰富,超出当前分析方法与技能处理的范畴。这些数据的采集、分析、处理、存储、展现都涉及复杂的多模态高维计算过程,涉及异构媒体的统一语义描述、数据模型、大容量存储建设,涉及多维数据的特征关联与模拟展现。然而,大数据发展的最终目标还是挖掘应用价值,没有价值或没有发现价值的大数据从某种意义上讲是一种冗余和负担。

因此,要想明白"大数据"的概念,还要从"大数据"本身入手。大数据同过去的海量数据有区别,大数据的基本特征如下:规模性(Volume)、高速性(Velocity)、多样性(Variety)、价值性(Value),简称 4V 特征。

### 2. 大数据的特征

#### 1) 规模性

随着信息化技术的高速发展,数据开始呈爆发性增长。大数据一般指 10 TB 规模以上的数据量。但在实际应用中,大数据中的数据不再以 GB 或 TB 为单位来衡量,而是以 PB、EB 或 ZB 为计量单位。

在中国,每天从微信发出的信息就超过 450 亿条,软件公司 Domo 预计,2020 年全球人均每秒将产生 1.7 MB 的数据,以全球人口 78 亿计算,一年就会产生 418 ZB 的数据,大约需要4180 亿个 1 TB 硬盘才能装下。人们迫切需要智能的算法、强大的数据处理平台和新的数据处理技术来统计、分析、预测和实时处理如此大规模的数据。

#### 2) 多样性

多样性主要体现在数据来源多、数据类型多和数据之间关联性强三个方面。

- 数据来源多。企业面对的传统数据主要是交易数据,而互联网和物联网的发展带来了诸如社交网站、传感器等多种来源的数据。大数据从形式上大体可以分为三类:一是结构化数据,如财务系统数据、医疗系统数据等;二是非结构化数据,如视频、图片、音频等;三是半结构化数据,如HTML文档、邮件、网页等。

- 数据类型多,以非结构化数据为主。在传统的企业中,数据都以表格的形式保存。而大数据中有70%~85%的数据是图片、音频、视频网络日志、链接信息等非结构化和半结构化的数据。

- 数据之间关联性强，频繁交互。比如游客在旅游途中上传的照片和日志，就与游客的位置、行程等信息有很强的关联性。

### 3) 高速性

这是大数据区分于传统数据挖掘最显著的特征。根据国际数据公司的一份名为"数字宇宙"的报告，2020 年全球数据使用量将会达到 35.2 ZB。在如此海量的数据面前，处理数据的效率就是企业的生命。

大数据与海量数据的重要区别在于两方面：一方面，大数据的数据规模更大；另一方面，大数据对处理数据的响应速度有更严格的要求。实时分析而非批量分析，数据输入、处理与丢弃立刻见效，几乎无延迟。数据的增长速度和处理速度是大数据高速性的重要体现。

### 4) 价值性

大数据创造的价值密度明显更低。尽管我们拥有大量数据，但是发挥价值的仅是其中非常小的部分。大数据真正的价值体现在从大量不相关的各种类型的数据中，挖掘出对未来趋势与模式预测分析有价值的数据，并通过机器学习方法、人工智能方法或数据挖掘方法深度分析，运用于农业、金融、医疗等各个领域，以创造更大的价值。美国社交网站 Facebook 有 20 亿用户，网站对这些用户信息进行分析后，广告商可根据结果精准投放广告。对广告商而言，20 亿用户的数据价值上千亿美元。据资料报道，2012 年，运用大数据的世界贸易额已达 60 亿美元。

## ◥ 11.1.2　大数据的应用

大数据无处不在，大数据已应用于各个行业，包括金融、医疗健康、电信、能源、体能和娱乐等在内的社会各行各业都已经融入大数据的印迹。

### 1. 医疗健康领域的应用

随着医疗健康信息化的广泛应用，在医疗服务、健康保健和卫生管理过程中产生了海量数据集，形成健康医疗大数据，在临床诊疗、药物研发、卫生监测、公众健康、政策制定和执行等领域创造了极大的价值。

### 1) 为临床诊疗管理与决策提供支持

通过比较效果，精准分析包括患者体征、费用和疗效等数据在内的大型数据集，可帮助医生确定最有效和最具有成本效益的治疗方法。通过集成分析诊疗操作与绩效数据集，创建可视化流程图和绩效图，识别医疗过程中的异常，为业务流程优化提供依据。

大数据的分析和挖掘技术的运用可以在一定程度上可帮助医疗行业提高生产力，改进护理水平，增强竞争力。比如有大数据参与的比较效果研究可以提高医务人员的效率，降低病人的看病成本和身体损害。另外，利用大数据对远程病人的监控也可以减少病人的住院时间，实现医疗资源的最优化配置。

### 2) 为药物研发提供支持

分析临床试验注册数据与电子健康档案，优化临床试验设计，招募适宜的临床试验参与者。分析临床试验数据和电子病历，辅助药物效用分析与合理用药，降低耐药性、药物相互作用等

带来的影响。及时收集药物不良反应报告数据，加强药物不良反应监测、评价与预防。分析疾病患病率与发展趋势，模拟市场需求与费用，预测新药研发的临床结果，帮助确定新药研发投资策略和资源配置。

### 3) 为公共卫生监测提供支持

大数据相关技术的应用可扩大卫生监测的范围，从以部分案例为对象的抽样方式扩大到全样本数据，从而提高疾病传播形势判断的及时性和准确性。将人口统计学信息、各种来源的疾病与危险因素数据整合起来，进行实时分析，可提高公共卫生事件的辨别、处理和反应速度并能够实现全过程跟踪和处理，有效调度各种资源，对危机事件做出快速反应和有效决策。

### 4) 为公众健康管理提供帮助

通过可穿戴医疗设备等收集个人健康数据，可以辅助健康管理，提高健康水平。医生可根据患者发送的健康数据，及时采取干预措施或提出诊疗建议。集成分析个体的体征、诊疗、行为等数据，预测个体的疾病易感性、药物敏感性等，进而实现对个体疾病的早发现、早治疗、个性化用药和个性化护理等。例如 Dignity Health 是美国最大的医疗健康系统之一，致力于开发基于云的大数据平台，带有临床数据库、社交和行为分析等功能。Dignity Health 将连接系统中 39 家医院和超过 9000 家的相关机构并共享数据，通过他们的大数据应用可以优化个人和群体医疗规划，包括预防性疾病的管理。

### 5) 为医药卫生政策制定和执行监管提供科学依据

整合与挖掘不同层级、不同业务领域的健康医疗数据以及网络舆情信息，有助于综合分析医疗服务供需双方特点、服务提供与利用情况及影响因素、人群和个体健康状况及影响因素，预测未来供需双方发展趋势，发现疾病危险因素，为医疗资源配置、医疗保障制度设计、人群和个体健康促进、人口宏观决策等提供科学依据。通过集成各级人口健康部门与医疗服务机构数据，识别并对比分析关键绩效指标，快速了解各地政策执行情况，及时发现问题，防范风险。

### 2. 能源领域的应用

能源大数据融合了海量能源数据与大数据技术，是构建"互联网+"智慧能源的重要手段。能源大数据集多种能源(电、煤、石油、天然气、供冷、供热等)的生产、传输、存储、消费、交易等数据于一体，有利于政府实现能源监管、社会能源信息资源共享，在助力跨能源系统融合、提升能源产业创新支撑能力、催生智慧能源新兴业态与新经济增长点等方面发挥积极的作用。

### 1) 能源规划与能源政策领域

能源大数据在政府决策领域的应用主要体现在能源规划与能源政策制定两方面。在能源规划方面，政府可通过采集区域内各类用能数据，利用大数据技术获取和分析用能用户信息，为能源网络的规划与能源站的选址布点提供技术支撑。

在能源政策制定方面，政府可利用大数据分析区域内用户的用能水平和用能特性，定位本地企业的能耗问题，为制定经济发展政策提供更为科学化的依据。另外，依托能源大数据对能源资源以及用能负荷的信息挖掘与提炼，为政府优化城市规划、发展智慧城市、引导新能源汽车有序发展提供重要参考。

### 2) 能源生产领域

在能源生产领域，大数据技术的应用目前主要集中于可再生能源发电精准预测、提升可再生能源消纳能力等方面。目前，国内远景能源科技有限公司融合物联网、大数据以及机器学习技术打造的 EnOSTM 平台每天处理 TB 级别的数据量，在可再生能源功率预测水平及控制精度等方面领先业内同行。此外，国外学者利用大数据对气象统计、地理图像等信息研究风场选址以及提升设备运行寿命的自动发电控制等方面进行了深入研究。

### 3) 能源消费领域

有效整合能源消费侧可再生能源发电资源、充分利用电动汽车等灵活负荷的可控特性以及参与电力市场的互动交易并实现利润最大化，是目前大数据技术在能源消费领域的热点研究问题。我国的"全国智慧能源公共服务云平台"于 2015 年 2 月启动，目前已有 14 个省市单位签约构建智慧能源地方分平台。该平台主要提供能源数据采集和分析功能，通过云平台建立实时设备管理数据平台，打造新的销售模式，从而获得高性价比的产品和解决方案。此外，通过能源大数据技术可有效引导各类高效能源技术根据需求和技术特点优化组合，形成各类能源交易与增值服务等综合能源服务新模式。

### 3. 金融领域的应用

金融行业拥有海量数据资源，是最有意愿进行信息化投入的行业，经过多年的信息沉淀，各系统内积累了大量高价值的数据，拥有用于数据分析的基础资源。金融大数据包含了金融交易数据、客户数据、运营数据、监管数据以及各类衍生数据等。当前金融大数据已经成为金融发展的新动力，其广泛应用是现代金融发展的必然趋势。

### 1) 金融工具创新

大数据技术能够很好地促进金融机构实现金融产品的创新。可以从网上抓取与客户相关的有价值的信息链，分析并挖掘出客户需求，进而设计出与客户需求相匹配的金融产品。同时，基于大数据技术对整个市场的交易数据进行分析挖掘，可以更好地掌握金融产品市场的动向，设计出更合理、满意度更高的产品，从而更好地实现金融工具的创新。

### 2) 金融服务创新

大数据的应用改变了传统的金融服务模式。金融企业、机构可以采集用户的相关信息，并进行量化处理、模型构建，对用户进行合理的划分归类，从而针对用户的需求，提供精准、有效的金融服务。除此之外，在全国"小微快贷"政策的试点中，通过运用大数据技术，对小微企业及企业主进行多维全面的信息采集与分析，即可实现快捷自助的贷款放款。

### 3) 优化金融风控管理

通过对各类信息进行量化，大数据技术可以实现对各类风险的识别分类，并进行实时监控。而基于用户数据来预测客户的未来行为，可降低信息不对称带来的风险，更好地实现对金融风险的控制管理。

信贷管理是目前大数据在金融风控领域应用中较为成熟的方面。金融机构可以利用大数据技术对信贷用户的各类基础数据进行挖掘分析，描述还贷能力与意愿，还可以构建客户的信用评级模型。而在贷款中和贷款后的管理中，大数据可高效地追踪和监测每一笔贷款，在发生实质贷款损失时提前捕捉风险预警信号，及时地采取措施以实现金融风险的有效控制。

优化资产结构也是大数据在金融风控领域应用中较为重要的方面。优化资产结构最重要的是不良资产的管理与处置，金融机构可以通过选用逾期金额、逾期次数、额度使用率、学历、

职业等相关变量，构建不良资产催收策略模型，针对不同客户的不同行为特征采取不同的催收手段，以实现精准催收。

**4) 金融监管**

大数据技术利用具体的区域金融数据，根据一定的规则及权重关系自动抽象计算出各区域的各类金融指数，以此作为指导性宏观数据，为区域监管提供参考，并且通过对计算出的金融指数的动态分析，使得金融监管决策具有时效性、准确性和动态性，更好地实现金融监管，从而促进金融行业的健康发展。

**4．交通领域的应用**

2016 年，以智慧城市为代表的"互联网+交通"项目在全国范围内遍地开花，有效提升了城市的智能化水平。交通大数据是"互联网+交通"发展的重要依据，其发展及应用在宏观层面能为综合交通运输体系的"规、设、建、管、运、养"等提供支撑，在微观层面能够指导优化区域交通组织。

**1) 为管理者制定科学决策提供支持**

通过对历史运营数据进行分析，系统能够识别出交通运输网络中存在安全隐患的点及区域，有利于管理者制定有针对性的改善措施，提高综合交通运输体系的运营安全。通过对交通基础设施健康监测数据的分析，有利于管理者及时制定养护方案，减少养护费用。以南京市为例，行业管理部门可根据高德地图发布的南京市拥堵延时指数，制定交通拥堵缓解措施，提升城市交通运行效率。

**2) 为出行者确定出行路线、选择出行方式提供支持**

交通大数据的开发与利用，使各种运输方式之间实现了互联互通，而且数据是实时更新的，出行者在出行前即可跟客户端完成出行时间、出行线路、出行方式的规划，减少出行延误。以北京市为例，高德地图以交通大数据为基础，发布 20 分钟、45 分钟、60 分钟、90 分钟出行等时线与出行热力图，出行者可根据出行等时线和热力图，提前规划出行时间、出行目的、出行方式。

**3) 对环境保护规划及政策的制定提供支撑**

在"互联网+交通"背景下，交通大数据的开发利用有利于行业主管部门及时掌握各种交通方式在运行过程中对环境的影响，并结合历史数据，明确各种交通方式对环境的"贡献率"，为环境主管部门制定科学合理的环境保护规划及政策、减少环境污染与环境破坏提供支撑。

**5．电信领域的应用**

电信运营商拥有多年的数据积累，拥有诸如财务收入、业务发展量等结构化数据，也会涉及图片、文本、音频、视频等非结构化数据。从数据来源看，电信运营商的数据涉及移动语音、固定电话、固网接入和无线上网等所有业务，也会涉及公众客户、政企客户和家庭客户，同时也会收集到实体渠道、电子渠道、直销渠道等所有类型渠道的接触信息。从整体看，电信运营商大数据的发展仍处于探索阶段，在多个领域具有广阔应用前景。

**1) 网络管理和优化**

- 基础设施建设的优化。除了利用大数据实现基站和热点的选址以及资源的分配，运营商还可以建立评估模型，从而对已有基站的效率和成本进行评估，发现基站建设的资源浪费问题。
- 网络运营管理及优化。运营商可以通过大数据分析网络的流量、流向变化趋势，及时调整资源配置，同时还可以分析网络日志，进行全网优化，不断提升网络质量和网络利用率。例如，德国电信建立了城市内各区域无线资源占用模型，根据预测结果，可灵活地提前配置无线资源。

**2) 市场与精准营销**

- 客户画像。运营商可以基于客户数据，并借助数据挖掘技术(如分类、聚类、RFM等)进行客户分群，完善客户的360°画像，帮助运营商深入了解客户行为偏好和需求特征。
- 关系链研究。运营商可以通过分析客户通讯录、通话行为、网络社交行为以及客户资料等数据，开展交往圈分析，寻找营销机会，提高营销效率，改进服务，以低成本扩大产品的影响力。
- 精准营销和实时营销。运营商在客户画像的基础上对客户特征做深入理解，建立客户与业务、资费套餐、终端类型、在用网络的精准匹配，并在推送渠道、推送时机、推送方式上满足客户的需求，实现精准营销。

**3) 客户关系管理**

- 客服中心优化。客服中心拥有大量的客户呼叫行为和需求数据，由此利用大数据技术可以深入分析数据并建立客服热线智能路径模型，预测下次客户呼入的需求、投诉风险以及相应的路径和节点。另外，也可以通过语义分析，对客服热线的问题进行分类，识别热点问题和客户情绪，对于发生量较大且严重的问题，要及时预警相关部门进行优化。
- 客户关怀与客户生命周期管理。客户生命周期管理包括新客户获取、客户成长、客户成熟、客户衰退和客户离开五个阶段的管理。在客户获取阶段，可以通过算法挖掘和发现高潜客户；在客户成长阶段，通过关联规则等算法进行交叉销售，提升客户人均消费额；在客户成熟期，可以通过大数据方法进行客户分群(RFM、聚类等)并进行精准推荐；在客户衰退期，需要进行流失预警，提前发现高流失风险客户，并进行相应的客户关怀；在客户离开阶段，可以通过大数据挖掘高潜回流客户。比如，SK电讯新成立了一家公司SK Planet，专门处理与大数据相关的业务，通过分析用户的使用行为，在用户做出离开决定之前，推出符合用户兴趣的业务，防止用户流失。

## 11.1.3　大数据的关键技术

Hadoop 是 Apache 软件基金会旗下的开源分布式计算平台，为用户提供了系统底层细节透明的分布式基础架构。Hadoop 的核心是分布式文件系统(Hadoop Distributed File System，HDFS)和 MapReduce。HDFS 是对谷歌文件系统(Google File System，GFS)的开源实现，是面向普通硬件环境的分布式文件系统，具有较高的读写速度、很好的容错性和可伸缩性，支持大规模数据的分布式存储。MapReduce 允许用户在不了解分布式系统底层细节的情况下开发并行应用程序。

借助于 Hadoop，程序员可以轻松地编写分布式并行程序，将其运行于廉价的计算机集群上，完成海量数据的存储与计算。

### 1．分布式存储

#### 1）分布式文件系统 HDFS

大数据时代必须解决海量数据的高效存储问题，为此，谷歌开发了分布式文件系统(Google File System，GFS)，通过网络实现文件在多台机器上的分布式存储，较好地满足了大规模数据存储的需求。Hadoop 分布式文件系统(Hadoop Distributed File System，HDFS)是针对 GFS 的开源实现，是 Hadoop 两大核心组成部分之一，提供了在廉价的服务器集群中进行大规模分布式文件存储的能力。HDFS 具有很好的容错能力，并且兼容廉价的硬件设备。因此，可以较低的成本利用现有机器实现大流量和大数据量的读写。

相对于传统的本地文件系统而言，分布式文件系统是一种通过网络实现文件在多台主机上分布式存储的文件系统。分布式文件系统的设计一般采用"客户端/服务器"(Client/Server)模式，客户端以特定的通信协议通过网络与服务器建立连接，提出文件访问请求，客户端和服务器可以通过设置访问权来限制请求方对底层数据存储块的访问。目前，已得到广泛应用的分布式文件系统主要包括 GFS 和 HDFS 等，后者是前者的开源实现。

HDFS 具有处理超大数据、流式处理、可以运行在廉价商用服务器上等优点。HDFS 在设计之初就是为了运行在廉价的大型服务器集群上。因此，在设计上就把硬件故障作为一种常态来考虑，可以保证在部分硬件发生故障的情况下，仍然能够保证文件系统的整体可用性和可靠性。HDFS 放宽了一部分 POSIX(Portable Operating System Interface)约束，从而实现以流的形式访问文件系统中的数据。HDFS 在访问应用程序数据时，可以具有很高的吞吐率。因此，对于超大数据集的应用程序而言，选择 HDFS 作为底层数据存储是较好的选择。

#### 2）分布式数据库 HBase

HBase 是一种高可靠、高性能、面向列、可伸缩的分布式数据库，主要用来存储非结构化和半结构化的松散数据。HBase 可以支持超大规模数据的存储，可以通过水平扩展的方式，利用廉价的计算机集群处理由超过十亿行数据和数百万列元素组成的数据表。

HBase 是一张稀疏、多维度、排序的映射表，这张表的索引是行键、列族、列限定符和时间戳。每个值都是未经解释的字符串，没有数据类型。用户在表中存储数据，每一行都有一个可排序的行键和任意多的列。在 HBase 中执行更新操作时，并不会删除数据的旧版本，而是生成新的版本，旧的版本仍然保留，HBase 可以对允许保留的版本数量进行设置。客户端可以选择获取距离某个时间最近的版本，或者一次性获取所有版本。如果在查询的时候不提供时间戳，那么会返回距离现在最近的那个版本的数据，因为在存储的时候，数据会按照时间戳排序。HBase 提供了两种数据版本回收方式，一种保存数据的最后 $n$ 个版本，另一种是保存最近一段时间内的版本(如最近 7 天)。

#### 3）NoSQL 数据库

现在一般认为 NoSQL 的全称是 Not Only SQL，是一种不同于关系数据库的数据库管理系统，是对非关系型数据库的统称，所采用的数据模型并非传统关系型数据库的关系模型，而是类似键/值、列族、文档等非关系模型。

NoSQL 数据库没有固定的表结构，通常也不存在连接操作，也没有严格遵守 ACID 约束。

因此，与关系型数据库相比，NoSQL 具有灵活的水平可扩展性，可以支持海量数据的存储。此外，NoSQL 数据库支持 MapReduce 风格的编程，可以较好地应用于大数据时代的各种数据管理。NoSQL 数据库的出现，一方面弥补了关系型数据库在当前商业应用中存在的各种缺陷，另一方面也撼动了关系型数据库的传统垄断地位。当应用场合需要简单的数据模型、灵活性的 IT 系统、较高的数据库性能和较低的数据库一致性时，NoSQL 数据库是很好的选择。通常 NoSQL 数据库具有以下三个特点：灵活的可扩展性、灵活的数据模型、与云计算紧密融合。

NoSQL 数据库数量众多，但是归结起来，典型的 NoSQL 数据库通常包括键值数据库、列式数据库、文档数据库和图形数据库四种。

### 键值数据库

键值数据库会使用哈希表，哈希表中有一个特定的键和一个指针指向特定的值，如图 11-1 所示。键可以用来定位值，也就是存储和检索具体的值。值对数据库而言是透明不可见的，不能对值进行索引和查询，只能通过键进行查询。值可以用来存储任意类型的数据，包括整型、字符型、数组、对象等。键值数据库可以进一步划分为内存键值数据库和持久化键值数据库。内存键值数据库把数据保存在内存中，如 Memcached 和 Redis；持久化键值数据库把数据保存在磁盘上，如 BerkeleyDB、VoIdmort 和 Riak。

条件查询是键值数据库的弱项。如果只对部分值进行查询或更新，效率会比较低下。在使用键值数据库时，应该尽量避免多表关联查询，可以采用双向冗余存储关系来代替表关联，把操作分解成单表操作。此外，键值数据库在发生故障时不支持回滚操作，因此无法支持事务。

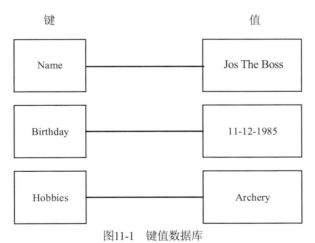

图11-1　键值数据库

### 列式数据库

列式数据库起源于 Google 的 BigTable，一般采用列族数据模型，数据库由多行构成，每行数据包含多个列族，不同的行可以具有不同数量的列族，属于同一列族的数据会被存放在一起，如图 11-2 所示。每行数据通过行键进行定位，与键对应的是列族，从这个角度来说，列族数据库也可以视为键值数据库。列族可以配置成支持不同类型的访问模式，列族也可以设置成放入内存，以消耗内存为代价来换取更好的响应性能。

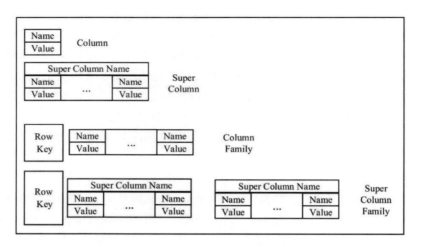

图11-2　列式数据库

**文档数据库**

在文档数据库中，文档是数据库的最小单位。虽然每种文档数据库的部署都有所不同，但是，大都假定文档以某种标准格式封装并对数据进行加密，同时用多种格式进行解码，包括 XML、YAML、JSON 和 BSON 等，也可以使用二进制格式。文档数据库通过键来定位文档，因此可以看成键值数据库的衍生品，而且前者比后者具有更高的查询效率。对于那些可以把输入数据表示成文档的应用而言，文档数据库是非常合适的。文档可以包含非常复杂的数据结构，如嵌套对象，并且不需要采用特定的数据模式，每个文档可能具有完全不同的结构。文档数据库既可以根据键构建索引，也可以基于文档内容构建索引。文档数据库主要用于存储并检索文档数据，当需要考虑很多关系和标准化约束以及需要事务支持时，传统的关系型数据库是更好的选择，如图 11-3 所示。

图11-3　文档数据库

**图形数据库**

图形数据库以图论为基础，这里的图是数学概念，用来表示对象集合，包括顶点以及连接顶点的边，如图 11-4 所示。图形数据库使用图作为数据模型来存储数据，完全不同于键值、列族和文档数据模型，可以高效地存储不同顶点之间的关系。图形数据库专门用于处理具有高度相互关联关系的数据，可以高效地处理实体之间的关系，比较适合于社交网络、模式识别、依赖分析、推荐系统以及路径寻找等问题。有些图形数据库(如 Ne04J)完全兼容 ACID。但是，除了在处理图和关系方面具有很好的性能以外，在其他领域，图形数据库的性能不如其他 NoSQL

数据库。

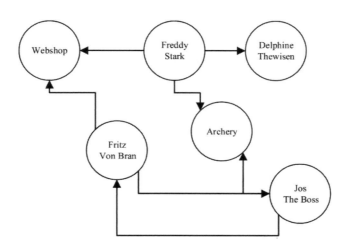

图11-4　图形数据库

这四种 NoSQL 数据库的对比如表 11-1 所示。

表11-1　四种NoSQL数据库的对比

| 分　类 | 举　例 | 典型应用场景 | 数据模型 | 优　点 | 缺　点 |
|---|---|---|---|---|---|
| 键值数据库 | Tokyo Cabine/Tyrant Redis Voldemort Oracle BDB | 内容缓存，主要用于处理大量数据的高访问负载，也用于一些日志系统 | Key 指向 Value 的键值对，通常用哈希表来实现 | 查找速度快 | 数据无结构，通常只被当作字符串或二进制数据 |
| 列式数据库 | Cassandra HBase Riak | 分布式的文件系统 | 列式存储，将同一列数据存放在一起 | 查找速度快，可扩展性强，更容易进行分布式扩展 | 功能相对局限 |
| 文档数据库 | CouchDB MongoDB | Web 应用(与键值类似，值是结构化的，不同的是数据库能够了解值的内容) | Key-Value 对应的键值对，Value 为结构化数据 | 数据结构要求不严谨，表结构可变，不需要像关系型数据库一样需要预先定义表结构 | 查询性能不高，而且缺乏统一的查询语法 |
| 图形数据库 | Neo4J InfoGrid Infinite Graph | 社交网络、推荐系统等，专注于构建关系图谱 | 图结构 | 利用图结构相关算法，比如最短路径寻址、$N$ 度关系查找等 | 很多时候需要对整个图做计算才能得出需要的信息，而且这种结构不太好做分布式集群方案 |

**4) NewSQL 数据库**

NoSQL 数据库可以提供良好的扩展性和灵活性,很好地弥补了传统关系型数据库的缺陷。

但是，NoSQL 数据库也存在自己的天生不足之处，由于采用非关系数据模型，因此不具备高度结构化查询等特性，查询效率尤其是复杂查询方面不如关系型数据库，而且不遵守 ACID 约束。在此背景下，近几年，NewSQL 数据库开始逐渐升温。NewSQL 是对各种新的可扩展、高性能数据库的简称，这类数据库不仅具有 NoSQL 对海量数据的存储管理能力，还支持 ACID 和 SQL 等特性。不同的 NewSQL 数据库的内部结构差异很大，但是，它们有两个显著的共同特点：都支持关系数据模型，并且都使用 SQL 作为主要的接口。

目前具有代表性的 NewSQL 数据库主要包括 Spanner、Clustrix、GenieDB、ScalArc、Schooner 等。此外，还有一些提供在云端的 NewSQL 数据库，包括 Amazon RDS、Microsoft SQL Azure、Database.com、Xeround 和 FathomDB 等。

### 2. 分布式处理——MapReduce

大数据时代除了需要解决大规模数据的高效存储问题，还需要解决大规模数据的高效处理问题。分布式并行编程可以大幅提高程序性能，实现高效的批量数据处理。分布式程序运行在大规模计算机集群上，集群中包括大量廉价服务器，可以并行执行大规模数据处理任务，从而获得海量的计算能力。MapReduce 是一种并行编程模型，用于大规模数据集(大于 1TB)的并行运算，能将复杂的、运行于大规模集群上的并行计算过程高度抽象到两个函数：Map 和 Reduce。MapReduce 极大地方便了分布式编程工作，编程人员在不会分布式并行编程的情况下，也可以很容易将自己的程序运行在分布式系统上，完成海量数据集的计算。

在 MapReduce 中，存储在分布式文件系统中的大规模数据集会被切分成许多独立的小数据块，这些小数据块可以被多个 Map 任务并行处理。MapReduce 框架会为每个 Map 任务输入数据子集，Map 任务生成的结果会继续作为 Reduce 任务的输入，最终由 Reduce 任务输出最后结果，并写入分布式文件系统。特别需要注意的是，适合用 MapReduce 处理的数据集需要满足如下前提条件：待处理的数据集可以分解成许多小的数据集，而且每一个小的数据集都可以完全并行地进行处理。

### 3. 大数据技术的不同技术层面及其功能(见表 11-2)

表11-2　大数据技术的不同技术层面及其功能

| 技术层面 | 功能 |
|---|---|
| 数据采集 | 利用 ETL 工具将分散的、异构的数据源中的数据(如关系数据、平面数据等)抽取到临时中间层后进行清洗、转换、集成，最后加载到数据仓库或数据集市中，成为联机分析处理、数据挖掘的基础；也可以把实时采集的数据作为流计算系统的输入，进行实时处理分析 |
| 数据存储和管理 | 利用分布式文件系统、数据仓库、关系型数据库、NoSQL 数据库、云数据库等，实现对结构化、半结构化和非结构化海量数据的存储和管理 |
| 数据处理与分析 | 利用分布式并行编程模型和计算框架，结合机器学习和数据挖掘算法，实现对海量数据的处理和分析；对分析结果进行可视化呈现，帮助人们更好地理解数据、分析数据 |
| 数据隐私和安全 | 在从大数据中挖掘潜在的巨大商业价值和学术价值的同时，构建隐私数据保护体系和数据安全体系，有效保护个人隐私和数据安全 |

## 11.1.4　大数据与云计算、物联网的关系

云计算、大数据和物联网代表了 IT 领域最新的技术发展趋势，三者既有区别又有联系。云计算最初主要包含了两类含义：一类是以谷歌的 GFS 和 MapReduce 为代表的大规模分布式并行计算技术；另一类是以亚马逊的虚拟机和对象存储为代表的"按需租用"商业模式。但是，随着大数据概念的提出，云计算中的分布式计算技术开始更多地被列入大数据技术，而人们提到云计算时，更多指的是底层基础 IT 资源的整合优化以及以服务的方式提供 IT 资源的商业模式(如 IaaS、Paas、SaaS)。从云计算和大数据概念的诞生到现在，二者之间的关系非常微妙，既密不可分，又千差万别。因此，我们不能把云计算和大数据割裂开来作为截然不同的两类技术看待。此外，物联网也是和云计算、大数据相伴相生的技术。

- 大数据、云计算和物联网的区别。大数据侧重于海量数据的存储、处理与分析，从海量数据中发现价值，服务于生产和生活。云计算本质上旨在整合和优化各种 IT 资源并通过网络以服务的方式，廉价地提供给用户。物联网的发展目标是实现物物相连，应用创新是物联网发展的核心。
- 大数据、云计算和物联网的联系。从整体上看，大数据、云计算和物联网三者是相辅相成的。大数据根植于云计算，大数据分析的很多技术都来自于云计算，云计算的分布式数据存储和管理系统(包括分布式文件系统和分布式数据库系统)提供了海量数据的存储和管理能力，分布式并行处理框架MapReduce提供了海量数据分析能力，没有这些云计算技术作为支撑，大数据分析就无从谈起。反之，大数据为云计算提供了"用武之地"，没有大数据这个"练兵场"，云计算技术再先进，也不能发挥出应用价值。

物联网的传感器源源不断产生的大量数据，构成了大数据的重要数据来源，没有物联网的飞速发展，就不会带来数据产生方式的变革(由人工产生阶段转向自动产生阶段)，大数据时代也不会这么快就到来。同时，物联网需要借助于云计算和大数据技术，实现物联网大数据的存储、分析和处理。可以说，云计算、大数据和物联网三者已经彼此渗透、相互融合，在很多应用场合都可以同时看到三者的身影。未来，三者会继续相互促进、相互影响，更好地服务于社会生产和生活的各个领域。

## 11.1.5　大数据与人工智能应用探讨

人工智能的飞速发展，背后离不开大数据的支持。而在大数据的发展过程中，人工智能的加入也使得更多类型、更大体量的数据能够得到迅速的处理与分析。人工智能和大数据之间的关系是双向的。可以肯定的是，人工智能的成功很大程度上取决于高质量的数据。同时，管理大数据并从中获取价值越来越多地依靠(诸如机器学习或自然语言处理等)人工智能技术来解决对人类而言难以负担的问题。

目前，人工智能发展过程中取得的大部分成就都和大数据密切相关。通过数据采集、处理、分析，从各行各业的海量数据中，获得有价值的洞察，为更高级的算法提供素材。马化腾在清华大学洞见论坛上表示，"有人工智能的地方都必须涉及大数据，这毫无疑问是未来的方向"。李开复也曾在演讲中谈道："人工智能即将成为远大于移动互联网的产业，而大数据一体化将

是通往这个未来的必要条件。"事实证明，从大数据到数据分析，再到人工智能的转变是十分自然的过程。这不仅是因为这个过程有助于调整人类思维模型，或者因为大数据和数据分析在被人工智能夺去光彩之前沉浸在各种炒作中，主要还是因为需要通过大数据来构建人工智能。

与此同时，人工智能的出现也提高了可利用数据的广度。如何快速寻找真正有效适合的信息，对高级算法提出了要求。可以说，大数据和人工智能是两大令人惊叹的现代技术集合，为机器学习注入动能，不断重复和更新数据库，同时借助人类的干预和递归实验进行优化。下面将讲解如何通过人工智能和大数据解决与数据相关的所有可能问题。

### 1. 大数据与人工智能结合

众所周知，人工智能将减少人类的整体干预和工作，因此人们认为人工智能具有所有的机器学习能力，并将创造机器人来接管人类的工作。人工智能的扩张会降低人的作用，大数据的介入是变革的关键。因为机器可以根据事实做出决定，但不能涉及情感互动，但是数据科学家可以基于大数据将情商囊括进来，让机器以正确的方式做出正确的决定。

比如，对于任何医药公司的数据科学家来说，不仅要分析客户的需求，还要遵守客户所在地区特定市场的规章制度，调整药物成分为市场提供最佳选择。所以很明显，人工智能和大数据的融合能为任何新的品牌和公司带来很多新的概念和选择。人工智能和大数据的结合可以帮助公司以最好的方式了解客户的兴趣。通过机器学习，公司可以在最短的时间内识别客户的兴趣。

人工智能辅助大数据利用的典型例子就是"预测未来"。邓白氏高级副总裁兼首席数据科学家安东尼·斯克里费加诺曾分享过一起欺诈案例。专业团队可以根据传统的欺诈类型设计成千上万不同的算法，用于专业人员处理不同类型的欺诈行为。然而，现实中还存在"观察者效应"，也就是说，如果一个人知道别人在观察他，他就会不自主地改变自身的行为，直接导致被观察对象的行为与真实表现存在差异，但这一点没有办法通过传统的建模方法进行行为检测。所以，这就需要更为高级的人工智能手段和更加先进的调查方法来进行解决，去建模未来可能发生欺诈的行为。

### 2. 大数据和人工智能提升市场分析洞察力

目前，大数据和人工智能市场还处于起步阶段，服务提供商还不知道客户具体在哪里以及他们的需求是什么。随着时间的推移，他们将实现准确的客户需求，并计划相应的报价和产品功能；并且随着时间的推移，组织将认识到客户的确切需求是什么，甚至基于人工智能的解决方案也可能需要进行巨大的变化，因为客户的需求可能会有所不同。

### 3. 大数据中人工智能技术的应用

#### 1）异常检测
对于任何数据集，可以使用大数据分析来检测异常。这里的故障检测、传感器网络、生态系统、分配系统的健康状况都可以通过大数据技术来检测。

#### 2）贝叶斯定理
贝叶斯定理是指根据已知条件推断事件发生的概率。甚至任何事件的未来也可以在之前事件的基础上预测。对于大数据分析，贝叶斯定理是最有用的，可以使用过去的数据模式计算客户对产品感兴趣的可能性。

### 3) 模式识别

模式识别是一种机器学习技术，用于识别一定数量的数据中的模式。在训练数据的帮助下，这些模式可以被识别出来，被称为监督学习。

### 4) 图论

图论建立在图形研究的基础上，图形研究中会用到各种顶点和边。通过节点关系，可以识别数据模式。数据模式对于进行模式识别有一定的帮助。这项研究对任何企业都很重要且有用。

### 4. 大数据与人工智能的跨行业应用

如果将人工智能当作处理大数据的强大杠杆，那么无论是用于分析、改进客户体验还是其他目的，人们都需要考虑以下人工智能和大数据应用的三个重要因素。

### 1) 从非标准化来源收集结构化数据

根据研究机构的一些估计，非结构化数据占企业数据的大部分份额(70%或更多)。将非结构化信息转换为可用格式对人类来说是一项极其烦琐的工作，特别是在重复(但完全必要)的后台操作中。发票处理就是使用人工智能从非结构化格式中自动提取结构化数据的典型示例：使用人工智能从扫描的发票和提取的结构化数据的历史数据中学习并训练模型。如果企业使用数千张发票的历史数据，则可以创建一种模型，通过扫描新发票即可自动提供结构化数据。借助人工智能，组织将非结构化数据转换为可在智能自动化系统中使用的可行信息。这使业务领导者可以更快地做出更好的业务决策。

### 2) 简化复杂的官僚程序

只要采用大数据，就会有复杂性和官僚主义，例如医疗、保险和金融服务等行业。因此，这些行业正在越来越多地尝试采用潜在的方式来使用人工智能技术减少繁文缛节。下面介绍金融领域的一个例子。银行的后台操作涉及庞大而复杂的数据集，这些数据集需要大量人力。如果由机器人流程自动化(与人工智能/机器学习结合使用)处理，则可以在执行了解客户、验证客户身份和地址等任务时节省大量时间和成本。此外，抵押贷款行业是目前正在尝试人工智能的金融行业的特定子集。人工智能正在多个方面改善抵押贷款行业中的数据分析。

- 吞吐量：目前业内平均完成抵押贷款的时间约为3至4周。使用人工智能自动化"关键路径流程"，只需要几天就可以完成抵押贷款的处理。
- 分析速度：从某种意义上说，贷款处理是信息处理的另一种表达方式。人工智能可以加快速度，达到实时处理的程度。人工智能越来越多地被用于销售点，以提供更多的贷款人自助服务。
- 处理和结果的准确性：使用人工智能和自动化，能够以高准确率处理抵押贷款。人类会感到疲劳，这种疲劳会导致出现错误，而人工智能技术可以全天候工作，而不会疲劳且精度很高。

### 3) 更好地利用视频和语音资源

人工智能可改善企业管理对现有媒体资产的价值获取。比如自然语言处理(NLP)这样的人工智能学科在利用语音数据、从语音分析到语音-文本转录方面有了相当大的改进。人工智能驱动的分析机会也彻底改变了与通话记录和其他语音数据相关的存储挑战。企业需要使用未压缩

的音频，这可能会使存储成本更高。人工智能具有自动转录语音记录的功能，使录音文件实时或接近实时地转录，生成的录音可提供通话记录，用于高级分析。这些文本记录可以存储，而高质量的未压缩音频文件现在可以删除，不需要存储。

视频文件的处理可以带来类似的机遇和挑战。人工智能现在使企业能够更好地管理和发现企业视频资产的价值。IBM Watson 企业视频产品高级总监 Chris Zaloumis 提出，人工智能技术使企业能够通过高级元数据的丰富功能和以前未开发的见解来理解和优化视频内容库。此外，语音-文本转录技术在提高视频应用程序的可访问性和包容性方面，包括实时订阅源，可以起到巨大的作用。可以说，人工智能和大数据是广泛使用的两种新兴技术。他们可以结合在一起，为社会提供更优化的服务与体验。

## 11.2 区 块 链

### 11.2.1 区块链概述

#### 1. 区块链的基本概念

区块链作为点对点(P2P)网络、密码学、共识机制、智能合约等多种技术的集成系统，提供了一种在不可信网络中进行信息与价值传递交换的可信通道，凭借独有的信任建立机制，与云计算、大数据、人工智能等新技术、新应用交叉创新，融合演进成为新一代网络基础设施，重构数字经济产业生态。

区块链技术起源于化名为"中本聪"的学者在 2008 年发表的奠基性论文《比特币：一种点对点电子现金系统》，里面阐述了基于 P2P 网络技术、加密技术、时间戳技术、区块链技术的电子现金系统的构架理念，这标志着比特币的诞生。区块链作为比特币的底层技术，本质上是一种通过去中心化和去信任的方式集体维护可靠数据库的技术方案。

区块链技术是一种不依赖第三方，而通过自身分布式节点进行网络数据的存储、验证、传递和交流的技术方案。在区块链系统中，系统中的每个人都有机会参与记账。在一定时间段内如果有任何数据变化，系统中的每个人都可以参与记账，系统会评判这段时间内记账最快、最好的人，把记录的内容写到账本，并将这段时间内账本的内容发给系统内的所有其他人进行备份。这样系统中的每个人就都有了一本完整的账本。

总而言之，区块链技术被认为是互联网发明以来最具颠覆性的技术创新，它依靠密码学和数学中巧妙的分布式算法，在无法建立信任关系的互联网上，无须借助任何第三方介入就可以使参与者达成共识，以极低的成本解决了信任与价值的可靠传递难题。

#### 2. 区块链的特征

从区块链的形成过程看，区块链技术具有以下特征：
- 去中心化。区块链技术不依赖额外的第三方管理机构或硬件设施，没有中心管制，除了自成一体的区块链本身，通过分布式核算和存储，各个节点实现了信息的自我验证、传递和管理。去中心化是区块链最突出、最本质的特征。区块链技术使用分布式核算和存储，不存在中心化的硬件或管理机构，任意节点的权利和义务都是均等的，系统中的数据由整个系统中具有维护功能的节点共同维护。任意节点停止工作都不会影响系统的整体运作。需要注意的是，区块链的去中心化只是弱化了中心，并不是消灭了中心。

- 开放性。区块链技术是开源的，除了交易各方的私有信息被加密外，区块链的数据对所有人开放，任何人都可以通过公开的接口查询区块链数据和开发相关应用，因此整个系统信息高度透明。
- 独立性。基于协商一致的规范和协议(类似比特币采用的哈希算法等各种数学算法)，整个区块链系统不依赖其他第三方，所有节点能够在系统内自动安全地验证、交换数据，不需要任何人为干预。
- 安全性。区块链是点对点的对等网络结构软件，没有服务器，每个节点都会存储一份完整数据，自己最多能够修改自己节点上的数据，然而只修改自身数据不能得到其他节点的承认，无法验证通过，不能将数据打包到区块中。除此之外，将数据打包进区块后，更改某个区块的数据，后续区块数据都需要修改，篡改难度大。这使区块链本身变得相对安全，避免了主观人为的数据变更。

信息不可篡改是区块链的信任来源之一，也是区块链最容易被设想和应用落地的方面。可将区块链技术应用于溯源，如京东建立的"京东区块链防伪追溯平台"、菜鸟网络和天猫国际利用区块链记录跨境进口商品的物流全链信息，等等。但区块链不可篡改也是具有两面性的，数据唯一、可信任是其核心优势，但是当身处复杂应用体系的时候，数据经常需要修改，如银行密码重置等，这对于不可篡改的区块链来说是硬伤。

### 3. 区块链的基础架构

区块链一般由数据层、网络层、共识层、激励层、合约层和应用层组成。

| 应用层 | 可编程货币 | 可编程金融 | 可编程社会 |
| --- | --- | --- | --- |
| 合约层 | 脚本代码 | 算法机制 | 智能合约 |
| 激励层 | 发行机制 | | 分配机制 |
| 共识层 | POW | POS | … |
| 网络层 | P2P网络 | 传播机制 | 验证机制 |
| 数据层 | 数据区块/哈希函数 | 链式结构/Merkle树 | 时间戳/非对称加密 |

图11-5　区块链的基础架构

- 数据层：数据层将一段时间内接收到的交易数据和代码封装到带有时间戳的数据区块中，并按时间顺序链接到当前最长的主区块链，生成最新的区块。该过程涉及数据区块、链式结构、哈希算法、Merkle树、非对称加密和时间戳等技术要素。

- 网络层: 网络层封装了区块链系统的组网方式、消息传播协议和数据验证机制等要素，结合实际应用需求，通过设计特定的传播协议和数据验证机制，可使区块链系统中的每一个节点都能参与区块数据的校验和记账过程，仅当区块数据通过全网大部分节点验证后，才能记入区块链。
- 共识层: 共识层的目的是希望能够在决策权高度分散的去中心化系统中，保障各节点高效地针对区块数据的有效性达成共识。最早的共识机制是POW，随着区块链技术的发展，POS、DPOS等共识机制相继涌现。区块链的共识层封装了这些共识机制。
- 激励层: 激励层将经济因素集成到区块链技术体系中，主要包括经济激励的发行制度和分配制度，目的是提供一定的激励措施，鼓励节点参与区块链中的安全验证工作，并将经济因素纳入区块链技术体系，激励遵守规则参与记账的节点，并惩罚不遵守规则的节点。
- 合约层: 合约层封装区块链系统的各类脚本代码、算法以及由此生成的更为复杂的智能合约，是建立在区块链虚拟机之上的商业逻辑和算法，是实现区块链系统灵活编程和操作数据的基础。
- 应用层: 应用层封装了区块链的各种应用场景及案例。

## 11.2.2　区块链的技术基础

### 1. 区块链的技术定义

简单来说，区块链是提供容错并保证最终一致性的分布式数据库。从数据结构上看，区块链是基于时间序列的链式数据块结构。从节点拓扑上看，区块链中的所有节点互为冗余备份。从操作上看，区块链提供了基于密码学的公钥/私钥管理体系以管理账户。

### 2. 区块链的技术特点

区块链可以理解为基于区块链技术形成的公共数据库，而区块链技术是比特币的底层技术，包含现代密码学、分布式一致性协议、点对点网络通信等技术，这些技术通过一定的规则协议形成区块链技术。

### 3. 区块链核心技术的组成

#### 1) 区块链的链接
区块链由一个个相连的区块(Block)组成。区块很像数据库中的记录，每次写入数据，就是创建区块。每个区块包含如下两部分。

- 区块头(Head): 记录当前区块的多项元信息，包含生成时间、实际数据(区块体)的哈希值、上一个区块的哈希值等。哈希值是计算机可以对任意内容计算出的长度相同的特征值。区块链的哈希值长度是256位，不管原始内容是什么，最后都会计算出一个256位的二进制数字，而且可以保证，只要原始内容不同，对应的哈希值一定是不同的。举例来说，字符串"123"的哈希值是a8fdc205a9f19cc1c7507a60c4f01b13d11d7fd0(十六进制)。

● 区块体(Body)：实际数据。

区块链的大部分功能都由区块实现。

**2) 共识机制**

区块链是分布式的，如何在没有中心控制的情况下，在互相没有信息基础的个体之间就交易的合法性等达成共识？这里就需要使用共识机制来解决。区块链的共识机制目前主要有以下四类：工作量证明机制(Proof of Work，PoW)、权益证明机制(Proof of Stake，PoS)、授权股权证明机制(Delegated Proof of Stake，DPoS)、分布式一致性算法。

● PoW：工作量证明机制是指系统为达到某一目标而设置的度量方法。通常是指在给定的约束下，求解特定难度的数学问题，谁解的速度快，谁就能获得记账权(出块权利)。这个求解过程往往会被转换成计算问题，所以在比拼速度的情况下，也就变成了谁的计算方法更优，以及谁的设备性能更好。比特币本身的演化很好地诠释了这个问题，中本聪的设计思路本来是由CPU计算。随着市场的发展，人们发现GPU也可以参与其中，而且效率可以达到十倍甚至百倍。现在，这项工作基本以ASIC专业挖矿芯片为主。

● PoS：这是一种股权证明机制，基本理念是产生区块的难度应该与你在网络里所占的股权(所有权占比)成比例，目前有三个版本：PoS 1.0、PoS 2.0、PoS 3.0。PoS实现的核心思路是：使用币龄以及小的工作量证明来计算目标值，当满足目标值时，就有可能获取记账权。

● DPoS：授权股权证明机制可简单理解为将PoS共识算法中的记账者转换为指定节点数组成的小圈子，而不是所有人都可以参与记账，这个圈子可能有21个节点，也可能有101个节点。这取决于设计，只有这个圈子中的节点才能获得记账权。这将极大地提高系统的吞吐量，因为更少的节点也就意味着网络和节点可控。

● 分布式一致性算法：分布式一致性算法基于传统的分布式一致性技术。此类算法目前是联盟链和私有链场景中常用的共识机制。优点是能实现秒级的快速共识机制，保证一致性。缺陷是去中心化程度不如公有链中的共识机制，更适合多方参与的多中心商业模式。

**3) 加密签名算法**

**哈希算法**

在区块链领域，哈希算法是应用最多的算法。哈希算法具有抗碰撞性、原像不可逆、难题友好性等特征。哈希函数是一类数学函数，可以在有限、合理的时间内，将任意长度的消息压缩为固定长度的二进制串，输出值称为哈希值，也称散列值。哈希算法就是以哈希函数为基础构造的，常用于实现数据完整性和实体认证。

区块与哈希值是一一对应的，每个区块的哈希值都是针对区块头(Head)计算的。如果当前区块的内容变了，或者上一个区块的哈希值变了，那么一定会引起当前区块的哈希值发生改变。正是通过这种联动机制，区块链保证了自身的可靠性，数据一旦写入，就无法被篡改。

**非对称加密算法**

除了哈希算法外，还存在一种用于对交易加密的非对称加密算法(椭圆曲线加密算法)。非对称加密算法指的是存在一对数学相关的密钥，使用其中一个密钥加密数据信息后，只能使用

另一个密钥才能对信息进行解密。在这对密钥中,对外公开的密钥叫公钥,不公开的密钥叫私钥。

比特币系统一般从操作系统底层的密码学安全的随机源中取出一个256位的随机数作为私钥,私钥总数为 $2\times256=512$,所以很难通过遍历所有可能的私钥得出与公钥对应的私钥。用户使用的私钥还可通过 SHA256 算法和 Base58 编码转换成易于书写和识别的 50 位长度的私钥,公钥则首先由私钥和 Secp256k1 椭圆曲线算法生成 65 字节长度的随机数。

**数字签名**

数字签名就是在信息后面加上另一段内容,作为发送者的证明并且证明信息没有被篡改。一般由发送者将信息用哈希算法处理后得出一个哈希值,然后用私钥对该哈希值进行加密,得出签名。然后发送者将信息和签名一起发送给接收者。接收者使用发送者的公钥对签名进行解密,还原出哈希值,再通过哈希算法来验证信息的哈希值和解密签名后还原出的哈希值是否一致,从而可以鉴定信息是否来自发送者或者验证信息是否被篡改。

**4) P2P 网络技术**

P2P 网络技术是区块链系统连接各对等节点的组网技术。这是一种无中心服务器、完全由用户群进行交换信息的互联网体系,P2P 网络中的每一个用户就是一个客户端,同时也具备服务器的功能。对于区块链网络来讲,每个节点基本上都是对等的,它们都需要维护相同的全网账本,并实时通信以保证每个节点都能及时处理收到的交易,以及挖掘的区块都能及时让所有其他节点知晓。正是这种"同步""共享"的简单策略,让所有节点都尽量统一并保留一份相同的数据,区块也是通过这种 P2P 网络进行全网发送的。

## 11.2.3　区块链与人工智能

人工智能(AI)、区块链无疑是当下最为热门的技术。随着两大技术的发展,越来越多的人开始将两者相提并论,探讨 AI 与区块链融合发展的可能性。人工智能与区块链的关系就好比计算机与互联网的关系,计算机为互联网提供了生产工具,互联网让计算机实现了信息互联互通。人工智能将解决区块链在自治化、效率化、节能化以及智能化等方面的难题,而区块链将把孤岛化、碎片化的人工智能以共享方式实现通用智能,前者是工具,后者是目的。

正是因为人工智能、区块链在生产生活中越来越多地应用与落地,使得人们开始探索人工智能和区块链的协同甚至融合发展。"区块链和人工智能实现共存是最有价值的。"中科院外籍院士张首晟提出了以上观点,他认为区块链可以让数据市场变得更加公平。区块链与人工智能共生将创造无限可能。

### 1. 人工智能与区块链面临的挑战

**1) 区块链面临的挑战**

近年来,区块链已经取得长足的发展,表现为结合数字货币的公链、以产业和业务结合的联盟链、企业内部使用的私链三种主要形式。然而,当前区块链技术在蓬勃发展的同时,也面临着一系列挑战。

**挖矿能耗**

比特币、以太坊以及其他多个主流公链均使用工作量证明作为共识算法,同时对取得记账权的节点进行奖励。过去几年，大量计算资源被投入挖矿计算中，并且出现了以比特大陆为代表的行业巨头。如果把全部挖矿的计算能力折算为浮点运算，粗略估算的总体计算能力达 1023 FLOPS(FLoating point Operations Per Second)，已经是谷歌计算能力的一百万倍。如此庞大的计算能力当然以电力作为基础，总用电量已经超过世界上 160 多个国家。

### 可扩展性

区块链的可扩展性一般指单位时间内能够支撑的最高并发交易个数。一般来说，区块链的吞吐率用 Transactions Per Second (TPS)表征，TPS 由数据块的大小、共识算法运行的时间和广播并验证的时间共同决定。值得注意的是，由于区块链采用去中心化方式验证交易，因此必须在多数节点形成共识之后才能完成验证，后果就是目前的区块链在节点增加的情况下交易速度必然下降。比特币的吞吐率为 3.3~7 TPS，以太坊略高，但也只有 30 TPS 左右。对比而言，使用中心化方式验证交易的 VISA 信用卡的持续吞吐率能够达到 1700 TPS 以上(VISA 官网宣称峰值可达 65 000 TPS)。

### 安全性

区块链采用去中心化的共识机制，本身的安全性是比较高的。然而，区块链由网络实现，因此其网络协议的各个层次均有可能受到攻击。例如，Mt Gox 交易所曾因为钱包的安全性漏洞被盗走 3.6 亿美元，直接导致交易所破产。

更为严重的安全隐患来自于智能合约。智能合约在分布式网络环境中运行时，潜在风险会大大提升。目前的智能合约编程以 Solidity 语言为主，该语言成熟度相对较低，攻击者可以利用溢出等情况侵入宿主计算机。同时为了支持交易，引入了跨合约程序调用等功能，易于遭受重入攻击。典型案例是以太坊的众筹项目 DAO，它在 2017 年受到重入攻击，被盗走当时价值六千万美元的以太币。

### 易用性

智能合约以程序形式体现，对一般用户来说具有一定难度。智能合约要求用户必须具备编程能力才能撰写合同，无形中限制了应用范围。

### 隐私保护

目前区块链的公链上的数据大体来说是完全开放的。因此，如何为区块链引入完备的隐私保护机制已经成为亟待解决的问题。

### 2) 人工智能面临的挑战

过去十年中，以深度神经网络为代表的机器学习技术取得惊人的成就，但应用的深入也使得人工智能技术开始面临一系列现实问题。

### 缺乏算力

机器学习技术，特别是深度学习技术，需要从大量样本(有标签或无标签数据)中提炼具有预测能力的模式。因此，机器学习的训练过程通常计算量较大。人工智能企业目前依靠租用云服务或自建计算集群解决算力问题。英国的一份人工智能工业分析报告指出，当前训练一个模型平均需要一万英镑，而复杂深度网络的训练过程更为昂贵。因此，目前 50%以上的人工智能公司都存在可用算力不足的问题。

### 缺乏数据共享

在人类社会高度数字化的今天，数据源并不缺乏，但数据分享的渠道却远未畅通。在绝大

多数应用场景下，数据产生和数据分析属于不同利益方。除了搜索引擎等少数领域，AI企业并不直接掌控数据来源，只能与数据提供方合作获得数据。

在人工智能领域，数据的获取往往具有壁垒。造成壁垒的原因很多，但其中最为关键的是无法保证数据提供方在共享数据之后能够共享利益。

### 缺乏可信性(可解释性)

传统模型和机器学习模型特别是深度学习模型存在显著差异，人工智能模型的可解释性较差。例如，金融业常用的传统风险控制模型可以在给出风险评估的同时，说明是由于哪些因素导致风险较大(例如信用分数低、现有借贷过多等)。人工智能特别是深度学习模型则具有"黑盒"特性，虽然准确率可以很高，但难以说明推理过程，造成决策的可信性不足。

### 缺乏通用智能

人类仍然处于人工智能的早期阶段，相比人脑智能，人工智能首先缺乏非监督或半监督学习能力，其次泛化能力较差，无法形成举一反三的效果。不仅如此，人工智能的常识和推理能力不足，缺乏自我学习解决问题的能力，难以进行高层次的认知活动。

### 缺乏隐私

机器学习对于数据隐私是一把双刃剑，一方面机器学习技术带来了盗取隐私的新手段；另一方面针对机器学习模型的隐私窃取技术(例如窃取模型参数和训练数据)也在快速出现。

## 2. 人工智能与区块链的相互促进和相互融合

人工智能和区块链的各自特征以及存在的痛点，决定了两者的结合是必然趋势，分布式和去中心化的区块链，将会给人工智能带来广阔和自由流动的数据市场、人工智能模块资源和算法资源。同时，将人工智能加入区块链，可以让区块链变得更节能、安全、高效，智能合约、自治组织也将会变得更智能。在数据领域，人工智能可以与区块链技术结合，一方面是从应用层面入手，两者各司其职，人工智能负责自动化的业务处理和智能化的决策，区块链负责在数据层提供可信数据。另一方面是数据层，两者可以互相渗透。区块链中的智能合约实际上也是一段实现某种算法的代码，既然是算法，那么人工智能就能够植入其中，使区块链的智能合约更加智能。同时，将训练模型和运行模型存放在区块链上，就能够确保模型不被篡改，降低了人工智能应用遭受攻击的风险。

### 1) 区块链给人工智能带来分布式智能，并实现数据市场的自由流动

人工智能包含三个核心部分：算法、算力及数据。优秀的人工智能算法模型需要大数据的训练和充足的算力支持，并不断地进行优化和升级。当下，很多数据都掌握在中心机构手中，如Google、Facebook、BAT等，而人工智能发展所需的多种数据，诸如个人的消费记录、医疗数据、教育数据、行为数据等，却不能随意由个人支配，数据市场还未形成，中心化的大数据带来的结果就是信息孤岛。

区块链具有几大主要特征，比如：分布式节点的共识系统、信息的不可篡改、匿名化、去中心化。区块链还有一种计算方法叫零知识证明，用于证明数据的价值，但又不暴露真正隐私的数据位置。有了区块链之后，数据市场能够使社会变得更加公平，而激励机制使数据共享成为可能，形成良性的数据市场，在这个市场里，区块链和人工智能将会达成互相共存的新理念，最终实现各自不同的价值。

(1) 区块链带来的分布式人工智能，可以实现人工智能中不同功能之间的相互调用，加快人工智能的发展速度。如今每个企业都在不同程度上对人工智能有需求，而当下的人工智能产品很少能满足企业的需求，但是开发个性化的人工智能产品又有很高的技术壁垒和资金壁垒。要真正迎接智能时代，就必须打破各个系统之间的界限，实现各个系统之间的相互调用。

区块链是一种使用分布式方法来运行人工智能系统的复杂网络，整个网络就好比大脑，而网络中运行的不同人工智能节点就好比脑区。即使大脑不控制人体内的每个系统，但基于分布式区块链的网络同样可以为人工智能的协调开发创造一个动态平台。在这个动态平台上，每个AI 节点都可以调用其他 AI 节点的模块和工具包。此外，对于网络攻击者来说，攻击整个分布式网络比攻击个别 AI 系统更安全，分布式 AI 系统也会更安全。

(2) 区块链可以打破封闭的人工智能开发模式、共享人工智能资源以及鼓励传统孤岛之间的数据共享。许多先进的人工智能工具只存在于由研究小组或独立研究人员创建的 GitHub(编程社区)存储库中。任何人都无法安装、配置和运行它们。机器学习、深度学习都需要有足够大的数据集，而创建和管理这种大型数据集是人工智能人员无法做到的。同时，目前封闭的开发模式也使开发人员难以共享数据集。

区块链的分散性促进了数据共享，如果没有单个实体控制存储数据的基础架构，那么因共享数据带来的摩擦就会减小。数据共享可以发生在企业内部(不同分公司之间的数据合并，可降低企业内审成本)、联盟数据库(综合银行的数据可以有效降低欺诈)或公共区块链(能源使用+汽车零部件供应链数据)中。

区块链的代币激励机制给共享数据提供了典范。如果有足够的前期收益，数据共享就会成为必然，当来自孤岛的数据合并时，可以获得新的数据集，当对新的数据集进行训练时，又会带来可以用于新业务的新模型。

(3) 区块链还可用于审计追踪数据和模型，以获得更可靠的预测。人工智能需要数据，数据越多，模型越好，但数据量与人工智能模型之间的正比例关系，建立在良好的数据质量的基础上。测试数据也一样，因而数据也需要可信度，使用有效的数据训练出的模型也是有效的，这样模型也获得了声誉和可信度，才能被更加广泛地利用。

(4) 去中心化的数据市场，可以减少数据共享带来的摩擦。在分散管理的过程中，数据和模型作为知识产权资产进行交换，没有实体可以控制数据存储的基础设施，这使得组织更容易协同工作或共享数据。通过这种分散交易，人们将看到真正开放的数据市场。

与当前的数据孤岛相比，未来加入区块链技术的分布式人工智能平台，希望达到的目标就是实现数据、算法、人工智能资源(包括开发工具、数据包等)的自由调度，建立真正自由流动的市场。这个平台的价值在于底层协议的构建以及数据、人工智能资源的对接，而不仅仅是指将资源引入平台。引入平台只是第一步，随后比较重要的是通过数据/AI 接口可以调用这些数据和资源。再延伸的话，就是调用的方便程度和速度。

**2) 人工智能可以优化区块链的运行方式，使其更安全、高效、节能**

区块链在本质上是一种新的数字信息归档系统，能将数据以加密的分布式总账格式存储。但区块链技术在近几年的高速发展中暴露出许多问题，阻碍了其商业化进程。人工智能可以为区块链带来颠覆式创新。

- 凭借人工智能算法的优化，结合POW和POS的共识机制可节省区块链的电力及能源消

耗。人工智能的三大核心组成部分为数据、算法、算力，算法的优化可以节省算力，按照这种逻辑，将人工智能用于POW共识机制和哈希运算，可大大提高计算效率，从而节省电力和能源。例如：初创企业Matrix利用AI将POW与POS结合使用，采用分层的共识机制，首先利用随机聚类算法在整个节点网络中产生多个小型集群并主要基于POS机制选举出代表性节点，再由选举出的代表性节点进行POW记账权竞争，相比全节点的竞争记账方式，可大大减少能源的浪费。

- 人工智能可以引入新的分散式学习系统来解决区块链中的数据冗余问题，扩展系统。分散式的学习系统，如联邦学习、新的数据分片技术，可以使系统更有效。此外，实践证明，通过人工智能模型和算法的优化，还可实现区块链的自然进化、动态调整，有效防止分叉的出现。

- 人工智能可更加有效地管理好区块链的自治组织。传统上，如果没有关于如何执行任务的明确指示，计算机将无法完成它们。由于区块链的加密特性，在计算机上使用区块链数据进行操作需要大量的计算机处理能力(如比特币挖矿)。人工智能可以更聪明、更周到的方式管理任务。就好比擅长破译密码的专家通过训练可以使破译密码的速度越来越快，对于机器学习驱动的挖掘算法，如果提供正确的培训数据，那么可以几乎立即提高专业技能，如果将技能用于社区管理，那么社区管理的效率就会大大提高。

- 人工智能可以延展和提高智能合约的功能及效率。区块链的智能合约在编写时需要用户仔细描述合约的参数细节以及执行过程，由于计算机语言的严谨性，这些智能合约往往存在许多潜在的漏洞。将各类人工智能模型、智能审查机制等引入智能合约的编写，用户只需要提供合约的主要目的和关键内容，人工智能虚拟机就可以在审核安全性之后直接调用模型库的基础人工智能模型进行匹配、整合，满足大部分普通用户编写使用智能合约的需求。

从技术本身看，区块链和人工智能是两种截然不同的技术，两者在各自的领域应用和落地。不过，两者也有一定的关联，区块链是新型的分布式数据库技术，因而在"数据"上，区块链和人工智能有"合作"的空间。区块链技术可以解决人工智能应用中的数据可信度问题，有了区块链技术，人工智能可以更加聚焦于算法。

人工智能和区块链有望基于双方各自的优势实现互补。事实上，目前业界已经有公司尝试将两者同时应用。区块链初创公司 Everledger 正在探索将区块链与人工智能、物联网等技术结合起来，打造一站式的珠宝追踪及鉴定平台，在利用区块链技术实现珠宝流通记录真实、可溯源的基础上，通过人工智能实现追踪的自动化。

目前的区块链和人工智能还刚刚起步，当前最重要的使命依然是不断完善和成长。未来，只有两大技术相对成熟，并且有一定规模的应用落地，两者的协同与结合才更有价值和空间。

## ▼ 11.2.4　区块链的应用探讨与展望

区块链技术可以在无需第三方背书情况下实现系统中所有数据信息的公开透明、不可篡改、不可伪造、可追溯。区块链作为一种底层协议或技术方案可以有效地解决信任问题，实现价值的自由传递，在数字货币、金融资产的交易结算、数字政务、存证防伪数据服务等领域具有广阔前景和大量案例。

### 1. 金融领域的应用前景

区块链技术天然具有金融属性，正对金融业产生颠覆式变革，具体应用体现在如下方面。

- 支付结算方面。在区块链分布式账本体系下，由市场多个参与者共同维护并实时同步一份"总账"，短短几分钟内就可以完成现在两三天才能完成的支付、清算、结算任务，降低了跨行跨境交易的复杂性和成本。同时，区块链的底层加密技术保证了参与者无法篡改账本，确保交易记录透明安全，监管部门能够方便地追踪链上交易，快速定位高风险资金流向。
- 证券发行交易方面。传统股票发行流程长、成本高、环节复杂，区块链技术能够弱化承销机构的作用，帮助各方建立快速准确的信息交互共享通道，发行人通过智能合约自行办理发行，监管部门统一审查核对，投资者也可以绕过中介机构进行直接操作。
- 数字票据和供应链金融方面。区块链技术可以有效解决中小企业融资难问题。基于区块链技术，可以建立一种联盟链，涵盖核心企业、上下游供应商、金融机构等，核心企业发放应收账款凭证给供应商，票据数字化上链后可在供应商之间流转，每一级供应商可凭数字票据证明实现对应额度的融资。

此外，区块链在国际汇兑、信用证、股权登记和证券交易所等金融领域有着潜在的巨大应用价值。将区块链技术应用于金融领域，可省去第三方中介环节，实现点对点对接，从而在极大降低成本的同时，快速完成交易支付。比如 Visa 推出的基于区块链技术的 Visa B2B Connect，能为机构提供一种费用更低、更快速和安全的跨境支付方式来处理全球范围的企业对企业交易。

### 2. 公共服务领域的应用前景

区块链在公共管理、能源、交通等领域都与民众的生产生活息息相关，区块链可以让数据跑起来，精简办事流程。区块链的分布式技术可以让政府部门集中到一条链上，所有办事流程交付智能合约，办事人只要在一个部门通过身份认证以及电子签章，智能合约就可以自动处理并流转，顺序完成后续所有审批和签章。区块链发票是国内区块链技术最早落地的应用。税务部门推出区块链电子发票"税链"平台，税务部门、开票方、受票方通过独一无二的数字身份加入"税链"，真正实现"交易即开票""开票即报销"，秒级开票、分钟级报销入账，大幅降低了税收征管成本，有效解决了数据篡改、一票多报、偷税漏税等问题。扶贫是区块链技术的另一个落地应用。利用区块链技术的公开透明、可溯源、不可篡改等特性，实现扶贫资金的透明使用、精准投放和高效管理。

### 3. 存证防伪领域的应用前景

区块链可以通过哈希时间戳证明某个文件或数字内容在特定时间内存在，加之区块链的公开、不可篡改、可溯源等特性，为司法鉴证、身份证明、产权保护、防伪溯源等提供了完美解决方案。在知识产权领域，通过区块链技术的数字签名和链上存证可以对文字、图片、音频、视频等进行确权，通过智能合约创建执行交易，让创作者重掌定价权，实时保全数据形成证据链，同时覆盖确权、交易和维权三大场景。在防伪溯源领域，通过跟踪供应链，区块链技术可以被广泛应用于食品医药、农产品、酒类、奢侈品等行业。

### 4. 社会治理领域的应用前景

区块链在实体经济、民生领域以及国家治理方面的应用前景广阔。区块链中的共识机制、智能合约，能够打造透明可信任、高效低成本的应用场景，构建实时互联、数据共享、联动协同的智能化机制，从而优化政务服务、城市管理、应急保障流程，提升治理效能。例如，依托区块链建立跨地区、跨层级、跨部门的监管机制，有助于降低监管成本，打通不同行业、地域监管机构间的信息壁垒。当审计部门、税务部门与金融机构、会计机构之间通过区块链技术实现审计数据、报税数据、资金数据、账务数据的共享时，数据造假、逃避监管等问题将得到有效解决。

## 11.3　大数据与区块链的关系

区块链和大数据都是蓬勃发展的新一代信息技术，它们的概念不同，应用领域也有着一定的区别。近年来，大数据在迅猛发展的同时，也面临着诸多困境，而区块链技术以独有的特性，可以克服大数据分析面临的挑战。

### 1. 区块链使大数据降低信用成本

现在的大数据几乎都是由大的互联网公司各自垄断，而在经济全球化、数据全球化时代，如果大数据仅仅掌握在互联网公司手中的话，全球的市场信用体系建立是无法去中心化的。

区块链技术可以让数据文件在加密后，直接在区块链上做交易，交易数据可以完全存储在区块链上，成为个人的信用云，所有的大数据将成为每个人产权清晰的信用资源，这也是未来全球信用体系构建的基础。其实，中国正迅速发展的互联网金融行业已经表明，信用资源会很大程度上来自大数据，可通过大数据挖掘建立每个人的信用。区块链因"去信任化、不可篡改"特性，可以极大降低信用成本，实现大数据的安全存储。将数据放在区块链上，可以解放出更多数据，使数据可以真正"流通"起来。"流通"使得大数据发挥出更大的价值，类似资产交易管理系统的区块链应用，可以将大数据作为数字资产进行流通，实现大数据在更广泛领域的应用及变现，充分发挥大数据的经济价值。

### 2. 区块链提高大数据的安全性

由于比特币、以太币等加密货币，区块链实际上可以支持任何类型的数字化信息，包括大数据领域，尤其是提高数据的安全性或质量。由区块链驱动的大数据系统可以让公司安全地与他人共享数据记录，而不涉及指数级的风险概率。从数据分析中提取的数据可以存储在区块链网络中。

此外，区块链使用算法来验证交易。因此，网络罪犯不可能对网络造成任何损害。由于是分布式账本网络，不能产生足够的计算能力来改变验证标准或向系统中插入不需要的数据，因此网络罪犯无法大规模操纵或访问数据，从而防止网络攻击。

### 3. 区块链通过数据确权打破数据孤岛

区块链系统建立的前提，一定是数据的对等分享，而不可能是数据的单方面分享。因此，在区块链系统和业务体系内，数据必须来自所有节点，才有可能实现数据对等占有、效率对等提升、利益对等享有。因此，让区块链系统对数据的所有权进行确权是必需的。

大数据系统基本不考虑数据从哪里来、到哪里去以及数据的所有权属于谁、数据产生的收益又应该由谁分享。区块链系统要求链上数据对所有人开放，因此必须保证链上数据的真实可信。因此，在区块链系统中，需要所有人都负责各自数据的写入，同时所有人要负责对他人写入数据的真实性进行确认。在这些真实数据的基础上，才能够实现业务流程的优化和重构，才能进一步实现效率的提升和利益的重新分配。

### 4. 区块链技术架构能提高数据质量

大数据是一种低价值数据，大数据系统中大部分数据的质量并不高，这种质量包括数据本身的真实性、数据自身蕴含的内在价值、数据价值与数据自身占用空间的比例等不同维度。

区块链数据是一种高价值数据，是稀缺数据。低价值数据或无价值数据没有在全网范围内进行一致性分发和冗余存储的必要，只有高价值数据和稀缺数据才有这种需要，并经过全网范围内的一致性分发和冗余存储，确保数据不可篡改、不可伪造且来源可追溯。因此，可以通过区块链系统，对大数据系统中的数据去伪存真，保留必要的数据上链，而不是一股脑将所有数据上链。将所有数据上链既没有必要，现有的区块链系统也无法承载，更无法承受。因此，区块链系统的应用，必须对大数据系统中的数据进行筛选，提高数据的可用性和数据质量。

## 11.4  本章小结

本章介绍了大数据与区块链的基本概念和特征，分别概述了它们的技术基础与应用领域，并与人工智能技术进行结合，探讨未来融合发展的无限潜力。此外，也对大数据与区块链的关系进行了分析。

大数据具有的基本特征包括规模性、高速性、多样性、价值性。大数据在包括金融、医疗健康、能源、电信、零售、餐饮、娱乐等在内的社会各个行业得到了日益广泛的应用。大数据的关键技术核心是分布式文件系统(HDFS)和 MapReduce。本章阐述了大数据、云计算和物联网三者之间的区别和联系，最后提出了如何结合人工智能和大数据解决与数据相关的可能问题并在多个领域应用。

区块链技术是一种不依赖第三方、通过自身分布式节点进行网络数据的存储、验证、传递和交流的一种技术方案。区块链具有去中心化、开放性、独立性、安全性四大特征，系统一般由数据层、网络层、共识层、激励层、合约层和应用层组成。区块链是一种特殊的分布式数据库，没有中心节点(去中心化)，可以在无需第三方背书的情况下实现系统中所有数据信息的公开透明、不可篡改、不可伪造、可追溯。区块链作为一种底层协议或技术方案可以有效地解决信任问题，实现价值的自由传递，在数字货币、金融资产的交易结算、数字政务、存证防伪等领域具有广阔前景和大量案例。本章最后探讨了人工智能和区块链的协同甚至融合发展的价值，

它们在多个领域具有无限应用潜力。

## 11.5 习　题

1. 试述大数据的四个基本特征。
2. 试述大数据的两大关键技术。
3. 举例说明大数据在不同领域有哪些具体应用。
4. 详细阐述大数据、云计算和物联网三者之间的区别和联系。
5. 什么是 NoSQL 数据库？并试述 NoSQL 数据库的四大类型。
6. 什么是区块链？试述区块链的基本特征及基础架构。
7. 举例说明区块链在不同领域的具体应用。
8. 试述区块链的技术特征。
9. 试述大数据与区块链分别与人工智能技术能有哪些结合应用。

## 参考文献

[1] 林子雨. 大数据技术原理与应用(第 2 版)[M]. 北京：人民邮电出版社，2017.

[2] 樊重俊，刘臣，霍良安. 大数据分析与应用[M]. 上海：立信会计出版社，2016.

[3] 佘玉梅，段鹏. 人工智能及其应用[M]. 上海：上海交通大学出版社，2007.

[4] 蔡自兴. 人工智能及其应用[M]. 北京：清华大学出版社，2016.

[5] Christidis K, Devetsikiotis M. Blockchains and Smart Contracts for the Internet of Things[J]. IEEE Access, 2016, 4: 2292-2303.

[6] Yli-Huumo Jesse, Ko Deokyoon, Choi Sujin. Where Is Current Research on Blockchain Technology?—A Systematic Review[J]. Plos One, 11(10): e0163477-.

[7] 袁勇，王飞跃. 区块链技术发展现状与展望[J]. 自动化学报，2016, 42(4): 481-494.

[8] 林晓轩. 区块链技术在金融业的应用[J]. 中国金融，2016(8) .

[9] 刘世成，张东霞，朱朝阳，李维东，卢文冰，张敏杰. 能源互联网中大数据技术思考[J]. 电力系统自动化，2016, 40(08): 14-21+56.

[10] 王钦敏. 经济社会发展中的大数据应用[J]. 地理学报，2015, 70(05): 691-695.

[11] 韩璇，袁勇，王飞跃. 区块链安全问题：研究现状与展望[J]. 自动化学报，2019, 45(01): 206-225.

[12] 刘敖迪，杜学绘，王娜，李少卓. 区块链技术及其在信息安全领域的研究进展[J]. 软件学报，2018, 29(07): 2092-2115.

[13] 袁勇，周涛，周傲英，段永朝，王飞跃. 区块链技术：从数据智能到知识自动化[J]. 自动化学报，2017, 43(09): 1485-1490.

[14] 郑志明，邱望洁. 我国区块链发展趋势与思考[J]. 中国科学基金，2020, 34(01): 2-6.

# 第 12 章

# Python编程基础

通过本章的学习，我们将对 Python 世界有整体性认识。首先，本章将揭示 Python 语言的基本情况及其独有的特性。然后，本章将介绍如何开始编写基本的 Python 代码。最后，本章将介绍 Python 的一些常用库。

## 12.1 Python——编程语言

Python 于 1991 年由荷兰人吉多·范罗苏姆(Guido van Rossum)发明，Python 是从 ABC 语言发展而来的，具有以下几个特点。

- 面向对象：Python属于面向对象语言，它的类模块支持多态、操作符重载和多重继承等高级概念，学习Python比学习其他面向对象语言要容易得多。除了作为一种强大的代码构建和重用手段以外，Python的面向对象特性使其成为面向对象语言(如C++和Java)的理想脚本工具。

- 免费：Python的使用和分发是完全免费的。可以从Internet上免费获得Python系统的源代码。复制它们，将它们嵌入自己的系统或随产品一起发布都没有任何限制。但"免费"并不代表"无支持"，Python的开发是由社区驱动的，是广大Python爱好者协同、合作、努力的结果。

- 可移植：Python具有很高的可移植性。用解释器作为接口读取和运行代码的最大优势就是可移植性。为任何现有系统(Linux、Windows和macOS)安装相应版本的解释器后，Python代码无须修改就能运行。

- 功能强大：Python是一种混合体。丰富的工具集使Python介于传统的脚本语言(例如Scheme和Perl)和系统语言(例如C、C++和Java)之间。Python提供所有脚本语言的简单性和易用性，并且具有在编译语言中才能找到的高级软件工具。这种结合使Python在长期的大型项目开发中十分有用。

- 可混合：Python可以多种方式与C/C++和Fortran等其他编程语言的组件黏在一起。Python以此弥补执行速度慢的缺点——这可能是Python唯一的缺点。作为一种动态性极强的编程语言，有时执行Python程序所用的时间是用其他语言编写并编译的静态程序的一百倍。因此，要解决这类性能问题，可以在Python语言中无缝使用编译好的其他语言代码。
- 简单、易用、易学：这可能是Python最为重要的优点，这是开发者甚至新手首先就能感受到的。Python代码很直观，读起来很容易。久而久之，Python成了大多数编程新手的首选。然而，简单并不代表应用范围窄。相反，Python被广泛用于各个计算领域。此外，比起C++、Java、Fortran等其他编程语言，Python处理起各种任务来更简单，远没有其他编程语言那么复杂。Python采用的是伪编译方法，编写完程序后，要有解释器才能运行。因而跟C、C++和Java等语言不同，Python程序不需要编译。由于Python用解释器执行代码，使用的环境不同时，Python呈现出极为不同的特点。我们可以像编写C++或Java代码那样，编写大量Python代码后再运行；也可以输入一行命令后就执行，这样马上就能得到执行结果，然后根据返回结果决定下一行代码写什么。执行代码的模式具有高度交互性，这使得Python成为MATLAB那样非常适合计算的语言。Python之所以在科学计算领域获得成功，跟这个特点密切相关。

## 12.2  Python——解释器

　　Python 除了是一门编程语言之外，也是一个软件包。编写一段 Python 程序后，Python 解释器将读取这段程序，并按照其中的命令执行，得出结果。

　　每次按下回车键之后，Python 解释器开始以单词为单位逐一扫描代码(一行或整个文件的所有代码)。这些单词则是文本片段，Python 解释器把它们组织为表示程序逻辑结构的树状结构，随后这些代码片段将会被转换为字节码(.pyc 或.pyo)。生成的字节码随后将交由 Python 虚拟机(PVM)执行。

　　Python 的标准解释器名为 Cython，因为它是完全用 C 语言编写的。除此之外，还有一些用其他语言编写的解释器，比如用 Java 开发的 Jython、用 C#开发的 lronPython (因此只适用于 Windows 系统)以及全部用 Python 开发的 PyPy。

- Cython：Cython以开发能把Python代码转换为等价C代码的编译器为基础。C代码随后在Cython环境中执行。这种编译机制使得在Python代码中嵌入能够提升效率的C代码成为可能。Cython可以视为一门新的编程语言，它实现了C和Python两种编程语言的融合。
- Jython：跟Cython相对应的，还有完全用Java语言开发和编译的Jython。设计Jython的目的是让Python代码能够脚本化Java程序，实现与Java的无缝集成。
- lronPython：lronPython可以让Python程序与使用Windows平台上的.NET框架以及对应的Linux平方上的Mono框架编写的应用集成。
- PyPy解释器是一种即时编译器，它在运行时直接把Python代码转换为机器码。这样做是为了提升代码的执行速度，因此只使用很少一部分的Python命令。

## 12.3　安装Python

为了使用 Python 开发程序，需要首先在操作系统中安装 Python。与 Windows 不同的是，Linux 和 Mac OS X 系统已经预装了某个版本的 Python。如果没有或是想安装新版本，方法也很简单。

Debian/Ubuntu Linux 系统使用以下命令：

```
apt-get install python
```

支持 rpm 包的 Red Hat 和 Fedora Linux 系统则使用以下命令：

```
Yum install python
```

对于 Windows 或 Mac OS X 操作系统，可以从 Python 官网(http://www.python.org)下载喜欢的版本，自动进行安装。

除了上述方法，如今有很多发行版不仅提供 Python 解释器，还提供很多工具，这些工具简化了 Python、Python 所有的库以及相关应用的管理和安装工作。

## 12.4　使用Python

Python 语言包容万象，却又不失简洁，用起来还很灵活。无论用于哪个领域的开发(数据分析、科学计算和图形界面等)，Python 扩展起来都很容易。正是出于这个原因，Python 的用法多种多样，具体怎么用取决于开发者的喜好和能力。下面介绍本书中用到的各种 Python 用法。各章讨论的主题有所不同，因此用到的 Python 方法也会存在差异，原则是为不同的任务选用最合适的方法。

### 12.4.1　Python shell

走进 Python 世界的最简单方式莫过于通过 Python shell(运行命令行的终端界面)创建一段会话。然后可以输入一条命令，立即测试是否能正常运行。这种模式阐明了解释器的特性，Python 代码所要执行的操作由解释器决定。解释器能够一次读取一条命令，同时保持由先前命令指定的变量的状态，这一点跟 MATLAB 和其他科学计算软件相似。

这种模式非常适合第一次接触 Python 语言的新手，可以逐条测试命令，无须事先编写、编辑好之后才运行可能包含多行代码的完整程序。

这种模式也表明可以逐行对代码进行测试、调试或用来处理计算任务。在终端开启会话模式很简单，只需要输入以下命令即可：

```
>>> python
Python 3.7.0(default, february 15 2020,16:51:27)[MSC v.1912 64 bit (AMD64)]
On win32
Type "help", "copyright", "credits" or "license" for more information.
>>>
```

现在，Python shell 已经激活，接下来编写最简单也是编程初学者经常编写的经典例子：

```
print("Hello World!")
Hello World!
```

### 12.4.2　运行完整的Python程序

试着编写完整个程序后，再在终端运行。首先使用简单的文本编辑器编写程序，保存为 MyFirstProgram.py。

```
print('hello')
name=input("what is your name?")
print('hello '+name)
```

现在你已编写好自己的第一个 Python 程序了，可以直接在命令行使用 python 命令运行：

```
python MyFirstProgram.py
what is your name?Michael Li
hello Michael Li
```

### 12.4.3　使用IDE编写代码

比前面更为复杂的方法是使用 IDE(Integrated Development Environment，集成开发环境)编写并运行代码。这些编辑器相当复杂，它们提供了 Python 开发所需的工作环境。它们提供的多种工具为开发者带来了很多便利，尤其非常有助于调试程序。

### 12.4.4　与Python交互

下面介绍最后一种方法——交互式编程。前三种方法不论好坏，使用其他语言的开发者都在使用，最后一种方法提供了直接与 Python 代码交互的机会。

从这方面讲，IPython 的发明极大地丰富了 Python 世界。功能强大的 IPython 旨在满足分析师、工程师或研究员与 Python 解释器进行交互的需求。

## 12.5　编写Python代码

12.4.1 节介绍了如何编写简单的小程序输出字符串"Hello World"。接下来我们将从总体上介绍 Python 语言，让你熟悉最为重要的基础知识。

本节的目的不是教你用 Python 编写程序，或是讲解 Python 语言的语法规则，而是让你快速地对 Python 的基本规则有个总体印象，这样才能继续学习后面的各个主题。

### 12.5.1　Python基础语法

Python 与 Perl、C 和 Java 等语言相比有许多相似之处，但也存在一些差异。

### 1. Python标识符

在 Python 中，标识符由字母、数字、下画线组成。所有标识符可以包括英文、数字以及下画线，但不能以数字开头，而且是区分大小写的。

以下画线开头的标识符是有特殊意义的。以单下画线开头的代表不能直接访问的类属性，需要通过类提供的接口进行访问，不能使用 from xxx import *的形式导入。以双下画线开头的代表类的私有成员，以双下画线开头和结尾的代表 Python 中的特殊方法，如__init__()代表类的构造函数。

Python 可以在同一行显示多条语句，方法是用分号分开，比如：

```
print ('hello');print ('world');
hello
world
```

### 2. Python保留字

Python 中的保留字如表 12-1 所示。这些保留字不能用作常数、变量或任何其他标识符的名称。所有的 Python 保留字都只包含小写字母。

表12-1　Python保留字

| and | exec | not | Assert | finally | or |
|---|---|---|---|---|---|
| break | for | pass | Class | from | print |
| continue | global | raise | Def | if | return |
| del | import | try | elif | in | while |
| else | is | with | except | lambda | yield |

### 3. 缩进

对于那些有其他编程语言背景的人来说，Python 中的缩进所起的作用很奇特。有些人可能习惯为了美观和增强代码的可读性而调整缩进，但是对 Python 而言，缩进是代码实现的一部分，是为了把代码分为一个个的逻辑块。在 Java、C 和 C++中，每行代码用英文的分号跟下一行代码区分开；而在 Python 中，不能使用包括标识逻辑块的大括号在内的任何分隔符。其他语言中的分隔符所扮演的角色，在 Python 中由缩进扮演。也就是说，解释器根据每行代码的起始位置来决定这一行代码是否属于某个逻辑块。

```
a=6
if a > 3:
  if a < 5:
      print('four')
else:
  print('another number')
#没有输出

a=6
if a > 3:
```

```
    if a < 5:
        print('four')
    else:
        print('another number')
another number
```

从这个例子可以看出，由于两段代码中 else 命令使用的缩进不同，因此所表示的条件的含义也不同。

### 4. 引号

Python 可以使用单引号"'"、双引号"""、三引号"'''"或""""""来表示字符串，引号的开始与结束类型必须相同。

### 5. 注释

Python 中的单行注释以#开头。

多行注释则使用三个单引号'''或三个双引号"""。

```
'''
多行注释，使用单引号。
多行注释，使用单引号。
'''

"""
多行注释，使用双引号。
多行注释，使用双引号。
"""
```

### 6. 多行语句

Python 语句中一般以新行作为语句的结束符。但是，可以使用\将一行语句分为多行显示，如下所示：

```
total = item_one + \
        item_two + \
        item_three
```

语句中如果包含[]、{}或()，则不需要使用多行连接符，如下所示：

```
cities = ['上海', '北京', '广州',
          '深圳', '重庆']
```

### 7. 空行

空行与代码缩进不同，空行并不是 Python 语法的一部分。书写时不插入空行，Python 解释器在运行时也不会出错。但是，空行的作用在于分隔两段不同功能或含义的代码，便于日后代码的维护或重构。

**8. 等待用户输入**

下面的程序执行后就会等待用户输入：

```
content = input('请输入内容：')
```

**9. print输出**

print 输出默认是换行的，为了实现不换行，需要在变量的后面加上逗号。

```
x=1
y=2
#换行输出
print(x)
print(y)
1
2


#不换行输出
print(x,y)
1 2
```

**10. 变量赋值**

Python 中的变量赋值不需要类型声明。每个变量都创建在内存中，并且都包括变量的标识、名称和数据这些信息。每个变量在使用前都必须赋值，赋值以后变量才会被创建。等号用来给变量赋值。等号运算符的左边是变量名，右边是存储在变量中的值，例如：

```
counter = 100        # 赋值整型变量
miles = 1000.0       # 浮点型
name = "Michael"     # 字符串
```

## ◥ 12.5.2　数学运算

前面我们见过 print()函数几乎可以输出任何内容。其实，Python 不仅是输出工具，还是强大的计算器。在命令行中开启一段会话，进行下面的数学运算：

```
print(1+2)
3

print((1.75 * 3.25)/4)
1.421875

print(8**2)
16

print((1 + 2j) * (2 + 3j))
(-4+7j)
```

```
print(4 < (2*3))
True
```

Python 能够对多种类型的数据进行计算，包括复数和含有布尔值的条件表达式。

## 12.5.3 导入新的库和函数

前面讲过，Python 的一大特点是可以通过导入各种现成的包和模块来扩展功能。为了导入整个包，需要使用 import 命令：

```
import math
```

例如，现在就可以计算变量 a 中存放的数值的正弦值：

```
print(math.sin(a))
```

如你所见，调用函数时需要带着库的名字。有时，你可能会遇到下面这种形式的导入语句：

```
from math import
```

这种导入语句会把库中的所有函数都导入进来。

```
a = 15 * 5.6
print(math.sin(a))
0.7331903200732922
```

但这种导入方法在导入的库越来越多时实际上会带来非常严重的问题，这是非常不好的习惯。因为分属于不同库的函数可能存在重名的情况，所以如果把它们都导入进来，后导入的函数将覆盖先前导入的同名函数。因此，程序可能会产生各种错误。

这种导入方法一般只用于以下情况：函数数量非常有限，并且程序的正常运行又离不开这些函数，同时又完全没有必要导入整个库。

在前面的例子中，我们曾用变量存储元素。实际上，Python 提供了多种极其有用的数据结构，它们能够同时存储多个元素，有时甚至是不同类型的元素。这些数据结构如下，它们的定义方法因内部存储的数据而异。

- 列表
- 集合
- 字符串
- 元组
- 字典
- 双队列
- 堆

以上只是可以用 Python 创建的数据结构中的一小部分。这些数据结构里经常用的是字典和列表。

### 1. 字典

字典这种数据结构有时也被称作 dict，是 Python 中的映射数据类型，工作原理类似于 Perl 中的关联数组或哈希表，以键值对(key-value)的形式存储数据。几乎所有类型的 Python 对象都可以用作键，不过一般还是以数字或字符串最为常见。

```
dict = {'name':'Michael Li', 'age':24, 'city' :'Shanghai'}
```

如果想获取字典里某一特定的值，需要指定对应的键的名称。

```
print(dict["name"])
Michael Li
```

如果想迭代输出字典里的所有键值对，需要使用 for-in 结构，还要用到 items()函数。

```
for key, value in dict.items():
    print(key,value)
name Michael Li
age 24
city Shanghai
```

### 2. 列表与for循环

列表这种数据结构包含一系列具有明确顺序的元素，这些元素组成了序列，可以把序列当成普通的"数组"，它能保存任意 Python 对象。列表支持新增或删除元素。每个元素都有叫做索引的数字标识，索引标识了元素在序列中的位次。

```
list = [1,2,3,4]
print(list)
[1,2,3,4]
```

如果想获取单个元素，用方括号指定元素的索引即可(列表中第一个元素的索引为 0)；如果想获取列表(或序列)的部分元素，用索引 *i* 和 *j* 指定所需范围的上下界即可。

```
print(list[2])
3              #获取单个元素
print(list[1:3])
[2,3]          #获取列表(或序列)的部分元素
```

用负数作为索引，表示获取列表的最后一个元素。

```
print(list[-1])
4
```

要扫描列表中的每个元素，可使用 for-in 结构。

```
a = [1,2,3,4,5]
b = [i + 1 for i in a]
print(b)
[2, 3, 4, 5, 6]
```

### 3. if语句与while循环

利用 while 循环,可以让一个代码块一遍又一遍地执行。while 语句看起来和 if 语句类似。不同之处在于它们的行为。if 语句结束时,程序继续执行 if 语句之后的语句;但在 while 语句结束时,程序执行跳回到 while 语句开始处。

```
a = 0
if a < 5:
    print('Hello, world.')
    a = a + 1
Hello, world.


a = 0
while a < 5:
    print('Hello, world.')
    a = a + 1
Hello, world.
Hello, world.
Hello, world.
Hello, world.
Hello, world.
```

对于带有 if 语句的代码,如果条件为 True,就打印一次"Hello, world."。带有 while 循环的代码则不同,会打印 5 次。打印 5 次后就会停下来,因为在每次循环迭代的末尾,变量 a 中存储的整数都增加 1。这意味着循环将执行 5 次,然后 a<5 变为 False。

## 12.5.4 函数式编程

前面例子中的 for-in 结构跟其他编程语言中的非常相似。但实际上,要成为一名真正的 Python 程序员,就应该避免使用显式的循环。Python 提供了几种替代方法,指定了函数式编程等编程技巧。

Python 提供的用于函数式编程的函数如下:

- map(function, list),映射函数
- filter(function, list),过滤函数
- reduce(function, list),规约函数
- lambda函数
- 列表生成式

前面刚刚讲过的 for 循环对每个元素执行某一操作,然后把结果汇集起来,也可以使用另一种方法:

```
items = [1,2,3,4,5]
def fun(x):
    return x+1
print(list(map(fun,items)))
```

```
[2, 3, 4, 5, 6]
```

还可以使用 lambda 函数直接在第一个参数中定义函数，这样能大幅精简代码。

```
print(list(map((lambda x: x+1),items)))
```

其他两个函数 filter()和 reduce()的工作原理与之类似。filter()函数只抽取函数返回结果为 True 的列表元素。reduce()函数对列表中的所有元素依次计算后返回唯一结果。使用 reduce()函数前，需要导入 functools 模块。

```
print(list(filter((lambda x: x < 4), items)))          #filter()函数
[1, 2, 3]
from functools import reduce                            #reduce()函数
print(reduce((lambda x,y: x/y), items))
0.0083333333333333
```

这两个函数实现了用 for 循环所能实现的功能。它们取代了 for 循环结构及其功能，因为它们可以表述为简单的函数调用，而函数式编程正是由这样的函数组成的。

函数式编程的最后一个概念叫做列表生成式。这个概念可用来以非常自然、简单的方式创建列表，而这种列表创建方式跟数学家描述数据集的方法类似。列表中包含的元素由特定的函数或运算指定。

```
s = [x**2 for x in range(5)]
print(s)
[0, 1, 4, 9, 16]
```

## 12.6　PyPI软件仓库——Python包索引

Python 包索引(Python Package Index，PyPI)软件仓库包含 Python 编程可能会用到的所有软件，例如属于其他 Python 库的软件。软件仓库直接由各个包的开发者管理，一旦发布新的版本，就将它们更新到软件仓库中。如果想了解 PyPI 软件仓库中都有哪些包，请访问 PyPI 官网 https://pypi.python.org/pypi。可以使用 PyPI 的包管理器 pip 应用来管理这些包。

从命令行启动 pip 应用，就可以对单个包执行安装、更新或删除操作。pip 会检查这个包是否已安装；若已安装，则检查是否需要更新，同时，还会检查是否需要安装其他依赖包；如未中装，pip 就会下载和安装这个包及其依赖包。

```
$ pip install <<package_name>>
$ pip search <<package_name>>
$ pip show <<package_name>>
$ pip unistall <<package_name>>
```

至于如何安装 pip，如果系统已安装了 Python 3.4+或 Python 2.7.9，pip 也会随之安装。但是，如果使用 Python 的旧版本，则需要自行安装，具体方法因操作系统而异。

对于 Debian/Ubuntu Linux 系统：

```
$ sudo apt-get install python-pip
```

对于 Fedora Linux 系统：

```
$ sudo yum install python-pip
```

对于 Windows 系统：请访问 www.pip-intaller.org/en/latest/installing.html，下载 get-pip.py 到计算机上。下载完毕后，运行如下命令：

```
python get-pip.py
```

## ⋙ 12.7　NumPy库 ⋘

NumPy(Numerical Python)是高性能科学计算和数据分析的基础包，是几乎所有高级工具的构建基础，其部分功能如下：

- ndarray——具有矢量算术运算和复杂广播能力的快速且节省空间的多维数组。
- 用于对整组数据进行快速运算的标准数学函数(无须编写循环)。
- 用于读写磁盘数据的工具以及用于操作内存映射文件的工具。
- 线性代数、随机数生成以及傅里叶变换功能。
- 用于集成由C、C++、Fortran等语言编写的代码的工具。
- 提供简单易用的CAPI(Computer Assisted Personal Interviewing，计算机辅助面访)，因此很容易将数据传递给由低级语言编写的外部库，外部库也能以NumPy数组的形式将数据返回给Python。这使Python成为一种包装C/C++/Fortran历史代码库的选择，并使被包装库拥有动态易用的接口。

NumPy 本身并没有提供高级的数据分析功能，理解 NumPy 数组以及面向数组的计算将有助于你更加高效地使用诸如 Pandas 的工具。

### ▼ 12.7.1　NumPy简史

Python 语言诞生不久，就产生了数值计算需求，更为重要的是，科学社区开始考虑用 Python 进行科学计算。

1995 年，Jim Hugunin 开发了 Numeric 包，这是第一次尝试用 Python 进行科学计算。随后又开发了 Numarray 包。这两个包都是专门用于数组计算的，但各有各的优势，开发人员只好根据不同的使用场景，从中选择效率更高的包。由于两者之间的区别并不那么明确，开发人员产生了把它们整合为一个包的想法。Travis Oliphant 遂着手开发 NumPy 库，并于 2006 年发布了第一个版本。

从此之后，NumPy 成为 Python 科学计算的扩展包。如今，在计算多维数组和大型数组方面，NumPy 是使用最广的包。此外，NumPy 还提供多个函数，操作起数组来效率很高，还可用来实现高级数学运算。

### ▼ 12.7.2　安装NumPy

大多数 Python 发行版都把 NumPy 作为基础包。如果 NumPy 不是基础包的话，也可以自行安装。

对于 Ubuntu/Debian Linux 系统：

```
sudo apt-get install python-numpy
```

对于 Fedora Linux 系统：

```
sudo yum install numpy scipy
```

对于使用 Anaconda 发行版的 Windows 系统：

```
conda install numpy
```

将 NumPy 安装到系统之后，在 Python 会话中输入以下代码即可导入 NumPy 包：

```
import numpy as np
```

## 12.7.3　ndarray对象

整个 NumPy 库的基础是 ndarray 对象，这是一种由同质元素组成的多维数组，元素数量是事先指定好的。同质指的是几乎所有元素的类型和大小都相同。每个 ndarray 对象只有一种 dtype 类型。

数组的维数和元素数量由数组的型(shape)确定，数组的型由包含 $N$ 个正整数的元组指定，元组的每个元素对应每一维的大小。数组的维统称为轴，轴的数量被称为秩(rank)。

NumPy 数组的另一个特点是大小固定。也就是说，创建数组时一旦指定好大小，就不会再发生改变。这与 Python 中的列表有所不同，列表的大小是可以改变的。

定义 ndarray 对象的最简单方式是使用 array()函数，以 Python 列表作为参数，列表中的元素是 ndarray 对象的元素。

```
a = np.array([1, 2, 3])
print(a)
[1, 2, 3]
```

为了检测新创建的对象是否是 ndarray 对象，只需要把新声明的变量传递给 type()函数即可：

```
print(type(a))
<class 'numpy.ndarray'>
```

调用变量的 dtype 属性，即可获知新建数组的数据类型：

```
print(a.dtype)
int32
```

接下来读取数组的几个属性：

```
print(a.ndim)      #数据维数
1
print(a.size)      #数组元素个数
3
Print(a.shape)     #数组行列数
```

```
(3,)
```

接下来创建一个 2×2 的二维数组：

```
b = np.array([[1, 2],[3, 4]])
print(b)
[[1 2]
 [3 4]]

print(b.dtype)
int32

print(b.ndim)
2

print(b.size)
4

print(b.shape)
(2, 2)
```

ndarray 对象拥有一个名为 itemsize 的重要属性，该属性定义了数组中每个元素的长度为多少字节。data 属性表示的是包含数组中实际元素的缓冲区。

```
print(b.itemsize)
4

print(b.data)
<memory at 0x0000022A47F91BA8>
```

### 1. 创建数组

通过 NumPy 模块中的 array()函数可实现数组的创建。如果向函数传入一个列表或元组，将构造简单的一维数组；如果传入多个嵌套的列表或元组，将构造二维数组。构成数组的元素都是同质的，数组中的每一个元素都拥有相同的数据类型。

```
c = np.array([[1, 2, 3],[4, 5, 6]])
print(c)
[[1 2 3]
 [4 5 6]]
```

除了列表，array()函数还可以接收嵌套元组或元组列表作为参数：

```
d = np.array(((1, 2, 3),(4, 5, 6)))
print(d)
[[1 2 3]
 [4 5 6]]
```

此外，参数可以是由元组或列表组成的列表，效果相同：

```
e = np.array([(1, 2 , 3), [4, 5, 6], (7, 8, 9)])
```

```
print(e)
[[1 2 3]
 [4 5 6]
 [7 8 9]]
```

### 2. 数据类型

到目前为止，我们只使用过简单的整数型和浮点型数据，其实 NumPy 数组能够包含多种数据类型(如表 12-2 所示)。例如，可以使用字符串类型：

```
f = np.array([['a', 'b'],['c','d']])
print(f)
[['a' 'b']
 ['c' 'd']]

print(f.dtype)
<U1

print(f.dtype.name)
str32
```

表12-2　NumPy数组支持的数据类型

| 数据类型 | 说明 |
| --- | --- |
| bool_ | 以字节形式存储的布尔值(True 或 False) |
| int_ | 默认整型(与 C 中的 long 相同，通常为 int64 或 int32) |
| intc | 完全等同于 C 中的 int(通常为 int32 或 int64) |
| intp | 表示索引的整型(与 C 中的 size_t 相同，通常为 int32 或 int64) |
| int8 | 字节(–128~127) |
| int16 | 整型(–32 768~32 767) |
| int32 | 整型(–2 147 483 648~2 147 483 647) |
| int64 | 整型(–9 223 372 036 854 775 808~9 223 372 036 854 775 807) |
| uint8 | 无符号整型(0~255) |
| uint16 | 无符号整型(0~65 535) |
| unit32 | 无符号整型(0~4 294 967 295) |
| unit64 | 无符号整型(0~18 446 744 073 709 551 615) |
| float_ | float64 的简写形式 |
| float16 | 半精度浮点型：符号位、5 位指数、10 位小数部分 |
| float32 | 单精度浮点型：符号位、8 位指数、23 位小数部分 |
| float64 | 精度浮点型：符号位、11 位指数、52 位小数部分 |
| complex_ | complex128 的简写形式 |
| complex64 | 复数，由两个 32 位的浮点数表示(实数部分和虚数部分) |
| complex128 | 复数，由两个 64 位的浮点数表示(实数部分和虚数部分) |

### 3. dtype对象

array()函数可以接收多个参数。每个 ndarray 对象都有一个与之关联的 dtype 对象,dtype 对象唯一定义了数组中每个元素的数据类型。array()函数默认根据列表或元素序列中各元素的数据类型,为 ndarray 对象指定最适合的数据类型。但是,也可以使用 dtype 选项作为函数 array() 的参数,以明确指定类型。

例如,要定义复数数组,可以像下面这样使用 dtype 选项:

```
g = np.array([[1, 2 ,3],[4, 5 ,6]], dtype=complex)
print(g)
[[1.+0.j 2.+0.j 3.+0.j]
 [4.+0.j 5.+0.j 6.+0.j]]
```

### 4. 自带的数组组建方法

使用 NumPy 库提供的一些函数可以生成包含初始值的 $N$ 维数组,数组元素因函数而异。在学习 Python 编程的过程中,这些函数非常有用。有了这些函数,仅用一行代码就能生成大量数据。

例如,zeros()函数能够生成指定维数的(由 shape 参数指定)、元素均为零的数组。举个例子,下列代码会生成一个 3×3 的二维数组:

```
print(np.zeros((3, 3)))
[[0. 0. 0.]
 [0. 0. 0.]
 [0. 0. 0.]]
```

ones()函数与 zeros()函数相似,能生成各个元素均为 1 的数组:

```
print(np.ones((3, 3)))
[[1. 1. 1.]
 [1. 1. 1.]
 [1. 1. 1.]]
```

arange()函数能根据传入的参数,按照特定规则,生成包含数值序列的数组。例如,要生成包含数字 0~9 的数组,只需要传入标识序列结束的数字作为参数即可。

```
print(np.arange(0, 10))
[0 1 2 3 4 5 6 7 8 9]
```

如果不想以 0 作为起始值,可自行指定,这时需要使用两个参数:第一个为起始值;第二个为结束值。

```
print(np.arange(4, 10))
[4 5 6 7 8 9]
```

还可以生成等间隔的序列。如果为 arange()函数指定第三个参数,就表示序列中相邻两个值之间的差距有多大。

```
print(np.arange(0, 12, 3))
[0 3 6 9]
```

此外，第三个参数还可以是浮点型。

```
print(np.arange(0, 6, 0.6))
[0.  0.6 1.2 1.8 2.4 3.  3.6 4.2 4.8 5.4]
```

到目前为止，我们创建的都是一维数组。要生成二维数组，仍然可以使用 arange()函数，但是要结合 reshape()函数。后者会把一维数组拆分为不同的部分。

```
print(np.arange(0, 12).reshape(3, 4))
[[ 0  1  2  3]
 [ 4  5  6  7]
 [ 8  9 10 11]]
```

另一个跟 arange()函数非常相似的函数是 linspace()。linspace()函数的前两个参数同样用来指定序列的起始和结尾，但第三个参数不再表示相邻两个数字之间的距离，而是用来指定我们想把由开头和结尾两个数字指定的范围分成几部分。

```
print(np.linspace(0,12,5))
[ 0.  3.  6.  9. 12.]
```

最后，我们讲讲另外一种创建包含初始值的数组的方法：使用随机数填充数组。可以使用 numpy.random 模块的 random()函数，数组所包含的元素数量由参数指定。

```
print(np.random.random(3))
[0.660024   0.24244911 0.69561273]
```

## ▼ 12.7.4　基本操作

我们已经介绍了新建 NumPy 数组和定义数组元素的方法。下面该学习数组的各种运算方法了。

### 1. 算术运算符

列表是无法直接进行计算的，将列表转换为数组后，就可以实现常见的数学运算，如四则运算、比较运算等。数组的第一类运算是使用算术运算符进行的运算。最显而易见的是为数组加上或乘以标量：

```
a = np.arange(4)
print(a)
[0 1 2 3]

print(a+2)
[2 3 4 5]

print(a*2)
[0 2 4 6]
```

这些运算符还可以用于两个数组的运算：

```
b = np.arange(4,8)
```

```
print(b)
[4 5 6 7]

print(a+b)
[ 4  6  8 10]

print(b-a)
[4 4 4 4]

print(a*b)
[ 0  5 12 21]
```

此外，这些运算符还适用于返回值为 NumPy 数组的函数。例如，可以用数组 $a$ 乘上数组 $b$ 的正弦值或平方根：

```
print(a*np.sin(b))
[-0.        -0.95892427 -0.558831   1.9709598 ]
print(a*np.sqrt(b))
[0.        2.23606798 4.89897949 7.93725393]
```

此外，也可以进行多维数组的运算：

```
a = np.arange(0,9).reshape(3, 3)
print(a)
[[0 1 2]
 [3 4 5]
 [6 7 8]]

b = np.arange(2,11).reshape(3, 3)
print(b)
[[ 2  3  4]
 [ 5  6  7]
 [ 8  9 10]]

print(a*b)
[[ 0  3  8]
 [15 24 35]
 [48 63 80]]
```

### 2. 矩阵积

在很多其他数据分析工具中，*在用于两个矩阵之间的运算时指的是矩阵积。NumPy 则使用 dot()函数，若用在两个一维数组中，则实际作用是计算两个向量的乘积，返回一个标量；若用在两个二维数组中，则执行矩阵乘法，矩阵乘法要求第一个矩阵的列数等于第二个矩阵的行数，否则会报错。

```
A = np.arange(0,4).reshape(2,2)
B = np.arange(2,6).reshape(2,2)
print(np.dot(A,B))
```

```
[[ 4  5]
 [16 21]]
```

在得到的数组中，每个元素为第一个矩阵中与该元素行号相同的元素与第二个矩阵中与该元素列号相同的元素，两两相乘后的求和结果。

矩阵积的另一种写法是把 dot() 函数当作其中一个矩阵对象的方法使用：

```
print(A.dot(B))
```

由于矩阵积的计算不遵循交换律，因此在这里多说一句：运算对象的顺序很重要。*A*B* 确实不等于 *B*A*。

### 3. 计算特征根与特征向量

为了计算矩阵的特征根与特征向量，可以使用子模块 linalg 中的 eig 函数：

```
a = np.arange(0,9).reshape(3, 3)
print(np.linalg.eig(a))
(array([ 1.33484692e+01, -1.34846923e+00, -1.15433316e-15]),
array([[ 0.16476382,  0.79969966,  0.40824829],
       [ 0.50577448,  0.10420579, -0.81649658],
       [ 0.84678513, -0.59128809,  0.40824829]]))
```

如以上结果所示，元组的第一个元素就是特征根，每个特征根对应的特征向量存储在第二个元素中。

### 4. 自增和自减运算符

在 Python 中，为了对变量的值进行自增与自减，需要使用+=或-=运算符。这两个运算符跟你前面见过的有一点不同，运算得到的结果会赋给参与运算的数组自身。

```
a = np.arange(4)
print(a)
[0 1 2 3]


a += 1
print(a)
[1 2 3 4]


a -= 1
print(a)
[-1  0  1  2]
```

### 5. 通用函数

通用函数(universal function)通常简称 ufunc，用于对数组中的各个元素逐一进行操作。这表明，通用函数可分别处理输入数组的每个元素，用生成的结果组成新的输出数组。输出数组的大小跟输入数组相同。

三角函数等很多数学运算符合通用函数的定义，例如计算平方根的 sqrt() 函数、用来取对数的 log() 函数和求余弦值的 cos() 函数。

```
a = np.arange(1, 4)
a = np.arange(1, 4)
print(np.sqrt(a))
[1.          1.41421356 1.73205081]

print(np.log(a))
[0.          0.69314718 1.09861229]

print(np.cos(a))
[ 0.54030231 -0.41614684 -0.9899925 ]
```

## 12.8  Pandas库

本节将简要介绍 Pandas 库的基础知识、安装方法以及序列(Series)和数据框(DataFrame)这两种数据结构。

### 12.8.1  Pandas：Python数据分析库

Pandas 是专门用于数据分析的开源 Python 库。目前所有使用 Python 语言研究和分析数据集的专业人士，在做相关统计分析和决策时，Pandas 都是基础工具。

2008 年，Wes McKinney 一人承担了 Pandas 库的设计和开发工作。2012 年，他的同事 Sien Chang 加入进来。他俩一起开发出 Python 社区最为有用的库之一——Pandas。

数据分析工作需要有专门的库，Pandas 能够以最简单的方式提供数据处理、数据抽取和数据操作所需的全部工具。开发 Pandas 正是为了满足这种需求。

### 12.8.2  安装Pandas

安装 Pandas 的最简单、最常用方法是先安装发行版(例如,先安装 Anaconda 或 Enthought)，再用发行版安装 Pandas。

#### 1. 用Anaconda安装Pandas

对于选用 Anaconda 发行版的读者，安装 Pandas 很简单。在终端输入以下命令：

```
conda install pandas
```

Anaconda 将立即检查所有依赖库，管理其他模块的安装。如果想更新 Pandas，命令也很简单直接：

```
conda update pandas
```

Anaconda 会检查 Pandas 以及所有依赖模块的版本，如果有要更新的，就予以提示，然后询问是否想更新。

### 2. 用PyPI安装Pandas

```
pip install pandas
```

### 3. 在Linux系统中安装Pandas

如果使用的是某一 Linux 发行版，那么可以像安装其他包那样安装 Pandas。

对于 Debian 和 Ubuntu Linux 系统：

```
Sudo apt-get install python-pandas
```

对于 OpenSuse 和 Fedora Linux 系统：

```
zipper in python-pandas
```

## 12.8.3　测试Pandas是否安装成功

Pandas 库还提供了一项功能，安装完毕后，可运行测试，检查内部命令是否能够执行(官方文档表示，所有内部代码的测试覆盖率高达 97%)。

首先，确保为 Python 发行版安装了 nose 模块(用以在项目开发阶段测试代码)。若已安装，输入以下命令开始测试：

```
nosetests pandas
```

测试任务需要花费几分钟时间，测试完成后，将显示问题列表。

## 12.8.4　Pandas数据结构简介

Pandas 库的核心操作对象就是序列(Series)和数据框(DataFrame)。

序列可以理解为数据集中的字段，而数据框是指含有至少两个字段(或序列)的数据集。此外，很多更为复杂的数据结构都可以追溯到这两种结构。两者的奇特之处在于都将 Index(索引)对象和标签整合到自己的结构中，这使得这两种数据结构具有很强的可操作性。

### 1. 序列

Pandas 库的序列用来表示一维数据结构，跟数组类似，但多了一些额外的功能。序列的内部结构很简单，由两个相互关联的数组组成，其中主数组用来存放数据(任意 NumPy 类型数据)。主数组中的每个元素都有一个与之关联的标签，这些标签存储在另一个名为 Index 的数组中。

**1) 构造序列**

调用 Series()构造函数，把要存放在序列中的数据以数组形式传入，就能构造序列。

```
gdp = pd.Series([2.8,3.0,8.9,8.6,5.2])
print(gdp)
0    2.8
1    3.0
2    8.9
```

```
3    8.6
4    5.2
dtype: float64
```

从输出可以看到，Series()构造函数会产生两列数据，左侧是一列标签，右侧是与标签对应的元素。构造序列时，若不指定标签，Pandas默认以从0开始依次递增的数值作为标签。这种情况下，标签与序列中元素的索引(在数组中的位置)一致。使用标签则可以区分和识别每个元素。

```
gdp=pd.Series([2.8,3.0,8.9,8.6,5.2],index=['北京','上海','广东','江苏','浙江'])
print(gdp)
北京    2.8
上海    3.0
广东    8.9
江苏    8.6
浙江    5.2
dtype: float64
```

如果想分别查看组成Series对象的两个数组，可像下面这样调用属性index和values：

```
print(gdp.values)
[2.8 3.  8.9 8.6 5.2]
```

```
print(gdp.index)
Index(['北京', '上海', '广东', '江苏', '浙江'], dtype='object')
```

**2) 取出内部元素**

若想获取序列内部的元素，把序列作为普通的NumPy数组，指定序号即可：

```
print(gdp[[0,3,4]])        #取出第1、第4和第5个元素
北京    2.8
江苏    8.6
浙江    5.2
dtype: float64
```

也可指定位于索引位置的标签：

```
print(gdp['上海'])
3.0
```

与从NumPy数组选择多个元素的方法相同，可像下面这样选取多个元素：

```
print(gdp[0:2])
北京    2.8
上海    3.0
dtype: float64
```

也可以使用元素对应的标签，只不过要把标签放到数组中：

```
print(gdp[['北京','上海']])
北京    2.8
上海    3.0
```

```
dtype: float64
```

### 3) 为元素赋值

在讲解了单个元素的选取方法之后，可以用索引或标签对选取的元素进行赋值：

```
gdp['上海']=3.5
print(gdp)
北京     2.8
上海     3.5
广东     8.9
江苏     8.6
浙江     5.2
dtype: float64
```

### 4) 筛选元素

pandas 库的开发是以 NumPy 库为基础的，因此就数据结构而言，NumPy 数组的多种操作方法得以扩展到序列中，其中就有根据条件筛选数据结构中的元素这一方法。

要获取序列中所有大于 5 的元素，可使用以下代码：

```
print(gdp[gdp>5])
广东     8.9
江苏     8.6
浙江     5.2
dtype: float64
```

### 5) 序列运算和数学函数

适用于 NumPy 数组的运算符(+、−、*、/)或其他数学函数，也适用于序列。至于运算符，直接用来编写算术表达式即可：

```
print(gdp/2)
北京     1.40
上海     1.50
广东     4.45
江苏     4.30
浙江     2.60
dtype: float64
```

至于 NumPy 库的数学函数，必须指定它们的出处：

```
print(np.log(gdp))
北京     1.029619
上海     1.098612
广东     2.186051
江苏     2.151762
浙江     1.648659
dtype: float64
```

### 6) NaN

在数据结构中，若字段为空或者不符合数字定义，可用 NaN 这个特定的值来表示。

一般来讲，NaN 表示数据有问题，必须进行处理，尤其是在数据分析中。从某些数据源抽

取数据时，若遇到问题，比如数据源缺失数据，往往就会产生这类数据。此外，执行计算或函数时，对于抛出异常等特定情况，也可能产生这类数据。

尽管 NaN 仅在数据有问题时才产生，然而在 Pandas 中可以定义这种类型的数据，并添加到序列等数据结构中。创建数据结构时，可在数组中元素缺失的位置输入 np.NaN：

```
s = pd.Series([1,-2,np.NaN,4])
print(s)
0    1.0
1   -2.0
2    NaN
3    4.0
dtype: float64
```

isnull()和 notnull()函数在识别没有对应元素的索引时非常好用。

```
print(s.isnull())
0    False
1    False
2     True
3    False
dtype: bool
```

上述两个函数会返回两个由布尔值组成的 Series 对象，元素值是 True 还是 False 取决于原始 Series 对象的元素是否为 NaN。如果是 NaN，isnull()函数返回 True；反之，如果不是 NaN，notnull()函数返回 True。

### 7) 将序列用作字典

我们还可以把序列当作字典对象来用。定义序列时，可以用事先定义好的字典创建序列：

```
gdp = pd.Series({'北京':2.8,'上海':3.0,'广东':8.9,'江苏':8.6,'浙江':5.2})
print(gdp)
北京    2.8
上海    3.0
广东    8.9
江苏    8.6
浙江    5.2
dtype: float64
```

### 8) 序列之间的运算

我们已经见识过序列和标量之间的数学运算，序列之间也可以进行这类运算，甚至标签也可以参与运算。

序列这种数据结构在运算时有一大优点，就是能够识别标签序号不一致的数据。在下面这个例子中，我们求标签相同的两个 Series 对象之和：

```
gdp = pd.Series({'北京':2.8,'上海':3.0,'广东':8.9,'江苏':8.6,'浙江':5.2})
gdp1 = pd.Series({'上海':3.2,'北京':3.0,'江苏':9.2,'浙江':5.6,'广东':9.7})
print(gdp+gdp1)
上海    6.2
```

```
北京    5.8
广东    18.6
江苏    17.8
浙江    10.8
dtype: float64
```

我们得到一个新的序列，其中只对标签相同的元素求和。

### 2. 数据框

数据框这种列表式数据结构跟工作表(最常见的是 Excel 工作表)极为相似，其设计初衷是将序列的使用场景由一维扩展到多维。数据框由按一定顺序排列的多列数据组成，各列的数据类型可以有所不同(数值、字符串或布尔值等)。

序列的 Index 数组中存放了每个元素的标签，数据框则有所不同，它有两个 Index 数组。第一个数组与行相关，与序列的 Index 数组极为相似，每个标签与该标签所在行的所有元素相关联；而第二个数组包含一系列的列标签，每个标签与一列数据相关联。

数据框还可以理解为由序列组成的字典，其中每一列的名称为字典的键，序列为字典的值。

#### 1) 构造数据框

构造数据框的最常用方法是传递字典对象给 DataFrame()构造函数。字典对象以每一列的名称作为键，每个键都有对应的数组作为值。

```
data = {'name':['Tom','Michael','James'],
        'age':[24,25,26],
        'salary' : [1.2,1.0,0.9]}
df = pd.DataFrame(data)
print(df)
      name    age  salary
0      Tom    24    1.2
1  Michael    25    1.0
2    James    26    0.9
```

如果用来创建数据框的字典对象包含一些用不到的数据，可以进行筛选。在 DataFrame()构造函数中，用 columns 选项指定需要的列即可：

```
df1 = pd.DataFrame(data,columns=['name','salary'])
print(df1)
      name  salary
0      Tom   1.2
1  Michael   1.0
2    James   0.9
```

数据框跟序列一样，如果 Index 数组没有明确指定标签，那么 Pandas 会自动为其添加一列从 0 开始的数值作为索引。如果想以标签作为数据框的索引，把标签放到数组中，赋给 index 选项即可：

```
df2 = pd.DataFrame(data,index=['leader','member','member'])
```

```
print(df2)
          name  age  salary
leader     Tom   24     1.2
member  Michael   25     1.0
member   James   26     0.9
```

现在已引入两个新的选项 index 和 columns，可以想出一种定义 DataFrame 的新方法。我们不再使用字典对象，而是定义构造函数，指定三个参数，参数顺序如下：数据矩阵、index 选项和 columns 选项。记得将存放了标签的数组赋给 index 选项，将存放了列名的数组赋给 columns 选项。

要方便、快捷地创建包含数据的数组，可以使用np.arange(9).reshape((3,3))生成如下 3×3 的、包含数字 0~8 的矩阵：

```
df3=pd.DataFrame(np.arange(9).reshape((3,3)),index=['Tom','Michael','James'],
columns=['job1','job2','job3'])
print(df3)
          job1  job2  job3
Tom          0     1     2
Michael      3     4     5
James        6     7     8
```

**2) 选取元素**

要想知道序列中所有列的名称，调用 columns 属性即可：

```
print(df2.columns)
Index(['name', 'age', 'salary'], dtype='object')
```

类似地，要获取索引列表，调用 index 属性即可：

```
print(df2.index)
Index(['leader', 'member', 'member'], dtype='object')
```

要获取存储在数据结构中的元素，调用 values 属性即可：

```
print(df2.values)
[['Tom' 24 1.2]
 ['Michael' 25 1.0]
 ['James' 26 0.9]]
```

要选择一列内容，把列的名称作为索引即可：

```
print(df2['age'])
leader    24
member    25
member    26
Name: age, dtype: int64
```

要从数据框中抽取一部分，可以用索引值选择想要的行。可以把行看作数据框的一部分，通过指定索引范围来选取，将这一行的索引作为起始索引，将下一行的索引作为结束索引。

```
print(df2[0:1])
```

```
         name  age  salary
leader   Tom   24    1.2
```

返回结果为只包含一行数据的数据框。如需多行，则必须扩展选择范围：

```
print(df2[0:2])
          name    age  salary
leader     Tom    24    1.2
member  Michael   25    1.0
```

### 3) 赋值

一旦理解数据框中各元素的获取方法，依照相同的逻辑就能增加或修改元素。例如，前面讲过用 index 属性指定数据框中的 Index 数组，用 columns 属性指定包含列名的行。还可以用 name 属性为这两个二级结构指定标签，以便于识别：

```
df2.index.name='post';df2.columns.name='item'
print(df2)
item       name    age  salary
post
leader      Tom    24    1.2
member   Michael   25    1.0
member    James    26    0.9
```

我们可以在任何层级修改它们的内部结构。例如，要添加一列新的元素，指定新列的名称，赋值即可：

```
df2['score']=[5,4,3]
print(df2)
          name    age  salary  score
leader     Tom    24    1.2      5
member  Michael   25    1.0      4
member   James    26    0.9      3
```

### 4) 删除一列

要删除一整列数据，可使用 del 命令：

```
del df2['score']
print(df2)
          name    age  salary
leader     Tom    24    1.2
member  Michael   25    1.0
member   James    26    0.9
```

### 5) 用嵌套字典生成数据框

嵌套字典是 Python 广泛使用的数据结构，可直接将这种数据结构作为参数传递给 DataFrame()构造函数，Pandas 就会将外部的键解释成列名，将内部的键解释为用作索引的标签：

```
nestdict = {'Tom':{2017: 24,2018: 25,2019: 26},
    'Michael':{2017: 33,2018: 34,2019: 35},
    'James' : {2017: 41,2018: 42,2019:43}}
```

```
df4=pd.DataFrame(nestdict)
print(df4)
     Tom  Michael  James
2017  24       33     41
2018  25       34     42
2019  26       35     43
```

**6) DataFrame 转置**

处理列表数据时可能会用到转置操作(列变为行，行变为列)。调用 T 属性就能得到数据框的转置形式：

```
print(df4.T)
         2017   2018   2019
Tom        24     25     26
Michael    33     34     35
James      41     42     43
```

**3. Index对象**

我们现在了解了序列、数据框以及它们的结构形式，对这些数据结构的特性也有了一定的了解。它们在数据分析方面的大多数优秀特性都取决于完全整合到这些数据结构中的 Index 对象。

```
ser = pd.Series([24,1.2,5],index=['age','salary','score'])
print(ser.index)
Index(['age', 'salary', 'score'], dtype='object')
```

与 Pandas 数据结构(序列和数据框)中其他元素不同的是，Index 对象不可改变，当不同数据结构共用 Index 对象时，这能够保证安全性。

每个 Index 对象都有很多方法和属性，可以通过这些方法和属性知道它们包含的值。

**1) Index 对象的方法**

Index 对象提供了几个方法,可用来获取数据结构索引的相关信息。例如,idxmin()和 idxmax()函数可分别返回索引值最小和最大的元素：

```
print(ser.idxmin())
salary


print(ser.idxmax())
age
```

**2) 含有重复标签的 Index 对象**

到目前为止,我们见过的所有索引都位于单独的数据结构中,并且所有标签都是唯一的。只有在满足这个条件后,很多函数才能运行,但是对于 Pandas 数据结构而言,这个条件并不是必需的。

举个例子,构造如下含有重复标签的序列：

```
ser=pd.Series([1,2,3,4,5],index=['age','age','salary','salary','score'])
print(ser)
age        1
```

```
age      2
salary   3
salary   4
score    5
dtype: int64
```

从数据结构中选取元素时，如果一个标签对应多个元素，我们得到的将是一个序列而不是单个元素：

```
print(ser['age'])
age   1
age   2
dtype: int64
```

数据结构很小时，识别索引的重复项很容易，但随着数据结构逐渐增大以后，难度也在增加。Pandas 的 Index 对象还提供了 is_unique 属性。通过调用该属性，就可以知道数据结构中是否存在重复的索引项：

```
print(ser.index.is_unique)
False
```

## 12.9　matplotlib库

数据可视化指的是通过可视化表示来探索数据，这与数据挖掘紧密相关，而数据挖掘指的是使用代码来探索数据集的规律和关联。数据集可以是用一行代码就能表示的小型数字列表。漂亮地呈现数据关乎的并非仅仅是漂亮的图片，而是希望以引人注目的简洁方式呈现数据，让观看者能够明白含义，发现数据集中原本未意识到的规律和意义。

在基因研究、天气预报、经济分析等众多领域，大家都使用 Python 来完成数据密集型工作。数据科学家使用 Python 编写了一系列令人印象深刻的可视化和分析工具，其中最流行的工具之一是 matplotlib。matplotlib 是数学绘图库，可用来制作简单的图表，如折线图和散点图。在促使 matplotlib 成为使用最多的数据图形化表示工具的众多优点中，以下几点最为突出：

- 使用起来极其简单。
- 以渐进、交互方式实现数据可视化。
- 表达式和文本使用LaTeX排版。
- 对图像元素的控制力更强。
- 可输出PNG、PDF、SVG和EPS等多种格式。

matplotlib 的设计初衷是在图形视图和句法形式方面尽可能重建与 MATLAB 类似的环境。这种做法已获得成功，因为能够充分利用已有软件(MATLAB)的设计经验。要知道 MATLAB 已问市多年，现已广泛应用。因此，不但 matplotlib 依据的工作模式对业内专家来说再熟悉不过，而且还充分利用了多年来总结出的优化经验，提升了使用方面的可推断性和简洁性。因此，matplotlib 非常适合第一次接触数据可视化的人员使用，尤其是那些没有任何 MATLAB 使用经验的人。

除了简洁性和可推断性，matplotlib 还继承了 MATLAB 的交互性。也就是说，分析师可逐条输入命令，为数据生成渐趋完整的图形表示。这种模式很适合使用 IPython、QtConsole 和 IPython Notebook 等互动性更强的 Python 工具进行开发。

在开发 matplotlib 库时，开发者使用并整合了一些优秀的技术和强大的工具。这并不仅限于前面提过的 MATLAB 的操作模式，matplotlib 还整合了 LaTeX 用以表示科学表达式和符号的文本格式模型。LaTeX 擅长展现科学表达式，已成为任何要用到积分、求和及微分等公式的科学出版物或文档所不可成缺的排版工具。因而，为了提升图表的表现力，matplotlib 整合了这一出色的工具。

此外，matplotlib 不是单独的应用，而是 Python 库。因此，matplotlib 还充分利用了 Python 编程语言的潜力。matplotlib 是图形库，可通过编程来管理组成图表的图形元素，因此生成图形的全过程尽在掌控之中。

由于 matplotlib 是 Python 库，因此在使用 Python 实现功能时，可充分利用所有 Python 开发人员都可以使用的其他各种库。虽然在做数据分析时，matplotlib 通常与 NumPy 和 Pandas 等库配合使用，但其实很多其他库也都能无缝整合进来。

## 12.9.1 安装matplotlib

matplotlib 库的安装方法有多种。如果使用了 Anaconda 或 Enthought Canopy 等发行版，则非常简单。例如，为了用 conda 包管理器安装 matplotlib，只需要输入以下命令即可：

```
conda install matplotlib
```

如果要直接安装 matplotlib，安装命令因操作系统而异。

对于 Debian 和 Ubuntu Linux 系统：

```
sudo apt-get install python-matplotlib
```

对于 Fedora 和 Red Hat Linux 系统：

```
sudo yum install python-matplotlib
```

对于 Windows 和 Mac OS X 系统：

```
pip install --user matplotlib
```

## 12.9.2 pyplot模块

pyplot 模块由一组命令式函数组成，可通过 pyplot 函数操作或改动 Figure 对象，例如创建 Figure 对象和绘图区域、表示一条线或为图形添加标签等。

pyplot 还能跟踪当前图形和绘图区域的状态。调用函数时，函数只对当前图形起作用。

### 1. 生成一幅简单的交互式图表

为了熟悉 matplotib 库，尤其是 pyplot 模块，我们生成一幅简单的交互式图表。

首先导入 pyplot 模块，命名为 plt：

```
import matplotlib.pyplot as plt
```

Python 通常不需要构造函数。导入这个模块后，就可以使用 plt 对象及其图像处理功能。
Python 默认的线条颜色为蓝色，但由于印刷原因，我们需要将线条颜色改为黑色：

```
plt.plot([1,2,3,4],'k')
```

以上代码将生成一个 Line2D 对象。该对象为一条直线，表示图表中各数据点的线性延伸
趋势。

生成图表对象之后，只需要调用 show()函数就能显示图表：

```
plt.show()
```

结果如图 12-1 所示。

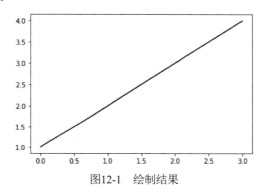

图12-1　绘制结果

如果只是将数字列表或数组传递给 plt.plot()函数，matplotlib 就会假定传入的是图表的 $y$ 值，
于是将其跟序列的 $x$ 值对应起来，$x$ 的取值依次为 0、1、2、…。

如果想正确定义图表，就必须定义两个数组，其中第一个数组为 $x$ 轴的各个值，第二个数
组为 $y$ 轴的各个值。此外，plt.plot()函数还可以接收第三个参数，这个参数描述的是数据点在图
表中的显示样式。

### 2. 设置图形的属性

由图 12-1 可见，数据点用线串在一起。如果不指定图表样式，matplotlib 将使用 plt.plot()函
数的默认设置绘制图像。

● 轴长与输入数据范围一致。
● 无标题和轴标签。
● 无图例。
● 用线条连接各数据点。

现在需要修改图形，用黑点来表示每一个坐标，生成一幅像模像样的图形。

我们再次回到处于活动状态的命令行界面，输入新命令。接着调用 plt.show()函数，观察图
形发生了什么变化，如图 12-2 所示。

```
plt.plot([1,2,3,4],[1,4,9,16],'ko')
plt.show()
```

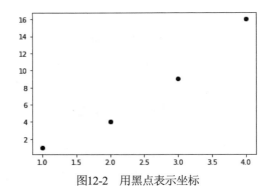

图12-2　用黑点表示坐标

可以用列表[xmin, xmax, ymin, ymax]定义轴和轴的取值范围，并把该列表作为参数传给 axis()函数。

绘图时，有多个属性可以设置。例如，可以用 title()函数增加标题：

```
plt.axis([0,5,0,20])
plt.title('My first plot')
plt.plot([1,2,3,4],[1,4,9,16],'ko')
plt.show()
```

由图 12-3 可见，新的设置增强了图形的可读性。数据集的两个端点在图形内，而不像之前那样显示在图形的边缘，图形的标题也在图形上方显示出来了。

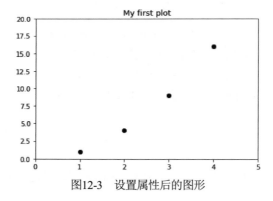

图12-3　设置属性后的图形

### 3. matplotlib和NumPy

matplotlib 库以 NumPy 库为基础。前面已经讲过如何传递列表作为参数，以表示数据点和设置轴的数值范围。列表在内部实际上被转换为 NumPy 数组，因而可以直接把 NumPy 数组作为输入数据。数组经过 Pandas 处理后，无须进一步处理，可直接供 matplotlib 使用。

举个例子，我们来看一下如何在同一图形(如图 12-4 所示)中绘制三种不同的趋势。在这个例子中，我们将使用 math 模块的 sin()函数。我们用 NumPy 库生成呈正弦趋势分布的数据点，用 arange()函数生成 x 轴的一系列数据点 t，对 x 轴的一系列数据点 t 应用 sin()函数(无须使用 for 循环)。

```
import math
import numpy as np
```

```
t = np.arange(0,2.5,0.1)
y1 = np.sin(np.pi*t)
y2 = np.sin(np.pi*t+np.pi/4)
y3 = np.sin(np.pi*t-np.pi/4)
plt.plot(t,y1,'k*',t,y2,'k^',t,y3,'ks')
plt.show()
```

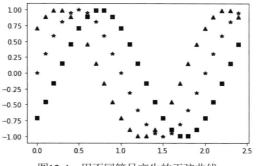

图12-4　用不同符号产生的正弦曲线

图 12-4 用三种符号表示三种不同的趋势。使用符号可能不是最佳表示方法，用线条效果要更好(如图 12-5 所示)。我们可以用点和连字符(.和-)组成不同的线型。

```
plt.plot(t,y1,'k--',t,y2,'k',t,y3,'k-.')
plt.show()
```

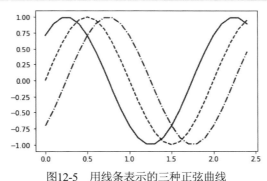

图12-5　用线条表示的三种正弦曲线

### 4. 使用kwargs

组成图表的各个对象有很多用以描述它们特点的属性。这些属性均有默认值，但可以用关键字参数(称作 kwargs)进行设置。

可将这些关键字作为参数传递给函数。在 matplotlib 库的各个函数的参考文档中，每个函数的最后一个参数总是 kwargs。例如，前几个例子一直使用的 plot()函数在文档中是这么定义的：

```
matplotlib.pyplot.plot(*args, **kwargs)
```

通过设置 linewidth 关键字参数，可以改变线条的粗细，如图 12-6 所示。

```
plt.plot([1,2,4,2,1,0,1,2,1,4],'k',linewidth=2.0)
```

```
plt.show()
```

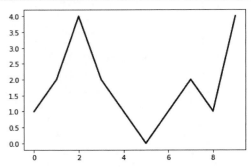

图12-6　可以直接在plot()函数中设置线条粗细

### 5. 处理多个Figure和Axes对象

上述所有 pyplot 命令都是用来绘制单个图形的。你还可以同时管理多个图形，而在每个图形中，又可以绘制几个不同的子图。

我们来看一个在一幅图形中有两个子图的例子。subplot()函数不仅可以将图形分为不同的绘图区域，还能激活特定子图，以便用命令进行控制。

subplot()函数用参数设置分区模式和当前子图。只有当前子图会受到命令的影响。subplot()函数的参数由三个数字组成：第一个数字决定图形沿垂直方向被分为几部分；第二个数字决定图形沿水平方向被分为几部分；第三个数字设定可以直接用命令控制子图。

接下来，我们绘制两种正弦曲线。最佳方式是把画布分为上下两个向水平方向延伸的子图，如图 12-7 所示。因此，作为参数传入 subplot()函数的两个数字应分别为 211 和 212。

```
t = np.arange(0,5,0.1)
y1 = np.sin(2*np.pi*t)
y2 = np.sin(2*np.pi*t)
plt.subplot(211)
plt.plot(t,y1,'k-.')
plt.subplot(212)
plt.plot(t,y2,'k--')
plt.show()
```

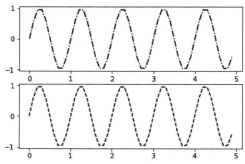

图12-7　分为上下两个子图的图形

我们还可以把图形分为左右两个子图。这时，subplot()函数的参数为 121 和 122，如图 12-8

所示。

```
t = np.arange(0.,1.,0.05)
y1 = np.sin(2*np.pi*t)
y2 = np.cos(2*np.pi*t)
plt.subplot(121)
plt.plot(t,y1,'k-.')
plt.subplot(122)
plt.plot(t,y2,'k--')
plt.show()
```

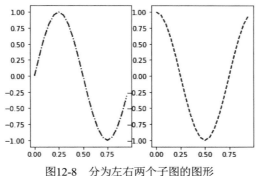

图12-8　分为左右两个子图的图形

## 12.9.3　为图表添加更多元素

为了使图表的信息更加丰富，很多时候会用线条或符号表示数据，用两条轴指定数值范围。但是仅仅这样做表现力还是不足。为了添加额外信息、丰富图表，我们还可以向图表中添加更多元素。

本节将介绍如何为图表添加文字标签、图例等元素。

### 1. 添加文本

标题的添加方法前面已讲过，使用 title()函数即可。另外两个很重要也需要添加到图表中的文本标识为轴标签。xlabel()和 ylabel()函数专门用于添加轴标签。你可以把要显示的文本以字符串形式传给这两个函数作为参数。

现在，把两个轴的标签添加到图表中，它们描述的是坐标轴数值的含义，如图 12-9 所示。

```
plt.axis([0,5,0,20])
plt.title('My first plot')
plt.xlabel('Counting')
plt.ylabel('Square values')
plt.plot([1,2,3,4],[1,4,9,16],'ko')
plt.show()
```

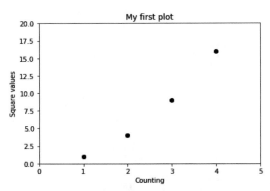

图12-9　添加坐标轴标签，让信息更为丰富

　　我们可以用关键字参数修改文本属性。例如可以修改标题的字体，使用更大的字号，还可以指定轴标签的颜色为灰色，从而反衬出图形的标题，如图 12-10 所示。

```
plt.axis([0,5,0,20])
plt. title('My first plot',fontsize=20,fontname='Times New Roman')
plt.xlabel('Counting',color='gray')
plt.ylabel('Square values',color='gray')
plt.plot([1,2,3,4],[1,4,9,16],'ko')
plt.show()
```

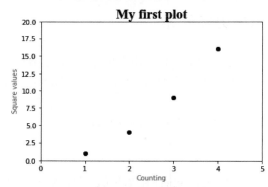

图12-10　设置关键字参数以修改文本样式

　　使用 pyplot() 命令还可以在图表的任意位置添加文本，这个功能可由 text() 函数实现。

```
text(x,y,s, fontdict=None, **kwargs)
```

　　text() 函数的前两个参数是文本在图形中的位置坐标。s 是要添加的字符串，fontdict 是文本要使用的字体，最后，你还可以使用关键字参数。

　　接下来，我们为图形的各个数据点添加标签，如图 12-11 所示。text() 函数的前两个参数为标签在图形中的位置坐标，所以我们可以使用四个数据点的坐标作为各标签的坐标，但每个标签的 $y$ 值较相应数据点的 $y$ 值有一点偏差。

```
plt.axis([0,5,0,20])
plt.title('My first plot',fontsize=20, fontname='Times New Roman')
plt.xlabel('Counting' ,color='gray')
```

```
plt.ylabel('Square values',color='gray')
plt.text(1,1.5,'First')
plt.text(2,4.5,'Second')
plt.text(3,9.5,'Third')
plt.text(4,16.5,'Fourth')
plt.plot([1,2,3,4],[1,4,9,16],'ko')
plt.show()
```

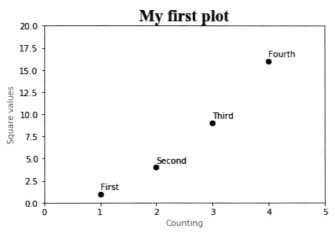

图12-11　图形中的每个数据点都有标签用于表示含义

matplotlib 整合了 LaTeX 表达式，支持在图表中插入数学表达式。通过将表达式的内容置于两个$符号之间，可在文本中添加 LaTeX 表达式。解释器会将$符号之间的文本识别成 LaTeX 表达式，把它们转换为数学表达式、公式、数学符号或希腊字母等，然后在图像中显示出来。你需要在包含 LaTeX 表达式的字符串前添加 r 字符，以表明后面是原始文本，不能执行转义操作。

还可以使用关键字参数进一步丰富图形中的文本。例如，添加描述图形中各数据点趋势的公式，并为公式添加任意颜色的边框，如图 12-12 所示。

```
plt.axis([0,5,0,20])
plt.title('My first plot',fontsize=20, fontname='Times New Roman')
plt.xlabel('Counting' ,color='gray')
plt.ylabel('Square values',color='gray')
plt.text(1,1.5,'First')
plt.text(2,4.5,'Second')
plt.text(3,9.5,'Third')
plt.text(4,16.5,'Fourth')
plt.text(1.1,12,r'$y=x^2$',fontsize=20,bbox={'facecolor':'white','alpha':0.2})
plt.plot([1,2,3,4],[1,4,9,16],'ko')
plt.show()
```

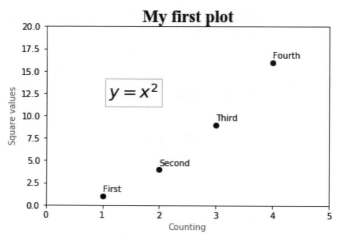

图12-12　在图表中可以添加边框

### 2. 添加网格

在图表中添加网格其实很简单：直接在代码中加入 grid()函数，传入参数 True 即可。

```
plt.axis([0,5,0,20])
plt.title('My first plot',fontsize=20, fontname='Times New Roman')
plt.xlabel('Counting' ,color='gray')
plt.ylabel('Square values',color='gray')
plt.text(1,1.5,'First')
plt.text(2,4.5,'Second')
plt.text(3,9.5,'Third')
plt.text(4,16.5,'Fourth')
plt.text(1.1,12,r'$y=x^2$',fontsize=20,bbox={'facecolor':'white','alpha':0.2})
plt.grid(True)
plt.plot([1,2,3,4],[1,4,9,16],'ko')
```

### 3. 添加图例

任何图表都应该有的元素是图例。pyplot 专门提供了 legend()函数，用于添加图例。

可使用 legend()函数将字符串类型的图例添加到图表中。在下面这个例子中，我们把输入的数据点统称为 First series。添加完网格和图例后的图表如图 12-13 所示。

```
plt.axis([0,5,0,20])
plt.title('My first plot',fontsize=20, fontname='Times New Roman')
plt.xlabel('Counting' ,color='gray')
plt.ylabel('Square values',color='gray')
plt.text(1,1.5,'First')
plt.text(2,4.5,'Second')
plt.text(3,9.5,'Third')
plt.text(4,16.5,'Fourth')
plt.text(1.1,12,r'$y=x^2$',fontsize=20,bbox={'facecolor':'white','alpha':0.2})
plt.grid(True)
```

```
plt.plot([1,2,3,4],[1,4,9,16],'ko')
plt.grid(True)
plt.legend(['First series'])
plt.show()
```

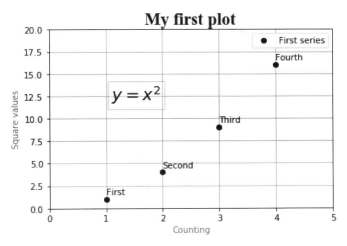

图 12-13　在图表中添加网格和图例

## 12.10　本章小结

本章简要介绍了 Python 编程语言的基本特点、编程方法以及 Python 的三个库：用于科学计算的 NumPy，它是大量 Python 数学和科学计算包的基础；用于数据分析的 Pandas，它能以最简单的方式提供数据处理、数据抽取和数据操作所需的全部工具；以及用于数据可视化的 matplotlib。学完本章之后，你会对 Python 世界有一个基本的认识。当然，Python 语言的功能十分强大，你还有非常大的学习空间。

## 12.11　习　　题

1. 在 Python 中，模块中的对象有哪几种导入方式？

2. 编写程序，输入一个三位以上的整数，输出这个整数的百位以上的数字。

3. 判断 101 和 200 之间有多少个素数，并输出所有素数。

4. 打印出所有的"水仙花数"，水仙花数是这样一类三位数：各位数字的立方和等于这个三位数本身。例如，153 就是水仙花数，因为 $153＝1^3+5^3+3^3$。

5. 实现一个整数加法计算器。

6. 编写一个函数，当输入 $n$ 为偶数时，调用函数求 $1/2+1/4+\cdots+1/n$；当输入 $n$ 为奇数时，调用函数求 $1/1+1/3+\cdots+1/n$。

7. 编写程序，生成一个三阶矩阵 $A$，求它的特征根与特征向量。再生成一个三阶矩阵 $B$，

并计算 A 与 B 的矩阵积。

8. 编写程序进行绘图，要求图形有两个子图。左图：用蓝线绘制 Sigmoid 函数。右图：输入正态分布的均值与标准差，并用红线绘制。

## 参考文献

[1] 法比奥·内利，杜春晓. Python 数据分析实战. 北京：人民邮电出版社，2016.

[2] 马克·卢茨，李军，等. Python 学习手册. 北京：机械工业出版社，2011.

[3] 刘顺祥. 从零开始学 Python 数据分析与挖掘. 北京：清华大学出版社，2018.

[4] 麦金尼，唐学韬等. 利用 Python 进行数据分析. 北京：机械工业出版社，2013.

[5] Wesley J.Chun，宋吉广. Python 核心编程. 北京：人民邮电出版社，2008.

[6] AI Sweigart，王海鹏. Python 程序快速上手. 北京：人民邮电出版社，2016.

[7] Eric Matthes，袁国忠. Python 编程从入门到实践. 北京：人民邮电出版社，2016.